U0247673

黄河志

卷一

黄河大事记

黄河水利委员会黄河志总编辑室　编

河南人民出版社

图书在版编目(CIP)数据

黄河大事记／黄河水利委员会黄河志总编辑室编．—2版．—郑州：河南人民出版社，2017．1

(黄河志；卷一)

ISBN 978-7-215-10556-0

Ⅰ．①黄… Ⅱ．①黄… Ⅲ．①黄河-水利史-大事记 Ⅳ．①TV882．1

中国版本图书馆CIP数据核字(2016)第259989号

河南人民出版社出版发行

(地址：郑州市经五路66号 邮政编码：450002 电话：65788056)

新华书店经销 河南新华印刷集团有限公司印刷

开本 787毫米×1092毫米 1/16 印张 37

字数 524千字

2017年1月第2版 2017年1月第1次印刷

定价：220．00元

序

李　鹏

黄河，源远流长，历史悠久，是中华民族的衍源地。黄河与华夏几千年的文明史密切相关，共同闻名于世界。

黄河自古以来，洪水灾害频繁。历代治河专家和广大人民，在同黄河水患的长期斗争中，付出了巨大的代价，积累了丰富的经验。但是，由于受社会制度和科学技术条件的限制，一直未能改变黄河严重为害的历史，丰富的水资源也得不到应有的开发利用。

中华人民共和国成立后，党中央、国务院对治理黄河十分重视。1955年7月，一届全国人大二次会议通过了《关于根治黄河水害和开发黄河水利的综合规划的决议》。毛泽东、周恩来等老一代领导人心系人民的安危祸福，对治黄事业非常关怀，亲自处理了治理黄河中的许多重大问题。经过黄河流域亿万人民及水利专家、技术人员几十年坚持不懈的努力，防治黄河水害、开发黄河水利取得了伟大的成就。黄河流域的面貌发生了深刻变化。

治理和开发黄河，兴其利而除其害，是一项光荣伟大的事业，也是一个实践、认识、再实践、再认识的过程。治黄事业虽已取得令人鼓舞的成就，但今后的任务仍然十分艰巨。黄河的治理开发，直接关系到国民经济和社会的发展，我们需要继续作出艰苦的努力。黄河水利委员会主编的《黄河志》，较详尽地反映了黄河的基本状况，记载了治理黄河的斗争史，汇集了治黄的成果与经验，不仅对认识黄河、治理开发黄河将发挥重要作用，而且对我国其他大江大河的治理也有借鉴意义。

1991年8月20日

前　言

黄河是我国第二条万里巨川，源远流长，历史悠久。黄河流域在100万年以前，就有人类生息活动，是我国文明的重要发祥地。黄河流域自然资源丰富，黄河上游草原辽阔，中下游有广大的黄土高原和冲积大平原，是我国农业发展的基地。沿河又有丰富的煤炭、石油、铝、铁等矿藏。长期以来，黄河中下游一直是我国政治、经济和文化中心。黄河哺育了中华民族的成长，为我国的发展作出了巨大的贡献。在当今社会主义现代化建设中，黄河流域的治理开发仍占有重要的战略地位。

黄河是世界上闻名的多沙河流，善淤善徙，它既是我国华北大平原的塑造者，同时也给该地区人民造成巨大灾害。计自西汉以来的两千多年中，黄河下游有记载的决溢达一千余次，并有多次大改道。以孟津为顶点北到津沽，南至江淮约25万平方公里的广大地区，均有黄河洪水泛滥的痕迹，被称为“中国之忧患”。

自古以来，黄河的治理与国家的政治安定和经济盛衰紧密相关。为了驯服黄河，除害兴利，远在四千多年前，就有大禹治洪水、疏九河、平息水患的传说。随着社会生产力的发展，春秋战国时期，就开始修筑堤防、引水灌溉。历代治河名人、治河专家和广大人民在长期治河实践中积累了丰富的经验，并留下了许多治河典籍，为推动黄河的治理和治河技术的发展作出了重要贡献。1840年鸦片战争以后，我国由封建社会沦为半封建半殖民地的社会，随着内忧外患的加剧，黄河失治，决溢频繁，虽然西方科学技术逐步引进我国，许多著名水利专家也曾提出不少有创见的治河建议和主张，但由于受社会制度和科学技术的限制，一直未能改变黄河为害的历史。

中国共产党领导的人民治黄事业，是从1946年开始的，在解放战争年代渡过了艰难的岁月。中华人民共和国成立后，我国进入社会主义革命和社会主义建设的伟大时代，人民治黄工作也进入了新纪元。中国共产党和人民政府十分关怀治黄工作，1952年10月，毛泽东主席亲临黄河视察，发出“要把黄河的事情办好"的号召。周恩来总理亲自处理治黄工作的重大问题。为了根治黄河水害和开发黄河水利，从50年代初就有组织、有计划地对黄河进行了多次大规模的考察，积累了大量第一手资料，做了许多基础工作。1954年编制出《黄河综合利用规划技术经济报告》，1955年第一届全国人民代表大会第二次会议审议通过了《关于根治黄河水害和开发黄河水利的综合规划的决议》，人民治黄事业从此进入了一个全面治理、综合开发的历史新阶段。在国务院和黄河流域各级党委、政府的领导下，经过亿万群众和广大治黄职工的艰苦奋斗，黄河的治理开发取得了前所未有的巨大成就。在黄河下游基本建成防洪工程体系，并组建了强大的人防体系，已连续夺取四十多年伏秋大汛不决口的伟大胜利，使社会主义建设事业得以顺利进行；在中上游建成了许多大中型水利水电工程，流域内灌溉面积和向城市、工矿企业供水有了很大发展，取得了巨大的经济效益和社会效益；在黄土高原地区开展了大规模的群众性的水土保持工作，取得了为当地兴利、为黄河减沙的明显成效；河口的治理为三角洲的开发创造了条件。如今，古老黄河发生了历史性的重大变化。这些成就被公认为社会主义制度优越性的重要体现。

治理和开发黄河，是一项光荣而伟大的事业，也是一个实践、认识、再实践、再认识的过程。治黄事业已经取得了重大胜利，但今后的任务还很艰巨，黄河本身未被认识的领域还很多，有待于人们的继续实践和认识。

编纂这部《黄河志》，主要是根据水利部关于编纂江河水利志的安排部署，翔实而系统地反映黄河流域自然和社会经济概况，古今治河事业的兴衰起伏、重大成就、技术水平和经济效益以及经验教训，从而探索规律，策励将来。由于黄河历史悠久，治河的典籍较多，这部志书本着"详今略古"的原则，既概要地介绍了古代的治河活动，又着重记述中华人民共和国成立以来黄河治理开发的历程。编志的指导思想，是以马列主义、毛泽东思想为理论基础，遵循中共十一届三中全会以来的路线、方针和政策，实事求是地记述黄河的历史和现状。

《黄河志》共分十一卷，各卷自成一册。卷一大事记；卷二流域综述；卷三水文志；卷四勘测志；卷五科研志；卷六规划志；卷七防洪志；卷八水土保持志；卷九水利工程志；卷十河政志；卷十一人文志。各卷分别由黄河水利委员会所属单位及组织的专志编纂委员会承编。全志以文为主，图、表、照片分别穿插各志之中。力求文图并茂，资料翔实，使它成为较详尽地反映黄河的河情，具体记载中国人民治理黄河的艰苦斗争史，能体现时代特点的新型志书。它将为今后治黄工作提供可以借鉴的历史经验，并使关心黄河的人士了解治黄事业的历史和现状，在伟大的治黄事业中发挥经世致用的功能。

新编《黄河志》工程浩大，规模空前，是治黄史上的一项盛举。在水利部的亲切关怀下，黄河水利委员会和黄河流域各省（区）水利（水保）厅（局）投入许多人力，进行了大量的工作，并得到流域内外编志部门、科研单位、大专院校和国内外专家、学者及广大热心治黄人士的大力支持与帮助。由于对大规模的、系统全面的编志工作缺乏经验，加之采取分卷逐步出版，增加了总纂的难度，难免还会有许多缺漏和不足之处，恳切希望各界人士多加指正。

黄河志编纂委员会

1991年1月20日

凡　例

一、《黄河志》是中国江河志的重要组成部分。本志编写以马列主义、毛泽东思想为指导，运用辩证唯物主义和历史唯物主义观点，准确地反映史实，力求达到思想性、科学性和资料性相统一。

二、本志按照中国地方志指导小组《新编地方志工作暂行规定》和中国江河水利志研究会《江河水利志编写工作试行规定》的要求编写，坚持“统合古今，详今略古”和“存真求实”的原则，突出黄河治理的特点．如实地记述事物的客观实际，充分反映当代治河的巨大成就。

三、本志以志为主体，辅以述、记、传、考、图、表、录、照片等。

篇目采取横排门类、纵述始末，兼有纵横结合的编排。一般设篇、章、节三级，以下层次用一、(一)、1、(1)序号表示。

四、本志除引文外，一律使用语体文、记述体，文风力求简洁、明快、严谨、朴实，做到言简意赅，文约事丰，述而不论，寓褒贬于事物的记叙之中。

五、本志的断限：上限不求一致，追溯事物起源，以阐明历史演变过程。下限一般至1987年，但根据各卷编志进程，有的下延至1989年或以后，个别重大事件下延至脱稿之日。

六、本志在编写过程中广采博取资料，并详加考订核实，力求做到去粗取精，去伪存真，准确完整，翔实可靠。重要的事实和数据均注明出处，以备核对。

七、本志文字采用简化字，以1964年国务院公布的简化字总表为准，古籍引文及古人名、地名简化后容易引起误解的仍用繁体字。标点符号以1990年3月国家语言文字工作委员会、国家新闻出版署修订发布的《标点符号用法》为准。

八、本志中机构名称在分卷志书中首次出现时用全称，并加括号注明简称，再次出现时可用简称。

人名一般不冠褒贬。古今地名不同的，首次出现时加注今名。译名首次出现时，一般加注外文，历史朝代称号除汪伪政权和伪满洲国外，均不加“伪”字。

外国的国名、人名、机构、政治团体、报刊等译名采用国内通用译名，或以现今新华通讯社译名为准，不常见或容易混淆的加注外文。

九、本志计量单位，以 1984 年 2 月 27 日国务院颁发的《中华人民共和国法定计量单位的规定》为准，其中千克、千米、平方千米仍采用现行报刊通用的公斤、公里、平方公里。历史上使用的旧计量单位，则照实记载。

十、本志纪年时间，1912 年(民国元年)以前，一律用历代年号，用括号注明公元纪年(在同篇中出现较多、时间接近，便于推算的，则不必屡注)。1912 年以后，一般用公元纪年。

公元前及公元 1000 年以内的纪年冠以“公元前”或“公元”字样，公元 1000 年以后者不加。

十一、为便于阅读，本志编写中一般不用引文，在确需引用时则直接引用原著，并用“注释”注明出处，以便查考。引文注释一般采用脚注(即页末注)或文末注方式。

黄河志编纂委员会

名誉主任 王化云

主任委员 亢崇仁

副主任委员 仝琳琅　杨庆安

委　　员 （按姓氏笔划排列）

马秉礼　王化云　王长路　王质彬　王继尧　亢崇仁
孔祥春　白永年　叶宗笠　仝琳琅　包锡成　刘于礼
刘万铨　成　健　沈也民　陈耳东　陈俊林　陈赞廷
陈彰岑　李武伦　李俊哲　吴柏煊　吴致尧　宋建洲
杨庆安　孟庆枚　张　实　张　荷　张学信　姚传江
徐福龄　袁仲翔　夏邦杰　谢方五　谭宗基

学术顾问 张含英　郑肇经　董一博　邵文杰　刘德润　姚汉源
谢鉴衡　蒋德麒　麦乔威　陈桥驿　邹逸麟　周魁一
黎沛虹　常剑峤　王文楷

黄河志总编辑室

主　　任 袁仲翔　（兼总编辑）

副 主 任 叶其扬　林观海

主任编辑 张汝翼

《黄河大事记》编写人员

主　　编　袁仲翔

副 主 编　王质彬　徐福龄

编写人员　徐福龄　王质彬　徐思敬　朱占喜　王延昌　袁仲翔
卢　旭　栗　志　陈晓梅　白　洋　赵淑玲

编 辑 说 明

一、《黄河大事记》是多卷本大型江河志《黄河志》的第一卷。它以时间为经、以事为纬，遵循历史唯物主义的观点，按照实事求是和详今略古的原则，以编年体结合纪事本末体的方法，记述自禹治水至1990年有关黄河的一些较大事件。使广大读者对古今治黄的成败得失获得较为系统的了解，并为广大黄河研究工作者提供一个概要的资料线索和现实的黄河信息。

二、本《大事记》主要内容包括：

1. 有关治黄重要方针、政策、法规的制订与实施；

2. 重要的治黄查勘活动、治黄规划及重大计划的制订与实施；

3. 重要会议的召开与决议事项；

4. 国家领导人视察黄河及对治黄的重要言论，国际友人、著名专家、学者的重大黄河考察活动；

5. 治黄建设的重大成就（包括防洪、防凌、水利水电建设、水运、水土保持、引黄灌溉、水沙资源的开发利用、工程管理及多种经营等）；

6. 重要治黄工程的勘测、规划、设计及其审定和实施；

7. 黄河重大的改道和决溢（包括扒口）、水旱灾害、抗灾斗争和自然变异等；

8. 重大的抢险、堵口活动；

9. 治黄机构的重大变革，主要领导人的更迭和重要的人事任免；

10. 新的治黄方针、主张、理论、方略的提出和采用及治黄的重大改革措施；

11. 治黄科学技术的发展，重要学术活动，重大技术革新和创造发明的产生及重大科技成果的推广运用；

12. 对治黄有重大贡献的英模事迹；

13. 重大的工程技术事故、安全事故；

14. 流域内发生的与治黄有关的大事；

15. 其他大事。

三、本《大事记》为记述便利，按照历史纪元共分以下十个时期记述：

1. 夏商西周春秋战国时期；

2. 秦汉时期；

3. 魏晋南北朝时期；

4. 隋唐五代时期；

5. 北宋时期；

6. 金元时期；

7. 明代；

8. 清代；

9. 中华民国时期；

10. 中华人民共和国时期。

为帮助读者明了各个时期黄河的大势大略及治黄的历史背景，在各个时期具体事件记述之前均设一简短的概述。中华民国以前按朝代列述，中华民国以后按年代分别列述黄河大事。

四、本《大事记》资料来源，古代部分一般均在条目中注明出处，近代和当代部分多查自档案资料和各类文件，有的查自有关报刊及图书，有的是流域各省(区)有关单位提供。由于在编写过程中有许多资料都进行了考订、修正和综合，故未再注明出处。有些需加以说明的问题，采用脚注方式处理。

五、本《大事记》为叙述上的方便，对某些组织机构用了如下简称：

中共中央——中国共产党中央委员会

全国人大——全国人民代表大会

全国政协——中国人民政治协商会议全国委员会

国家计委——国家计划委员会

国家经委——国家经济委员会

全国总工会——中华全国总工会

共青团——中国共产主义青年团

中央防总——中央防汛总指挥部

国家防总——国家防汛总指挥部

水电部——水利电力部

黄河防总——黄河防汛总指挥部

黄委会——黄河水利委员会

冀鲁豫黄委会——冀鲁豫解放区黄河水利委员会

六、本《大事记》在编写过程中承水利部办公厅档案处及青海、甘肃、宁夏、内蒙古、陕西、山西等省(区)水利厅水利志编辑室提供资料和黄河系统各单位、黄委会机关各处室尤其是河南、山东黄河河务局及黄河档案馆的大力支持。本书出版前在征求意见过程中,有关专家、学者、黄河志各编委、学术顾问、广大编志工作者以及治黄战线的老同志、各级领导干部与广大职工提出了许多宝贵意见,进行了热情的指导和帮助,谨此一并表示谢意。

七、本《大事记》是在黄河志编委会领导下,由黄河志总编辑室编纂完成的。仝琳琅、杨庆安曾对本书内容进行了审核。本书编纂人员时段分工如下:徐福龄(传说时代～金元时期,前2200年～1367年),王质彬(明代～清代,1368～1911年),徐思敬(中华民国时期,1912～1949年),朱占喜(1946～1959年),陈晓梅(1960年),王延昌(1961～1970年),袁仲翔(1971～1975年),卢旭(1976～1980年,1988年),栗志(1981～1986年,1989～1990年),白洋、赵淑玲(1987年)。本书于1989年12月初版问世以后,受到各方面的欢迎和关注。根据大家提出的一些修改意见,黄河志总编辑室于1990年组织进行了修订,栗志、王梅枝具体进行了修订工作,侯起秀参加了校对工作。

八、黄河流域是中华民族的摇篮,古往今来,治黄活动及有关记载至为繁夥。本书是治黄史上第一部系统的大事记,由于编纂时间比较短促,又限于编纂者的水平与经验,虽经初步修订,但缺漏及讹误之处仍难避免,恳切希望有关领导和专家及广大读者指正。

编　者

1991年6月

目　录

一、夏商西周春秋战国时期

二、秦汉时期

三、魏晋南北朝时期

四、隋唐五代时期

五、北宋时期

六、金元时期

七、明　代

八、清　　代

九、民国时期

民国元年(1912 年)

民国 2 年(1913 年)

民国 3 年(1914 年)

民国 4 年(1915 年)

民国 5 年(1916 年)

民国 6 年(1917 年)

民国 7 年(1918 年)

民国 8 年(1919 年)

民国 9 年(1920 年)

民国 10 年(1921 年)

民国 11 年(1922 年)

民国 12 年(1923 年)

民国 13 年（1924 年）

民国 14 年（1925 年）

民国 15 年（1926 年）

民国 16 年（1927 年）

民国 17 年（1928 年）

民国 18 年(1929 年)

民国 19 年(1930 年)

民国 20 年(1931 年)

民国 21 年(1932 年)

民国 22 年(1933 年)

民国 23 年(1934 年)

民国 24 年(1935 年)

民国 25 年（1936 年）

民国 26 年(1937 年)

民国 27 年(1938 年)

民国 28 年(1939 年)

民国29年(1940年)

民国30年(1941年)

民国31年(1942年)

民国32年(1943年)

民国33年（1944年）

民国34年（1945年）

民国35年（1946年）

民国 36 年（1947 年）

民国37年（1948年）

民国38年（1949年）

十、中华人民共和国时期

1949年

1950年

1951年

1952 年

1955 年

1956 年

1957年

1958 年

1959年

1960 年

1961 年

1962 年

4 月

5 月

6 月

8 月

9 月

10 月

11 月

1963 年

1 月

3 月

4 月

6 月

1964年

1970年

1971年

1972年

1974 年

1975 年

1976年

1978 年

1980年

1983年

1987 年

一 夏商西周春秋战国时期

（公元前 21 世纪前～公元前 221 年）

我国治黄活动历史悠久。约在公元前21世纪前黄河流域就有大禹“凿龙门”、“开砥柱”、“疏九河”的传说。商、周之际对河患已有记述。春秋战国以后，随着生产力的进一步发展，水利事业相应发展，黄河流域先后出现了较大的灌溉工程——引漳十二渠、郑国渠，开凿了鸿沟运河，兴修了堤防，为发展沿黄农田水利、水运交通，加强河防工程，起到了承先启后的作用。

传说时代(公元前 21 世纪前)

大 禹 治 水

在公元前 21 世纪前的尧舜时代,传说在黄河流域发生大洪水。为制止洪水泛滥,尧召集部落首领会议,举鲧负责平息洪水灾害。据《国语·鲁语下》记载:"鲧障洪水",采用水来土挡的方法,治了九年,没有成功,受到制裁。舜继尧位后,又举鲧的儿子禹继承父业。禹改过去"障水"为"疏导",联合伯益、后稷等部族,"居外十三年,过家门不敢入"(《史记·夏本纪》),专心治水,终于把"浸山灭陵"的洪水,分疏九河,导流入于渤海,平治了水患。

战国时期成书的《禹贡》记载:禹"导河积石(在今甘肃省)至于龙门,南至于华阴,东至于砥柱(三门峡),又东至于孟津,东过洛汭(在今河南巩县洛水入河处),至于大伾(一说在河南成皋,一说在河南浚县大伾山),北过降水(今漳河),至于大陆(河北省大陆泽),又北播九河(古九河为:徒骇、太史、马颊、覆鬴、胡苏、简、絜、钩盘、鬲津),同为逆河(以海水逆潮而得名),入于海"。

商代(公元前 16 世纪～前 11 世纪)

商 都 数 迁

据《竹书纪年》记载:"商侯冥治河"、"商侯冥死于河"。冥是商代契以后的六代孙,因治河而死于河。又据《通鉴纲目》记载:商汤元年都城在亳,后因河患数迁其都。先迁西亳,仲丁六祀(公元前 1557 年)迁都于嚣,河亶甲元祀(公元前 1534 年)迁都于相,祖乙元祀(公元前 1525 年)因相毁于河,又迁都于耿,祖乙九祀(公元前 1517 年)耿毁于河,后迁都于邸,盘庚十四祀(公元前 1388 年)迁都于殷。

周幽王二年(公元前780年)

陕西岐山地震

据《国语·周语上》记载:周幽王二年,发生地震,黄河三条支流泾、洛、渭因岐山震崩、河源阻塞而枯竭。据《中国地震目录》一书称:震级在6～7级。

齐桓公三十五年(公元前651年)

葵丘之会

春秋时期,防御黄河洪水的堤防已较为普遍。据《史记·齐世家》记载:齐桓公"会诸侯于葵丘(在今河南民权境)",订立盟约,有一条规定是"无曲防"(《孟子·告子》)。规定各诸侯国之间,禁止修损人利己、以邻为壑的堤防。

周定王五年(公元前602年)

禹河大徙

据《汉书·沟洫志》记载:大司空掾(为大司空的助理官员)王横言:"禹之行河水,本随西山下东北去"。《周谱》云:"定王五年河徙,则今所行,非禹之所穿也"。清胡渭在《禹贡锥指》中说:"周定王五年,河徙自宿胥口(在今河南浚县)"。一般认为这是黄河第一次大改道。河徙后的河道,大致从滑县附近向东,至河南濮阳西,转而北上,在山东冠县北,折向东流,到茌平以北;折向北流经德州,渐向北,经河北沧州,在今河北黄骅县以北入于渤海。

魏文侯二十五年(公元前422年)

引漳十二渠

漳河当时属黄河流域。魏文侯二十五年西门豹为邺令(邺地在今河北省磁县、临漳一带),“发民凿十二渠,引河水灌民田,田皆溉”(《史记·滑稽列传》)。又据《吕氏春秋·乐成》和《汉书·沟洫志》记载,漳水十二渠是史起所开,但史起于魏襄王时任邺令,约晚于西门豹一百年上下,后有人认为“西门溉其前,史起灌其后”(左太冲《魏都赋》),两人都主持过开渠工作。十二渠通水后,“亩收一钟”(《论衡·率性》),约合今每亩250斤。

魏惠王十年(公元前361年)

开鸿沟运河

魏惠王十年,开始修建一条人工运河,叫鸿沟。从郑州北引黄河水入圃田泽(古大湖,在郑州东),然后从圃田泽开大沟到大梁(今开封),“水盛则北注,渠溢则南播”(《水经·渠水注》)。到魏惠王三十一年(公元前340年),又从大梁城开大沟向南折,通过颍水、涡河与淮河相连。据《史记·河渠书》记载:“自是之后,荥阳下引河东南为鸿沟,以通宋、郑、陈、蔡、曹、卫与济、汝、淮、泗会……于齐,则通菑(淄)、济之间,……此渠皆可行舟。”余水尚可灌田,民享其利。

魏惠王十二年(公元前359年)

楚伐魏决河

楚国出师伐魏,决黄河水,“以水长垣之东。”(《竹书纪年》)

赵肃侯十八年(公元前 332 年)

赵国决河灌齐魏

齐、魏联合攻打赵国,赵国“决河水灌之”(《史记·赵世家》),齐、魏兵退。

赵惠文王十八年(公元前 281 年)

赵伐魏决河

赵国又派军队至卫国东阳,“决河水,伐魏氏”。(《史记·赵世家》)

秦王政元年(公元前 246 年)

开郑国渠

战国末期,秦国逐渐强大,韩国怕秦东伐,乃用“疲秦”之计,派水工郑国去劝说秦国办水利,建议在关中引泾水兴修大型灌溉工程。据《史记·河渠书》记载:自中山西麓瓠口引泾水向东开渠,与北山平行注洛水,全长三百余里,用以溉田。渠成之后,利用泾河浑水放淤,改良盐碱地四万余顷(折今115 万亩),亩产量高达“一钟”(约合今 250 斤),“于是关中为沃野,无凶年,秦以富强,卒并诸侯”(《史记·河渠书》),命名为郑国渠。此渠流经今陕西泾阳、三原、高陵、临潼、富平等县,横跨冶峪水、清峪水、浊峪水、漆沮水,入于洛水。

秦王政二十二年(公元前 225 年)

秦灌大梁

秦将王贲,率军攻打魏国,“引河沟(水)灌大梁,大梁城坏”,魏王请降。(《史记·秦始皇本纪》)

二 秦汉时期

（公元前 221 年～公元 220 年）

公元前 221 年，秦统一六国后，黄河得到了统一治理。到了汉代，水利建设高度发展，在黄河上、中、下游都出现了相当规模的漕运、农田灌溉和河防工程。筑堤、堵口和开渠的技术有了较大的进步，在治河理论上也有不少创见。但黄河下游是堆积性很强的河道，有了完整的堤防，自由泛滥的灾害减少，而河床则不断淤积抬高，形成地上河，决溢次数显著增多。两汉四百多年内，黄河决溢见于史书记载的约有十六次，主要发生在西汉后期和东汉前期。

秦始皇帝三十二年(公元前 215 年)

整 治 河 防

秦始皇统一六国后,"决通川防,夷去险阻"(《史记·秦始皇本纪》),即统一管理黄河,拆掉阻水工事,以平险情。

汉文帝十二年(公元前 168 年)

河 决 酸 枣

"河决酸枣(今延津县境),东溃金堤,于是东郡大兴卒塞之"(《史记·河渠书》)。这是汉代黄河最早的一次决口。

汉武帝元光三年(公元前 132 年)

濮阳瓠子河决

根据《史记·河渠书》记载:元光三年"河决于瓠子,东南注巨野,通于淮、泗"。当年堵口失败,汉武帝听信丞相田蚡之言:"江河之决皆天事,未易以人力为强塞,强塞之,未必应天",故未再堵合,以致泛滥二十余年。到元封二年(公元前 109 年),汉武帝发卒数万人,亲到河上督工,令群臣从官自将军以下背着薪柴填堵决口,终于堵合。

元光六年(公元前 129 年)

关中漕渠建成

关中漕运,西汉前期经黄河入渭,但由于渭河河道多湾,航程较长,时遇险阻。武帝元光中，大司农（汉代为掌管国家财经的官员）郑当时提出开直渠通漕的建议："引渭穿渠起长安，旁南山下，至河三百余里"（《史记·河渠书》），于潼关汇入黄河。航程可大为缩短，航行时间由六个月缩至三个月。武帝批准此一建议，命齐人徐伯测量，并发动兵卒数万人挖漕渠，经过三年时间约于是年完成。

汉武帝元朔元年至元狩六年
（公元前128年～前117年）

引汾溉皮氏

关东通往关中的航道必须通过黄河三门峡险阻，漕运困难。为试图避开这条航线，河东（今山西省南部）太守番系提出"穿渠引汾溉皮氏（今河津县西）、汾阴下（今荣河县北），引河溉汾阴、蒲坂（今永济县境）下，度可得五千顷。……今溉田之，度可得谷二百万石以上。谷从渭上，与关中无异，而砥柱之东可无复漕"（《史记·河渠书》）。这项工程主要是引汾河及黄河水灌今河津、永济一带，发展水利，增产粮食，从而不再从三门峡以东运粮，当时发兵数万作渠田，建成后因河道移徙，引水困难，渠田废弃，没有达到预期目的。

开褒斜道

为避开三门峡的险阻，又有人提出绕道转运的方案，即"漕从南阳上沔入褒，褒之绝水至斜，间百余里，以车转，从斜下下渭"（《史记·河渠书》）。即将东方的粮食，改从南阳郡（鄂西及豫西南地区）溯汉水而上，一直到汉中的斜谷口，又逆褒水，陆转一百余里到斜水，入渭河，顺流至长安。这一方案由御史大夫张汤转奏，武帝采纳后，派汤子张卬发数万人从事开凿，史称"褒斜道"。开成之后，因褒斜的河谷陡峻，水势湍急，不易漕而失败（《史记·河渠书》）。

汉武帝元狩三年至元鼎六年
（公元前120年～前111年）

开 龙 首 渠

汉武帝接受庄熊罴的建议，自关中徵县（今澄城县）开渠，引洛水南至临晋（今大荔县）境以灌田，渠道穿过商颜山，因沿途多为黄土覆盖，渠岸易崩，于是改明渠为隧洞，凿洞长10余里，在隧洞上部开若干竖井，“深者四十余丈”，“井下相通行水”（《史记·河渠书》），称为井渠。因施工中挖出了龙骨，又名龙首渠。据司马迁称：此渠“作之十余岁，渠颇通，犹未得其饶”。意思是渠已开通，效益并未充分发挥。

汉武帝元鼎六年（公元前111年）

开 六 辅 渠

六辅渠在泾河下游，为兒宽所修，据《汉书·兒宽传》颜师古注：六辅渠在郑国渠上游南岸，开六道小渠，以辅助灌溉。主要是为了扩大郑国渠旁边高地的灌溉面积，渠成之后，兒宽制定了灌溉用水的法规“水令”，以扩大灌溉效益。

汉武帝元封二年（公元前109年）

河决馆陶分出屯氏河

瓠子决口堵塞后，“河复北决于馆陶，分为屯氏河，东北经魏郡、清河、信都、勃海入海”（《汉书·沟洫志》）。即经今馆陶北、临清南、清河东、景县南，至东光县西复归大河。这一股河当时称为屯氏河，与正河并流达六、七十年之久。

汉武帝太初元年(公元前104年)

西北边陲溉田

太初以来,地处西北边陲的朔方(今内蒙古杭锦旗北)、西河(今内蒙古东胜县境)、酒泉(今甘肃境)"皆引河及川谷以溉田"。(《史记·河渠书》)

汉武帝太始二年(公元前95年)

开凿白渠

根据《汉书·沟洫志》记载:在赵中大夫(中大夫汉代为掌管议论之官)白公建议下,穿渠引泾水,首起自谷口,向东入栎阳(今高陵县东),南入渭水,长二百里,溉田四千五百余顷(合今30余万亩),名曰白公渠,民得其利。白渠在郑国渠之南,工程建成后,效益很大,当时留下这样一首歌谣:"田于何所?池阳、谷口。郑国在前,白渠起后。举锸为云,决渠为雨。泾水一石,其泥数斗。且溉且粪,长我禾黍。衣食京师,亿万之口"(《汉书·沟洫志》)。白渠和郑国渠,统称郑白渠,到了唐代,白渠分为三条支渠,即太白渠、中白渠和南白渠,又称三白渠,唐永徽年间(公元650～655年)灌溉面积曾达一万多顷。

齐人延年建议改河

齐人延年提出:"河出昆仑,经中国,注勃海,是其地势西北高而东南下也。可案图书,观地形,令水工准高下,开大河上领,出之胡中,东注之海"(《汉书·沟洫志》)。这项意见系指从内蒙古河套一带让黄河改道东流入海,是我国最早提出的黄河人工改道建议。

汉元帝永光五年(公元前39年)

河决鸣犊口

是年黄河在清河郡灵县鸣犊口(在今高唐县南)决口。据《汉书·地理志》记载："河水别出为鸣犊河，东北至蓚（在今景县南）入屯氏河"，即黄河北分出一股，至蓚县南入于屯氏河的下段，史称"鸣犊河"。原屯氏河断流，出现了鸣犊河与大河分流的形势，仅行河六、七年。

汉成帝建始四年（公元前29年）

馆陶及东郡金堤河决

是年河决馆陶及东郡金堤，洪水"泛溢兖、豫，入平原、千乘、济南，凡灌四郡三十二县，水居地十五万余顷，深者三丈，坏败官亭室庐且四万所。……河堤使者王延世使塞，以竹络长四丈，大九围，盛以小石，两船夹载而下之，三十六日河堤成"。（《汉书·沟洫志》）

汉成帝鸿嘉四年（公元前17年）

孙禁建议改河

是年勃海、清河、信都河溢，"灌县邑三十一"，丞相史孙禁视察河患后提出："可决平原金堤间，开通大河，令入故笃马河。至海五百余里，水道浚利"（《汉书·沟洫志》）。当时河堤都尉（为汉代管水之河官）许商认为孙禁建议的河道不是大禹九河的流经范围，予以反对，公卿皆从许商之言，孙禁建议未能实现。

开宽三门河道

为改善黄河航运，丞相史杨焉提出："从河上下，患砥柱隘，可镌广之"（《汉书·沟洫志》）。成帝从其议，命杨率人劈山凿石，扩宽河面，以利航运。结果，所开的大石块坠入河中，致使河水更加湍急，未获成功。

汉成帝绥和二年（公元前7年）

贾让治河三策

根据《汉书·沟洫志》记载，是年九月贾让根据黎阳（今浚县一带）黄河堤距仅“数百步”，而且“百余里之间，河再西三东”的不利形势，提出治河上、中、下三策。他的上策是改道北流，“徙冀州之民当水冲者，决黎阳遮害亭，放河使北入海”。中策是“多穿漕渠于冀州地，使民得以溉田”，同时“为东方一堤，北行三百余里，入漳水中”，设水门分水北流，由漳河下泄。下策是于黎阳一带“缮完故堤，增卑培薄”，他认为这样势将“劳费无已，数逢其害，后患无穷”。

汉平帝元始四年(公元4年)

张戎论黄河水沙

大司马史(大司马的副职)张戎指出：“水性就下，行疾，则自刮除成空而稍深。河水重浊，号为一石水而六斗泥。今西方诸郡，以至京师东行，民皆引河、渭、山川水溉田。春夏干燥，少水时也，故使河流迟，贮淤而稍浅；雨多水暴至，则溢决。而国家数堤塞之，稍益高于平地，犹筑垣而居水也。可各顺从其性，毋复灌溉，则百川流行，水道自利，无溢决之害矣”(《汉书·沟洫志》)。张戎根据黄河多沙的特点，提出在春季枯水时期，停止中、上游引水灌溉，以免分水过多，造成下游河道淤积而遭决溢之患；要保持河水自身的携沙能力，排沙入海。这是史书上关于黄河的水沙关系和利用水力刷沙的第一次记载。

王莽始建国三年(公元11年)

河　决　魏　郡

根据《汉书·王莽传》记载：“河决魏郡(今河北省临漳县西南)，泛清河以东数郡”，经平原、济南，流向千乘入海。当时王莽以为河水东去，从此他在元城(今河北大名附近)的祖坟可不再受黄河之害，未予堵塞，以致黄河又一次大改道。

汉明帝永平十二年(公元69年)

王景治河

河决魏郡后六十余年间,河水不断南侵,以致“汴渠决败”,兖、豫一带多被水患。根据《后汉书·王景传》记载:“永平十二年,议修汴渠,乃引见(王)景,问以理水形便。景陈其利害,应对敏给,(明)帝善之。又以尝修浚仪(渠),功业有成。……夏,遂发卒数十万,遣景与王吴修渠,筑堤自荥阳至千乘海口千余里。景乃商度地势,凿山阜,破砥绩,直截沟涧,防遏冲要,疏决壅积,十里立一水门,令更相洄注,无复溃漏之患。景虽简省役费,然犹以百亿计。明年夏,渠成”。王景依靠数十万人的力量,在一年之内,修了一千余里的黄河大堤和治河工程,又整治了汴渠渠道,黄河与汴渠分别得到控制,从而“河汴分流,复其旧迹”(《后汉书·明帝纪》)。王景治河后的黄河河道,大致经浚、滑、濮阳、平原、商河等地,最后由千乘(今利津)入于渤海。

汉安帝永初七年(公元113年)

建八激堤

据《水经注》记载,是年于石门东“积石八所,皆如小山,以捍冲波,谓之八激堤”。石门即浪荡渠口受河之处,在今河南古荥一带;激堤,类似现代的乱石坝,用以防冲。

汉灵帝光和元年(公元178年)

河溢金城

是年秋,金城(今兰州)河水溢出二十余里(《后汉书·五行志》)。

汉献帝建安九年(公元 204 年)

遏淇水入白沟

曹操率军渡黄河,进攻袁绍余部,于今淇、浚一带的淇水入河处筑枋堰,“遏淇水入白沟,以通粮道。”(《三国志·魏书武帝纪》)

三 魏晋南北朝时期

（公元 220～581 年）

魏晋南北朝是一个大动乱时代，统治者之间连续不断地进行战争，国家长期处于分裂割据的局面，特别是“十六国”时期，黄河流域混战了一百多年，生产力遭到严重破坏，水利事业的发展受到严重影响。这一时期，除在郦道元《水经注》中可以看到一些黄河的情况外，在正史中对治黄活动和水利事业的记载较少，清人胡渭在研究黄河史时曾说：“魏晋南北朝，河之利害，不可得闻”(《禹贡锥指》)。但从仅有的史料看，当时黄河及伊、洛、沁河，也曾发生数次大水。

魏文帝黄初四年(公元 223 年)

伊、洛河大水

《晋书·五行志》记载:“六月(阴历,下至清代均同),大雨霖,伊、洛溢,至津阳城门(古洛阳城),漂数千家”,又据《水经注·伊水》记载:洛阳伊阙左壁上石刻铭文:“黄初四年六月二十四日,辛巳,大出水,举高四丈五尺(约合 10.9 米),齐此已下”。经调查,用现代科学方法推算这年伊河的洪水流量为 20000 立方米每秒。

魏明帝太和四年(公元 230 年)

伊、洛、河、汉皆溢

八至九月,大雨霖三十余日,伊、洛、河、汉皆溢,“岁以凶饥。”(《晋书·五行志》)

晋武帝泰始七年(公元 271 年)

河、洛、伊、沁皆溢

六月“大雨霖,河、洛、伊、沁皆溢。”(《晋书·五行志》)

泰始十年(公元 274 年)

杜 预 建 桥

杜预以孟津常有覆没之患,乃“立河桥于富平津(在今孟津境)。”(《晋书·武帝纪》)

北魏太武帝太平真君五年(公元 444 年)

刁 雍 修 渠

刁雍主持在西北重镇薄骨律(今宁夏灵武县西南)的黄河西岸,开长一百二十里的艾山渠,可引黄河水"溉官私田四万余顷,一旬之间,则水一遍,水凡四溉,谷得成实。官课常充,民亦丰赡。"(《魏书·刁雍传》)

北魏孝明帝熙平元年(公元 516 年)

崔 楷 议 治 河

由于连年黄河泛滥,弥漫东北冀、定数州,崔楷向皇帝提出治河建议:"量其逶迤,穿凿涓浍,分立堤堨,所在疏通……使地有金堤之坚,水有非常之备……多置水口,从河入海……泄此陂泽"。即根据河势地形,该修堤的修堤,该疏通的疏通,使水有出路。为防御非常洪水,多置分水口,使涝碱地里的积水,从河里排泄入海。皇帝采纳崔楷的意见,付诸实施,但工未完成,即把崔楷"诏还追罢"(《魏书·崔辩传附崔楷传》)。

四 隋唐五代时期

（公元 581～960 年）

隋代建立后，在短暂的几十年中修筑了几条大型人工运河，沟通了长江、淮河、黄河和河北水系。初唐期间，国家进一步统一，黄河流域的农田水利和漕运事业有了较大发展。安史之乱后，黄河下游处于藩镇割据的状态，水利及漕运遭到不同程度的破坏，尤其进入五代后，国家四分五裂，战争频繁，曾多次以水代兵，决河拒敌，造成很大灾难。

隋文帝开皇四年(公元584年)

开 广 通 渠

由于“渭川水力大小无常,流浅沙深”,漕运困难,于是年“命宇文恺率水工凿渠,引渭水,自大兴城(今陕西西安)东至潼关三百余里,名曰广通渠。转运通利,关内赖之”(《隋书·食货志》)。至唐高祖武德六年(公元623年)以后,以广通渠为骨干,逐步向四面发展水运网,分别把汧水、浐水、敷水等逼入渭漕,以发展关中水利和漕运(《新唐书·地理志》)。

隋炀帝大业元年(公元605年)

开 通 济 渠

隋炀帝下诏“发河南诸郡男女百余万开通济渠,自西苑(隋帝宫殿,在洛阳西)引谷(即今涧水)、洛水达于河,自板渚引河通于淮(板渚在今荥阳县汜水镇东北)”。这条渠道从洛阳开始,由洛口入黄河,再从板渚引河水,东经开封,东南流经今商丘、永城、宿县、灵璧、泗县,在盱眙之北入淮河。同年“又发淮南民十余万,开邗沟,自山阳至扬子入江”(《资治通鉴·隋帝纪》)。通济渠和山阳渎共长二千余里。

大业四年(公元608年)

开 永 济 渠

正月,隋炀帝“诏发河北诸郡男女百余万,开永济渠,引沁水,南达于河,北通涿郡”(《隋书·炀帝纪》),使黄河以南通济渠来船由沁河口溯流北上,长约二千余里。隋大业六年,又加工开凿江南运河、永济渠、通济渠、山阳渎,总长五千余里。成为联系长江、淮河、黄河和钱塘江四大水系的纽带。

唐高祖武德七年(公元 624 年)

引 黄 灌 溉

在陕西韩城境内,“治中(官名)云得臣自龙门引河灌田六千余顷。”(《新唐书·地理志》)

唐太宗贞观十一年(公元 637 年)

河 溢 河 北 县

“九月丁亥,河溢坏陕州之河北县(今山西平陆县东北)及太原仓,毁河阳(在今河南孟津县境)中潬。”(《新唐书·五行志》)

唐玄宗开元元年(公元 713 年)

水 入 会 州 城

秋,黄河水溢,泛滥成灾,水逼入会州城(今甘肃靖远县)。

开元七年(公元 719 年)

引 洛 灌 溉

同州(今大荔)刺史姜师度“于朝邑、河西(在今合阳东)二县界,就古通灵陂择地引洛水及堰黄河灌之,以种稻田,凡二千余顷。内置屯十余所,收获万计。”(《旧唐书·姜师度传》)

开元十年(公元722年)

博州棣州河决

“六月,博州、棣州河决。”(《新唐书·五行志》)

开元二十九年(公元741年)

辟开元新河

陕郡太守李齐物“凿砥柱为门以通漕,开其山岭为挽路,烧石沃醯(即醋)而凿之,然弃石入河,激水益湍怒,舟不能入新门,候其水涨,以人挽舟而上”(《新唐书·食货志》)。这次所辟的新河,后称开元新河。

唐肃宗乾元二年(公元759年)

李铣决河

“逆党史思明侵河南,守将李铣于长清县界边家口决大河,东至(禹城)县,因而沦溺。”(《太平寰宇记·齐州·禹城县》)

唐德宗贞元七年(公元791年)

开延化、咸应等渠

是年,在夏州朔方郡(今陕西靖边县境),“开延化渠,引乌水入库狄泽,溉田二百顷”。又贞元中,刺史李景略在丰州九原郡(今内蒙古后套)开咸应、永清二渠,“溉田数百顷。”(《新唐书·地理志》)

贞元十四年(公元798年)

《吐蕃黄河录》问世

据《新唐书·贾耽传》记载,贾耽"乃绘布陇右、山南九州,具载河所经受为图。又以洮湟甘凉屯镇额籍,道里广狭,山险水原为别录六篇,河西戎之录四篇",完成了我国历史上第一部以黄河命名的专著《吐蕃黄河录》。

唐宪宗元和八年(公元813年)

黎阳开分洪道

据《旧唐书·宪宗本纪》记载:是年"河溢,浸滑州羊马城之半"。郑滑节度使薛平及魏博节度使田弘正发动万余人,"于黎阳界开古黄河河道,南北长十四里,东西阔六十步,深一丈七尺",决河分注故道,作为分洪道,下流再回到黄河,滑州遂无水患。

元和十五年(公元820年)

修复光禄渠

据《旧唐书·李晟传》记载:是年,李晟子李听任灵州大都督府长使、灵盐节度使,修复废塞多年的光禄渠,引黄"灌地千余顷"。

唐穆宗长庆四年(公元824年)

开特进渠

是年在宁夏回乐县(今灵武县西南)开特进渠,"溉田六百余顷。"(《新唐书·地理志》)

唐昭宗景福二年(公元 893 年)

河口北徙

黄河"从勃海至无棣县入海。"(《新唐书·五行志》)

唐昭宗乾宁三年(公元 896 年)

朱全忠决河

"夏四月,辛酉,河涨,将毁滑州城",朱全忠决其堤,成为二河,把滑州城夹在二河之中,水向东流,为害甚重。(《资治通鉴》卷二百六十)

后梁末帝贞明四年(公元 918 年)

梁决河拒晋

二月,梁将谢彦章与晋军对敌于杨刘(在今山东东阿县北),谢彦章"决河水,弥浸数里",使晋兵不得进。(《资治通鉴》卷二百七十)

后梁末帝龙德三年(公元 923 年)

梁决河拒唐

梁将段凝以唐兵见逼,自酸枣(在今延津县境)决河,东注于郓州(今东平西北)以阻唐兵南下,谓之"护驾水",因决口扩大,在曹州、濮州为患,后唐庄宗同光二年(公元 924 年)发兵堵塞,后复决。(《新五代史·段凝传》)

后唐明宗天成五年(公元930年)

修酸枣至濮州堤防

是年张敬询为滑州节度使,“以河水连年溢堤,乃自酸枣县界至濮州,广堤防一丈五尺,东西二百里。”(《旧五代史·张敬询传》)

后晋出帝开运元年(公元944年)

河决滑州

“六月丙辰,河决滑州,环梁山,入于汶、济。”(《新五代史·晋本纪》)

开运三年(公元946年)

河决澶、滑、怀诸州

“夏六月……己丑,河决渔池”。“秋七月,大雨水,河决杨刘、朝城、武德(在今河南武陟县西南)”。“八月河溢历亭(在今山东聊城西),九月,河决澶、滑、怀州”。(《新五代史·晋本纪》)

后周太祖显德元年(公元954年)

杨刘至博州河溢

是年“河自杨刘至于博州百二十里,连年东溃,分为二派,汇为大泽,弥漫数百里。又东北坏古堤而出,灌齐、棣、淄诸州,至于海涯,漂没民庐不可胜计”(《资治通鉴》卷二九二)。当年十一月派宰相李谷负责修筑澶、郓、齐等州堤防。

五 北宋时期

（公元 960～1127 年）

北宋初期，黄河原向东流，宋庆历八年(1048 年)黄河在濮阳商胡决口，改道北流，当时治河有“东流”和“北流”之争，相持几十年。主张回河东流，主要为了防辽(契丹)，怕黄河北流逐渐失去北塞塘泺险阻之利，三次回河东流，均告失败。最后仍河归北流。北宋神宗年间，王安石入朝辅政，大力推行新法，根据黄河的水沙特点，在引黄淤灌方面取得较大成就。

宋太祖乾德三年(公元965年)

河决阳武

“秋大雨霖,开封府河决阳武。又孟州水涨,坏中浑桥梁,澶、郓亦言河决,诏发兵治之。”(《宋史·河渠志》)

乾德五年(公元967年)

岁修之始

正月,“帝以河堤屡决”,分派使者行视黄河,发动当地丁夫对大堤进行修治。自此以后,都在每年正月开始筹备动工,春季修治完成。黄河下游“岁修”之制,从此开始。

宋太宗太平兴国八年、九年(公元983、984年)

河决滑州

八年五月“河决滑州韩村,泛澶、濮、曹、济诸州民田,坏居人庐舍,东南流至彭城界入于淮”。九年春,“滑州复言房村河决,帝曰:近以河决韩村,发民治堤不成,安可重困吾民,当以诸军代之,乃发卒五万,……未几役成。”(《宋史·河渠志》)

宋真宗咸平三年(公元1000年)

河决郓州

五月,“河决郓州王陵埽,浮巨野入淮泗,水势悍激,侵迫州城,命使率诸

州丁男二万人塞之，逾月而毕。”(《宋史·河渠志》)

大中祥符五年(1012年)

李 垂 上 书

著作佐郎李垂上《导河形胜书》三篇和图，主张在滑州以北向东分河六支，后又主张复禹故道，均未被采纳。

天禧三年(1019年)

河 溢 滑 州

“六月乙未夜，滑州河溢城西北天台山旁。”未几，又溃于城西南，毁岸七百步，漫溢州城。“历澶、濮、曹、郓，注梁山泊，又合清水、古汴渠东入于淮”，被灾者三十二州邑。当时即遣使征集诸州薪、石、楗、橛、芟、竹之数千六百万，发兵九万人治之，于四年二月堵合。(《宋史·河渠志》)

天禧五年(1021年)

举物候为水势之名

“以黄河随时涨落，故举物候为水势之名”，指出立春之后，东风解冻，河水涨一寸，则夏秋当涨一尺，谓之“信水”。二月、三月涨水，桃华始开，谓之“桃华水”。春末涨水，芜菁华开，谓之“菜华水”。四月末涨水，垄麦结秀，谓之“麦黄水”。五月涨水，瓜实延蔓，谓之“瓜蔓水”。六月中旬涨水，水带矾腥，谓之“矾山水”。七月涨水，菽豆方秀，谓之“豆华水”。八月涨水，荻蔃华开，谓之“荻苗水”。九月涨水，重阳节到，谓之“登高水”。十月水落安流，河水归槽，谓之“复槽水”。十一月、十二月断冰杂流，乘寒复结，谓之“蹙凌水”。非时暴涨，谓之“客水。”(《宋史·河渠志》)

宋 代 卷 埽

宋代黄河卷埽工有进一步发展，据《宋史·河渠志》记载：“以竹为巨索，长十尺至百尺，有数等。先择宽平之所为埽场”，在埽场上密布以竹、荻辫成的绳索，绳上铺以梢料(柳枝或榆枝)，“梢芟相重，压之以土，杂以碎石，以巨竹索横贯其中，谓之‘心索’。卷而束之……其高至数丈，其长倍之”。一般用民夫数百或千人，应号齐推于堤岸卑薄之处，谓之“埽岸”。推下之后，将竹心索系于堤岸的桩橛上，并自上而下在埽上打进木桩，直透河底，把埽固定起来。

北宋时期，普遍采用了埽工护岸，并设置专人管理，实际上它已成为险工的名称。天禧年间，上起孟州，下至棣州，沿河已修有四十五埽。到元丰四年(1081年)，沿北流曾“分立东西堤五十九埽”，按大堤距河远近，来定险工防护的主次，“河势正著堤身为第一，河势顺流堤下为第二，河离堤一里内为第三”。距水远的大堤，亦按安全程度，分为三等，“堤去河最远为第一，次远者为第二，次近一里以上为第三”。根据工情缓急，布置修防。

宋仁宗景祐元年(1034年)

河决横陇

七月，“河决澶州(今河南濮阳)横陇埽”。庆历元年(1041年)皇帝下诏暂停修决河，从此“久不堵复”(《宋史·河渠志》)。决水经聊城、高唐一带流行于唐大河之北分数支入海。后称此道为横陇故道。

庆历八年(1048年)

河决商胡

“六月癸酉，河决商胡埽(今河南濮阳境)。”(《宋史·河渠志》)决水大致经今大名、馆陶、清河、枣强、衡水至青县由天津附近入海，形成一次大改道，宋代称为北流。

嘉祐元年(1056 年)

塞商胡回横陇故道

皇祐二年(1050 年)河决馆陶县郭固,四年(1052 年)塞郭固口而河势仍壅塞不畅。议者请开六塔河,回横陇故道。至和二年(1055 年)翰林学士欧阳修反对此举,曾上疏:"横陇埽塞已二十年,商胡决又数岁,故道已平而难凿,安流已久而难复"。九月,河渠司李仲昌建议纳水入六塔河,使归横陇旧河,当时欧阳修又上疏说:"且河本泥沙,无不淤之理,淤常先下流,下流淤高,水行渐壅,乃决上流之低处,此势之常也。然避高就下,水之本性,故河流已弃之道,自古难复"。嘉祐元年(1056 年),"四月壬子朔,塞商胡北流,入六塔河,不能容,是夕复决,溺兵夫,漂刍藁,不可胜计。"(《宋史·河渠志》)此为宋代第一次回河。

嘉祐五年(1060 年)

黄河分出"二股河"

《宋史·河渠志》称:是年"河流派别于魏之第六埽"(在今河北省大名县境)。即黄河向东分出一道支河,名"二股河","自二股河行一百三十里,至魏、恩、德、博之境,曰四界首河。"宋代称二股河为东流,大体经今冠县、高唐、平原、陵县、乐陵,在今无棣东入海。

宋神宗熙宁二年(1069 年)

闭北流开二股河

六月,命司马光督修二股河工事。七月二股河通利,北流渐渐断流,全河东注,此为第二次回河。但北流虽塞,而河又自其南四十里许家港东决,"泛滥大名、恩、德、沧、永静五州军境。"(《宋史·河渠志》)

制定农田水利法

十一月，王安石制定了《农田利害条约》，通称农田水利法。此后几年之内，大修水田，“府界及诸路凡一万七百九十三处，为田三十六万一千一百七十八顷有奇。”（《宋史·食货志》）

熙宁三年至元丰三年（1070～1080年）

利用多沙河道大放淤

据《宋史·河渠志》记载：王安石任宰相时，利用黄河、汴河、漳河、滹沱、葫芦等河的水沙资源和涧谷山洪，进行了大放淤。从1070年到1080年，共淤地约五万顷以上，不少地区贫瘠之地变为沃壤。

熙宁六年（1073年）

设疏浚黄河司

《宋史·河渠志》称：“有选人（古代候补、候选的官员）李公义者，献铁龙爪扬泥车法以浚河”。因患其太轻，王安石令黄怀信及李公义加以改造，另制浚川耙进行疏浚。是年四月，设疏浚黄河司，大力推行。后因效果不佳作罢。

熙宁十年（1077年）

河决曹村

据《宋史·河渠志》记载：七月，黄河“大决于澶州曹村（即曹村埽），澶渊北流断绝，河道南徙，……分为二派，一合南清河（泗水）入淮；一合北清河（大清河）入于海。”元丰元年（1078年）四月决口塞，皇帝下诏改曹村为灵平，河复北流。

宋神宗元丰二年(1079 年)

导 洛 通 汴

三月,“以(宋)用臣都大提举导洛通汴。四月甲子兴工,……六月戊申,清汴成(汴河改引洛水,比黄河水清,称为清汴),凡用工四十五日。自任村沙(谷)口至河阴县瓦亭子,并汜水关北通黄河,接运河。长五十一里。两岸为堤,总长一百三里,引洛水入汴。”(《宋史·河渠志》)由于黄河在熙宁十年(1077 年)大水后,河身北移,在大河与广武山之间,留下了宽达七里的退滩,给导洛通汴创造了条件。引洛入汴后,减少了汴河的泥沙淤积,可以四季行流不绝。

元丰四年(1081 年)

河决小吴埽

四月,“小吴埽复大决”。六月,宋神宗向辅臣说:“河之为患久矣,后世以事治水,故常有碍。夫水之趋下,乃其性也,以道治水,则无违其性可也。如能顺水所向,迁徙城邑以避之,复有何患?虽神禹复生,不过如此。”(《宋史·河渠志》)这说明当时皇帝对治河束手无策。

元丰四年至宋哲宗绍圣元年(1081~1094 年)

回 河 东 流

元丰四年,河决澶州小吴埽,注入御河,东流断流,又恢复北流。哲宗即位,“回河东流之议起”。元祐三年(1088 年)户部侍郎苏辙反对回河,他说:“河之性,急则通流,缓则淤淀,既无东西皆急之势,安有两河并行之理?”元祐五年(1090 年)八月,提举东流故道李伟言:“大河自五月后,日益暴涨,始由北京南沙堤第七铺决口,水出于第三、第四铺并清丰口,一并东流。”(《宋史·河渠志》)绍圣元年(1094 年)春,北流断绝,全河之水,东回故道。此为第三次回河。

宋哲宗元符二年(1099年)

东 流 断 绝

六月,“河决内黄口”,东流复断,河又恢复北流,北宋前后回河之争达八十年,至此结束。宋人任伯雨说:河为中国患,已二千年。自古竭天下之力以事河者,莫如本朝。而以人的主观愿望,来改变大河的自然趋势,亦莫如近世为甚。(《宋史·河渠志》)

宋徽宗建中靖国元年(1101年)

宽 立 堤 防

左正言任伯雨提出用遥堤防洪的办法,他说:“盖河流混浊,泥沙相半,流行既久,迤逦淤淀,则久而必决者,势不能变也,或北而东,或东而北,亦安可以人力制哉!为今之策,正宜因其所向,宽立堤防,约拦水势,使不致大段漫流。”(《宋史·河渠志》)

政和七年(1117年)

瀛州沧州河决

是年,“瀛、沧州河决,沧州城不没者三版,民死百余万。”(《宋史·五行志》)

六 金元时期

（1127～1368 年）

北宋灭亡之后，赵构迁都临安(今浙江杭州市)，统治权仅及淮南半壁河山，史称南宋。黄河流域及北方广大地区，处于金人统治之下，我国形成南北对峙的局面。南宋建炎二年(1128年，金天会六年)，东京留守杜充决黄河以阻金兵，黄河从此改道南下夺淮。据《金史·河渠志》记载："金始克宋，……数十年间，或决或塞，迁徙无定"，黄河决口频繁。在十三世纪初，蒙古族勃兴于塞北，成吉思汗于1206年建国，1271年忽必烈定国号为元。元代初期，"岁漕东南粟，由海道以给京师"(《元史·食货志》)。为了在陆上另开一支贯通南北的水道，陆续在今山东、北京近郊开了济州河、会通河和通惠河，使南北大运河全线沟通。元至元十六年(1279年)南宋灭亡。至正四年(1344年)河决白茅口。至正十一年(1351年)贾鲁治河，使决口泛滥七年之久的白茅口一举堵合，黄河回复故道。

金太宗天会六年(1128年)

杜充决河

是年冬,金兵南下,宋东京留守杜充"决黄河,自泗入淮,以阻金兵"。黄河从此南流,经豫、鲁之间,至今山东巨野、嘉祥一带注泗入淮,形成黄河长期夺淮的局面。

金世宗大定八年(1168年)

河决李固渡

六月,"河决李固渡(滑县境),水溃曹州城,分流于单州之境"。当时"新河水六分,旧河水四分。"(《金史·河渠志》)

大定二十七年(1187年)

整饬河防

金世宗下令每年汛期到来时,"令工部官员一员,沿河检视。"以南京府(今开封)、归德府(今商丘)、河南府(今洛阳)、河中府(今永济)等"四府十六州之长贰(府、州正副长官)皆提举河防事,四十四县之令佐,皆管勾河防事……仍敕自今河防官司怠慢失备者,皆重抵以罪。"(《金史·河渠志》)

金章宗明昌五年(1194年)

河决阳武

八月,"河决阳武故堤,灌封丘而东。"(《金史·河渠志》)

泰和二年(1202年)

颁布《河防令》

是年,颁布《河防令》十一条,其中规定"六月一日至八月终"为黄河涨水月,沿河州县官必须轮流进行防守。(《金史·刑志》)

金哀宗天兴三年(1234年)

决黄河寸金淀

"八月朔旦,蒙古兵至洛阳城下立寨,……赵葵、全子才在汴,亦以史嵩之不致馈,粮用不继;蒙古兵又决黄河寸金淀(在今开封城北)之水,以溉南军,南军多溺死,遂皆引师南还。"(《续资治通鉴·宋纪》)河水夺涡入淮。

元世祖至元元年(1264年)

修 复 古 渠

是年,河渠副使郭守敬随同中书左丞张文谦赴中兴路(今宁夏银川)等地,修复古渠汉延、唐徕等正支大小河渠六十八条,灌溉农田九万余顷,人蒙其利,当地为他立生祠于渠上(《国朝文类》),以示敬意。

至元十七年(1280年)

考 察 河 源

据《元史·河源附录》记载:世祖忽必烈派都实考察黄河源,这是我国历史上第一次大规模考察河源。都实一行历时四月到达河源地区,同年冬回到大都(今北京),元人潘昂霄根据都实之弟阔阔出的转述,写成《河源志》一书。

至元十九年至三十年(1282～1293年)

开凿运河

据《元史·河渠志》记载:至元十九年开济宁至安山(在今山东梁山县)的济州河,“河渠长一百五十余里”;至元二十六年(1289年),开安山至临清的会通河,“河长二百五十余里”,沟通了济州河和御河(今卫河),船可由杭州直达通州(今通县);至元二十九年(1292年)春动工,开通州至大都(今北京)的通惠河,“河长一百六十四里”,至元三十年秋完工。至此,由大都往南,跨过黄河、淮河、长江到达江南的南北大运河全线沟通。

至元二十三年(1286年)

河决开封等县

十月,“河决开封、祥符、陈留、杞、太康、通许、鄢陵、扶沟、洧川、尉氏、阳武、延津、中牟、原武、睢州十五处。调南京(今开封)民夫二十万四千三百二十三人,分筑堤防。”(《元史·世祖本纪》)

元成宗大德元年、二年(1297～1298年)

河决蒲口

大德元年“七月丁亥,河决杞县蒲口”(《元史·成宗本纪》);二年“六月,河决蒲口,凡九十六所,泛滥汴梁、归德二郡。”(《元史·五行志》)

元英宗至治元年(1321年)

编著《河防通议》

宋人沈立曾编《河防通议》一书,金代予以增补。是年色目人沙克什根据沈立汴本及金都水监本合编而成,流传至今。本书内分六门,是记述河工具体技术的最早著作。

元惠宗至正四年(1344年)

河决白茅口、金堤

五月,“大雨二十余日,黄河暴溢,水平地深二丈许,北决白茅堤”。六月“又北决金堤……济宁、单州、虞城、砀山、金乡、鱼台、丰、沛、定陶、楚丘、武城(疑为城武)以至曹州、东明、郓城、嘉祥、汶上、任城等处,皆罹水患。”(《元史·河渠志》)

至正十一年(1351年)

贾鲁堵口

四月初四日,元惠宗下诏中外,令贾鲁以工部尚书为总治河防使,堵口治河。是月二十二日鸠工,七月疏凿成,八月决水归故河,九月舟楫通行,十一月水土工毕,诸埽、诸堤成,河乃复故道,南汇于淮又东入于海。贾鲁堵口时采取疏、浚、塞并举的措施,对故河道加以修治。黄河归故后,自曹州以下至徐州河道,史称“贾鲁河”。元翰林承旨欧阳玄撰《至正河防记》一书,详述此次堵口施工过程及主要技术措施。据记载:此次堵口动用军民人夫二十万,疏浚河道二百八十余里,堵筑大小缺口一百零七处,总长共三里多,修筑堤防上自曹县下至徐州共七百七十里;工程费用共计中统钞一百八十四万五千多锭;动用物料:大木桩二万七千根,杂草等七百三十三万多束,榆柳杂梢六十六万多斤,碎石二千船,另有铁缆、铁锚等物甚多。贾鲁堵口工程规模之浩大,为封建时代治河史上所罕见。

七 明　　代

（1368 年～1644 年）

明代前期，黄河大部分时间由河南多支分流夺淮入海，少部分时间由河南东北流至山东寿张穿过大运河入海。隆庆、万历年间，黄河南北堤防全部完成，万恭、潘季驯等力主“筑堤束水，以水攻沙”，黄河河道遂基本归于一流，由河南东流经徐州、清河等地汇淮入海。

由于明代黄河始终与淮河、大运河交织在一起，治河既要保证漕运畅通，又要考虑明帝祖陵的安全，情况错综复杂，治理困难，二百多年中，尽管出了不少著名的治河人物，提出了在历史上有重大影响的治河方略，对治河投入过大量的人力物力财力，黄河依然决溢频繁，灾害严重之程度不亚于前代。

明太祖洪武元年(1368 年)

河 决 曹 州

黄河决于曹州双河口,水入鱼台。当时徐达方北征,为便利军运,开塌场口,引河入泗以济运。[①]

洪武三年(1370 年)

宁夏修汉、唐旧渠

河州卫指挥使兼领宁夏卫事宁正修筑汉、唐旧渠,引河水溉田数万顷。

洪武五年(1372 年)

兰州建黄河浮桥

是年,明将冯胜西征途经兰州,命兰州守御指挥佥事赵祥以巨舟二十四艘横亘于城西黄河之上,供作军用。洪武九年,邓愈进军河西,重建浮桥于兰州城西北,名"镇远桥"。自是以后每年冬撤春建,并设专人管理。

洪武八年(1375 年)

河 决 开 封

正月,河决开封大黄寺堤,明太祖诏河南参政发民夫三万人塞之。

---

① 引自《明史·河渠志》。以下至明末多引自《明史》、《明实录》及《明纪事本末》等书,除个别外不另注明。

耿炳文浚泾阳洪渠堰

明太祖命长兴侯耿炳文浚泾阳洪渠堰，溉泾阳、三原、醴泉、高陵、临潼田二百余里。后至洪武三十一年，洪渠堰坏，复命耿炳文修治，“浚渠十万三千余丈”。

洪武十一年（1378年）

河决兰阳、封丘等地

十月，河决开封府兰阳县，庄稼受灾。十一月，开封府封丘县又“河溢伤稼”。

洪武十四年（1381年）

河决原武、祥符等地

河决原武、祥符、中牟。地方官请兴筑堵口，明太祖以为天灾，仅下谕护堤，未予堵塞。

洪武十五年（1382年）

河决朝邑、荥泽等地

春，河决朝邑。七月，决荥泽、阳武。

僧宗泐路经河源

洪武十三年，高僧宗泐奉明太祖命，领徒三十余人往西域求佛经，是年归国途中路过河源，写了《望河源》诗：“积雪复崇岗，冬夏常一色。群峰让独雄，神君所栖宅。传闻嶰谷篁，造律谐金石。草木尚不生，竹卢疑非的。汉使穷河源，要领殊未得。遂令西戎子，千古笑中国。老客此经过，望之长太息。立马北风寒，回首孤云白”。在诗序中宗泐还记道：“河源出自抹必力赤巴山，番人呼黄河为玛楚，牦牛河为必力处，赤巴者分界也。其山西南之水则流入牦牛河，东北之水是为河源。予西还，宿山中，尝饮其水，番人戏相谓曰：汉人今饮汉水矣。其源东抵昆仑可七、八百里，今所涉处尚三百余里，下与昆仑之水合流，中国相传以为流自昆仑，非也……。”（《列朝诗集·闰集·五十一》）

洪武十七年至三十年（1384～1397年）

黄河连决河南各地

十七年八月，河决开封东月堤，自陈桥至陈留黄水横流数十里。

二十年，河决原武黑洋山。

二十二年，河决仪封（今兰考境），县治徙于白楼村。

二十三年正月，决归德东南凤池口，经夏邑、永城南流，明太祖命兴武等十卫士卒与归德民并力堵塞；八月，河又决于开封。

二十四年四月，河水暴溢，再决原武黑洋山，东经开封城北五里，又东南由陈州、项城、太和、颍上东至寿州正阳镇，全入于淮，贾鲁河故道遂淤。

二十五年，河复决于阳武，泛陈州、中牟、原武、封丘、祥符、兰阳、陈留、通许、太康、扶沟、杞十一州县，明太祖发民丁及安吉等十七卫军士修筑，因其冬大寒，役未成而罢。

二十九年，河决于怀庆等州县。

三十年八月，河复决开封，城三面受水，改作仓库于荥阳高阜。

明成祖永乐二年（1404年）

修筑河南各地堤防

五月，修河南府孟津县河堤。九月，修河南武陟县马曲堤（沁河堤），不久开封城为河水所坏，命发军民修筑。十月，河南黄水溢，帝命城池有冲决者立即修复。永乐三年二月，河决马村堤。帝命司官督民丁修治。永乐四年八月，修河南阳武县堤岸。

永乐七年至八年(1409～1410年)

开封、陈州河决

七年,河水冲塌陈州“城垣三百七十六丈,护城堤二千余丈”。八年,河决开封,“坏城二百余丈”,受灾者“万四千余户”,淹没农田“七千五百余顷”。

永乐九年(1411年)

宋礼修浚会通河

明成祖采纳济宁同知潘叔正的意见,决定修浚会通河,沟通南北漕运,并命工部尚书宋礼、刑部侍郎金纯、都督周长等主持这一工程。

宋礼等到现场勘察后,接受汶上老人白英的献策,在汶水下游东平戴村筑一新坝,截汶水流至济宁以北的南旺。这里地势最高,为“南北之脊”,汶水引至此地后分流南北,“南流接徐邳者十之四,北流达临清者十之六”(《明史·宋礼传》),巧妙地解决了行水不畅的问题。为使会通河水有所控制,便于行船,宋礼等又在元代旧闸的基础上“相地置闸,以时蓄泄”,改建、新建了一些闸门,使会通河节节蓄水,适应了通航的需要。工程总计征发山东及徐州、应天、镇江民三十万,二百天完成。

会通河开通后,宋礼等又在山东境内自汶上袁家口至寿张沙湾之间开新河,将会通河道东移五十里;在河南境内疏浚祥符鱼王口至中滦下二十余里黄河古道,自封丘荆隆口引河水“下鱼台塌场,会汶水,经徐、吕二洪南入于淮”,接济运河水量。至此,南起杭州,通过江南运河、淮扬诸湖、黄河、会通河、卫河、白河、大通河,北达京师以东大通桥,全长三千余里的大运河全部通运,为此后数百年的南北水运交通奠定了基础。

永乐十六年(1418年)

河南黄河继续决溢成灾

十月,河南黄河溢,“决埽座四十余丈”。此后,三十年中在河南有十二年发生决溢，多次淹及数州县至十州县，灾情严重。

明宣宗宣德三年（1428年）

宁夏灵州河患

宁夏河患，“（灵州）城湮于河水，又去旧城东北五里筑之”。

宣德六年（1431年）

浚封丘荆隆口河道

二月，浚荆隆口，引河达徐州以便漕运。

明英宗正统二年（1437年）

修筑阳武等县河堤

筑阳武、原武、荥泽等县河堤。

河决范县

阳武等县筑堤后，河又决濮州范县。

正统四年（1439年）

宁夏修浚古渠

宁夏境鸣沙州七星、汉伯、石灰三渠久塞，巡抚都御史金濂发动四万民夫对渠道进行疏浚，“溉芜田千三百余顷”。

正统十三年(1448年)

王永和奉命治河

五月,河水泛涨,冲决陈留金村堤及黑潭南岸。七月,河决河南新乡八柳树,漫流山东曹州、濮州,抵东昌,坏沙湾堤。同时荥泽孙家渡也决口,河水东南漫流原武、开封、祥符、扶沟、通许、洧川、尉氏、临颍、郾城、陈州、商水、西华、项城、太康十数州县,“没田数十万顷”。

八柳树决口后,漕运受阻,朝廷命工部侍郎王永和主持其事。永和至山东修沙湾堤工未成,以冬寒停役。次年正月,河复决聊城,三月王永和浚原武黑洋山、西湾,引水由太黄寺接济运河,修筑沙湾堤大半而不敢尽塞,置分水闸,设三孔放水,自大清河入海,且设分水闸二孔于沙湾西岸,以泄上流。朝廷从王之请,八柳树决口暂停堵塞,治河未竟全功。

宁夏河决汉、唐二坝

七月,宁夏大水,河决汉、唐二坝。

明代宗景泰四年(1453年)

徐有贞治河

王永和治河之后,又命洪英、王暹、石璞等治河,均未成功。沙湾一度塞而复决。

是年十月,朝廷命徐有贞为佥都御史,专治沙湾,徐提出了治河三策。廷议批准后,他首先“逾济、汶,沿卫、沁,循大河,道濮、范”,对地形水势进行了勘察。接着,“设渠以疏之,起张秋金堤之首,西南行九里至濮阳泺,又九里至博陵陂,又六里至寿张之沙河,又八里至东西影塘,又十有五里至白岭湾,又三里至李堆,凡五十里。由李堆而上二十里至竹口莲花池,又三十里至大伾潭。乃逾范及濮,又上而西,凡数百里,经澶渊以接河、沁,筑九堰以御河流旁出者,长各万丈,实之石而键以铁”。至景泰六年七月,治河工程告竣,“沙湾之决垂十年,至是始塞。”从此,“河水北出济漕,而阿、鄄、曹、郓间田出沮洳者数十万顷”,漕运也得以恢复。

景泰七年至明英宗天顺四年(1456～1460年)

河续决开封等地

徐有贞治河后,当年黄河又决开封府高门堤。景泰七年,再决开封。天顺元年、二年、四年,开封等地连年决溢。

天顺五年(1461年)

开封、兰州黄河决溢

七月,黄河决于开封,"城中水丈余,坏民舍过半","军民溺死无算"。同月,上游兰县(今兰州)黄河水溢。

明宪宗成化元年(1465年)

项忠修郑、白旧渠

天顺八年,都御史项忠建议修陕西泾阳郑、白旧渠。成化元年,得到朝廷批准,集泾阳、三原、醴泉、高陵、临潼五县民,穿小龙山、大龙山,开凿渠道。未几,项忠还朝,工程停顿。成化四年,项又至陕,督工修成,并命渠为"广惠渠"。此工后又陆续进行,直到成化十八年(1482年)才由副都御史阮勤完成,"溉五县田八千余顷"。

成化七年(1471年)

专设总理河道之职

朝命王恕为工部侍郎总理河道。《明史·河渠志》称:"总河侍郎之设,自恕始也。"

成化十八年(1482 年)

沁河发生特大洪水

六月十八日,黄河下游重要支流沁河发生特大洪水。根据山西阳城县河头村沁河渡口左岸指水碑(1941 年为日军所毁)及该渡口以下约二十里的九女台石壁刻字"成化十八年河水至此"的高程估算,这次洪水在此处约为14000 立方米每秒。

成化二十一年(1485 年)

平凉一带引泾开渠

甘肃平凉、泾川一带利用泾水及其支流,开大小引水渠道六十二条,长二百余里。渠道最深"达十五、六尺",最宽者"六、七尺",命名为"利民渠"。完工后,"可灌田三千顷有奇。"

明孝宗弘治二年(1489 年)

白 昂 治 河

五月,黄河大决于开封及封丘荆隆口,郡邑多被害,有人主张迁开封以避其患。九月,命白昂为户部侍郎修治河道,赐以特敕令会同山东、河南、北直隶三巡抚,自上源决口至运河,相机修筑。弘治三年正月,白昂察勘水势,"见上源决口,水入南岸者十三,入北岸者十七。南决者,自中牟杨桥至祥符界分为二支:一经尉氏等县,合颍水,下涂山,入于淮;一经通许等县,入涡河,下荆山,入于淮。又一支自归德州通凤阳之亳县,亦会涡河,入于淮。北决者自阳武、祥符、封丘、兰阳、仪封、考城,其一支决入荆隆等口,至山东曹州,冲入张秋漕河。去冬水消沙积,决口已淤,因并为一大支,由祥符翟家口合沁河,出丁家道口,下徐州"。根据此种情况,他建议"在南岸宜疏浚以杀河势","于北流所经七县筑为堤岸,以卫张秋"。朝廷同意后,他组织民夫二十五万"筑阳武长堤,以防张秋,引中牟决河……以达淮,浚宿州古汴河以入泗”，又浚睢河以会漕河，疏月河十余以泄水，并塞决口三十六处，使河“流入汴，汴入睢，睢入泗，泗入淮，以达海”。

弘治六年(1493年)

刘大夏治张秋决河

白昂治河后二年，黄河又自祥符孙家口、杨家口、车船口和兰阳铜瓦厢决为数道，俱入运河，形势严重。是年二月，以刘大夏为副都御史，治张秋决河。刘大夏经过查勘，参考巡按河南御史涂升提出的重北轻南、保漕为主的治河意见，于弘治七年五月采取了遏制北流、分水南下入淮的方策，一方面在张秋运河“决口西南开月河三里许，使粮运可济”；另一方面又“浚仪封黄陵冈南贾鲁旧河四十余里”，“浚孙家渡，别凿新河七十余里”，并“浚祥符四府营淤河”，使黄河水分沿颍水、涡河和归徐故道入淮，最后于十二月堵塞张秋决口。为纪念这一工程，明孝宗下令改张秋镇为安平镇。

在疏浚南岸支河、筑塞张秋决口之后，刘大夏复堵塞黄陵冈及荆隆等口门七处。并在黄河北岸修起数百里长堤，“起胙城(今延津县境)，历滑县、长垣、东明、曹州、曹县抵虞城，凡三百六十里”，名太行堤。西南荆隆口等处也修起新堤，“起于家店，历铜瓦厢，东抵小宋集，凡百六十里”。从此筑起了阻挡黄河北流的屏障，大河“复归兰阳、考城分流，经徐州、归德、宿迁，南入运河，会淮水东注于海”。

弘治十三年(1500年)

河南归德连续决口

弘治十一年，河决归德小坝子等处，经宿州、睢宁由宿迁小河口流入漕河。小河口北抵徐州，河道浅阻，影响漕运。管河工部员外郎谢缉请亟塞归德决口，遏黄水入徐州以济漕运。十三年，归德丁家道口上下河决“十有二处，共阔三百余丈，而河淤三十余里”。河南巡按都御史郑龄奉命修筑丁家道口上下堤岸。

明武宗正德四年(1509年)

黄河河道北徙

刘大夏治河后，河道主流由亳州凤阳至清河口通淮入海。弘治十八年(1505年)河忽北徙三百里，至宿迁小河口，正德三年(1508年)又北徙三百里至徐州小浮桥。是年六月，又北徙一百二十里，至沛县飞云桥，汇入漕河。此时南河故道淤塞，黄水北趋单、丰之间，河窄水溢，冲决黄陵冈、尚家等口，曹、单间田庐多淹没，丰县城郭被围。后经工部侍郎崔岩、李镗相继治理，均未奏效。李镗建议筑堤三百余里以障河北徙，旋因所谓“盗起”，堤工作罢，曹、单间河害日甚。

明世宗嘉靖五年(1526年)

南流北流之议纷起

自黄陵冈决口后，开封以南无河患，徐、沛诸州县河徙不常，严重影响漕运。是年，督漕都御史高友玑请浚山东贾鲁河、河南鸳鸯口，分泄水势。大学士费宏、御史戴金、刘栾、督漕总兵官杨宏等屡请疏通涡河、贾鲁河，使“趋淮之水不止一道”，以减徐、沛一带水患。章拯于是年冬出任总河，亦屡以为言。廷议后，认为浚贾鲁故道，开涡河上源，功大难成，未可轻举。嘉靖六年，章拯再议引水南流，未及兴工而“河决曹、单、城武等地”，“冲入鸡鸣台，夺运河，沛地淤填七、八里，粮艘阻不进”。章罢职，以盛应期为总督河道右都御史。此时，光禄少卿黄绾建议，导河使北，至直沽入海；詹事霍韬以为宜于河阴、原武、怀、孟间，审视地形，引河水注于卫河，至临清、天津入海；左都御史胡世宁主张在河南因故道而分其势，择利便者开浚一道，以泄下流；兵部尚书李承勋也提出与胡世宁相类似的建议。经过讨论，嘉靖七年正月盛应期奏上，请按胡世宁策进行：一方面“于昭阳湖东改为运河”，一方面“别遣官浚赵皮寨、孙家渡、南北溜沟以杀上流，堤城武迤西至沛县南，以防北溃”。至嘉靖八年六月，单、丰、沛三县长堤成。九年五月，孙家渡河堤成。不久，河决曹县，分为数支。自此，除鱼台仍有决溢外，丰、沛一带河患稍息。

嘉靖十三年(1534年)

刘天和治河

刘天和以都察院右副都御史总理河道。就任不久,河决赵皮寨入淮,谷亭流绝,运道受阻。刘天和发民夫十四万疏浚,尚未奏功,河又自夏邑大丘、回村等集冲数口转向东北,流经萧县,下徐州小浮桥。为研究治河对策,天和亲自沿河勘察,并分遣属吏循河各支,沿流而下,直抵出运河之口,逐段测量深浅广狭。针对当时情况,天和上言:"黄河自鱼、沛入漕河,运舟通利者数十年,而淤塞河道,废坏闸座,阻隔泉流,冲广河身,为害亦大。今黄河既改冲从虞城、萧、砀下小浮桥,而榆林集、侯家林二河分流入运者,俱淤塞断流,利去而害独存,宜浚鲁桥至徐州二百余里之淤塞"。朝廷同意了他的建议,嘉靖十四年春对河、运进行了一次全面治理,"计浚河三万四千七百九十丈,筑长堤、缕水堤一万二千四百丈,修闸座一十有五、顺水坝八,植柳二百八十余万株"。工程完成后,"运道复通,万艘毕达",取得显著效果。

刘天和治河在疏浚河、运淤积,修筑堤防,加强工程管理等方面,因地制宜采取各种不同措施。而且还主张"筑缕水堤以防冲决,置顺水坝以防漫流","施植柳六法,以护堤岸","浚月河以备霖潦,建减水闸以司蓄泄",制定了比较严密的防护措施。

刘天和著有《问水集》一书,对黄河演变概况及河道变迁原因有较详的记述和分析,并且较全面地总结了前人河防施工和管理的经验,是明代中后期的重要治黄著作。

嘉靖十九年(1540年)

河决野鸡冈夺涡入淮

黄河南徙,决野鸡冈,由涡河经亳州入淮,旧决口俱塞,河患移至凤阳等沿淮州县,甚至议迁五河、蒙城县治以避水。次年五月以兵部侍郎王以旗督理河道,与因决口受"降俸戴罪"处分的总河副都御史郭持平共同主持河道治理。二十一年春,王等"浚孙继口及扈运口、李景高口三河,使东由萧县、砀山入徐济运"。秋,复于孙继口外别开一渠泄水,以济徐州以下漕运,前后历经八月，工程告成。

嘉靖二十二年(1543年)

周用倡沟洫治河议

周用总理河道，倡沟洫治河之议。他认为："治河垦田，事实相因，水不治则田不可治，田治则水当益治，事相表里，若欲为之，莫如所谓沟洫者耳"。"夫天下之水，莫大于河。天下有沟洫，天下皆容水之地，黄河何所不容？天下皆修沟洫，天下皆治水之人，黄河何所不治？水无不治，则荒田何所不垦？一举而兴天下之大利，平天下之大患！"

嘉靖二十六年(1547年)

河 决 曹 县

秋，河决曹县，水入城二尺，漫金乡、鱼台、定陶、城武，冲谷亭，灾害甚重。

嘉靖三十一年(1552年)

河 决 徐 州

九月，河决徐州房村集，至邳州新安，运道淤阻五十里。总河副都御史曾钧率众疏浚，工程未完而"水涌复淤"。曾钧及侍郎吴鹏"奏请急筑浚草湾、刘伶台，建三里沟，迎纳泗水清流；且于徐州以上至开封浚支河一、二，令水分杀"。冬，工程完工。

嘉靖三十四年(1555年)

陕西华州发生强烈地震

十二月十二日，陕西华州一带发生强烈地震，波及陕西、山西、河南千余里，“渭南、华州、朝邑、三原、蒲州等处尤甚。或地裂泉涌，中有鱼物，或城郭房屋陷入地中，或平地突出山阜”，“河、渭大溢，华岳终南山鸣，河清数日，官吏、军、民压死八十三万有奇”。永济县“黄河堤岸、庙宇尽崩坏，河水直与岸平”。据《中国地震目录》第一册称，这次地震烈度为11，震级8级。

嘉靖三十七年(1558年)

河再决曹县

七月，曹县新集决。黄河由此“趋东北段家口，析而为六：曰大溜沟、小溜沟、秦沟、浊河、胭脂沟、飞云桥”。“又分一支由砀山坚城集下郭贯楼，析而为五：曰龙沟、母河、梁楼沟、杨氏沟、胡店沟”。自是以后，“河忽东忽西，靡有定向”，河道紊乱异常。

嘉靖四十四年(1565年)

朱衡开新河

七月，河决沛县，上下二百里运道俱淤。全河逆流，自沙河至徐州以北，至曹县棠林集而下，北分二支：南流者绕沛县戚山杨家集，入秦沟至徐；北流者绕丰县华山东北由三教堂出飞云桥。又分而为十三支，或横绝，或逆流入漕河，至湖陵城口，散漫湖坡，达于徐州，浩渺无际。面对严重的河变形势，朝廷命朱衡为工部尚书兼理河漕，并命潘季驯为佥都御史总理河道。

朱衡巡视决口后，认为“旧渠已成陆”，不宜恢复；三十余年前盛应期开凿的新运河“故迹尚在”，可以继续开浚。潘季驯则主张复留城以上黄河故道，反对开新运河。派往工地勘察河工的工科给事中何起鸣主张“宜用衡言开新河，而兼采季驯言，不全弃旧河”。朱衡在上皇帝的奏疏中，再次分析了各河道的利弊，建议：“广开秦沟，使下流通行，修筑南岸长堤以防奔溃，可以苏鱼、沛昏垫之民。”

朝廷采纳了朱衡的主张。次年，朱衡“开鱼台南阳抵沛县留城百四十余里，而浚旧河自留城以下，抵境山茶城五十余里，由此与黄河会。又筑马家桥堤三万五千二百八十丈，石堤三十里，遏河之出飞云桥者，趋秦沟以入洪”。经过这一治理，黄水不再东侵，漕运复通。

嘉靖四十五年(1566 年)

兰州创制天车提黄河水灌田

兰州人段续曾任云南御史,回乡后仿西南各省用竹筒车提水灌溉之例,于是年在兰州广武门外改造成木质天车,提河水灌田,成效显著,人称老虎车。后沿岸竞相仿制,至民国33年甘肃沿河永靖、皋兰、榆中、靖远、景泰五县天车灌田近10万亩。

明穆宗隆庆五年(1571 年)

河连决沛县、邳州等地

隆庆三年至五年,黄河接连决口。三年七月,决沛县,徐州一带俱受其害,漕船阻于邳州不能进。四年九月河决邳州,自睢宁白浪浅至宿迁小河口,“淤百八十里,粮艘阻不进”。五年四月,自灵璧双沟而下,“北决三口,南决八口,支流散溢,大势下睢宁出小河,而匙头湾八十里正河悉淤。”

隆庆四年八月,潘季驯以右副都御史复起总理河道,并受权提督军务。就任后河决邳州,季驯力主复故道。五年南北大决后,潘征“丁夫五万,尽塞十一口,且浚匙头湾,筑缕堤三万余丈”,故道得以恢复。后因“漕船行新溜中多漂没”,被劾解职。

隆庆六年(1572 年)

汉、唐渠以石建闸

佥事汪文辉将宁夏汉、唐二坝易木为石,坝之旁置减水闸。此为宁夏以石建闸之始。

万 恭 治 河

正月,万恭以兵部左侍郎兼右佥都御史总理河道。就任后,对黄河、运河作了实地考察,并与奉命经理河工的尚书朱衡一起,大修徐州至邳州的河堤,四月"两堤成,各延袤三百七十里"。同时他还组织力量修丰、沛大堤,筑"兰阳县赵皮寨至虞城县凌家庄南堤二百二十九里",加强了黄河堤防。

万恭在职期间认真地总结了当时的治河实践经验,对黄河特点和治河措施提出了不少精辟见解,于万历元年著成《治水筌蹄》一书。他在书中根据虞城生员的建议,论证了黄河水沙运行冲淤关系,创造性地总结出筑堤束水冲沙深河的经验,指出:"河性急,借其性而役其力,则可浅可深,治在吾掌耳。法曰:如欲深北,则南其堤,而北自深。如欲深南,则北其堤,而南自深。如欲深中,则南北堤两束之,冲中坚焉,而中自深。此借其性而役其力也"。书中还记述了当时已实行的黄河飞马报汛制度:"黄河盛发,照飞报边情摆设塘马,上自潼关,下至宿迁,每三十里为一节,一日夜驰五百里,其行速于水汛。凡患害急缓,堤防善败,声息消长,总督者必先知之,而后血脉贯通,可从而理也。"

万恭任总河之职约二年余,对防汛管理和施工都有一套较成熟的办法。他对黄河水沙关系的认识早于潘季驯,可称我国"束水攻沙"论的先驱。

明神宗万历六年(1578年)

潘季驯第三次出任总河

万历元年以后,河患连年不断。元年,河决房村。二年,淮、河并溢。三年,河决砀山及邵家口、曹家庄、韩登家等处;桃园崔镇大堤也决,清江正河淤淀。四年,河决韦家楼,又决沛县和丰、曹等县,丰、沛、徐州、睢宁、金乡、鱼台、单、曹等州县"田庐漂溺无算,河流啮宿迁城"。五年,河复决崔镇,宿、沛、清、桃两岸堤防多坏,黄河日形淤垫,形势严重。六年二月,经首辅张居正推荐,潘季驯以都察院右都御史兼工部左侍郎总理河漕兼提督军务的头衔,第三次肩负起治河重任。

万历六年四月,潘季驯抵达淮安,旋即与督漕侍郎江一麟沿河巡视决口及工程情况,对黄、淮、运进行全面考察研究,向朝廷提出了有名的《两河经略疏》,建议"塞决口以挽正河","筑堤防以杜溃决","复闸坝以防外河","创滚水坝以固堤岸","止浚海工程以省糜费","寝开老黄河之议以仍利涉"。朝议采纳了他的主张,各项工程陆续展开。至七年十月,河工完成,计"筑高家堰堤六十余里、归仁集堤四十余里、柳浦湾堤东西七十余里,塞崔镇等决口百三十,筑徐、睢、邳、宿、柳、清两岸遥堤五万六千余丈,砀、丰大坝各一道,徐、沛、丰、砀缕堤百四十余里，建崔镇、徐升、季泰、三义减水石坝四座，迁通济闸于甘罗城南，淮、扬间堤坝无不修筑。费帑金五十六万有奇。”

潘季驯这次治河取得显著成效。八年秋，升南京兵部尚书。《明史·河渠志》称：“高堰初筑，清口方畅，流连数年，河道无大患。”

万历十六年(1588 年)

潘季驯四任总河

潘季驯第三次治河后，河患少息。万历十三年后，堤防逐渐废弛，决口日渐发生，至十五年，封丘、东明、长垣屡被冲决，上下普遍告急。十六年五月，经朝臣多人交章推荐，潘季驯第四次总理河道。

潘季驯于是年五月复任总河，六月初一日抵达淮安，初二正式视事。他首先以两月时间对黄、淮、运的堤防、闸坝作了详细调查，提出了加强河防工程的全面计划。他认为当前的主要任务是加强堤防修守，除在《申明修守事宜疏》中提出了加强堤防的八项措施外，在其后的二年中对上自河南武陟、荥泽，下至淮安以东的堤段普遍进行了创筑、加高或培修。仅在徐州、灵璧、睢宁、邳州、宿迁、桃源、清河、沛县、丰县、砀山、曹县、单县等十二州县修筑的“遥堤、缕堤、格堤、太行堤、土坝等工程共长十三万多丈”；在河南荥泽、原武、中牟、郑州、阳武、封丘、祥符、陈留、兰阳、仪封、睢州、考城、商丘、虞城、河内、武陟等十六州县所筑“遥、月、缕、格等堤和新旧大坝长达十四万多丈”。至此，从河南荥泽至淮安以东靠近云梯关海口的黄河两岸，都修了堤防，河道乱流的局面基本结束。尽管此后仍不时决溢，但黄河下游经由郑州、开封、商丘、徐州、安东入海的河道一直维持了二百余年。

万历十九年(1591 年)

《河防一览》刊印成书

万历十八年，潘季驯在第四次治河之际，辑成《河防一览》一书，系统地记述他的治河基本思想和主要措施。全书共分十四卷：卷一搜集了皇帝的敕谕和黄河图说，卷二编入了他的治河主张《河议辩惑》，卷三记述了《河防险要》，卷四收录了他制定的《修守事宜》，卷五为《河源河决考》，卷七至十二为潘氏的治河奏疏,卷六及十三、十四为他人的有关奏疏及奏议。万历十九年,于慎行作序的刊本问世,清乾隆时又出了何煟的校刊本。由于此书对我国十六世纪前治理多沙河流的经验作了全面总结,三百多年来一直受到水利史研究者和治黄工作者的重视。

万历二十四年(1596 年)

杨一魁分黄导淮

潘季驯去职后,分黄导淮之议兴起。万历二十一年春,工科给事中张贞观建议:“开归、徐达小河口,以救徐、邳之溢,导浊河入小浮桥故道,以纾镇口之患”。不久,黄河决于单县黄堌,分为二支:“一由徐州出小浮桥,一由旧河达镇口闸,邳城陷水中”。二十三年二月,杨一魁以工部尚书兼都察院右副都御史出任总理河道,经过分析研究,他和查勘河道的礼科给事中张企程一起,共同提出“分杀黄流以纵淮,别疏海口以导黄”的建议。万历二十四年,杨一魁组织民夫二十万人,于桃源县开黄河坝新河,起黄家嘴,至安东五港、灌口,长三百余里,分泄黄水入海,并辟清口沙七里,建武家墩、高良涧、周家桥石闸,泄淮水三道入海,且引其支流入江。十月工程竣工,泗陵水患平,淮扬稍安。

杨一魁虽然暂时挽救了明祖陵的淹没危机,但由于坚持分黄思想,不堵单县黄堌口,致徐州以下运道干涸,漕运受阻。万历二十五年四月,黄堌口门扩大,溢夏邑、永城,由宿州符离桥出宿迁新河口入大河,“小浮桥水脉微细,二洪告涸,运道阻涩”。尽管后来曾大挑李吉口,并采取其他一些措施,至二十七年,李吉口仍然“淤淀日高,北流遂绝”;“赵家圈亦日就淤塞,徐邳间三百里河水尺余,粮艘阻塞”。二十九年秋,开、归一带大水,河涨商丘,决萧家口,全河尽南注,“奔溃入淮,势及陵寝”。议者以不塞黄堌口归罪于杨一魁,皇帝震怒,贬杨一魁为民,分黄导淮宣告失败。

万历二十八年(1600 年)

袁应泰大修广济渠

河南引沁灌区是黄河流域古老灌区之一,明代称广济渠,曾多次整修。

万历二十八年，袁应泰任河内令时，旱灾严重，袁在全境进行了广泛调查之后，认为要使灌区充分发挥作用，广济渠非修石口不可，于是会同济源令史记言，发动两县上万民众，循枋口之上凿山开洞修渠，经过三年努力，终于凿透石山，自北而南建成“长四十余丈、宽八丈”的输水洞，随后又以二年时间砌桥闸、安装铁索滑车，疏通渠系，开排洪道，建成了可灌济源、河内、温县、武陟“民田数千顷”的灌区。

万历三十年(1602年)

河州黄河见底

闰二月，甘肃河州(今甘肃临夏)一带“黄河水干见底”。

万历三十一年(1603年)

李化龙开泇避黄

四月，李化龙以工部右侍郎总理河道。不久，河大决单县苏家庄及曹县缕堤，又冲沛县四铺口太行堤，灌昭阳湖，入夏镇横冲运道。李鉴于形势严重，主张在前人的基础上，继续开泇河，避黄通漕。建议得到批准后，于次年组织人力施工，至八月全线基本竣工，尾工由后任总河曹时聘于万历三十三年完成。从此，酝酿多年的运河新线终于通航，可避三百三十里黄河之险。万历三十二年，通过泇河的漕船已占三分之二，次年达八千余艘，漕运得到改善。

万历三十三年(1605年)

曹时聘大疏朱旺以下河道

万历三十二年，李化龙丁忧，朝廷以曹时聘为工部侍郎总理河道。是年秋，河决丰县，由昭阳湖穿李港口，出镇口，上灌南阳，单县决口复溃，鱼台、济宁间平地成湖。三十三年，曹时聘亲临曹、单，“上视王家口新筑之坝，下视朱旺口北溃之流”后，主张疏浚朱旺以下河道。朝廷批准了他的意见，是年十一月征夫五十万开工，三十四年四月工成，自朱旺达小浮桥长百七十里，“渠广堤厚，河归故道”。

万历四十四年(1616年)

徐州上下接连溃决

万历三十四年后，黄河在徐州上下连续溃决：三十四年六月，决萧县郭暖楼人字口；三十五年，决单县；三十九年六月，决徐州狼矢沟；四十年九月，“决徐州三山，冲缕堤二百八十丈、遥堤百七十余丈”；四十二年，决灵璧陈铺；四十四年五月，“复决狼矢沟，由蛤鳗、周柳诸湖入泇河”。时皇帝长期不理朝政，河臣奏报多不批。四十二年总河刘士忠死后，三年不补总理河道，河事日益败坏。

万历四十七年(1619年)

河决河南阳武

九月，河决阳武脾沙冈，由封丘至考城，复入旧河。

明熹宗天启二年(1622年)

灵州河大决

灵州河大决，河东兵备张九德建石堤御河，岁省工役无数。

天启六年(1626年)

徐州、淮安一带连年泛滥

天启元年，河决灵璧双沟、黄铺，由永姬湖出白洋、小河口，仍与黄会，故道涸。总河侍郎陈道亨堵塞。是年黄、淮暴涨，山阳里外河及清河决口，水灌淮安城，街市行舟，许久方堵塞。

天启三年，徐州青田大龙口决，徐、邳、灵、睢一带河道并淤，“吕梁城南隅陷，沙高平地丈许，双沟决口亦满，上下百五十里悉成平陆。”

天启四年六月，徐州奎山堤决，“城中水深一丈三尺”。后“迁州治于云龙”以避水患。

天启六年七月，河又决淮安。水逆流入骆马湖，灌邳、宿等县。

明毅宗崇祯二年(1629 年)

河决曹县、睢宁

春，河决曹县十四铺口。四月，决睢宁，至七月中，睢宁城为水所淹，总河李若星“请迁城避之，而开邳州坝泄水入故道，且塞曹家口、匙头湾，逼水北注，以减睢宁之患。”

崇祯四年(1631 年)

河决原武、封丘等地

夏，河决原武胡村铺、封丘荆隆，“败曹县塔儿湾太行堤”。淮安一带六月黄、淮交涨，海口壅塞，河决建义诸口，下灌兴化、盐城，“水深二丈，村落尽漂没”。至崇祯七年，决口始塞。

崇祯五年(1632 年)

孟津及泗州等地河水泛滥

六月，河决孟津。

八月，黄河漫涨，泗州、虹县、宿迁、桃源、沭阳、赣榆、山阳、清河、邳州、盱眙、临淮、高邮、兴化、宝应诸州县尽为淹没。

崇祯八年(1635年)

总河刘荣嗣等获罪

总河刘荣嗣创挽河之议，起宿迁至徐州，别凿新河，引黄水注其中，以通漕运。"计工二百余里、金钱五十万"。新河成后，因河底多沙，黄水引入后，水流迅急，沙随水下，河道淤浅，行舟更为困难。刘强逼漕舟入新河，不同意者"绳以军法"。巡漕御史倪于义等相继提出弹劾，刘荣嗣被朝廷逮捕问罪，发现施工时曾贪污，父子皆死狱中。

在此前后，总河李若星"以修浚不力罢官"；总河朱光祚"以建义、苏嘴决口"被逮捕，后也死于狱中。

崇祯十四年(1641年)

沿河连年大旱

崇祯元年至三年、六至九年、十一至十四年，沿河各省多年连续发生大旱灾。陕西、山西、河南、畿南、山东赤地千里，榆林、靖边一带"民饥死者十之八九，人相食，父母子女夫妻相食者有之，狼食人三、五成群"。不少地方"树皮食尽"，"行人断绝"。幸存的农民到处起义，震撼了明王朝的统治。

崇祯十五年(1642年)

开封为黄水沦没

四月，李自成起义军围开封城。六、七月间，明守军掘朱家寨河堤，企图水淹敌方；李自成反"决马家口以陷城"。当时因水量较小，未达目的。九月十四日，黄河水涨，"水头高丈余，坏曹门而入，南北门、东门相继沦没"。城内"举目汪洋，抬头触浪，其存者仅钟鼓二楼、周王紫禁城、郡王假山、延庆观，大城止存半耳。"

开封城解围后，崇祯帝命工部侍郎周堪赓主持堵口。次年正月，周上奏皇帝的《河工情形疏》称："臣泛小艇上下周流探看，得河之决口有二：一为朱家寨，宽二里许，居河下流，水面宽而水势缓；一为马家口，宽一里余，居河上游，水势猛厉，深不可测。上下两口相距三、四里”。经周组织人力抢修，朱家寨口于二月二十七日堵塞，马家口于十一月初六日合龙，黄河仍沿旧道东流，经归德、徐州，南下汇淮入海。

八 清　　代

（1644～1911 年）

清代黄河基本上仍沿明末的流路，由河南商丘东流，经徐州至清河汇淮入海。由于治河官员多遵循潘季驯提出的“筑堤束水”方略，有决必堵，汇淮入海的河道继续维持了二百年以上。1855年，黄河在河南兰阳县(今兰考县)铜瓦厢决口，时清廷正忙于镇压太平天国起义，久拖未堵，黄河遂改道向东北流，至张秋穿过运河，在山东利津附近注入渤海，结束了黄河南流夺淮七百年的局面。

清代经历时间长，政权比较稳定，对治河相当重视。河督位高权重，治河机构完备，堵口修防不惜巨资，这都是以往历代所不及的。不过由于科学技术和社会条件的限制，特别是长期坚持锁国政策，忽视了对外的开放交流，治河仍沿用传统的老一套办法，没有多大进展。因而终清一代，河患之频繁仍然史不绝书，触目惊心！

清世祖顺治元年(1644年)

河决温县等地

秋,河决温县。又决北岸小宋口、曹家寨等地,河水漫曹、单、金乡、鱼台四县。①

杨方兴出任河督

七月,杨方兴任河道总督,驻济宁。

顺治二年(1645年)

河决考城等地

夏,河决考城,又决王家园。

七月,河决曹县流通集,下游徐、邳、淮、扬也多处冲决。

顺治五年(1648年)

河决兰阳

河决河南兰阳。

---

① 引自《清史稿》。以下多引自此书及《行水金鉴》、《续行水金鉴》、《再续行水金鉴》等书。个别条目出于他书,不一一注明。

顺治七年(1650年)

河决封丘荆隆

八月,河决封丘荆隆及祥符朱源寨,水全注北岸,张秋以下堤尽溃,自大清河入海。九年荆隆决口堵塞。

顺治九年(1652年)

封丘、祥符、邳州河决

河决封丘大王庙,冲毁县城,水由长垣趋东昌,坏安平堤。又决邳州及祥符朱源寨。

大王庙决口后,杨方兴发民夫数万治河,旋筑旋决,至十三年始塞,“费银八十万两。”

顺治十四年(1657年)

河决祥符、陈留

河决祥符槐疙疸,随即堵塞。又决陈留孟家埠。

顺治十五年(1658年)

河决山阳、阳武

河决山阳柴沟、姚家湾,旋塞。不久复决阳武慕家楼。

顺治十七年(1660年)

河决陈留、虞城

河决陈留郭家埠、虞城罗家口,随即堵塞。

清圣祖康熙元年(1662年)

河决原武、祥符等地

黄河大水,原武、祥符、兰阳县境均决口,东溢曹县,复决石香炉村。河道总督朱之锡命济宁道主持曹县堵口,自己亲赴河南堵塞西阎寨、单家寨、时和驿、蔡家楼等口。

康熙二年(1663年)

河 决 睢 宁

河决睢宁武官营及朱家营。

康熙三年(1664年)

河决杞县、祥符

河决杞县及祥符阎家寨,再决朱家营。不久即堵塞。

康熙四年(1665年)

河决河南及安东等地

四月,河南河决,灌虞城、永城、夏邑,又决安东茆良口。十年,茆良口塞。

康熙六年(1667 年)

河决桃源、萧县

河决桃源烟墩、萧县石将军庙,次年塞。

康熙七年(1668 年)

河再决桃源

河又决桃源黄家嘴,塞而复决,沿河州县多受水患。黄河下流既阻,水势尽注洪泽湖。当年冬,明珠等奉命视察海口,开天妃、石闼、白驹等闸。

康熙八年(1669 年)

河决清河

河决清河三汊口,又决清水潭。巡盐御史季棠交章劾河道总督杨茂勋失职,朝廷下令免去其河督职务。

康熙九年(1670 年)

河决曹县、单县

河决曹县牛市屯,又决单县谯楼寺,清河县城被淹。

宁夏河溢

宁夏河溢,灵州南关居民区全部被淹。

康熙十年(1671 年)

萧县、清河黄河溢决

春，河溢萧县。六月，决清河五堡、桃源陈家楼，八月又决七里沟。河道总督王光裕恢复潘季驯所建崔镇坝等三坝，移季太坝于黄家嘴，以分杀水势。

康熙十一年(1672 年)

河决萧县、邳州等地

秋，决萧县两河口、邳州塘池旧城，又溢虞城，康熙帝遣学士郭廷祥等查勘水势。

康熙十三年(1674 年)

河 决 桃 源

河决桃源新庄口及王家营。

康熙十四年(1675 年)

河决徐州、宿迁等地

河决徐州潘家塘、宿迁蔡家楼，又决睢宁花山坝，灌清河县城，民多流离失所。

康熙十五年(1676 年)

河决宿迁、清河等地

夏,河倒灌洪泽湖,高堰决口三十四处。当年又决宿迁白洋河、于家冈,清河张家庄、王家营、二铺口,山阳罗家口。

康熙十六年(1677 年)

靳辅出任河督

二月,河督王光裕撤职查问,以安徽巡抚靳辅接任河道总督。三月,康熙帝赐靳辅提督军务兵部尚书兼都察院右副都御史衔,并予以节制山东、河南各巡抚的大权。

四月初六,靳辅到任。次日即偕同幕宾陈潢"遍阅黄淮形势及冲决要害",历时两月。根据调查结果,靳辅提出了"治河之道,必当审其全局,将河道运道为一体,彻首尾而合治之"的治河主张。接着又连续向康熙帝上了八疏,较系统地提出了治理黄、淮、运的全面规划。

靳辅诸疏上达朝廷后,开始以军务未竣,未从所请。靳辅再上疏,除改运土用夫为车运外,同意按其计划全力进行。于是大挑清口烂泥浅引河及清口至云梯关河道,"创筑关外束水堤万八千余丈,塞于家冈、武家墩大决口十六,又筑兰阳、中牟、仪封、商丘月堤及虞城周家堤"。特别是在清口至云梯关三百里河道施工中,"疏浚筑堤"并举,在故道内挖三道平行的新引河,名为"川字河",所挖引河之土修筑两旁堤防。当各口堵塞水归正河后,一经河水冲刷,三河合一,迅速刷宽冲深,开通了大河入海之路,收到良好效果。

河决宿迁杨家庄

七月,河决宿迁杨家庄二百余丈,故道几成平陆。二十年,杨家庄决口始塞。

康熙十七年(1678 年)

河决萧县

河决萧县九里沟。

靳辅治河获奖

靳辅建王家营、张家庄减水坝,塞山阳、清河、安东三县黄河两岸张家庄、王家营、邢家口、二铺口、罗家口、夏家口、吕家口、洪家口、窦家口等数十处决口。工成后,康熙帝嘉奖靳辅:“览卿奏,黄河湖堰大小决口数十余处,尽行堵塞完竣,具见筹划周详,实心任事,有裨河工,勤劳可嘉。”

康熙十八年(1679 年)

建砀山等处减水坝

靳辅建南岸砀山毛城铺、北岸大谷山减水石坝各一座,以杀上游水势。

康熙二十一年(1682 年)

河决宿迁

河决宿迁徐家湾,塞后又决萧家渡。次年春,萧家渡塞。

康熙二十三年(1684 年)

康熙帝南巡河工

十月,康熙帝南巡,至清口,阅黄河南岸诸工,指示靳辅在运口添建闸座,防黄水倒灌,并召靳辅入行宫,书《阅河堤诗》赐之。这次南巡,康熙帝除赞赏靳的治绩外,还曾询问靳的身旁有无“博古通今的人”作为幕宾,靳以陈潢“通晓政事”对。

靳辅议修中河

靳辅建议于宿迁、桃源、清河三县黄河北岸堤内开新河，谓之中河(亦即中运河)。靳认为中河成后，漕运可免黄河一百八十里之险。

康熙二十四年(1685年)

靳辅巡视河南堤工

九月，靳辅赴河南巡视河工，筑“考城、仪封堤七千九百八十九丈、封丘荆隆口大月堤三百三十丈、荥阳埽工三百十丈”，又修睢宁南岸龙虎山减水闸四座。

康熙二十五年(1686年)

朝廷命浚海口

靳辅主张于云梯关外“筑长堤高一丈五尺，束水敌海潮”，安徽按察使于成龙建议“开海口”，自二十四年秋以来一直争论不决。康熙帝遣尚书萨穆哈、学士穆称额至淮安会同漕督徐旭龄、巡抚汤斌详细查勘。正月萨穆哈等还奏，“谓民间皆言浚海口无益”。四月帝召汤斌入对，汤言“浚海口必有益于民”。上责萨穆哈、穆称额还京时所奏不实，夺其官。随即召大学士、九卿等定议浚海口，并发帑金二十万两。

工部劾靳辅治河不力

工部弹劾靳辅治河九年无功。康熙帝认为：河务甚难，不宜给以处分，仍责令督修。

康熙二十七年(1688年)

靳辅免职

朝臣刘楷、郭琇、陆祖修交章弹劾靳辅。三月，康熙帝召靳辅与于成龙、郭琇等廷辩。靳辅被免职，以王新命代。陈潢也因之遭祸。

中河成后康熙帝肯定靳辅功绩

中河工竣，康熙帝遣学士开音布、侍卫马武前往勘视。开音布等还称中河商贾舟楫不绝，康熙谕廷臣："前者于成龙奏河道为靳辅所坏，今开音布等还奏，数年未尝冲决，漕运亦不误。若谓辅治河全无所裨，微特辅不服，即朕亦不惬"。随后又遣尚书张玉书、图纳、左都御史马齐、侍郎成其范、徐廷玺到河工视察，张等回报"河渐次刷深，黄水迅流入海，两岸闸坝有应循旧者，有应移改者，多守辅旧轨"。

康熙二十八年(1689年)

康熙帝再次南巡河工

康熙帝再次南巡视察河工，靳辅随行。至中河，"上虑逼近黄河，水涨堤溃，辅对：若加筑遥堤即无患。"帝还京师后，"奖辅所缮治河深堤固，命还旧秩。"

康熙三十一年(1692年)

靳辅复任河督

二月，罢王新命河督职，康熙帝指出："朕听政后以三藩、河务、漕运为三大事，书宫中柱上，河务不得其人，必误漕运。及辅未甚老而用之，亦得纾数年之虑，令仍为河道总督。"靳辅以衰病力辞，帝命顺天府丞徐廷玺为协理，协助靳辅治河。十一月，靳辅卒。

康熙三十五年(1696年)

河决仪封、安东等地

河决仪封张家庄、安东童家营等地。荥泽逼于河水，迁县治于高阜。

康熙三十七年(1698年)

《河防述言》刊印成书

张霭生整理的《河防述言》于是年成书。全书以问答的形式,由治黄专家陈潢谈了治河的十二个问题,对明清治河思想及主要成果多有继承和阐述,不失为清代有重要影响的一部治河著作。

康熙三十八年(1699年)

康熙巡河指示方略

春,康熙帝因"黄淮为患,冲决时闻",再次巡视河工。三月初一在高家堰谕大学士何桑阿、河督于成龙:"朕念河道国储民生攸关,亲行巡幸。由运河一带至徐州迤南黄河,细加看阅。黄河底高湾多,以至各处受险。又至归仁堤、高家堰、运口等处……见各堤岸愈高而水愈大。此非水大之过,皆因黄河淤垫甚高,以致节年漫溢,若黄河淤高二尺,则水高二尺,淤高一丈,水即高一丈。若沿河单以筑堤,终属无益……朕欲将黄河各险工顶溜湾处开直,使水直行刷沙,若黄河刷深一尺,则河之水少一尺,深一丈,则河之水浅一丈。如此刷去,则水由地中而行,各坝亦可不用,不但运河无漫溢之虞,而下河淹漫之患似可永除矣。朕意如此。是否?尔等直奏。不得以朕旨为必是。朕亦是一时意见,亦不保其必然。"

康熙三十九年(1700年)

张鹏翮出任河督

三月,以两江总督张鹏翮为河道总督。是年,张鹏翮塞时家马头决口,尽拆云梯关外拦黄坝,仍使大河从云梯关入海。随之海口大通,康熙帝赐名"大通河"。

康熙四十一年(1702年)

康熙帝议修石堤

六月,康熙帝谕:“今黄河南岸自徐州以下至于清口通行修筑石堤,可否永远有益?若果有益,见(现)在国帑不为缺少,朕于钱粮一无所惜。修筑此堤应于何处采取石料,作何转运,约几年可以告成,著张鹏翮齐集河员详议具奏。”张鹏翮等研究后认为费用过巨且无必要而作罢论。

《禹贡锥指》刊印成书

胡渭著《禹贡锥指》刊印成书,共二十六卷,是研究《禹贡》成就较大的一部专著,也是后人研究黄河变迁史的必读书之一。他在书中指出的五次大改道说,对后代黄河变迁的研究有很大影响。

康熙四十二年(1703年)

康熙帝再至江南视河

春,康熙帝又一次至江南(今江苏)境视察黄河。二月初三日谕张鹏翮:“烟墩甚险,虽有越堤,必须保守缕堤,此挑水坝应行修筑”。初四日再谕:“桃源烟墩至龙窝一带堤工卑矮,应行加高”。此行并书《览淮黄告成》诗一首。

移建中河口

秋,移建中河出水口于杨家楼,逼溜南趋,以清敌黄。

康熙四十三年(1704年)

拉锡、舒兰探河源

康熙帝侍卫拉锡、舒兰探查河源。拉锡等六月初九日至星宿海,归京后绘有《河源图》。舒兰还写了一篇《河源记》。

康熙四十六年(1707年)

河 决 丰 县

八月,河决丰县吴家庄,随即堵塞。

康熙四十七年(1708年)

宁夏开大清渠

水利同知王全臣在宁夏开大清渠,由宁朔县大坝堡马关嵯到宋澄堡,长七十二里。

康熙四十八年(1709年)

河决兰阳、仪封等地

六月,河决兰阳雷家集、仪封洪邵湾及水驿、张家庄各堤。

以皮混沌传递水情

六月十三日,康熙帝谕:"甘肃为黄河上游,每遇汛期水涨,俱用皮混沌装载文报顺流而下,会知南河、东河各一体加以防范,得以先期预备。"后以效果欠佳而废。

青铜峡设立报汛水尺

宁夏府青铜峡大山嘴设报汛水尺,定期报告水情。

康熙五十六年(1717年)

康熙帝派人测量河源

康熙帝派喇嘛楚儿沁藏布、兰木占巴及理藩院主事胜住等人前往青海、西藏等地测量。此行“逾河源，涉万里”，对河源地区的山川地形作了测量，回京后将测量结果绘入了《皇舆全览图》。

康熙五十七年(1718年)

河溢武陟

河溢武陟詹家店，又溢何家营。

康熙六十年(1721年)

河再决武陟等地

八月，河决武陟詹家店、马营口、魏家口，大溜北趋，注滑县、长垣、东明，夺运河，至张秋，由五空桥入盐河(即大清河)归海。九月，塞詹家店、魏家口，十月塞马营口。

康熙六十一年(1722年)

河决武陟马营口等地

正月，马营口复决，灌张秋，水注大清河。六月，沁河水暴涨，冲塌秦家厂南北坝台及钉船帮大坝。九月，秦家厂南坝甫塞，北坝又决，马营口亦漫开。十二月塞。

清世宗雍正元年(1723年)

齐苏勒出任河督

正月，齐苏勒出任河道总督。

河决中牟、武陟等地

六月，河决中牟十里店、娄家庄，由刘家寨南入贾鲁河。祥符、尉氏、扶沟、通许等县村庄田禾淹没甚多。同月，黄河北岸又决武陟梁家营、二铺营堤及詹家店、马营口月堤。九月，决郑州来童寨民堤，郑州民挖阳武故堤泄水，并冲决中牟杨桥官堤，旋塞。

雍正二年(1724年)

嵇曾筠任副总河

闰四月，以嵇曾筠为副总河，驻武陟，辖河南黄河各工。当年，他督工培修“南北大堤二十二万三千余丈”，使“豫省大堤长虹绵亘，屹若金汤”。

加修太行堤

大学士张鹏翮等奏称：“北岸太行堤自武陟木栾店起至直隶长垣止，系奉圣祖仁皇帝指示修筑之工，关系黄、沁并卫河运道重门保障。应令河南抚臣严催承修各官作速修筑。如有迟延，听其指参。”这段太行堤在长垣以下与明代太行堤相连，清代甚为重视，曾迭次加修。

雍正三年(1725年)

河决睢宁、仪封

六月，河决睢宁朱家海，东注洪泽湖。次年十二月塞。

七月十三日，河决仪封南岸大寨大堤，又漫溢兰阳板厂后大堤。

《行水金鉴》刊印成书

傅泽洪主编的《行水金鉴》成书刊印。全书共一百七十五卷，其中“河水”部分六十卷，为系统记述全国水利的一部专著，为后代提供了系统的水利史资料。

雍正四年(1726年)

宁夏开惠农、昌润渠

四月,工部侍郎通智和宁夏道单畴书等主持的惠农渠和昌润渠开工。七年五月工竣。通智于两渠完工后书《惠农渠碑记》和《昌润渠碑记》,并赋七律一首。

雍正七年(1729年)

雍正帝褒扬齐苏勒

三月,河道总督齐苏勒卒。齐在任七年,在江南境修了许多工程,并会同副总河嵇曾筠大修了河南两岸堤防。黄河自砀山至海口,运河自邳州至江口,“纵横绵亘三千余里,两岸堤防崇广若一,河工益完整”。雍正帝以为他的功绩可与靳辅相比,《清史稿》认为,论治河功绩,“世宗(即雍正)朝,齐苏勒最著”。

分设江南、河东两河道总督

齐苏勒逝世后,朝命改设江南河道总督(又称南河总督)与河南山东河道总督(简称河东河道总督,也称东河总督)。孔继珣任江南河道总督,驻清江浦(今清江市);嵇曾筠任河南山东河道总督,驻济宁。副总河之职裁撤。

雍正八年(1730年)

嵇曾筠任南河总督

四月,孔继珣卒,调嵇曾筠任南河总督。他在任期间,曾大修河堤及运堤“二十四万一千余丈”,并对“芦荡之柴,兵夫之土,住夫之堡,堤河两岸之柳,皆详审切究”,功绩卓著。

雍正十一年(1733年)

高斌任南河总督

十二月,嵇曾筠丁母忧,高斌署南河总督,次年十二月实授。高斌在南河、东河任职十六年左右,注意整修堤防埽坝,及时堵筑决口,作出一定贡献。

《河防奏议》刊印成书

是年,嵇曾筠撰《河防奏议》刊印成书,共十卷。嵇氏长期担任河督,对河工十分熟悉,尤以建坝出名,史有"嵇坝"之称。此书前九卷为嵇治河奏疏,末卷专论河工建筑和水工技术,是研究清代治河工程技术的重要文献。

雍正十二年(1734年)

白锺山出任东河总督

十二月,以白锺山为河东河道总督。自此以后,他在东河、南河任职长达二十二年之久,为雍、乾时期功绩较著的河督之一。

清高宗乾隆三年(1738年)

宁夏发生强烈地震

十一月二十四日,宁夏平罗、银川发生强烈地震,极震区死官民五万余人。"大清、唐、汉三渠及大小支渠摇塌震裂,致渠水不能通。"《中国地震目录》称:烈度10,震级8级。

乾隆七年(1742 年)

河决丰县、沛县

河决丰县石林、黄村,又决沛县缕堤。

乾隆八年(1743 年)

胡定建议中游筑坝拦沙

御史胡定奏称:“黄河之沙多出之三门以上及山西中条山一带破涧中,请令地方官于涧口筑堰,水发沙滞涧中,渐为平壤,可种秋麦”。乾隆帝命河道总督白鍾山议。白以“古未有行之者”予以否定。

乾隆十年(1745 年)

河 决 阜 宁

河决阜宁陈家浦。当时淮、黄交涨,沿河州县多被淹。

乾隆十六年(1751 年)

河 决 阳 武

六月,河决阳武,十一月塞。

乾隆十八年(1753 年)

河官李焞等受极刑

秋,河决阳武十三堡。九月,决铜山张家马路,“冲塌内堤、缕越堤二百余丈”,南注灵、虹等地,入洪泽湖,夺淮而下。决后乾隆帝以尹继善任南河总督，遣尚书舒赫德偕白锺山驰赴协理。时同知李焞、守备张宾侵吞工款，为学习布政使富勒赫所劾，查实后置之以法，任河道总督多年的高斌及协理张师载坐失察之罪，“缚视行刑”。冬，决口塞。

兰 州 河 涨

兰州大雨，黄河泛涨，冲没房舍地甚多。

开始用捆厢船法进占堵口

大学士舒赫德在堵复铜山县漫决时，开始用捆厢船法（顺厢）进占堵口，在船上挂缆厢修，层土层料，使之逐层沉至河底，成为一个整体，改变了过去卷埽的施工方法。

孙嘉淦议引河水入大清河

吏部尚书孙嘉淦建议开减河引黄河水改道由大清河入海，以减“两江二三十县之积水，并解淮、扬两府之急难”，议上，未予采纳。

乾隆二十一年（1756 年）

河决铜山孙家集

夏，河决铜山孙家集，旋即堵塞。

乾隆二十四年（1759 年）

宁夏横城堡修河防工程

宁夏府属横城堡濒临黄河，水涨冲塌城垣，陕甘总督吴达善奏请“于东岸筑草坝以御之。”

乾隆二十五年(1760年)

兰州修筑挑水坝

吴达善主持在兰州黄河之滨修筑挑水板坝七座,以御洪水。

乾隆二十六年(1761年)

黄河多处决口

七月,沁黄并涨,武陟、荥泽、阳武、祥符、兰阳同时决十五口,"中牟之杨桥决数百丈,大溜直趋贾鲁河"。据有关部门用现代方法考证、测算,这次洪水到达花园口时约为32000立方米每秒。决口后,乾隆帝派大学士刘统勋、协办大学士兆惠等到工地督工堵口。十一月一日合龙成功,乾隆帝命在杨桥工地建河神祠,并题诗树碑纪念。

乾隆三十年(1765年)

陕州、巩县、武陟设水志报汛

南河总督李宏奏准于陕州、巩县各立水志,每年自桃汛至霜降止,水势涨落尺寸,逐日查记,据实具报。并在武陟木栾店龙王庙前另立水志,按日查报。

乾隆三十一年(1766年)

河决韩家堂

河决铜沛厅之韩家堂,旋塞。

乾隆三十二年(1767年)

《治河方略》刊印成书

康熙二十八年,靳辅的著作曾辑印为《治河书》(《四库全书总目提要》称《治河奏绩书》)。本年,崔应阶就原书重编,改名《靳文襄治河方略》(通称《治河方略》)刊印。全书除卷首外共十卷,靳辅的治河主张尽入此书,对清代后期治河产生重大影响。

乾隆三十七年(1772年)

朝邑沿河发生水灾

五月二十一日,"朝邑县黄河水势暴涨至二丈五尺,沿河堤岸村庄尽被淹没。"

乾隆三十九年(1774年)

郭大昌堵口

八月,河决清江浦老坝口,大溜由山子湖下注马家荡、射阳湖入海。决口后,南河总督吴嗣爵"恇惧无所措",求教于出身下层治河人员非常熟悉河工的郭大昌,恳请郭主持堵口,许以"钱粮五十万(两),限期五十日"。郭应道:"必欲大昌任此役者,期不得过二十日,帑不得过十万(两)",工地除文武汛官各一维持秩序,不许另有官员到事,"如有员弁到工者,大昌即辞事"。吴答应了郭提的条件,至期果合龙,"共用料土作支并现帑合计十万二千两有奇",比吴嗣爵的计划提前三十日,节约开支百分之八十。

乾隆四十二年(1777年)

大修宁夏诸渠

宁夏大修唐徕、汉延、大清、惠农及中卫、美利诸渠,“用银八万五千两”。

乾隆四十三年(1778年)

仪封大工费帑五百余万两

闰六月,决仪封十六堡,“宽七十余丈,挚溜湍急,由睢州宁陵、永城直达亳州之涡河入淮”。八月,上游迭涨,续塌二百二十余丈,十六堡已塞复决,十二月再塞,时和驿东西两坝又相继蛰陷。这一工程至四十五年二月始合龙,“历时二载,费帑五百余万,堵筑五次始合。”

乾隆四十五年(1780年)

宁夏等地黄河泛滥

六月,宁夏、平罗、宁朔、灵州、中卫等五州县黄河泛滥成灾。

乾隆四十六年(1781年)

青龙冈堵口费帑两千万两

七月,河决仪封,漫口二十余,北岸水势全注青龙冈(今河南兰考境)。乾隆帝派大学士阿桂督工堵口。次年“两次堵塞,皆复蛰塌”。至四十八年三月始塞。这次堵口,《清史稿·食货志》称:“自例需工料外,加价至九百四十五万两”。魏源在《筹河篇》称:“青龙冈之决,历时三载,用帑两千万(两)。”

乾隆四十七年(1782年)

阿弥达探河源

为青龙冈堵口事,乾隆帝命乾清门侍卫阿弥达(阿桂之子)“恭祭河源”。四月上旬阿弥达到达河源地区,后在上乾隆帝的奏疏中称:“查看鄂敦他拉共有三溪流出,自北面及中间流出者水皆绿色,从西南流出者水系黄色……至噶达素齐老地方,乃通藏之大路,西面一山,山间有泉流出,其色黄,询之蒙、番等,其水名阿勒坦郭勒,此即河源也。”

乾隆四十九年(1784年)

河决睢州

八月,河决睢州二堡,仍遣阿桂赴工督率,十一月塞。

乾隆五十一年(1786年)

河决桃源

秋,河决桃源司家庄、烟墩。十月塞。

乾隆五十四年(1789年)

河决睢宁

夏,河决睢宁周家楼,十月塞。

乾隆五十六年(1791年)

兰州修建河防工程

陕甘总督勒保奏:"兰州府城北近黄河,石岸脱落应修。并修旧板坝十三座,再建板坝二座。"

乾隆五十八年(1793年)

河水漫朝邑县城

黄河晋陕段河道西移,水从朝邑县城漫过。

乾隆五十九年(1794年)

河 决 丰 县

河决丰县北曲家庄,旋塞。

清仁宗嘉庆元年(1796年)

河 再 决 丰 县

六月十九日夜,丰县六堡旧圈堤过水,大堤坐蛰。二十日河水漫溢,大溜由丰、沛北注山东金乡、鱼台,漾入昭阳、微山各湖。决口后,丰北通判田治丰、北营守备刘兆伦革职,东河总督李奉翰、南河总督兰第锡、山东藩司康基田共同主持堵口工程,次年正月二十七日合龙。

嘉庆二年（1797年）

河决砀山、曹县等地

七月二十一日，砀山汛头堡之杨家马头及三堡之关家马路地方决两口。二十四日，曹县第二十五堡无工处所漫溢。砀山决口八月初堵合，曹县决口次年十一月十五日堵合，用银七百余万两。

嘉庆三年（1798年）

河 决 睢 州

八月二十七日，睢州上汛河水“陡长五尺三寸，出槽漫滩”。二十八日河水“复长三尺六寸”，“时值黑夜，雨势甚紧，北风愈猛，河溜全涌五堡以上”，二十九日丑时漫溢，漫水出堤后向南分流，一入睢州城东旧河槽，向东过睢州东、宁陵西，经鹿邑至亳州，入洪泽湖；一出堤向西南流，自仪封入杞县、睢州交界惠济河，绕至睢州城南，入柘城交界，南至鹿邑、亳州入淮，次年正月二十日堵口合龙。

嘉庆四年（1799年）

河决徐州、砀山等地

六月二十九日至七月初一，河水盛涨，徐州一带，漫滩之水奔腾下注，致毛城铺石坝宣泄不及，将坝尾土堤冲开。七月十六日后，丰、砀、铜、萧一带每日暴雨，大风时作，二十三至二十六日，黄河南岸陡长水五尺余，自丁工民堰至邵家坝（砀山附近）一带普漫民堰而过。当年冬堵合后复决，次年十一月十八日堵口合龙。

嘉庆七年(1802年)

河决丰、萧二县

七月初五日,丰北厅北岸贾家楼一带大堤过水。九月初,萧南汛唐家湾漫溢,二工当年堵复合龙。

嘉庆八年(1803年)

河决封丘衡家楼

九月十三日,封丘衡家楼(今封丘大功)因大溜顶冲,堤身塌陷决口。黄流由东明入濮州境,向东奔注,经范县、寿张沙河入运。濮州漫溢之水,西南漾至曹州郡城,入赵王河与沙河汇成一片,直达运河东岸,下注盐河(今大清河)入海。决口后,朝廷派钦差尚书刘权之、兵部侍郎那彦宝视河督工,次年二月中堵复合龙,三月二十二日水循故道仍由东南入海。此次堵口耗银七百三十万两(一说一千数百万两)。

嘉庆十一年(1806年)

河决宿县、睢宁等地

七月上中旬,河水盛涨,宿南厅一带汪洋一片,"河面宽至十余里"。二十二日睢宁周家楼二堡"无工处所土堤漫水"。八月初一日,"周家楼迤上之郭家房无工处所"土堤也陡蛰过水,均注洪泽湖。八月十六日,铜、沛以北苏家山石坝,因漫滩水大,堤身"刷塌三十余丈,泄水下注运河"。决口经抢堵于当年十二月初五日合龙。

嘉庆帝斥河工弊端

八月,嘉庆帝对连年用去大量财物而不断决口极为不满,下诏斥称:"南河工程,近年来请拨帑银不下千万,比较军营支用,尤为紧迫,实不可解!况军务有平定之日，河工无宁宴之期。水大则恐漫溢，水小又虞淤浅，用无限之金钱而河工仍未能一日晏然。即以岁修、抢修各工而论，支销之数年增一年，并未节省丝毫。偶值风雨暴涨，即多掣卸蛰塌之处。迨至水势消落，又复有淤浅顶阻之虞，看来岁修抢修，有名无实，全不足恃，此即员工等虚冒之明证。”

嘉庆十二年（1807年）

近海河堤多处溃决

山阳、安东一带马港口、柳园头、张家庄共有缺口十二处，“马港堤缺口三百数十丈，张家庄缺口一百数十丈。”

嘉庆十三年（1808年）

兰州黄河水涨成灾

闰五月二十四日，兰州暴雨，黄河水涨，东滩、什川堡一带房屋田地多被淹没。

嘉庆十六年（1811年）

江南境河决多处

五月二十五日，王营减坝大堤坐蛰，黄水漫过遥堤，由盐河一带，经由清河、沭阳、安东、海州境内入海。七月初，邳北厅“棉拐山无工处所水势漫滩，七月初九日大堤刷塌二十余丈”。又砀山汛“关庄坝迤西李家楼漫溢过水，坐蛰二十余丈”。

王营减坝口门于当年十一月二十七日堵筑合龙。李家楼口于次年二月二十一日合龙，后又生险，至二十五日始抢护平稳。

嘉庆十七年(1812年)

陈凤翔革职枷号河干

八月,南河总督陈凤翔以“迟堵礼坝,贻误全河,革职枷号河干”示众,后发往乌鲁木齐充军。

睢州河决

九月,沁、黄二河暴涨,“南岸睢州下汛二堡无工处所大堤坐蛰过水”。决口后,东河总督李特亨革职。时值滑州人民起义,当年未堵,次年又未堵住,直至嘉庆二十年二月十四日才堵合。

嘉庆二十三年(1818年)

河工用款剧增

三月二十四日工部就河工用款奏称:“自乾隆五十九、六十等年起,至嘉庆八、九等年止,除嘉庆十年另案用银四百六十七万余两为数较多外,其余十数年内,用银最多年份不过三百十几万及二百九十一万两,其最少年份有八十一万及七十万两不等。”“自嘉庆十一年加价起,至二十一年止,除去郭家房、王营二次减坝、瓮家营、百子堂、千根旗竿、平桥、陈家浦大坝、马港口、义礼二坝等处漫口大工银一千二百四十九万余两不计外,实在另案挑培建砌各工用银至四千八百九十七万余两。”

徐州河道淤积严重

五月二十六日,江南总督孙玉庭、南河总督黎世序奏:“徐州府城逼近黄河,地势低洼,形同釜底。对岸又悉系山冈,河身仅宽八十余丈,黄流至此一束,最为险要。保护郡城,全恃临河大堤。自明迄今,于临黄一面陆续建筑石工二千九百七十六丈六尺,百余年来河身日渐淤高,石工渐形卑矮。乾隆四十六年,嘉庆四年、七年、十八年,节次加高,以资拦御,现在堤顶已与城垛相平,并有高过城垛者。石工北面壁立,石后土堤紧靠民居,鳞次栉比,毫无余地。积年以来不能帮宽而但行加高,致堤顶渐收渐窄,现在窄处仅宽一丈余矣。”

嘉庆二十四年(1819 年)

兰阳、武陟决口

七月下旬,黄河盛涨,二十三日兰阳汛八堡大堤过水,“堤身坐蛰数十丈,二十四日申刻夺溜成河”。另外,陈留汛七、八堡交界处所“堤顶过水二处,堤身蛰陷各十余丈,中牟上汛八堡迤下漫水塌堤约三十丈”。

八月,武陟汛马营坝决口,“大堤塌宽一百六七十丈,掣溜五分有余”。决口后,东河总督叶观潮革职。九月,传旨将叶观潮先在北岸工次枷号,北岸工竣再移至南岸枷号,候大工合龙再发往伊犁效力赎罪。同时,朝命李鸿宾任东河总督,并派吴璥至工地协助堵口。次年三月十四日马营大工合龙,共用秸料二万余垛,耗帑银一千二百余万两。

嘉庆二十五年(1820 年)

仪 封 堵 口

三月十四日马营堵口完成,河水下泄,次日又在“仪封三堡冲决大堤三十余丈”。当年十二月七日堵塞,“耗银四百七十余万两”。

清宣宗道光元年(1821 年)

议于东河推广石工

十二月,道光帝谕东河总督严烺:前据孙玉庭等奏,江境河工兼用碎石,连年已著成效。豫东黄河向未抛护碎石,以致漫决频仍,请饬东省河臣体访情形,仿照江境兼用碎石。即创始之初多费数十万金,而日后工固澜安,不惟节费,实可利用……著即将豫省黄河应否仿照江境办理之处确加体察,详细访问,或酌量试办一、二段工程,是否有效,先行据实奏明。”

道光四年(1824年)

黎世序卒后受表扬

二月,江南河道总督黎世序卒。他从嘉庆十七年起任江南河道总督,治河十余年,功绩显著。据《清史稿》称:“世序治河,力举束水对坝,课种柳株,验土埽,稽垛牛,减漕规例价。行之既久,滩柳茂密,土料如林,工修河畅。”死后,清廷下令“加尚书衔,赠太子太保,谥襄勤,入祀贤良祠”。黎有一幕僚名邹汝翼,倚之如左右手,黎生前欲援陈潢故事荐之于朝,邹力辞而止。

道光五年(1825年)

张井奏报东河淤积状况

九月,东河总督张井奏:“窃维黄河自河南荥泽县出山以后,地势平衍,土性沙松,溜极迅猛,又复挟带泥沙,自昔以来河患不已,屡治屡坏,原乏久长之策。然臣考之往时载籍,验以现在情形,窃以河之敝坏与防河之费用繁多,未有如此时之甚者也。臣历次周履各工,见堤外河滩高出堤内平地至三、四丈之多。询之年老弁兵,佥云嘉庆十年以前内外高下不过丈许。闻自江南海口不畅,节年盛涨,逐渐淤高,又经二十四年非常异涨,水高于堤,溃决多处,遂致两岸堤身几成平陆。现在修守之堤皆道光二、三、四等年续经培筑。其旧堤早已淤与滩平,甚或埋入滩底。”

道光六年(1826年)

张井等会勘海口

年初,东河总督张井奉命与两江总督琦善、南河总督严烺等会勘黄河海口。三月初三日,张井向皇帝奏报会勘情形,主张“早启御坝,另筑北面新堤,导河避过高滩,以掣底淤而利漕行”。三月十二日,道光帝览奏后批示:“张井会勘南河情形,悉心讲求,不分畛域,甚属急公。于河务亦颇有见识,著即调补江南河道总督。”

道光七年(1827年)

兰州黄河水溢

七月,兰州黄河水溢,淹没诸滩房屋田禾,滩中居民无所栖止,呼号声满两岸。

道光十一年(1831年)

林则徐任东河总督

十一月,林则徐任河南山东河道总督。十二月视事,次年正月初即沿河巡视,二十二日由曹考厅登上黄河大堤,循着北岸对各厅汛逐一视察。至黄沁厅后他又渡河到南岸,沿南堤自上而下继续检查。他对大堤上存放的料垛虚实特别重视,每到一处,必在"每垛夹档之中逐一穿行",对每垛都要"量其高宽丈尺,相其新旧虚实,有松即抽,有疑即拆,按垛以计束,按束称斤"。他发现上南厅的料垛最实,就在上奏中给以表扬;发现兰仪厅蔡家楼料垛虚假有弊,就立即将兰仪同知于保卿撤职。二月十九日,他对虞城上汛料垛失火案又亲自作了调查,对失职人员革职查办。他在检查中还肯定了抛石护堤的经验。道光帝览奏后赞扬林则徐:"向来河工查验料垛,从未有如此认真者。""动则如此勤劳,弊自绝矣。作官者皆当如是,河工尤当如是。"

道光十二年(1832年)

河决祥符

八月十八日,祥符下汛三十二堡风浪涌过堤顶,人力难施,登时堤陷,"水由堤顶下注,计宽六十丈"。经河南藩司栗毓美驻工督办,九月五日堵住决口,未酿成巨灾。

桃源人为扒口

八月二十一日,桃源监生陈端、生员陈堂等纠众在十三堡上下将大堤挖开，放淤肥田。二十三日，“口门已宽九十余丈，水深三丈以外，大溜已掣七分。”次年正月二十四日堵口合龙。桃南通判田锐等撤职充军，掘堤犯捕获后受到严惩。

《续行水金鉴》刊印成书

以黎世序、张文浩、严烺、张井、潘锡恩等为总裁，举人俞正燮、副贡生董士锡、孙义钧纂修的《续行水金鉴》于是年刊印成书，共计一百五十六卷，其中有关黄河的五十卷。

道光十五年（1835年）

栗毓美任东河总督

五月，栗毓美任东河总督。当年栗在原武汛收买民砖，抛成砖坝数十所。工刚成而风雨大至，北岸的支河（黄河汊流）“首尾皆决数十丈而堤不伤”。此后砖坝屡试有效，一直沿用至民国年间。

黄河西移逼洛改道

陕、晋间黄河河道向西移徙，崩塌老岸，夺洛河道，逼使洛河于赵渡镇南入黄河。

道光二十一年（1841年）

祥符张家湾决口

宁夏黄河于六月初八日至十一日“长水八尺一寸，已入硖口志桩八字一刻迹”。河南陕州万锦滩黄河于六月初五、初六、初九、十一、十四日七次“长水二丈一尺六寸”。武陟沁河于六月初五、六、七日三次“长水四尺三寸”。据东河总督文冲奏称：“历查伏汛涨水，从未有如此之盛者”。六月十六日祥符上汛三十一堡无工处所（张家湾附近）滩水漫过堤顶。二十二日口门“刷宽八十余丈，掣溜七分”。黄水决堤而出后，至开封西北城角分流为二，均向东南下注至距省十余里之苏村口，以下又分为南北两股，北股溜约三分，由惠济河经陈留、杞县、睢州、柘城至鹿邑之北归涡河，注安徽亳州、蒙城至怀远境荆山口入淮，归洪泽湖。南股溜有七分，经通许、太康至淮阳、鹿邑交界之观武集西冲成河槽九处，弥漫下注清水河、茨河、灌河，直趋安徽入淮。受灾共五府二十三州县。

祥符河决传至京城后，七月初四日，道光帝命大学士王鼎、通政司通政使慧成驰往河南督办大工。八月初九，以江苏淮扬道朱襄任东河总督，十一日下谕已革职责令戴罪图功的原河督文冲“枷号河干，以示惩儆。”(后充军伊犁)同时还下诏命前往伊犁充军尚在途中的林则徐“折回东河效力赎罪。”经王鼎、林则徐、慧成、朱襄和广大员工共同努力，决口于次年二月十四日合龙闭气。共用银六百余万两。

道光二十二年(1842年)

桃源河决

七月中，桃北厅崔镇汛杨工上下漫水二处，直穿运河，冲破遥堤，由六塘河下注。桃北厅萧家庄大堤也漫决，至七月底“口门已刷宽一百九十余丈。”八月二十六日，道光帝命户部尚书敬徵、工部尚书廖鸿荃驰往江苏查办河工。十月初六日南河总督麟庆革职，以吏部左侍郎潘锡恩继任南河总督。次年正月又派刑部右侍郎成刚、顺天府尹李僡会同潘锡恩督办大工。春季堵口未成，旋黄河在河南中牟决口，杨工、萧家庄两口于汛后在干河情况下堵塞。

魏源主张改河北流

是年，学者魏源写成《筹河篇》，主张由河南开封以上改河东北流，下经张秋、利津入海。

道光二十三年(1843年)

中牟九堡大工

六月上中旬，沁河接连十次涨水。二十一日，陕州万锦滩又“长水五尺五寸”。水至下游后，中牟下汛九堡出险。二十六日堤身蛰陷，“口门塌宽一百余丈”。以后黄、沁河继续涨水，至七月十九日，中牟九堡“口门宽三百六十余丈，中泓水深二丈八九尺不等，东坝头水深五尺五寸，西坝头水深五尺”。

中牟决口后，溜分为两股：一由贾鲁河经中牟、尉氏、扶沟、西华等县入大沙河，东汇淮河归洪泽湖；一由惠济河经祥符、通许、太康、鹿邑、亳州入涡河，南汇淮河，归洪泽湖。受灾三十余州县。

朝廷收到中牟决口奏报后，七月初四命协办大学士工部尚书敬徵、户部右侍郎何汝霖赴东河查勘。七月初七日，道光帝下令将东河总督慧成革职留任，中牟县知县高钧革职。旋又传旨将慧成枷号河干，“以示惩儆”。并以前任库伦办事大臣锺祥为东河总督，命工部尚书廖鸿荃驰往会同锺祥督办中牟大工。九月二十四日，道光帝再命礼部尚书麟魁驰往东河会同工部尚书廖鸿荃、河东河道总督锺祥、河南巡抚鄂顺安督办大工合龙事宜。

中牟工程当年未成功，次年二月将完工时又因“坝工蛰失五占”而告失败，耗银六百万两。二月二十三日，道光帝给督工大员分别作了处分。二十四年汛期过后堵口工程继续进行，十二月二十一日将引河启放，二十四日“两坝同时挂缆”，“竭两昼夜之心力所筑坝占一律高整稳实”，口门遂断流合龙。总计堵口共用银一千一百九十万两。

这次洪水是黄河上的一次特大洪水。水文工作者根据历史资料及洪水痕迹推算，陕县洪峰流量达36000立方米每秒。

道光二十九年(1849年)

吴城等地河决

七月，黄水盛涨，外南厅属之吴城七堡(一说六堡)溃决，海安厅之五套堤漫水。

道光三十年(1850年)

宁夏河涨成灾

六月，宁夏府石嘴山黄河涨水，黄花桥以北地区一片汪洋，人畜死亡无数。

兰州一带河涨受淹

八月，黄河暴涨，兰州、榆中沿河及东部滩地田产房屋淹没甚多，灾民无所栖居。十五日后水始退。

清文宗咸丰元年(1851年)

丰 县 河 决

八月二十日,风雨交作,河水高过堤顶,“丰下汛三堡迤上无工处所先已漫水,旋致堤身坐蛰,刷宽至四、五十丈”。至闰八月上旬,“口门续经塌宽至一百八十五丈,水深三、四尺不等”,“大溜全行掣动,迤下正河业已断流”。十一日将南河总督杨以增摘去顶戴。次年汛后堵口仍不成。直至咸丰三年二月二十六日丰工始合龙,河水回归故道。

咸丰三年(1853年)

河 再 决 丰 县

五月二十八、二十九日,雷雨大作,丰县河堤又决。九月六日,咸丰帝准南河总督杨以增奏,因军务紧张(太平天国起义),口门“暂缓堵筑”。

咸丰五年(1855年)

铜瓦厢决口黄河改道

宁夏黄河于五月二十日至二十三日“长水八尺三寸”,“已入硖口志桩八字三刻迹”。陕州万锦滩黄河于五月十六、六月初三等日两次“长水六尺七寸”。武陟沁河于四月十九,五月十六、十七、二十三等日五次“长水一丈三尺”。六月十五日至十七日下北厅志桩长水积至一丈一尺,继之一昼夜,上游各河汇注下游,以致洪水漫滩,一望无际,下北厅兰阳汛铜瓦厢三堡以下“无工之处登时塌宽三、四丈,仅存堤顶丈余。”十九日决口过水,于二十日全行夺溜,下游正河断流。

黄河决口后,先向西北斜注,淹及封丘、祥符各县村庄,再折向东北,淹及兰、仪、考城及直隶长垣等县村庄,行至长垣县属之兰通集溜分两股:一股由赵王河下注,经山东曹州府以南至张秋镇穿运。一股由长垣县之小清集行至东明县之雷家庄，又分两股，一股由直隶东明县南门外下注，水行七分，经曹州府以北，与赵王河下注漫水会流入张秋镇穿过运河；一股由东明县北门外下注，水行三分，经茅草河由山东濮州城及白杨阁集、逯家集、范县，东北行至张秋镇穿运河，归大清河入海。朝廷收到署东河总督蒋启敭、河南巡抚英桂奏章后，咸丰帝立即下谕：署下北河同知王熙文、署下北守备梁美、汛官兰阳主簿林际泰、兰阳千总诸葛元、兰阳汛额外外委司文端即行革职枷号河干以示惩儆，兼辖之代办河北道事务黄沁同知王绪昆著交部议处，署理东河总督蒋启敭以未能事先预防，实难辞咎，摘去顶戴革职留任，责成赶紧督办，以赎前愆。接着又谕新河督李钧，令其核计兴工需费用若干先行驰奏。并称："朕意须赶于年内合龙，俾被灾小民得早复业。"

七月二十五日，咸丰帝权衡形势后决定缓堵铜瓦厢口门，并在上谕中称："黄流泛溢，经行三省地方，下民荡析离居，朕心实深轸念。惟历届大工堵合必需帑项数百万两之多，现在军务（指太平天国起义）未平，饷糈不继，一时断难兴筑。若能因势利导，设法疏消，使横流有所归宿，通畅入海，不致旁趋无定，则附近民田庐舍尚可保卫，所有兰阳漫口，即可暂行缓堵。"

咸丰八年（1858 年）

兰州黄河浮桥冲断

六月，兰州黄河水陡涨，浮桥被冲断。

咸丰九年（1859 年）

黄赞汤奏报河决后情况

三月二十一日，以刑部右侍郎黄赞汤继任东河总督。九月初一日，黄赞汤奏报河决后的情况称：兰阳漫口已历五载，口门以下豫东各厅工程一概停办，旧河两岸未修堤工绵延数百里，砖石埽坝已全行腐朽废弃。若挽黄仍归南流故道，挑河费工费料甚巨，即令军务平定，也难集此巨款。他的结论是："因势利导之论万不可更易者也。"

咸丰十年(1860年)

沈兆霖主顺河水之势人海

闰三月,左都御史沈兆霖奏称:河入大清河由利津入海,正黄河现今所改之道。询之东省官绅,俱称自鱼山至利津海口业经地方官劝筑民埝[1],逐年补救,民地均滋沃可耕,灾黎渐能复业。惟兰仪之北、张秋之南黄河自决口而出,东夺赵王河、沙河及旧引河,平原一片汪洋,田庐久被淹没。张秋高家林本有旧埝,断缺过多,工程最巨。余如在直隶境之东明、长垣,在山东境之菏泽、郓城,筑堤拦御又较张秋为易,可责成地方官设法办理。又闻兰仪缺口经数年大溜卷掣,口门深不可测,即欲发帑堵筑,开引河之费势将数十倍于前。他也以为"宜乘此时顺水之势,听其由大清河入海"。

江南河道总督裁撤

兰阳决口后,江南境河道已干涸。六月十八日,江南河道总督一职裁撤。沿河各道、厅、营、汛亦同时裁撤。

清穆宗同治二年(1863年)

黄水泛流灾害严重

六月二十日,署山东巡抚阎敬铭奏:自五月下旬起,大雨如注,黄水骤来,奔腾汹涌,及至水退沙停,河身愈垫愈高,积淤更厚。此次水势有过往年,河身愈不能容纳,顷刻遂至漫淹,各州县田庐人畜半入巨浸,"哀鸿遍野,情状难堪。"

---

① 民埝——沿黄滩地上的居民为保护田园房舍修筑的防水小堤,称为民埝。1855年铜瓦厢决口改道后,清政府号召滩区群众自行修筑民埝,官方只守南北金堤,东坝头以下的两岸堤防是光绪年间在民埝的基础上修建的。民国时期濮、范、鄄、郓一带堤防仍称民埝,经多年加修,现为临黄大堤。1960年后新修民埝称为生产堤。

谭廷勷主疏马颊、徒骇以减河水

十二月，东河总督谭廷勷奏：自咸丰五年河南兰阳汛北岸溃决，经行数十州县，受灾轻重不等，然水势漫淹为患从未有如今年之重者。他建议疏浚马颊、徒骇两河以减水，堵民埝缺口培土埝以防水害。咸丰帝览奏后谕刘长佑、阎敬铭："按该署河督所奏，严饬该管道府督令各州县趁此冬春水小源微，将可以施工之处赶紧劝令分头兴办，以资保卫。"

同治七年(1868年)

荥泽十堡决口

六月，上南厅溜势提至荥泽十堡坐湾淘刷，旋即漫堤过水，刷开口门九十余丈。决口后，上南守备王麟、荥泽汛县丞龚国琨、署郑汛把总朱永和均即行革职枷号河干，以示惩戒。东河总督苏廷魁摘去顶戴革职留任戴罪图功。次年正月十五日，堵口工程合龙，十八日闭气，用银一百三十一万三千五百余两。

河淹兰州、榆中滩地

七月，黄河涨溢，淹没兰州、榆中河滩田地、房屋甚多。

黄河南流北流之争

兵部左侍郎胡家玉于同治三年曾主导河由大清河入海，湖广道监察御史朱学笃也主张"宜就北流统筹盘画"，不同意挽河南回故道。本年荥泽决口后，胡家玉又奏请"宜趁此时将旧河之身淤淀者浚之使深，疏之使畅，旧河堤之坍塌者增之使高，培之使厚，令河循故道由云梯关入海"。针对胡家玉的意见，河道总督苏廷魁、漕运总督张之万、直隶总督曾国藩、两湖总督李瀚章、两江总督马新贻、江苏巡抚丁日昌、河南巡抚李鹤年、山东巡抚丁宝桢、安徽巡抚吴坤修等联名上奏，提出了不同看法，据称：兰阳决口已十四年，自铜瓦厢至云梯关两岸堤长二千余里，岁久停修，堤身缺塌，河身淤塞，欲将旧河挑浚深通，堤岸加高培厚，非数千万帑金不可。且东河下北、兰仪各厅营裁撤已久，校目兵夫大半星散，如须复设，每年又须千百万金，当此中原军务初平之际，库藏空虚，巨款难筹。"臣等通盘筹画，往返函商，意见相同，应俟天下休养十数年，国课充盈，再议大举。”

英人艾略斯考察河道

是年，英国人艾略斯(Ney Elias)对黄河铜瓦厢决口后的新道进行了考察，并于1871年在英国皇家地理学会公报第40卷发表了《1868年赴黄河新道旅行笔记》。

同治十二年(1873年)

李鸿章反对河归故道

同治十年二月，兵部学习主事蒋作锦提出治河四策，认为“筑铜瓦厢以复黄河故道为上策”。十一年九月，河督乔松年认为“治之法不外两策：一则堵河南之铜瓦厢，俾其复归清江浦故道仍由云梯关入海；一则就黄水现到之处，筑堤束之，俾不至于横流，由利津入海。此两者皆为正当之策，于两者之中权衡轻重，又以借东境筑堤束黄为优。”十一月，山东巡抚丁宝桢则认为：“就东境上游筑堤束黄恐济运终无把握，地方受害滋大，请仍挽复徐淮故道以维全局。”

是年闰六月初三日，直隶总督李鸿章对是否挽河归故提出了自己的看法，他认为：铜瓦厢决口宽约十里，跌塘过深，水涸时深逾三丈，旧河身高决口以下水面二丈内外及三丈以外不等。根据历史情况，他以为挑深至三丈余是不可能的。他还强调说：以前“河未能北流，尚欲挽使北流，今河自北流，乃转欲挽使南流，岂非拂逆水性？”“今河北徙近二十年，未有大变，亦未多费巨款，比之往代已属幸事”。最后，他的结论是：“河在东虽不亟治而后患稍轻，河回南即能大治而后患甚重。”

闰六月初八日，朝廷采纳了李的意见，上谕指出：“河流趋重山东，自应增立堤防，著丁宝桢酌度情形将张秋、利津一带旧有民埝加培坚固，以资捍卫。”

甘肃靖远修筑河堤

是年，甘肃靖远县修筑河堤“千二百尺，高六尺”，四月开工，五月堤成。

清德宗光绪元年(1875年)

菏泽贾庄合龙

前年东明岳新庄、石庄户民埝冲决后,漫水悉注东南,曹州、铜山、沛县、沭阳、宿迁等地均受灾。经山东巡抚丁宝桢勘察,为便于施工,决定改在菏泽贾庄与开州(今濮阳)兰口之间堵筑。当年十二月兴工,光绪元年三月初九日合龙,并修筑谢家庄至东平十里堡闸大堤二百余里,定名"障东堤"。坝工、堤工共用"银一百五十二万余两"。

光绪二年(1876年)

南北两岸续修堤防

五月初二日,山东巡抚李元华奏:自直隶东明谢寨起,经长垣境至河南考城县圈堤止,绵长七十余里,经派勇添夫修筑完竣。

另据潘骏文禀报:近年节次于南岸堵筑决口,建立上下游长堤,本年复于北岸修筑小堤,"河流渐已归一,不致泛滥。"

光绪三年(1877年)

沿河各省发生罕见旱灾

光绪三年前后,沿河各省连续大旱,而以是年为尤甚。"河南有四、五季未收者,有二、三季未收者","报灾八十七厅、州、县","待赈饥民不下五六百万",饿死者无数,状极凄惨:有"攫遗骸而吮其髓者,有抱髑髅而盐其脑者,及呼吸无力,而亦倒矣。甚至割煮亲长之肉,并有生啖者"。山西"比年不登,粮价日腾","被灾极重者八十余区,饥口入册者不下四、五百万","饿死者十五六,有尽村无遗者"。近人估计,这次大旱全流域死亡1300余万人。

光绪四年(1878年)

武陟、开州、惠民等地决口

七月,武陟县南方陵朱原村沁河水势陡长“一丈九尺余寸”,以致冲刷成口“宽数丈及二十余丈”。又该县郭村“河堤漫口约宽十数丈”。

九月十四日,直隶开州境内安儿头一带民埝决口。

七至九月,惠民白龙湾上游之白毛坟和下游之张家坟各决一口,两口“宽约八百丈”,滨县、惠民三百余村受淹。

九月中旬,山东阳谷、蒲台、齐东等县同时漫决。

光绪五年(1879年)

河决历城、阳谷

伏汛期间,河决历城之骚沟、河套圈及阳谷陶城铺。

光绪六年(1880年)

齐河、历城、东明河决

齐河县赵庄及丘家岸凌汛漫决。伏汛河复决历城骚沟。霜降后东明高村漫刷成口,“宽约百余丈”。

光绪七年(1881年)

历城、濮州、齐河决口

伏汛,历城县太平庄决口,十一月堵复。同期濮州河决营房,齐河河决席家道口,章丘决二图店。

光绪八年(1882 年)

山东黄河多处决溢

春,滨县刁石李庄冰凌卡塞漫决。五月底及六月初连日阴雨,历城、章丘、齐河等处民堤漫决,利津各坝亦被冲刷多处,“水患情形重者庐舍荡然”。

潘底特测量河源

从光绪五年至本年,英属印度政府派遣以潘底特(Pundit A·k)为主的测量队横越西藏,过黄河上游之玛楚河,通过鄂陵湖西岸,越山以至河源。测量成果见 1885 年英国《地理杂志》所刊图中。

光绪九年(1883 年)

山东凌汛多处决口

正月,凌水陡长,山东历城泺口一带泛滥二处。又赵家道口、刘家道口及齐河县之李家岸各漫溢一处,漫水至济阳分为二股:一入徒骇河,一由该县之舒家湾冲开民埝,合流而至该县西南关厢一带。

二月初三日,惠民县境内之清河镇,冰壅如山,民埝漫溢,“清河镇冲塌民房八百余间”。

游百川提出治河建议

清廷派仓场侍郎游百川赴山东查看黄河工程,于正月初五到达历城桃园工地。初六日抵省城,十七日循黄河南岸由长清、平阴、东阿至十里堡缘大堤而行,二十六日至河南兰仪县铜瓦厢东坝头。查勘后,游认为挽河回故甚难,“无庸置议”。经与山东巡抚陈士杰共商,提出三条意见:一、疏通河道。具体办法为船尾带铁篦子拖刷河道。二、分减黄流。主张利用徒骇、马颊等河分水,并具体建议在惠民县白龙湾修建减水闸。三、亟筑缕堤。主张上至长清,下至利津,南北两岸先筑缕堤一道,已有之堤加高培厚,无堤处一律补齐,顶冲险要处再添筑重堤一道,约长六百余里,两岸总计千余里。

山东加紧筑堤

伏秋大汛期间，齐东、利津、历城、齐河、章丘、济阳、蒲台等县多处决口。九月二十五日山东巡抚陈士杰奏：为今之计当以修筑长堤以免泛滥成灾，现派员弁分筑长清、齐河、惠民、滨州各北岸，历城、齐东、章丘各南岸，限来年正月告竣。然后再行接办长清之南岸，历城、济阳之北岸，滨州、青城、蒲台之南岸。利津一县则先将十四户口门收小。两岸堤工统限来年四月内告竣。

光绪十年（1884年）

山东复堤工程完成

五月二十九日陈士杰奏：山东修堤逾九月之久始得全功告成，堤分南北两岸，南岸东阿、平阴、肥城依山，地势较高，未予修筑。其余由长清起筑至利津交界三里庄止，“计长三百三十余里，均底宽八丈，顶宽二丈，高八尺”。北岸地势较低，东阿、平阴两县“共长九十五里余”，“底宽五丈，顶宽一丈，高八尺”。肥城至利津“计长四百零三里余，均底宽八丈，顶宽二丈，高八尺”。齐河、齐东、济阳、蒲台等县因县城临河，添筑护城堤。利津城以下改修民埝，沿河地段“长一百六十余里”，“底宽五丈，顶宽一丈二尺，高八尺。”铁门关以下添修灶坝，“长五十余里，底宽三丈，顶宽一丈，高八尺。”统计南北两岸由东阿至利津灶坝止，“共长一千零八十余里”，“用银一百四十二万两”。

山东新堤多处溃决

凌汛期间长清北岸孔家庄及利津王家庄险工均决口。

伏秋大汛期，历城、齐东、利津、章丘、齐河、东阿、平阴等县多处告决。

山东设河防总局

十二月十六日山东巡抚陈士杰奏：山东筑堤后，于省城设立河防总局，委调臬司潘骏文总司其事。

省城设河防总局办理河帑出纳及岁修防守事宜。并于两岸划分上、中、下三游分局。河防总局设总办、会办、提调各一员。分局为：上游贾庄分局，中游齐河分局、泺口分局，下游清河镇分局、滨州分局，设督办、提调等职。

普尔热瓦尔斯基探河源

俄国人普尔热瓦尔斯基(Prejevalsky)于上年出发,对我国西北地区开始进行第四次考察。本年五月十七日“涉水渡过了紧靠黄河河源的几条小支流,并在黄河的右岸鄂敦他拉盆地出口处下方三俄里的地方宿营。”他经过考察认为,在鄂敦他拉(即星宿海)东部的扎日卡曲和卡日曲是黄河河源。他不自量地宣称,为了纪念“第一次到达神秘的黄河河源的是一个俄罗斯人”,竟命名扎陵湖为俄罗斯湖,鄂陵湖为探险队湖。归国后,他写了《第四次中亚旅行记——从恰克图到黄河河源考察西藏北部边境以及经罗布泊走塔里河流域的前进路线》。

光绪十一年(1885 年)

山东长清等县河决

凌汛、桃汛、伏汛、秋汛山东均有决口。长清、济阳、历城、齐河、章丘、齐东、青城、邹平、利津等县共决二十三处。

光绪十二年(1886 年)

山东黄河复决

凌、桃、伏、秋四汛山东济阳、章丘、惠民、齐河、历城、东阿、寿张等县多处决口,水灾严重。

张曜再提回河南流之议

五月,广西巡抚张曜调任山东巡抚。六月,他即提出增培黄河两岸大堤、增培两岸民埝、堵口、挑河四项建议,“共需银二百二十四万余两”。十一月,鉴于山东水患严重,张曜又上奏朝廷,主张回河而南。他在奏章中称:“山东连年被淹村庄计有十六万余家,至今浸于水中者三万余家,迁徙无地,赈抚为难”。他还认为,挽河使南,“不但为山东计,兼为江、豫计,尤为京辅计也”。朝廷命各督抚商议,两江总督曾国荃、江苏巡抚崧骏、漕督卢士杰均以“费巨工艰,猝难兴办”而不同意,遂又作罢论。

光绪十三年(1887年)

郑州十堡大工

八月十四日,黄水由郑州下汛十堡(即石桥)险工上首发生漏洞而决口。口门逐渐“刷宽至三百余丈”,下游正河断流。决水由郑州东北流入中牟县,水淹者“一百一十二村庄”,中牟县城被水围绕,漫水由中牟入祥符县境,大溜趋向朱仙镇南流向尉氏、扶沟、鄢陵等地。通许也有漫水,深至七、八尺不等。河南受灾地区,以中牟、尉氏、扶沟、西华、淮阳、祥符、郑州七州县为最重,太康、项城、沈丘、鄢陵、通许次之,商丘、杞县、鹿邑又次之。

决口后,上南同知余潢、上南营守备王忻、郑州州判余家兰、署郑州下汛千总陈景山、署郑州下汛额外外委郭俊儒均即行革职枷号河干。东河总督成孚摘去顶戴革职留任。九月二十九日,命李鹤年署理东河总督,会同河南巡抚倪文蔚筹办大工。十二月,命礼部尚书李鸿藻督办大工。

郑州堵口工程自当年秋冬起,至十四年五月二十日,“东坝计成四十六占,共长二百四十五丈;西坝连挑水坝计成十六占,共长三百六十九丈。”因捆厢船失事,大汛将至,工程停止,未能竣工。朝廷闻讯震怒,李鹤年与成孚均发往军台效力赎罪。李鸿藻、倪文蔚督率无方,均着革职留任,并另派吴大澂署理河督。

十四年汛后吴大澂、倪文蔚统率员工积极进堵,十二月初十日将引河开放,十七、十八两日正坝、上边坝同时合龙,十九日闭气。事闻朝廷,皇帝以吴大澂迅赴事机,实心筹画,不负委任,“着赏加头品顶戴,补授河东河道总督。”

在郑州十堡堵口工程中,除奏准架设了济宁至开封的电线便于通讯外,为迅速运料便于施工,倪文蔚先后电商北洋大臣李鸿章,为工地订购小铁路五里,运料铁车一百辆,运至西坝头安设,为河工引用西方技术之始。后吴大澂以河工所用条砖、碎石易于冲散,电商李鸿章备拨旅顺所存塞门德(即水泥)三千桶,并派员于上海、香港添购六百桶,供下南中河各厅筑坝之用,开创了水泥在河工施工中的先例。

郑工两次堵口合计用银一千九百六十万六千九百七十六两。

光绪十五年(1889年)

黄河口试用挖泥船挖泥

是年,山东巡抚张曜托西人德威尼订购的法国制铁管挖泥船二只运到黄河口,据张曜称,“试用甚为得力”。但其后任福润在光绪十七年又称:“前抚臣购定挖泥机器船并无实效”。二十二年山东巡抚李秉衡也称:“前购之挖泥船吸水不能吸泥,后经前抚臣福润退还。”

山东利津等县河决

是年,伏秋大汛期间利津、历城、章丘、惠民、齐河、长清等县又决十二处。此后至光绪三十年,山东年年决口,灾害严重。

光绪十六年(1890年)

朝邑县筑坝防河

二月,陕西巡抚鹿传霖奏:朝邑县东濒黄河,滩地坍塌严重,“应筑坝挑溜者共有三处,先就田子村极险要处抛筑砖坝三道,再于该县城东北及北面各筑坝数道以防冲激。”

河南至山东河道图测成

上年,东河总督吴大澂于三月间奏请自河南阌乡金斗关至山东利津铁门关间测量河道,并与直隶总督李鸿章、山东巡抚张曜、河南巡抚倪文蔚会商。旋即“遴派候补道易顺鼎总司其事,分饬各员按段测绘,于十六年三月全图告竣”,并“装潢成册,恭呈御览”。名为《御览三省黄河全图》。这是黄河上最早用新法测出的河道图。

山东河工添设铁车运土

二月,山东巡抚张曜鉴于路轨运土最为迅速,派候选知府李正荣在天津商购新轨,计“购造铁轨一千零八十丈,连同铁车在内统共价银一万零四百两,于四月间解运到东”。

齐河赵庄建分水闸

是年，张曜在山东齐河县赵庄建分水闸一座，拟于汛期分水入徒骇河。因为当地居民坚不同意，未正式启用。

光绪十八年(1892年)

山东濒河之民迁往堤外

山东境内青城、滨州、蒲台、利津、历城、章丘、济阳等州县夹河以内村庄终年浸于黄流，民情困苦。经山东巡抚福润奏明筹款迁往大堤外高阜之处购地盖房居住，至本年底迁出历城、章丘、济阳、齐东、青城、滨州、蒲台、利津八州县灾民三万三千二百九十七户计三百五十村庄，设立新庄三百三十九处，“共动支银三十二万六千一百十五两”。“各新庄距其旧村或四、五里或一、二里，冬春水退，地仍可耕，藉收二麦之利。”

光绪二十年福润又奏：长清、肥城、平阴、东阿、东平、历城、蒲台等州县迁出堤外“二万六千六百二户，一百九十三村庄，分立新庄二百一十八处，共用银二十九万五千六百二十九两。”

光绪二十四年(1898年)

李鸿章奉命勘河

九月三十日李鸿章奉命前往山东会同东河总督任道镕、山东巡抚张汝梅查勘河势水患，通筹全局，拟定切实办法。李于十月十六日离京，随带比利时工程师卢法尔、山东粮道尚其亨、兴化府知府启续、熟悉河务之前直隶臬司周馥、前大顺广道吴延斌等，到山东后陪同勘工的还有山东上中下三游督办等人。李等上自曹州府属黄河入山东境起，下至利津海口止，南北两岸往来逐段查看，并带天津武备学堂学生上下进行了测量。次年二月初十日，李鸿章提出山东黄河大加修治办法十条上报，比利时工程师卢法尔也写了《勘河情形》报告。据李鸿章估算，如兴大工，“除官俸兵饷不计外，约共需银九百三十万三千余两，工程分年办理，经费亦分年具领，五、六年可期办竣”。卢法尔的整治意见则“需银三千二百万两”，五年可以完工。

据周馥《治水述要》云："是案奉旨照办，户部发银一百万两，交山东巡抚毓贤办理。嗣后以义和团滋事，未请续款办工。以后时事益艰，无暇议及河事矣。"

李鸿章建议沿堤安装电话

是年李鸿章建议："南北两堤，设德律风（电话）通语。"

光绪二十八年（1902年）

河东河道总督裁撤

正月十七日，河东河道总督裁撤，一切事宜改归河南巡抚兼办。

贻谷将蒙旗水利收归官办

乾隆以来，内地汉人不断到蒙旗河套地区开垦耕种，道光后的数十年间，开垦的荒地已"阡陌相望，年多一年"，建成的引水干渠总计大小数十条，灌地一百余万亩。拥资较大的开荒者号称"地商"，郭大义、王同春是其中最著名的人物。王在光绪十八年至二十三年的五年间就独力开辟了义和渠、沙和渠、丰济渠，声名尤振。是年，清廷任命兵部左侍郎贻谷为垦务大臣，至绥远专门办理蒙旗垦务，于三十一年将八大干渠全部收归官办，并对各渠道逐一整修，"塞者通之，浅者深之，短者长之，干者枝之。循河之故道，以畅来源，顺水之下游，以为泄处"，经贻谷多年经营，大开渠工，辟地千里，收到一定成效。但收归官办以后民间开发河套的势头也就此一落千丈。

光绪二十九年（1903年）

周馥治河建议

二月二十八日山东巡抚周馥奏："臣蒿目时艰，稍谙河务利害轻重，不得不兼权熟计。累月以来，踏勘数回，督饬工员详查博访。约得办法五条，大致仍不出大学士李鸿章等之原议，惟分别缓急，力求节省，共约估银五百六十万两。"办法五条为：一、两岸大堤宜加高培厚；二、险工酌改石堤，分年办理，以期节费而持久；三、下口宜就现有河道量加疏筑，以期渐刷深通；四、河身逼窄处所亟应量为展宽，撤去民埝，重筑大堤，以期水有容纳；五、应设厅汛以专责成，并按里设堡置兵，以资防守。

山东议架两岸电线

十月十五日周馥奏："臣到任后咨商电政大臣准山东省安设两岸电线，专管河工电报，经臣派员赴沪采办机料分投布置，先就中下两游南岸由省城下至利津彩庄，北岸由右河下至利津盐窝共设八百里。择要安设电房，酌派电报学生经理。"

光绪三十年(1904年)

黄河上游涨水成灾

六月初，甘肃皋兰县连日阴雨，黄河水位暴涨二丈有零，河滩数十村庄均被淹没，省城东南隅城墙浸塌丈余，统计"灾民二万余口"。根据水电部西北勘测设计院1982年推算，该年最大流量为8500立方米每秒。

七月，宁夏黄河溢，田渠均决，淹没农田庐舍无数，平罗、石嘴山尤甚。

八月十四日督办垦务绥远城将军贻谷奏："六七月间后套阴雨连绵，河水暴涨，加以上游甘肃等处雨水过多，水势益形汹涌，遂致河流漫决，民田庐舍多被漂没，濒临黄河之长济渠及长济渠东南至短辫子河新渠一段，先后被水冲坏。"

光绪三十一年(1905年)

郑州黄河铁桥建成

是年，平汉铁路郑州黄河大桥落成。该桥由法国人承建，光绪二十八年开工，全长约三千米，为我国最早建成的黄河铁路大桥。

测量后套乌加河

后套一带黄河自古分为二支。清以前北支为主流，后河势开始变化，至同治、光绪年间北支淤断，南支成为主流。后人称北支为乌加河。是年，贻谷派人测量乌加河，绘制图幅，称此处"地极洼下，众流所归，俗名为乌梁素海”。

光绪三十二年(1906年)

科兹洛夫探河源

六月三十一日(公历),俄国探险家科兹洛夫(Kozloff)到达鄂陵湖、扎陵湖附近。测得扎陵湖海拔13000英尺,两湖相隔10俄里,扎陵湖周100俄里,鄂陵湖周120俄里。两湖相连的川长15俄里,阔105～135英尺,分布成网状,水呈黄色。

光绪三十三年(1907年)

台飞探河源

是年,德人台飞(Albert Tafel)探黄河河源,摄有阿勒坦噶达素巨石照片,测定其地北纬35度6点5分,东经46度4分。源头处地广数公里,有无数出水口水潭散布。星宿海上游为阿勒坦郭勒,又东约40公里有楚儿莫扎陵水由西南流入。

光绪三十四年(1908年)

济南津浦铁路黄河大桥兴建

九月,津浦铁路大桥在济南北郊破土兴筑。德国人承建,民国元年完成,全长1200余米,为黄河下游第二座铁路大桥。

清溥仪宣统元年(1909年)

兰州黄河铁桥建成

兰州北郊黄河原搭浮桥一座,冬季人由冰上行走,春季重建,极为不便。陕甘总督升允建议修造铁桥,光绪三十四年正式动工,次年八月工竣建成。

铁桥由德商承建,所用建筑材料全部从国外进口。“计桥长七十丈,宽二丈二尺四寸”,“共用库平银三十万六千余两”。

宣统三年(1911 年)

开州、濮州、东明等地河决

光绪三十二年河决开州杜寨村,三十三、三十四年连决濮州王称堌,宣统元年开州、濮州决,二年、三年长垣、开州、东明、利津等地又决。

孙宝琦主张统筹治河

七月十九日,山东巡抚孙宝琦在奏章中提出:直隶、山东、河南三省宜筹统一治河办法,山东三游应陆续改修石坝,海口加强疏浚。同时他还强调指出:“河工为专门之学,非细心讲求,久于阅历不能得其奥窍”,“臣上年设立河工研究所,召集学员讲求河务,原为养成治河人才,如(山东)设立厅汛,则此项人员有毕业资格即可分别试用,于工程实大有裨益”。此议上达朝廷后不久清亡。

九 民国时期

（1912年～1949年9月）

民国初期，军阀混战，不重视治河。冀鲁豫三省虽成立了河务机关，由于没有统一的治河机构，下游三省各自为政，加以堤防工程年久失修，日益残破，以致形成几乎连年决口的严重局面，两岸人民不堪其苦。这时虽然西方现代水利科学已传入我国，但各省的河务机关，每年忙于抢险、堵口，根本谈不上黄河的全面治理。

1933年，成立了统一的治河机构黄河水利委员会，李仪祉出任委员长，吸收了一批现代水利科学技术人才从事治黄工作。在经费极为困难的情况下，增设水文站，扩充测量队，创设林垦机构，研究治本工程，并拟订出《治理黄河工作纲要》。遗憾的是，李仪祉在职时间不长，他的治黄设想未能实现。此后直至抗日战争开始，治河工作再无大的起色。

抗日战争初期，国民党军队扒掘花园口大堤，黄河改道后，沿黄泛西涯修筑防泛新堤，明确堤防即国防，下游主要任务是修守防泛西堤。西迁的黄河水利委员会虽然任务遽减，却没有集中原有的技术力量开展中上游的水利建设和治本工程。只在甘、青两省作了些疏浚航道的局部工作，相当一部分技术力量被派去支援长江流域的水利事业。至40年代初期，张含英接任黄河水利委员会委员长，除重视防泛西堤的修守外，对黄河治本工程及水土保持、科学实验、宁绥灌区勘测才有所开展，惜因经费短缺，未能举办大的工程，也未获得显著效果。

抗日战争胜利后，国民政府决定堵塞花园口口门，解放区成立了专门机构，修复旧堤。在此期间，同时并存两套治河机构。1946年行政院水利委员会曾以张含英为团长成立黄河治本研究团，行政院并聘请了一些外国水利专家来华协助治河。旋以内战扩大，治本研究团及外国专家各只作了一次查勘，再无治河活动。1947年3月15日花园口堵口合龙，黄河回归故道。当时故道两岸战事正酣，解放区人民一手拿枪一手拿锨投入了修堤抗洪保卫解放区的艰苦斗争，并取得了战胜历年大汛的胜利。

民国元年(1912 年)

黄河下游河务改归各省都督兼管

1 月 1 日,中华民国宣告成立。2 月,官制改革,黄河下游河务改归各省都督兼管。

泰安设立雨量站

1 月,运河工程局在山东泰安设立雨量站并于当月开始观测降水量,是为黄河流域最早设立的雨量站。

山东省设立三游河防局

2 月,山东省裁撤河务总局,在省境沿河设立上、中、下三游河防局。

濮州葵丘堌堆决口

伏汛,濮州葵丘堌堆(今属山东鄄城)民埝发生漏洞决口,口门冲宽至 600 米,次年堵合。

民国 2 年(1913 年)

河南省设立河防局

3 月 19 日,河南省改河防公所为河防局,以马振濂为局长,总领河南河务,同时将南北两岸所属的河厅改为两个分局及八个支局和十个河防营;将管河的同知、通判改为分、支局长,都司、守备改为河防营长。

濮阳双合岭决口

7 月,濮阳土匪刘春明在双合岭(今习城西)扒掘民埝,造成决口,泛水流向东北,沿北金堤淹濮、范、寿张等县,至陶城铺流归正河。当时口门不宽,流势平缓，本不难堵合，因正值内战，无人过问，次年口门扩宽至 800 余丈，分流八成，灾情加重，堵合困难。

濮、范民埝多处决口

伏、秋汛间，濮县（今属范县）杨屯、黄桥、落台寺、周桥及范县宋大庙、陈楼、大王庄民埝先后决口，当年及次年春先后堵合。

沁河多处决口

大汛期间，沁阳县内都和武陟县大樊、方陵等处决口。冬季先后堵合。

直隶省设立东明河务局

直隶省裁撤大名管河同知，设立东明河务局，仍住东明高村，以冀南观察使兼理。至民国 4 年 11 月，任命大名道尹姚联奎兼局长。

沁堤改归官办

沁河堤防，历来为民修民守。民国 2 年改为官办。民国 3 年又改为官督绅办。至民国 8 年河南省河防局改组为河南河务局后，沁河堤防才划归河南河务局统一管理。

民国 3 年（1914 年）

河南筑成兰封小新堤

自 1855 年黄河铜瓦厢改道以后，原河道断流。民国 3 年，为防止洪水进入故道，遂横断故道老河身修筑南北向新堤一道，与两岸老堤相连，计长 580 丈（合 1.85 公里），称为“兰封小新堤”。

施测黄河流域地形图

陆军测量局依据北洋政府参谋部下达的任务，施测比例尺 1∶10 万及 1∶5 万地形图。民国 3 年在黄河流域鲁、豫、冀、晋、陕各省先行施测。因无统一的高程系统和规范要求，质量较差。

民国 4 年(1915 年)

南城子水文站设立

8 月,督办运河工程局在大汶河设立南城子水文站,这是在黄河支流上最早设立的水文站。

濮阳双合岭堵口合龙

濮阳双合岭堵口工程由徐世光督办,阴历正月开工,6 月合龙,费银 300 余万元。因工程质量差,合龙后不久又决。由大名道尹姚联奎负责堵筑,10 月又合龙,费银 81.3 万元。

老 大 坝 竣 工

直隶省境黄河北岸堤防原为民埝。双合岭口门合龙后,于口门处厢修秸料坝埽 58 段,竣工后称为“老大坝”。

民国 5 年(1916 年)

河南修筑温孟大堤

温县境内原修有民埝,长 22 公里。民国初年河势北移,屡有溃决。民国 5 年春,地方集资加修,上起孟县中曹坡,下至温县范庄,全长 38 公里,顶宽 9 米,高 2 米,名为“温孟大堤”,并于是年改归官守。

民国 6 年(1917 年)

山东河防局改组

3 月,山东改组河防局,将原有上中下三游河防局一律裁撤,另设河务总局于泺口。局设总办一人,统辖三游河务,由劳之常任总办。上下游各设分局于寿张十里堡和惠民清河镇,中游由总局兼理。

冀、鲁间民埝多处决口

7月1日，东明二分庄民埝漫决。20日长垣南岸樊庄(今属东明县)漫决。8月7日东明小庞庄溃决，谢寨漫决，长垣黄堌及范县徐屯、吴楼、寿张(今台前)梁集、影堂、夏楼亦决。各口当年先后堵合。

河 口 变 迁

7月，河口老鸹嘴河段淤塞，河由太平镇改道，东北流经大洋铺、中和堂，由车子沟入海，另在虎滩嘴东南陈家屋子北又出一支汊，经大牟里、小牟里，从刘家坨子、韩家屋子以北的面条沟入海。

汾 河 陡 涨

入秋以来，汾河陡涨，漫溢成灾。太原、榆次、祁县、文水、孝义、汾阳、灵丘、崞县、夏县等九县部分村落被淹，损失甚重。

沁河方陵、北樊决口

沁河涨水，决武陟方陵、北樊。当年堵合。

杨家河渠开工

由河套灌区农民杨满仓、杨米仓开挖的杨家河引黄灌溉渠于秋季开工。该渠道经王同春协助，用夜悬马灯定高低、借观星辰辨方向等办法定出渠线，当年施工，于民国16年建成，次年浇地1300顷，后又发展到1800余顷。

直隶省北岸民埝改为官民共守

经国务会议决议，自民国6年起，将直隶省黄河北岸之民埝改为官民共守。河防事宜划归东明河务局管理。

宁夏建成新南渠

宁夏中宁县境建成新南渠。该渠由拔贡王光临倡导兴工修建。渠口设于中宁县城南的南河子左岸，渠道长6公里。解放后扩建并入七星渠，渠长13.6公里，灌田2.2万亩。

费礼门来华研究治河

美国工程师费礼门(John Ripley Freeman1855～1932),受我国北洋政府聘请来华从事运河改善工程,研究运河、黄河问题。费氏考察黄河后,主张在黄河下游宽河道内修筑直线型新堤,并以丁坝护之,以束窄河槽,逐渐刷深。民国8年费氏再度来华,后著有《中国洪水问题》,于1922年出版。

民国7年(1918年)

直隶省设立北岸河务局

1月,直隶省设立黄河北岸河务局及河防营,并将长垣、濮阳两县河堤划分五个堤段,设立五个汛部,进行修守。

郓城门庄凌汛决口

山东郓城门庄因凌汛壅水民埝出现漏洞决口,口门宽120米,旋即堵合。又,香王东亦因凌汛冲决,口门130米,次年春堵合。

顺直水利委员会成立

3月20日,顺直水利委员会在天津成立;后于民国17年(1928年)10月改组为华北水利委员会,负责华北地区包括黄河流域的水利建设。

李仪祉考察黄河

5月,河海工程专门学校教授李仪祉(1882～1938),受该校主任许肇南的派遣,到冀、鲁两省考察黄河实况。是为李氏实地从事黄河研究之始。

沁河多处决口

6月27日,沁、丹并涨,武陟赵樊及沁阳留村、孝敬、西良寺、南张茹(今均属博爱县)、寻村(今属温县)先后决口,当年堵合。

濮县双李庄决口

8月,濮县土匪仪洪亮扒开黄河民埝,水淹双李庄(今鄄城县双李庄),汛后口门断流,冬季堵合。

上游首航机轮

甘肃商人陈润生、向涤修等发起组织甘绥轮船公司，购进“飞龙号”机轮一艘，长 6 丈，宽 1 丈 4 尺，舱深 4 尺，空船吃水深 2.5 尺。启航后在宁夏～河口镇间行驶两次即告停止。轮船旋被拆毁。失败原因：船体吃水过深，机力小，航行不易。

同年甘肃省长张广兴和马福祥为便利公务交通创办航运，从上海购进浅水汽轮两艘，运至包头在南海子装配下水，定名为“探源号”和“泛斗号”。船长 5 丈，吃水 2 尺，60 马力汽油发动机，官舱可容 4 人，客舱可容 20 人。次年试航，上行 5 日半抵石嘴山，返程下行两天半。因吃水过深，船身太重，耗费过大（每日耗汽油费百余元），旋即停航。

山东河务总局成立测量组

山东省河务总局工务科成立测量组，次年分段测量黄河河道，至民国 14 年 6 月测竣。

民国 8 年（1919 年）

设立陕县、泺口水文站

顺直水利委员会在河南陕县、山东济南泺口设立水文站两处，观测水位、流量、含沙量、降雨量等，为黄河干流上最先设立的水文站。陕县站于 4 月 4 日开始观测水位，站长戈福海；泺口站于 3 月 11 日开始观测水位，站长章锡绶。

寿张、郓城数处决口

伏汛间，山东寿张梁集、影堂决口，当年堵合。秋汛间，郓城香王漏洞决口，次年堵合。

调查黄河流域地质

国立北京地质调查所在黄河流域进行地质调查。此为黄河流域区域性的地质调查之始，并绘出太原、榆林幅 1：100 万地质图。

运河工程局测量黄河堤岸

运河工程局为研究黄河对运河的危害，测量黄河堤岸及河道大断面。自河南黄河铁桥至山东梁山十里堡，测图 46 幅，比例尺 1：2.5 万。

下游三省河务机构改组

内务部划一全国河务机构。直隶省成立直隶黄河河务局（设于黄河北岸濮阳北坝头），以大名道尹姚联奎兼局长，南北两岸各设分局。河南省改河防局为河南河务局，以吴筼孙为局长。山东省改河务总局为山东河务局，劳之常代理局长，次年任命为局长。

调查宁夏、绥远灌区

山东南运湖河筹办处奉命成立黄河河套调查团，对宁夏、绥远河套进行调查、勘测。民国 12 年写出《调查河套报告书》，提出灌区整理及垦务计划，对后来研究灌区水利设施、用水制度及河套的水利开发等都有参考价值。

民国 9 年（1920 年）

《濮阳河上记》出版

双合岭堵口工程合龙后，工程督办徐世光著《濮阳河上记》一书，由姚联奎、车保成、赵凌云、潘德蔚、周学俊校订，5 月出版。该书共四编，记述双合岭堵筑工程程序、图说、料物、器用、工匠、夫役、日记、职员录等，尤其对料物、器用记述详备。

孟津筑成铁谢民埝

河南孟津县集资以工代赈筑成民埝一道，自牛庄至和家庙，长 7.6 公里，称为“铁谢民埝”。次年，河南河务局投资，对此埝加高培厚。至民国 20 年改为官守。

华 北 大 旱

冀、鲁、豫、晋、陕大旱，受灾 317 县，灾民 2000 余万，死亡 50 余万。

民国 10 年(1921 年)

利津宫家决口

7 月 19 日，山东利津宫家河堤冲决。第三天口门冲宽至 640 米，分流七成。泛水经余家庄、大小郭家，越徒骇河及九山新河，向西北流入无棣县境，由套儿河平漫入海，淹没 270 余村。次年 11 月，美商亚洲建业公司(Asia Development Co.)总工程师塔德(O·J·Todd)代表公司以 150 万元签订堵口合同，采用平堵法堵口，民国 12 年 7 月 21 日全部竣工，实用款 200 万元。此为黄河首次使用平堵法堵口。

黄、沁河多处决口

伏汛间，黄河在东明黄堌决口，口门宽 150 丈，淹 320 村。东明高村、刘庄(今菏泽刘庄)及长垣南岸范庄又决。秋汛间，郓城四杰村被匪徒扒决成口。另外，沁河在武陟赵樊决口。以上口门均于当年先后堵合。

河南修筑华洋民埝

河南灾区救济会(后改为河南华洋义赈会)以工代赈由封丘贯台附近之鹅湾至长垣大车集间修埝一道，开工后，工程进行至吴楼计长 12.5 公里时，南岸兰封(今兰考)群众反对，遂告终止。附近群众称这段堤为“华洋民埝”。

至民国 22 年大水，华洋民埝全线漫溢。次年，黄河水利委员会和河南、河北两省建设厅决定将此民埝加高培厚，并延长至长垣孟岗，名为“贯孟堤”，实际只修至姜堂，共长 21.12 公里。

民国 11 年(1922 年)

河南培修老安堤

4 月 28 日，河南河务局培修老安堤，至 6 月 20 日竣工。该堤系清光绪十二年(1886 年)官修，民国以来多年失修。这段临黄堤上接直隶长垣大堤，下接濮阳大堤，共长 2380 丈。

陕西施测引泾灌区地形图

春季，陕西省水利局施测引泾灌区1∶2万地形图，至民国13年完成地形图896平方公里。是为黄河流域省水利局最早测绘成的现代地形图。

濮县廖桥决口

7月12日，濮县廖桥、邢庙（今属范县）间民埝决口，口门分流三成，泛水东北流由陶城铺归入正河，淹濮县、范县、寿张、阳谷、东阿五县土地4000余顷。9月24日堵合。

梅里乐、塔德调查引泾工程

北平华洋义赈会派总干事梅里乐、总工程师塔德来陕调查引泾灌溉工程。

李仪祉《黄河之根本治法商榷》发表

是年，李仪祉发表《黄河之根本治法商榷》一文，提出以科学从事河工的必要，分析黄河为害原因及中国历代治河方针，提出治理黄河的主张。这一论文对治黄工作产生了深远影响。

民国12年(1923年)

黄、沁河多处决口

7月初，黄河涨水，长垣南岸郭庄（今属东明）决口。

8月2日，廖桥前堵口处着河，冲开五口。次年春全部堵合。

同年，沁河决于武陟方陵及温县徐堡。

《豫河志》出版

由河南河务局局长吴筼孙主持，黎士安等21人参加编纂的《豫河志》出版。该书为记述河南黄、沁河的第一部专志，共28卷，29万字，分成图、源流、工程、经费、祀典、职官、附著等七部分。

恩格斯教授作黄河丁坝试验

德国恩格斯教授(H·Engels　1854～1945)受美国费礼门工程师的委托,在德累斯顿工业大学水工试验室举行黄河丁坝试验,研究修筑丁坝缩窄河槽及丁坝间的距离和丁坝与堤岸所成的角度以及坝头的形式等。试验后写出《黄河丁坝试验简要报告》。这次试验有我国在德国进修水利的郑肇经参加。恩氏旋又写出《制驭黄河论》一文。

民国13年(1924年)

《制驭黄河论》译成中文

3月,恩格斯教授退休,卸教之日在德累斯顿工业大学授最后一课即以《黄河》为题,讲述黄河之病不在于堤距过宽,而在于缺乏固定之中水位河槽。恩氏所著《制驭黄河论》(《Die Bedingung des Hwang ho》),亦强调其固定中水河槽之说,于是年夏由郑肇经译成中文。

金陵大学设置径流泥沙试验小区

金陵大学森林系美籍研究教授罗德民博士(Dr Walter Clay Lowdermilk1888～1974)在一般性考察的基础上,会同金陵大学助教任承统、李德毅、沈学礼等,在山西沁源、宁武东寨、山东青岛林场等处设置径流泥沙试验小区,观测在不同森林植被和无植被山坡水土流失量的变化。根据试验资料写出《影响地表径流和面蚀的因素》。这是我国采用径流小区观测方法研究坡地水土流失规律的开始。

民国14年(1925年)

李升屯、黄花寺决口

8月13日,濮阳南岸李升屯(今属山东鄄城)民埝溃决,口门宽600余丈,泛水东北流,南金堤与民埝间濮县、范县、郓城、寿张四县土地尽成泽国。寿张高堂、义和庄和郓城四杰村民埝不久也被扒决。9月20日泛水又将寿张黄花寺(今属梁山县)南金堤冲决,泛水继续东北流,淹寿张、东平、郓城、阳谷、汶上五县400余村。东平县群众旋将十里堡、八里湾、三里堡、常山口、王仲五处运河堤扒开,导泛水流入东平湖,由姜沟回归正河。

山东加强汛期河防

山东省河务局为加强汛期河防,严饬沿河各县每里设窝铺一处,常川驻守民夫20名,协助防范,并各堆土牛30方,永作定例。

张含英查勘黄河下游

李升屯决口后,张含英应邀查勘黄河下游。张氏查勘后提出下游险工堤段的埽工应改筑为石坝护岸,之后又提出试用虹吸管抽水灌溉农田和利用河水发电的倡议。

利津虎滩决口

山东利津虎滩决口,泛水西北流,穿徒骇河旧道及钩盘河,下合大沙河,由套儿河漫至无棣县境入海。

绥远收回黄土拉亥河灌区

绥远黄土拉亥河灌区的农田于光绪二十七年(1901年)被外国教堂占据。民国14年当地政府在国民联军总司令冯玉祥将军的协助下,从外国教堂收回。至民国21年(1932年)灌溉面积扩大到1500顷。民国31年(1942年)黄土拉亥河改名为黄济渠。

民国15年(1926年)

李升屯、黄花寺堵口合龙

1月18日,山东督办兼省长张宗昌任命林修竹为总办,王炳燇为会办,潘镒芬为总工程师堵筑李升屯、黄花寺两口,于2月15日两口同时开工。黄花寺于3月26日先行合龙;李升屯4月3日合龙后水涨埽占被冲,于4月30日二次合龙。两工共用款68万元。

河 口 改 道

6月,山东利津八里庄决口,水由铁门关故道入海,历时三年未堵。

东明刘庄、利津卢家园决口

8月14日，东明刘庄决口，口门40余丈，泛水流入赵王河，淹菏泽、曹县、巨野、金乡、嘉祥等县。至冬季河水落，挂淤堵筑工竣。

同月，山东利津卢家园漫溢成口。12月10日河水为冰所阻，利津卢家园民埝又漫决。

绥远杨家河灌区收归官有

9月，国民联军总司令冯玉祥下令将绥远杨家河灌区除渠西部分杭锦旗蒙地外，其余土地一律收归官有放垦，并规定开渠的杨家可购买600顷，其余皆由当地农民分别购买耕种。

山东、河南黄河大堤辟作公路

山东督办兼省长张宗昌命河务局局长林修竹整修黄河大堤，并以堤顶为公路，开通利津、菏泽间公共汽车交通，经两月工竣，开始通车营运。

河南省也于民国19年将开封、郑州间黄河大堤进行修整作为公路通行汽车，并发布护路章程，于5月开始售票营运。

《豫河续志》出版

由河南河务局局长陈善同主持、王荣搢主编的《豫河续志》刊印成书。该书共20卷，69万字，分图说、沿革、职员、公牍、工料、财政、治绩、附录等八部分。

民国16年(1927年)

潘镒芬创修柳箔工程

春厢工程中，山东河务局工程科科长潘镒芬在李升屯险工新4号坝下，仿欧美沉排工程结合我国的埽工做法，创修柳箔工程一段。经过三年时间的考验，邻近新3号和新5号坝都已吊蛰，唯新4号坝未出现险情。

《历代治黄史》出版

由山东河务局局长林修竹主编、山东河务局秘书徐振声编著的《历代治黄史》于民国 16 年秋出版。该书主要辑录民国 15 年以前的治黄史料及奏疏、公牍等。

河南创立黄河平民学校

国民革命军第二集团军总司令冯玉祥在河南期间，号召普及平民教育。河南河务局及沿河各分局、各造林场、购石处，先后从民国 16 年 11 月至 17 年 10 月建立了 15 个黄河平民学校，共吸收学员 382 人。此为黄河设立学校普及职工文化教育之始。

沁河北樊、高村决口

沁河在武陟北樊、沁阳高村二处决口。

民国 17 年(1928 年)

利津棘子刘、王家院决口

2 月 3 日，山东利津棘子刘、王家院两处因凌汛漫溢决口，淹 70 余村。当年山东省政府筹办堵口。王家院 3 月 1 日动工，月底合龙；棘子刘口 4 月 1 日动工，因第三占走失，至 6 月 10 日合龙。

河南河务局建立造林场

3 月 18 日，河南河务局奉第二集团军总司令冯玉祥谕："以植树为巩固堤防、治河之本，限期建立苗圃"。至 6 月，先后在博爱刘庄、开封斜庙、武陟嘉应观及莲花池建立第一、二、三造林场，总面积 640 亩。这是最早建立的三个治河专用造林场。

《山东河务特刊》创刊

由山东河务局编辑出版的《山东河务特刊》于民国 17 年 10 月创刊，按每年一期出版，至第 8 期于民国 25 年元月终刊。

河南举办机引黄水灌溉工程

河南河务局根据第二集团军总司令冯玉祥的指令，由省政府拨款 10000 元购买发动机、吸水机，11 月安装在开封柳园口、斜庙黄河大堤上，抽黄河水灌溉老君堂、孙庄一带耕地 5400 亩。是为黄河上举办抽水灌溉之始。

华北水利委员会测量黄河地形

11 月，华北水利委员会组织测量队测量黄河两岸地形。历时 5 个月，先自河南沁黄交汇处之解封村测至中牟孙庄，测得 1：5000 地形图 89 张，约 820 平方公里，河道断面 120 个，堤身断面 155 个。次年春奉建设委员会令停测。

兰州越城引黄灌田

甘肃兰州城南郊农民，集资从城北黄河边建巨型天车三轮，引黄河水，并架设七八丈高的引水渡槽越过兰州城墙，灌溉南郊上下沟的园田，被称为“兰州天车之最”。

黄河流域大旱

黄河流域大旱，从春至夏大部地区滴雨未降，秋季又旱。陕县水文站实测年径流量只有 200.9 亿立方米，为 1919 年设站以来的最低值。

民国 18 年(1929 年)

国民政府黄河水利委员会组织条例公布

1 月 26 日，国民政府公布“国民政府黄河水利委员会组织条例”。并特任冯玉祥为委员长，马福祥、王瑚为副委员长，特派冯玉祥、马福祥、吴敬恒、张人杰、孙科、赵戴文、孔祥熙、宋子文、王瑚、刘骥、李仪祉、李晋、薛笃弼、刘治洲、陈仪、阎锡山、李石曾为委员，组成黄河水利委员会。“旋以经费无着，而当事者又牵于他种职务，黄河水利委员会并未成立”。民国 20 年 10 月 24 日国民政府特任朱庆澜为委员长，马福祥、李仪祉为副委员长，但因治黄经费无着，仍未正式成立。

直隶省黄河河务局改组

2 月 18 日，河北省政府委员会第 67 次会议通过“河务局组织规程”，直隶黄河河务局改称河北黄河河务局，任命李国钧为局长，掌理三县(濮阳、长垣、东明)黄河河务,局设濮阳坝头镇,并于南岸东明高村设立办事处。

利津扈家滩凌汛决口

2月28日,山东利津扈家滩因凌汛漫溢决口,口门宽210丈,分流三成,淹利津、沾化、无棣三县60余村。6月10日开工堵筑,至7月20日行将合龙时,水涨5尺,加以物料不足,功亏一篑。耗费20多万元。至次年5月动工复堵,6月10日竣工,耗费接近10万元。民国19年11月山东河务局编印《扈工特刊》记述堵口工程。

黄河水利委员会筹备处在南京成立

3月2日,黄河水利委员会在南京的委员以黄河防御工程刻不容缓,决定组成筹备处,并于4月27日在门帘桥开始办公。

《淮系年表全编》出版

由武同举编著的《淮系年表全编》于民国18年春出版。该书共4册,记述唐虞至清末的淮河,包括黄河的水患、水利大事。

河南举办虹吸引黄工程

6月12日,由河南河务局主办的郑上汛头堡虹吸引黄工程开工,至7月10日安装竣工,并开始吸水灌田。该引水渠定名为“河平渠”。这是黄河下游最早建成的虹吸灌溉工程。

绥远民生渠开工

6月,绥远省政府用华洋义赈救灾总会所贷之款,以工代赈开工修建民生渠,华洋义赈救灾总会派美籍工程师塔德主持工程。该工程西从镫口引水,东至大黑河,干渠长72公里,当年完成干渠50多公里。施工中美国著名记者埃德加·斯诺(Edger Snow　1905～1972)也来工地采访,写出《拯救二十五万生灵》专篇报道。

东明黄庄决口

8月,东明黄庄以西漫溢决口,口门宽10余丈,淹数十村。9月堵筑合龙。

中 牟 抢 险

9月10日,中牟九堡一带因河水上涨河势变化,80丈宽的河滩一夜全部塌完,大堤被水冲刷,堤顶宽只剩数尺。经中牟县长白廷壿率工日夜抢护,并截收山东的运石船赶紧抛护,都无济于事。后省政府主席韩复榘赶到,筹款赶办秸、石、麻袋,调集汽车并在工地安装电话,灵活指挥,民工拚命抢护十余日始转危为安。

河 口 改 道

8月,利津纪庄民埝被盗掘成口,分流八成,未堵。大河改由陡崖头入海。

河南河务局改组

9月,河南河务局改组为整理黄河委员会,何其慎任委员长。至次年4月,复改为河南河务局,于廷鉴任局长。

绥远成立包西各渠水利管理局

民国以来,绥远灌区管理机构散乱,责任不专,灌溉事业日衰。本年,绥远省成立包西各渠水利管理局,直隶于绥远建设厅,由此绥远灌溉事业渐有起色。

陕西在黄河东岸建立平民县

冯玉祥在陕西主政期间,鉴于黄河河道在小北干流东西两岸间游荡迁徙不定,东岸涸出大片陕西省所属的滩地,遂组织建立一新县,命名为"平民县",县政府设于大庆关。至民国24年,黄河东滚,冲毁了大庆关,平民县政府迁至西岸。中华人民共和国成立后平民县撤销。

陕 、甘 大 旱

陕西、甘肃两省继上年大旱之后,又连续大旱。有些地方树皮、草根都被食尽。

方修斯教授来华

德国汉诺佛大学教授方修斯(Otto Franzius 1878～1936)曾任导淮委

员会顾问工程师，并在他创办的汉诺佛水工及土工试验所两次作黄河试验。本年来华，于起草“导淮计划”之余研究黄河，返德后发表《黄河及其治理》一文。认为“黄河之所以为患，在于洪水河床之过宽”，与美国费礼门的见解相近，并于1931年在汉诺佛工科大学水工试验所举办了导治黄河模型试验。

民国19年(1930年)

国民党中央通过开发黄、洮、泾、渭等河提案

3月3日，国民党第三届中央执行委员会第三次全体会议通过“由中央与地方建设机关合资开发黄、洮、泾、渭、汾、(北)洛等河水利，以救西北民食”案。

施测壶口瀑布

4月26日，陕西省建设厅测得黄河壶口瀑布流速为18米每秒，河道断面为96.875平方米，流量为1743立方米每秒，落差为15.06米。

濮县廖桥决口

8月6日，山东濮县廖桥、王庄一带民埝埽坝被溜冲刷，走失殆尽，形成决口，口门宽230丈，分流四成，溃水东北流由陶城铺回归正河，淹北金堤以南的濮县、范县、寿张、阳谷、东阿五县土地4000余顷。12月12日动工堵筑，28日合龙。

陕西泾惠渠开工

引泾灌溉工程由水利专家李仪祉大力筹措，经陕西省政府和华洋义赈会投资和部分华侨捐款于11月正式开工，定名“泾惠渠”。工程由张家山筑坝引水19立方米每秒，开渠273.98公里，可灌醴泉、泾阳、三原、高陵、临潼等县农田64万余亩，于民国21年5月20日第一期工程竣工放水，24年4月全部竣工，共用款167.5万元。

山东成立黄河上游民埝专款保管委员会

山东省濮县、范县、寿张、郓城、阳谷五县滩地居民为保卫田庐在临河所修的民埝(即今临黄大堤)，由五县的埝工局自行修守，河务局只负责监督。

所需修守埝工的费用，由埝工圈护的土地(17000余顷)按每亩农田每年二角摊交(每年收21万元)，称为“民埝专款”。12月，山东省政府成立黄河上游民埝专款保管委员会，负责保管这项专款。章程规定：委员会由河务局局长、河务局计核科科长、上游总段长、五县县长及廖桥、李桥、柳园、康屯、高义五个埝工局局长组成。专款只能用于埝工的修守，不得挪用。

民国20年(1931年)

濮县廖桥、利津崔庄凌汛决口

2月2日及5日，濮县廖桥及利津崔庄民埝因凌汛先后漫溢决口。当年堵合。

湟水流域洪水成灾

6～7月，青海湟水流域阴雨20余日，湟水泛滥，湟源、西宁、大通、乐都等县不少房屋被山洪冲毁。7月23日下午3时，又降大冰雹，山洪暴发，湟源、西宁等8县万亩良田尽成泽国。

伊、洛河发生大洪水

8月12日，伊、洛河发生大洪水。经调查推算，伊河龙门镇洪峰流量10400立方米每秒，洛河洛阳洪峰流量11100立方米每秒。

利津尚家屋子决口

8月，利津尚家屋子民埝，因出险抢护不及被冲决。

内政部召开黄河河务会议

11月2～5日，国民政府内政部在南京同时召开“废田还湖导淮入海会议”和“黄河河务会议”，由国内水利专家15人及财政、交通、实业、内政部、建设委员会、导淮委员会及苏、皖、赣、湘、鄂、绥、陕、冀、鲁、豫诸省的代表参加。会议中讨论了黄河防洪、治标、治本、经费等议案，并呼吁迅速成立治黄的统一机构——黄河水利委员会。

陕西省成立渭北水利工程委员会

陕西省以建设厅厅长李仪祉及孙绍宗、李百龄等为委员，和华洋义赈会水利专家塔德、安立森(Sig. Eliassen 1885～？挪威人)联合组成“渭北水利工程委员会”。自此泾惠渠工程顺利进展。

民国 21 年(1932 年)

冀鲁豫成立三省黄河河务联合会

国民政府内政部鉴于冀鲁豫三省黄河为害最烈，虽各设有河务局，但各自为政，无统盘计划，特组织成立三省河务联合会以促进三省河务协作，于 3 月 2 日召开成立大会，22、23 两日举行第一次会议。11 月举行第二次会议。次年 12 月举行第三次会议。

恩格斯教授作黄河模型试验

7 月，恩格斯教授在德国奥贝那赫(Obernach)瓦痕湖(Walchensee)水力试验场作治导黄河大型模型试验，研究缩窄堤距能否刷深河槽降低水位。冀鲁豫三省特派工程师李赋都参加。试验结果认为，堤距大量缩窄后河床在洪水时非但洪水位不能降低，且见水位有所抬高。

民国 23 年(1934 年)2 月，全国经济委员会委托恩格斯再次作黄河水工模型试验，并派沈怡参加。

汾河决堤成灾

8 月上旬，汾河上游连日大雨，汾河决堤，太原城西南半壁全淹，沿河淹数百里。

王应榆、张含英视察黄河下游

10 月，国民政府特派王应榆为黄河水利视察专员，从 16 日起由张含英陪同视察黄河下游利津至孟津河段。11 月 2 日结束之后，张含英写出《视察黄河杂记》。

《豫河三志》出版

由河南河务局局长陈汝珍及戴湄川等28人编纂的《豫河三志》于民国20年冬完稿，民国21年在开封出版。该书共12卷、12万字，分图、职官、工程、财政、附录、表等六部分。

首次黄河河床质泥沙颗粒分析

华北水利委员会、山东河务局及导淮委员会，在济南泺口及利津宫家坝黄河河道断面处，各分左、中、右三点采取河床质泥沙样品，寄往德国汉诺佛水工试验所首次进行黄河河床质泥沙颗粒分析。

武陟沁河决口

沁河在武陟决口。

民国22年(1933年)

绥远磴口凌汛决口

3月，绥远磴口凌汛水涨七尺余，河堤漫溢决口，沿河150余公里尽成泽国。

李仪祉任黄河水利委员会委员长

4月20日，国民政府特派李仪祉为黄河水利委员会委员长，王应榆为副委员长，并派沈怡、许心武、陈泮岭、李培基为委员，5月26日派张含英为委员兼秘书长。6月28日，国民政府制定“黄河水利委员会组织法”。规定：黄河水利委员会直隶于国民政府，掌理黄河及渭、北洛等支流一切兴利、防患、施工事务。7月29日，任命沿河9省及苏、皖两省建设厅厅长为黄河水利委员会当然委员。

华北水利委员会查勘黄河

6月6日，华北水利委员会派工程师刘锡彤、王华棠、吴树德等到太原，会同太原经济建设委员会张世明，查勘宁夏至山西河曲段黄河河道及开发灌溉、发电、航运事业。至8月上旬返回天津。

齐河董桥、东阿邵庄决口

7月，齐河董桥大堤冲决，口门宽150米。同月东阿邵庄亦决两口，口门宽60米，均于当年堵合。

长垣土匪扒决石头庄大堤

8月3日，长垣土匪姬兆丰（又名姬七）等400余人，因久攻铁炉不下，将石头庄大堤扒开两口，至10日大洪水到达后，两口门被冲扩宽合而为一，造成巨灾。

陕县水文站出现大洪水

入汛以来，黄河中游普降大雨。8月初，泾、渭、北洛、汾、无定、清水等河流域出现暴雨，普遍涨水，致使陕西34县遭灾，宁夏18万亩农田被淹，绥远、山西也遭受不同程度的水灾。8月8日午夜，陕县水文站水位陡涨，水尺没顶。9日午夜，又出现大洪峰，当时水位、流量均未测得。事后根据所遗水痕得知其最高洪水位为298.23米（大沽），推算流量为23000立方米每秒。后经1952～1955年多次整编审查计算，确定这次洪峰流量为22000立方米每秒。

京汉铁桥被冲毁

8月10日，黄河大洪水到达下游，京汉铁路黄河桥被冲，中段20余孔基础倾斜动摇，经抛石抢护，至17日，特快客车吨位在20吨左右者，可以人力推动过桥，普通客快及货运车的客货仍以驳船渡河。至20日始经修复通车。

下游堤防横遭决溢

8月10日，大洪水到达下游后，两岸堤防横遭决溢。至11日，计决温县堤18处、武陟堤1处、长垣太行堤6处、长垣黄河堤34处、兰封堤1处、考城堤1处，共61处。另外北岸华洋堤、南岸考城堤还有数十处漫溢过水。这次水灾波及下游30县，被淹面积6592平方公里，受灾人口273万，其中死亡12700人，财产损失2.07亿元（银圆）。

安立森应聘任职

8月24日，黄河水利委员会委员长李仪祉批示：从9月1日起，聘安立森为测绘组主任、工程师，月薪800元。安氏是第一位任职于治黄机关的外籍水利专家。此后，他曾任董庄堵口副总工程师、黄河水利委员会顾问等职，抗日战争开始后，离职回国。在职期间曾有不少论著，并获得我国五等彩玉水利勋章。

李仪祉召开六省黄河防汛会议

8月28日，黄河水利委员会委员长李仪祉在南京筹备处召开冀、鲁、豫、苏、皖、陕六省黄河防汛会议，讨论黄河流域水灾救济、防汛、抢险、堵口、善后等事项，并吁请中央赶速成立救灾委员会。

刘庄架通过河电话线路

河北、山东两省河务局为便利两省水情、公务信息传递，9月在东明刘庄险工处架设了一条过河电话线路，这是黄河上架通的第一条专用电话过河线路。

11月，山东河务局在位山、解山间也架设了专用过河电话线。

黄河水利委员会正式成立

黄河水利委员会5月23日以委员许心武为筹备主任，在南京筹备处进行筹建工作。至8月10日黄河发生大洪水，下游堤防横遭决溢，灾情严重，筹备工作加速进行，8月底，筹备事竣。9月1日黄河水利委员会在南京正式成立，并于西安、开封设立办事处。

国民政府成立黄河水灾救济委员会

9月4日，国民政府成立黄河水灾救济委员会，特派宋子文为委员长(11月改派孔祥熙为委员长)，委员23人。委员会下设总务、工赈、灾赈、卫生、财政五组。该委员会先后收到中央拨款295万元，连同国内及侨胞捐助共收入319万元，大部用于工赈、灾赈。至次年底该委员会奉令撤销。

黄河水利委员会举行委员会议

9月26～29日，黄河水利委员会在开封河南省政府礼堂举行第一次委员会议。此后，于次年 3 月 26 日、10 月 18 日和民国 24 年 6 月 20 日又在济南、保定、开封举行了第二、三、四次委员会议。

黄河水利委员会成立测量队

9 月，黄河水利委员会派副总工程师许心武赴天津与华北水利委员会接洽征聘工程师，组成第一测量队。9 月 28 日队长穆岭园率领队员 18 人、测工 28 人由天津启程到河南武陟庙宫开始施测黄河下游。

冯楼堵口开工

大洪水过后，各决溢口门大都断流干涸，由黄河水灾救济委员会拨款一一填筑；唯石头庄口门仍分流七成，必须堵筑。为便于施工，在冯楼村附近进行堵合，称“冯楼堵口”，由黄河水灾救济委员会工赈组长孔祥榕主持施工，10 月 24 日开工。先在口门西坝头做透水柳坝缓溜落淤，11 月 7 日开挖引河，次年 1 月 23 日进占，至 3 月 17 日合龙。用款 131 万余元。

航测下游灾区水道堤防图

10 月 30 日，黄河水灾救济委员会委托军事委员会总参谋部航空测量队，在长垣大车集至石头庄测成比尺 1∶7500 堤防图及长垣冯楼一带 1∶2.5万水道图。以后，又在开封、兰封、考城、巨野、长垣、东明等县灾区航空摄影 42 幅。

黄河水利委员会迁至开封

河南省政府主席刘峙、山东省政府主席韩复榘、河北省政府主席于学忠、江苏省政府主席顾祝同、安徽省政府主席刘镇华 9 月 1 日联名电请国民政府主席林森、行政院长汪精卫将黄河水利委员会迁至下游适宜地点，俾使总治全河，避免贻误时机。9 月 13 日经中央政治会议第 374 次会议决议，交由行政院核定，准将黄河水利委员会改设于开封。11 月 8 日黄河水利委员会由南京迁至开封教育馆街 16 号办公。

我国第一个水工试验所成立

12 月 10 日，黄河水利委员会和河北省立工学院合作由李赋都筹办，于天津元纬路工学院内设立“天津第一水工试验所”。这是我国设立的第一个水工试验所。次年，又有导淮委员会、华北水利委员会、太湖流域水利委员会、北洋工学院等单位参加，改名为“中国第一水工试验所”，至民国24年冬落成。所长李赋都。民国26年该试验所毁于日本侵略军之手。

山东举办四处虹吸引黄工程

继郑州虹吸引黄工程之后，山东省建设厅又在历城王家梨行、齐东、青城交界处马扎子、齐河红庙及蒲台王旺庄举办四处虹吸引黄工程，计划淤田21.5万亩，投资3.1万元。11月18日王家梨行虹吸工程建成，引水0.5立方米每秒，其他3处也于次年完成。其中马扎子1处，试水10日淤地1000余亩，平均淤厚7厘米，将原卑湿碱卤不毛之地变成沃壤。

太原修建上兰村水电站

山西省在太原市郊上兰村汾河东岸开渠引水修建小型水力发电站，以供给进山中学照明用电。电站由李其昌总负责，赵福增设计，采用北洋大学教授邓曰谟设计制造的简易水轮发电机。这座水电站是黄河流域最早建成的小型水力发电站。

沁河武陟北王村决口

沁河在河南武陟北王村决口。

民国23年(1934年)

《黄河水利月刊》创刊

1月，由黄河水利委员会编辑出版的《黄河水利月刊》在开封创刊。该刊至民国25年底停刊。共出36期。

李仪祉制订《治理黄河工作纲要》

1月，黄河水利委员会委员长李仪祉制订出《治理黄河工作纲要》，提出了以现代水利科学方法治理黄河的工作要点。

秦厂水文站设置无线电台

黄河水利委员会获得黄河水灾救济委员会调拨无线电机两台，能收发250～300公里以内的电信。一台设于秦厂水文站；一台设于开封黄河水利委员会。从2月20日起秦厂水文站逐日向开封报告水位、流量。此为黄河专设无线电台之始。

青海省拟订开发黄河水利计划

4月,青海省政府拟订开发省内水利计划。将全省分为黄河流域、长江流域、环湖(青海湖)流域和柴达木流域四区,拟订计划整理建设,并决定先从黄河流域兴工,其余逐步推进。

塔德两次勘测汾河

华洋义赈会美籍总工程师塔德上年曾至山西查勘汾河,建议在上游修建兰村峡、罗家曲、下静游三座拦河坝蓄洪、灌溉、发电。后经曹瑞芝会同汾河上游水利工程处总工程师谷口三郎(日本人)及山西建设厅的技术人员复查兰村峡坝址,认为建议合理,遂拟定实施计划大纲。本年4月,塔德再次至汾河测量并查勘黄河,拟具汾河上中下游及晋祠三泉修建蓄水库,浚直太原汾河及整理通利、襄陵、绛州、河津灌区和文峪河计划。

首次用土钻钻探坝基

7月13日,黄河水利委员会咨请陕西省拨凿井工人6名,派技士郑士彦率领赴眉县钻探渭河拦河坝基。每日可钻土深5～10米,遇卵石即无法再钻,最深钻至6.7米,共钻17穴。此为黄河上使用土钻钻探坝基土质之始。

山东六县人民申请将民埝收归官守

7月20日,山东濮县、鄄城、范县、寿张、郓城、阳谷六县各派代表联名申请将民埝改归官修官守。经黄河水利委员会转报行政院,行政院秘书长批交山东省政府、黄河水利委员会和黄河水灾救济委员会后,再无下文,直至花园口决口,山东艾山以上两岸民埝始终未改为官修官守。

黄河流域进行精密水准测量

7月,黄河水利委员会成立精密水准测量队,开始进行精密水准测量。至民国37年连续完成从青岛至兰州的精密水准测量2586公里。

陕西洛惠渠开工

7月，全国经济委员会应西安绥靖公署主任杨虎城和陕西省政府主席邵力子的请求，由全国经济委员会水利处在大荔设立泾洛工程处，办理泾惠渠未完工程及洛惠渠全部工程。从此，洛惠渠的隧洞及总干渠工程相继开工。

黄河流域测定八处天文经纬度

7～10月，黄河水利委员会委托国民政府北平研究院代测西安、潼关、郑州黄河铁桥、开封、泺口、利津、周桥、凤翔八处天文经纬度。

长垣决口四处

8月上旬，贯台附近滩区出现串沟过水，逐渐扩大直趋长垣堤脚，11日在九股路、东了墙、香李张、步寨上年填筑的旧口门处又决口四处。经黄河水利委员会工务处分析决口原因是：(1)旧口门填筑土质多沙，堤基不巩固，未做护沿工程；(2)串沟引溜淘刷堤基；(3)未备工料，临时抢护不及。决口溃水仍沿上年流路经陶城铺回归原河道。9月开始从贯台串沟口进行堵筑，称为“贯台堵口工程”。

首次进行悬移质泥沙颗粒分析

8月11日下午3时，于开封黑岗口黄河水位最高时采取水样，由黄河水利委员会送请华北水利委员会代为进行泥沙颗粒分析，至11月，将此水样的泥沙颗粒组合分析完毕，并绘制成图表。此为黄河上首次进行悬移质泥沙颗粒分析。

孙庆泽被撤职查办

黄河水灾救济委员会委员长孔祥熙，以河北省黄河河务局局长孙庆泽办理河务不力，致黄河决口，电请行政院查办。行政院即电饬河北省政府于8月20日将孙庆泽撤职查办。遗缺由滑德铭接任。

绥远临河县黄河决口

9月3日，绥远临河县黄河决口，县城被水围困；同时永济渠也溃决30

余丈，水势浩大，庐舍牲畜漂没无算。绥远省政府主席傅作义派员携款驰往急赈，并电临河驻军竭力抢护。

李仪祉视察黄河上游

黄河水利委员会委员长李仪祉，于 9 月 26 日在兰州视察黄河铁桥上下河段、天车灌溉及水文站后，乘飞机至宁夏，27 日至 30 日视察汉延、唐徕、秦、汉等渠口及青铜峡、古城湾。10 月 2 日乘舟下行，历石嘴山、磴口、三盛公，沿途视察河道，4 日到临河，视察河套引黄灌溉。视察后写出《黄河上游视察报告》。

河 口 改 道

9 月，河口河段自利津鱼洼以下决口，水分三股，由神仙沟、甜水沟、宋春荣沟三股入海，直到 1953 年 7 月才改由北股神仙沟入海。

山东河务局局长获奖

9 月，行政院训令：以山东河务局局长张连甲任职三年均因抢险得力得庆安澜，长垣决口后溃水流入山东境，北金堤俱成临河险工，该局长风雨无间，日夜在工抢险并筑子埝，力遏洪流，使华北不致陆沉。经呈奉国民政府指令准予题颁“绩著安澜”匾额一方，以示嘉奖。

邵鸿基弹劾孔祥榕

9 月，国民政府特派监察委员邵鸿基监察黄河河工。邵查访后认为，长垣决口是由于上年孔祥榕筑堤不坚及孙庆泽防守不力所致，两次上书弹劾孔祥榕虚靡国帑延误工赈。后监察院又派监察委员周利生、高友堂至工地调查，也认为孔祥榕筑堤草率难辞其咎。最后孔祥榕不但未受任何惩戒，反于次年 2 月升为黄河水利委员会副委员长。

李仪祉写出《黄河水文之研究》

12 月，黄河水利委员会委员长李仪祉写出《黄河水文之研究》。这是最早有关黄河水文研究的重要科学论著。

黄河流域增设水文站

黄河水利委员会按照委员长李仪祉所作的黄河流域水文站网规划，自民国22年汛后至23年汛前先后在黄河干流增设兰州、包头、龙门、潼关、秦厂、高村、陶城铺、利津水文站8处；在支流增设太寅、咸阳(渭河)、河津(汾河)、木栾店(沁河)、黑石关(洛河)水文站5处，另外，还在干流增设孟津、英峪村、黑岗口、东坝头、南小堤水位站5处。至此，黄河流域水文站网初具规模，入汛后，各水文站可一日数次电报水情至开封，对黄河防汛起到显著的作用。

《黄河志》编纂会正式成立

夏，国民政府考试院院长戴传贤发起编纂《黄河志》。编纂会组成人员为：会长戴传贤，副会长朱家骅、王应榆；干事辛树帜、李贻燕、陈可忠；编纂胡焕庸、侯德封、张含英、张其昀、寿振黄、郑鹤声、刘士林。拟定全志共7篇：气象、地质、水文与工程、人文与地理、文献、动物、植物。

利津两处决口

伏汛间，利津北岸李家呈子与郭家屋子之间前堵口合龙处决口。南岸寿光围子亦于10月18日因河口漫溢溃决。

山东专用电话全部畅通

山东沿河专用电话线路经修复、架设，至12月共长865.6公里(南岸自菏泽双合岭至海口王家院长450.7公里；北岸自范县至利津王庄长414.9公里)，并架设陶城铺、泺口、道旭三处过河线路，另借用山东建设厅长途电话管理处道旭过河电话线，至此，山东沿河专用电话线路全线畅通。

甘、宁两省兴办水利工程

根据全国经济委员会水利处的计划，全国经济委员会拨水利经费70万元，分配给甘肃50万元、宁夏20万元兴修第一期水利工程。甘肃计修：民生渠、永丰渠、达家川渠、红古城渠；宁夏修云亭渠。

黑岗口敷设河底电缆

开封黑岗口敷设河底电缆，连通两岸电讯，经试验灵便无阻。

民国 24 年(1935 年)

国联专家来黄河视察

国际联盟应国民政府经济委员会的邀请,派荷、英、意、法四国水利专家聂霍夫(G·P·Nijhoff)、柯德(A·T·Goode)、吉士曼(C·C·Geertsema)、奥摩度(Omodeo)来华,于元月 8 日由全国经济委员会专员蒲得利(M·Bourdrez)协助,张炯、张心源陪同到开封,从 12 日起分别视察黄河下游、河口及陕、晋等地,3 月底结束后写出《视察黄河报告》。

孔祥榕接任黄河水利委员会副委员长

2 月 2 日,国民政府免去王应榆黄河水利委员会副委员长职务,特派孔祥榕接充。

李仪祉视察北金堤

3 月 2 日,黄河水利委员会委员长李仪祉偕技术人员由汴出发绕道郑州、滑县道口镇,赴北金堤视察,并筹划培修工程。

两报发表社论评议治河

黄河连年水灾,民不聊生,社会上议论很多。3 月 16 日,《大公报》发表社论《论黄灾》,评孔祥榕主持堵口不力并呼吁急赈灾民。同日《河南民国日报》也发表社论痛斥官场习气延误工程。

汾河流域水灾

3 月 17 日,汾河解冻,冰水俱下,将阳曲赵庄新筑堤岸冲毁 60 余丈。8 月 2 日,汾河因上游大雨,河水大涨,太原、平遥、文水等县汾堤溃决百余丈,沿河田禾被淹,桥梁被冲,造成灾害。

陕西渭惠渠开工

3 月,陕西省政府成立渭惠渠工程处,并向西安银行团贷款 150 万元,4 月正式开工修建渭惠渠。该工程由眉县魏家堡引水,渠道长 177.80 公里,至民国 26 年 12 月全部完成,可灌眉县、扶风、武功、兴平、咸阳等县农田 60

万亩,共投资 230 万元。

贯台堵口合龙

贯台口门本来过水很小,不难堵塞。惜失去时机,以致口门扩大,过水八成,形成大工。3 月 21 日孔祥榕接办堵口工程时,口门水深达 20 多米,经加筑透水柳坝两道,挑溜落淤,合龙前适刮西北风,口门溜缓淤浅。4 月 11 日开始在龙口抛柳石枕,至 20 日口门得以顺利合龙。长垣大堤四口亦断流填筑,4 月 27 日全部工竣,共用款 105.95 万元。

培修北金堤工程开工

4 月,培修北金堤工程开工。上自河南滑县,下迄山东东阿陶城铺与民埝相接,计长 183 公里又 683 米,堤顶高出 1933 年最高洪水位 1.3 米,顶宽 7 米,边坡 1∶3,共用土 165 万立方米,用款 35 万元。此后,又连续三年对北金堤进行部分培修。

《黄河志》三篇志稿完成并出版

5 月,由张含英承编的《黄河志》第三篇“水文工程”完稿,次年 11 月由国立编译馆出版。10 月,由胡焕庸承编的第一篇“气象”完稿,次年 10 月出版。11 月,由侯德封承编的第二篇“地质”完稿,民国 26 年出版。

黄河水利委员会改隶全国经济委员会

7 月 1 日,国民政府修正公布“黄河水利委员会组织法”。组织法规定,黄河水利委员会隶属于全国经济委员会,掌理黄河及渭、北洛等支流一切兴利、防患事务。

伊、洛河大水

7 月 8 日,伊、洛河水暴发,两岸泛滥成灾,死亡千余人,陇海铁路轨上水深 1 米,偃师县城被淹(当时县城在陇海路南)。后经调查推算这次洪水在黑石关洪峰流量为 10200 立方米每秒。

鄄城董庄决口

7 月 10 日晚,山东鄄城董庄民埝因漏洞溃决,旋官堤亦决,淹鲁苏两省 27 县,受灾面积 12215 余平方公里,受灾人口 341 万余,其中死亡 3750 人,财产损失 1.95 亿元。

兰州、宁夏黄河暴涨

8 月 4 日，兰州黄河暴涨，高庄决口，雁滩居民因水涨纷纷迁居。

8 月 15 日，宁夏境内黄河水势猛涨，狂流汹涌为数十年内所未有，宁夏各渠口溃决，田庐牲畜漂没无数。

李仪祉建议黄水入苏补救办法

8 月 5 日，全国经济委员会召开导淮治黄会议，会商黄水入苏补救办法，李仪祉因督促堵口不能参加，提出五项建议：

一、董庄由江苏坝向东直开引河，可减过多水量。

二、赵王河坚筑南堤，可免鲁省泛滥。

三、归入南旺湖水设法导入东平湖。

四、蔺家坝以不开为宜。

五、微山湖入运之水，以津陇二桥下过水容量为准。运河自微山湖至滩上集一带坡陡尚可容千立方公尺每秒，滩上集以下过量之水入骆马湖、六塘河。苏筑堤以不妨碍洪水入海之路为准。

李 仪 祉 辞 职

黄河水利委员会委员长李仪祉因与当道者意见不合，愤而辞职，于本年秋获准，遗缺由副委员长孔祥榕代理，副委员长由王郁骏接充。

《黄河年表》出版

11 月，由沈怡、赵世暹、郑道隆编的《黄河年表》经军事委员会、资源委员会作为参考资料印行。该年表分列唐尧 80 年（公元前 2278 年）至民国 22 年（1933 年）的黄河洪水、河患、治河、通河、引河、决河、徙、溢、涨、赈灾、开渠、河议等史料，共计 13 万多字。

日本空摄黄河下游

日本帝国主义蓄谋进一步侵略中国，于 12 月 4～11 日，对黄河下游开封至河口河段进行航空摄影。民国 27 年镶嵌成 1∶30000 图 10 幅，名为《黄河线集成写真》。

李仪祉写出大量治河论著

李仪祉在民国 22～24 年任黄河水利委员会委员长期间，于百忙中写出《黄河概况与治本探讨》、《关于导治黄河之意见》、《治黄关键》、《治黄意见》、《研究黄河流域泥沙工作计划》、《黄河流域之水库问题》、《纵论河患》、《后汉王景理水之探讨》等数十篇治黄论著，成为后人研究治理黄河的重要文献。

德人高钧德应聘任上游测勘队队长

德国人高钧德(G・Kohler)应黄河水利委员会邀聘，任黄河上游测勘队技正兼队长。此为继安立森之后第二名外籍治河人员。

甘肃水渠设计测量队成立

全国经济委员会水利处在甘肃兰州设立甘肃水渠设计测量队，队长王仰曾。该队设计测量的有洮惠渠、新右渠等。

民国 25 年(1936 年)

恩格斯荣获我国一等宝光水利奖章

恩格斯教授两次主持治导黄河试验成绩显著，元月由黄河水利委员会呈请全国经济委员会并经国民政府批准，奖给一等宝光水利奖章。

塔德兼任黄河水利委员会顾问

经山东省建设厅厅长张鸿烈推荐，黄河水利委员会代理委员长孔祥榕聘山东省政府黄河工程美籍顾问塔德兼任黄河水利委员会顾问，薪金由华洋义赈会发给。塔德于元月初到董庄堵口工地报到。

历城王家梨行凌汛决口

凌汛期间，山东历城王家梨行决口。

董庄堵口合龙

3 月 27 日，董庄堵口工程竣工合龙。堵口中采用柳石枕合龙，并在龙口前修柳石护坡，工程快速稳固。用款 263.8 万元。

建立苗圃兼作防止冲刷试验

春季，黄河水利委员会在潼关、博爱建立苗圃两处，培育树苗发展林业兼作防止冲刷试验。

孔祥榕任黄河水利委员会委员长

5月2日，国民政府特任孔祥榕为黄河水利委员会委员长。

孔祥榕、韩复榘视察河口

5月，黄河水利委员会委员长孔祥榕率测绘组主任安立森、河防管理组主任刘秉忠、工程组主任吴南凯到山东济南，会同山东省政府主席韩复榘，于17日赴黄河河口视察。19日出海，沿海滨南行入小清河口，至羊角沟登陆返回济南。

查勘中认为河口段乱荆子及寿光圩子间因河道弯曲过甚，溜缓淤阻，应在该处裁弯取直。后经全国经济委员会核准，拨款5万元，于6月10日开工挖引河，裁弯取直，至7月16日工竣开放引河，河口河段顺直畅流。

万晋发表《黄河流域之管理》

6月，万晋写的《黄河流域之管理》发表于《黄河水利月刊》第3卷第6期，并刊印成书。该书认为制止土壤冲刷为治河之本，并提出以农田耕作、林业、牧草措施来防止冲刷。

入汛日期改为7月1日

黄河防汛向例以7月15日为伏秋大汛入汛日。自民国24年7月10日董庄决口后，从本年起改为7月1日入汛，以备不虞。

钻探宝鸡峡坝址

黄河水利委员会向英商怡和洋行订购鹰格索兰德10马力机动钻探机一部，于11月11日开始在渭河宝鸡峡拦河坝址钻探。至次年3月6日共钻探4孔，孔径2.5～7.6厘米，孔深(以到达石层为止)分别为1.17米、5.80米、9.87米和11.209米。这是黄河上最早的一台机动地质钻探机。

推销黄灾奖券形成摊派

河北省政府为赈济黄河水灾，曾于民国23年发行黄灾奖券，一直销路不畅，虽一再扩大宣传，仍难维持开奖，形成由各行业摊派推销。至本年底发行到第19期后，即告停止。

《治河论丛》出版

《治河论丛》选张含英所撰写的治河论文15篇，大半为探求河患的来源和治河的策略方针。由国立编译馆出版，商务印书馆发行。

成立灵宝防制土壤冲刷试验区

黄河水利委员会编拟《灵宝防冲试验区初步计划》，经报请全国经济委员会批准，于本年在河南灵宝成立灵宝防制土壤冲刷试验区。这是黄河流域最早设置的水土保持试验场地。

航空测量黄河陕县至包头段

中央水工试验所水利航空测量队与国防部测绘局空军第十二中队协作，在黄河流域进行航空测量，至次年完成干流陕县至包头间和部分支流（延水、汾水、涑水、北洛河、渭河、灵宝涧河）航空摄影及镶嵌图。

民国26年(1937年)

修正公布黄河水利委员会组织法

1月16日，国民政府修正公布“黄河水利委员会组织法”。组织法规定，沿河各省政府主席为当然委员，共负黄河修守职责，协助办理该省有关黄河事宜。

豫、鲁两省河务机构改组

全国经济委员会4月22日以水字44000号训令先将豫、鲁两省河务局改为黄河水利委员会驻豫、驻鲁修防处。原任两省河务局局长王力仁、王恺如继任驻豫、驻鲁修防处主任。

全国经济委员会5月4日又以水字第45679号训令改驻豫修防处和驻

鲁修防处为河南修防处和山东修防处。

范县、寿张多处民埝决口

7月14～22日，黄河在范县大王庄、寿张王集、陈楼（今属台前）三处民埝决口。当年秋至次年2月先后堵合。

菏泽地震波及堤坝

8月1日，菏泽发生7级地震，烈度9度，震中在解元集、木里一带，面积82平方公里。这次地震波及东明、濮阳、鄄城、濮县等县，黄河堤坝发生裂缝，背河地面出现涌水、冒沙现象。

黄河水利委员会兼办阻塞长江航道御敌工程

“八·一三”上海事变后，长江防务紧急。军事委员会下令黄河水利委员会委员长孔祥榕、江防司令刘长兴、扬子江水道委员会委员长傅汝霖、海军副总司令曾以鼎等共同组成长江阻塞设计督察委员会，进行阻塞长江航道工程，以抵御日本帝国主义侵略军船舰上航西侵。阻塞工程主要由黄河水利委员会的技术员工设计施工，先后派出技术人员30多人，技术工人250多人。从民国26年10月至次年10月，先后在江苏乌龙山、江西马挡、湖北田家铺、葛店等处进行阻塞工程，起到了抵制日本帝国主义侵略军溯航西侵的重要作用。

日机连续轰炸黄河堤坝

12月上中旬，日本帝国主义侵略军连续派飞机侦察、轰炸黄河堤防坝埽：计5日在京汉铁路桥附近投弹三枚，在郑县南岸大堤投弹一枚；9日在开封北岸荆隆宫大堤投弹三枚，炸死平民数十人；10日在郑县花园口郑工合龙处附近及开封柳园口、黑岗口附近侦察堤防险工；12日在开封北岸陈桥大堤投弹六枚。

山东省境年内决口七处

2月7日，长清宋家桥凌汛决口，口门宽150米，6月14日堵合。

8月14日，长清宋家桥漫决，口门宽500米，淹济南商埠、张庄机场及历城、章丘、齐东县数百村。当年堵合。

8月26日，博兴麻湾大堤冲决。梁山群众扒开障东堤排黄花寺与障东堤之间的秋涝积水，冲成口门未堵。同一天利津甘草窝子扒口1处、三合村漏决1处。各口均于水落后堵筑。

12月，齐河豆腐窝扒口1处，次年2月堵合。

武陟沁河决口

是年，沁河从武陟北王村、大樊决口。

黄河流域大旱

是年，鲁、豫、陕、甘、宁等省大旱，灾民食树叶、树皮充饥。

民国27年(1938年)

国民党军炸毁京汉铁路黄河铁桥

2月，日本帝国主义侵略军沿京汉铁路南侵，进逼新乡，16日黄河北岸军事吃紧。守卫京汉铁桥的新编第八师，奉第一战区司令长官的命令，于17日晨5时开始引爆铁桥，至19日上午，将第39～83孔炸毁。

日伪成立山东河务工赈委员会

2月20日，日伪政府在济南成立山东河务工赈委员会，临时办理黄河修防事宜。马良任委员长，王露洪任常务委员兼专任委员，曾编辑出版《河务特刊》一期。6月，河南郑县花园口决口，山东河道断流，该委员会9月2日奉伪山东公署令撤销，所遗留的河务由伪济南水利工程局接收。

日本空摄黄河中下游

4月3～10日，日本帝国主义对开封至山西河曲黄河河段进行航空摄影，并镶嵌成图，名为《黄河线罗峪口至龙王庙集成写真》。

黄河水利委员会西迁

5月，日本帝国主义侵略军进犯豫东，开封军事吃紧。15日军事最高当局电令黄河水利委员会除受经济部直辖外，并受第一战区司令官指挥监督，以期与军事密切配合，适应抗战需要。黄河水利委员会5月迁至洛阳，旋又迁至西安。山东修防处和河北黄河河务局也迁至西安。河南修防处5月迁至郑县,1939 年 7 月迁至洛阳,后迁至西安,此后数年又有多次迁移。

扒决中牟赵口黄河大堤

6 月初,为阻止日军西进,军事最高当局密令在中牟、郑州一带扒决黄河大堤,放水隔断东西交通。4 日晨,53 军一个团,在中牟赵口开始掘堤。5 日又加派 39 军一个团协助,晚 8 时扒开口门放水,因口门处大堤土质沙松,以致倾塌堵塞,不能过水。6 日复在此口以东 30 米处另扒一口,7 日晚 7 时放水,因河势变化,主溜北移,过水不畅,难夺主溜,不得不另选适宜地点。

扒决郑县花园口黄河大堤

6 月 6 日晚,新八师在河南郑县花园口开始掘堤,至 9 日晨复用炸药轰炸,上午 9 时决口过水,临背差大,口门迅即冲大,主溜穿堤而出,奔腾直泄。泛水一股沿贾鲁河经中牟、开封、尉氏、扶沟、西华、淮阳、周口入颍河,至安徽阜阳由正阳关入淮;另一股自中牟顺涡河经通许、太康至安徽亳县由怀远入淮。河南、安徽、江苏 3 省 44 县市受灾。在八年泛滥中,因黄灾出外逃亡的 390 万人,死亡 89 万人。

李西河设立水位站

花园口决口后,在花园口口门以西 2 公里之李西河铁牛大王庙设立水位站,逐日记录花园口的水位变化。

王郁骏任黄河水利委员会委员长

黄河水利委员会委员长孔祥榕因病辞职,6 月 15 日,国民政府特派副委员长王郁骏接任委员长职务。

陕西梅惠渠竣工放水

陕西省梅惠渠是从眉县斜峪关拦截石头河筑坝引水灌田的水利工程。该工程由全国经济委员会投资,于民国 25 年 10 月开工修建,至本年 6 月竣工,7 月放水。引水 8 立方米每秒。干支渠长 21.87 公里,计划灌溉眉县、岐山农田 13 万亩,工程投资 21 万元。至 1947 年实灌面积 4.5 万亩。

河南修筑防泛西堤

7 月,黄河水利委员会同河南省政府及其他部门组织成立防泛新堤工赈委员会，自李西河接黄河南岸大堤起，至郑县唐庄（今郑州圃田）陇海铁路基止，新修堤防一道，长 34 公里，名为“防泛西堤”。次年，又由河南省政府会同黄河水利委员会及其他有关部门组织成立河南省续修黄河防泛新堤工赈委员会续修防泛西堤。5 月开工，7 月竣工，完成了郑县至豫皖交界处界首集新堤 271 公里，两次共修新堤 305 公里。堤高 1.5～3 米，顶宽 4～5 米，临河堤坡 1：1.5，背河堤坡 1：2.5。明确此堤“既是河防，又是国防”，沿堤险要处均筑有防御工事。堤成后，分别在尉氏寺前张、扶沟吕潭、淮阳水寨设立防泛新堤第一、二、三段，负责修守。

甘肃洮惠渠竣工放水

洮惠渠又名民生渠，系自甘肃临洮县大户李家村引洮河水的灌溉工程，由全国经济委员会水利处在临洮设立工务所负责施工，于 8 月 15 日竣工放水，可灌农田 2.7 万亩，共投资 25.4 万元。

日伪修筑防泛东堤

8 月，日伪临时新黄河水利委员会在开封瓦坡附近的沙丘间修筑 4000 米堤防一道。次年，又在中牟小金庄至郭厂间修筑堤防一道。民国 30 年又在开封朱仙镇至李庄以下 54 公里间修筑堤防一道，另在巨岗以下惠济河右岸扩建堤防 8050 米，新建通许邸阁至李庄间第二堤防 5718 米。统称“防泛东堤”。

日本帝国主义投降后，河南修防处于 1946 年在中牟茶庵成立防泛新堤第四段，并修筑了来童寨至小金庄的堤防，负责修守来童寨至郭厂的防泛堤段。

扒 决 沁 堤

国民党第 97 军为阻止日本帝国主义侵略军西进，在武陟大樊及老龙湾下首扒决沁河堤；11 月又在博爱扒决沁河堤。

《中国水利史》和《中国之水利》出版

由郑肇经编著的《中国水利史》和《中国之水利》两书，商务印书馆列入“中国文化史丛书”先后于民国 27 年和 29 年在上海出版。两书中都设有专章记述黄河问题。

民国28年(1939年)

日伪堵塞赵口口门

花园口决口后,故道断流,赵口口门干涸,日伪政府于3月初,征集民工2000多人堵筑赵口。开工后派兵三、四百名来工地监工弹压,于14日竣工。

日本东亚研究所成立第二调查(黄河)委员会

3月,日本东亚研究所组织成立第二调查(黄河)委员会,从事调查研究黄河治水、水利等问题,确立治黄的基本计划。该委员会下设内地委员会、北支委员会和蒙疆委员会,3个委员会下设14个专业部会,委员长为建设总署技监、工学博士三浦七郎,委员289人,均为日本籍的科技专业人员、教授等。该委员会从次年起以3年的时间调查研究黄河中下游的实地情况,整理出有关文献、汇编、调查报告、设计规划193件,1400余万字。民国33年编成综合报告书73万多字。至民国34年日本帝国主义投降,研究工作尚未全部完成,但已作出防洪、水力、航运、灌溉、垦殖、植林、渔业等初步发展计划。

日伪筹堵花园口口门

3月,日伪临时政府决定筹堵花园口口门(日伪当时称花园口决口为中牟黄河决口或京水镇决口),并于次年1月提出堵口意见书,成立筹堵中牟决口委员会,但因意见分歧,终未动工。

陕甘宁边区建成裴庄渠

4月29日,陕甘宁边区第一条长渠——裴庄渠修筑竣工并开始放水。该渠全长6公里,经延安庙嘴、磨家湾、枣园、侯家沟到杨家崖。可浇地1400亩。

陕北织女渠竣工放水

4月,陕北织女渠竣工放水。该渠系民国26年秋兴工,自榆林五里沟开渠引无定河水1立方米每秒,至米脂县织女庙对岸开始灌田,放水后当年灌溉农田 9499 亩。

日军修筑汴新铁路

日本帝国主义侵略军为沟通陇海、京汉两条铁路，于年初开工修筑汴(开封)新(新乡)铁路(亦称新开铁路)，5 月 5 日通车。该铁路从开封大马庄、封丘荆隆宫间穿过黄河故道，于民国 36 年 3 月花园口合龙前拆除。

孔祥榕再任黄河水利委员会委员长

黄河水利委员会委员长王郁骏 4 月调离，国民政府特任孔祥榕接充，孔于 5 月 31 日再次接任黄河水利委员会委员长。

日军扩大花园口口门

日本帝国主义侵略军为防止黄河水回归故道，保护通过故道的汴新铁路，决定扩大花园口口门。7 月，乘进犯花园口之际，杉山部队在口门以东另挖一口门，当地人称之为“东口门”，旋即冲宽扩大，东西两口门之间相距 100 余米，中间留一段残堤。至民国 31 年 8 月大水，始将残堤冲去，两口门合而为一，最后花园口口门宽达 1460 米。

日本空摄黄泛区

9 月 12 日，日本帝国主义对黄泛区进行航空摄影，并镶嵌成图，名为《黄河线孟津至洪泽湖集成写真》。

李书田任黄河水利委员会副委员长

9 月，李书田任黄河水利委员会副委员长。

黄河水利委员会在渝设立兼办各项水道测量工程联合办事处

黄河水利委员会以兼办长江流域各项水道的测量、疏浚任务繁重，于本年秋，在重庆太平门顺城街 3 号成立黄河水利委员会兼办各项水道测量工程联合办事处，委员长孔祥榕兼任处长，万辟任副处长。先后疏浚了赤水、白龙江、青衣江、大渡河、清水江等河道。

加修花京军工堤

黄河水利委员会曾于 4 月间在花园口以西修有核桃园至京水镇小辛庄

间长 8 公里堤防一道，因堤西的索须河及山溪尚无泄水设备，6、7 月间经山洪雨水冲刷大部塌蛰，沿堤军工设施亦暴露于对岸日军目标之下。第三集团军总部呈请第一战区长官司令部转呈最高当局核准加修花京堤并加筑掩体及泄水设备，以资军用。黄河水利委员会当即在郑州成立花京军工堤工程处，兴工加修该堤。加修工程于 10 月完成。顶宽 4 米，高出地面 2～3 米，自小辛庄向南延修至贾鲁河岸，共长 9.784 公里，另修掩蔽室 32 座、泄水口 6 处及柳石坝等建筑物，共用款 9.6 万元。完工后该工程处撤销。

日军残杀治河民工

日本帝国主义侵略军于 11 月 24 日、12 月 14 日及 12 月 24 日三次进犯沁河五车口堵口工地及民工所住村庄，肆意捕杀民工，焚烧民房。12 月 14 日及 12 月 24 日，两次共残杀民工 147 人，伤 36 人，掳 10 人，烧土车 153 辆，焚死民工及居民 600 余人，其残暴程度目不忍睹。

整 理 沙 河

黄河水利委员会为防止黄河泛水越过沙河继续南泛，在河南周口成立整理沙河工程委员会，以河防处长陶履敦兼任主任，负责堵截黄河入沙的串沟及培修沙河北岸自周口至淮阳济桥堤防 40 公里。次年工程完成后，移交河南修防处防泛新堤第三修防段修守。

山陕间架起一道索桥

山西省政府主席阎锡山退避于吉县南村时，为逃避日本侵略军的追击，便于随时渡河逃往陕西，在壶口龙石峡元代架设索桥的旧址上，用钢丝缆绳架起一道长 60 米、宽 4 米的铁索桥，定名为“兵桥”。当地群众又叫它为“洋桥”。此桥于民国 36 年 6 月 22 日毁于战火。

郑县金水河改道

郑县金水河原流经老坟岗一带，汛期经常泛滥淹没德化街一带繁华区，必须进行改道。本年冬黄河水利委员会承担了这项工程的设计施工任务并派监防处长王恢先主其事，年底进行测量，次年春施工，改道由菜王北流，于北郊大石桥向东，至燕庄附近归入正河。新河道只修南堤，大水时任其北泛，5 月 12 日竣工。

安徽省修筑防泛堤

花园口决口后，安徽阜阳、太和、颍上、临泉、亳县、涡阳、蒙城、怀远、凤台、凤阳、泗县、灵璧、五河、蚌埠、天长、盱眙、寿县、霍丘十八县被淹。安徽为缩小泛区减少灾害，成立安徽省淮域工赈委员会，省主席廖磊、李品仙先后兼任主任，各县成立工赈工程总队，县长兼总队长。在国民党统治区的各县以工代赈举办防泛筑堤工程，并加修了淮河、茨河、泉河、南北八丈河、涡河、淝河、茗河河堤。完成后委员会撤销。民国32年安徽又恢复了防泛机构，成立了水利工程处，由建设厅第三科科长盛德纯兼任处长，各县成立防黄工程处，由各县县长任处长，负责各县防泛堤的加筑培修，直至花园口堵口黄河归故后，安徽省的防泛机关才全部撤销。

多处扒决沁堤

国民党军和日本帝国主义侵略军，在沁河下游交战中，年内扒决沁河堤共达10处：国民党97军，为水淹木栾店的日军，在武陟沁河北堤老龙湾扒开口门1处；日军随后在老龙湾以上扒开武陟沁河南堤五车口口门1处；国民党武陟县长张敬忠为泄沁南积水，扒开沁河南堤方陵、黄河北堤涧沟2处，排积水入黄；国民党97军又在五车口以上沁河北堤大樊扒口2处；而后日军为淹沁南，在五车口以下南岸马篷扒口1处；这时国民党第9军为水淹日本侵略军，又在沁河南岸沁阳王曲、马坡间扒决3处。次年，日本侵略军又将博爱右岸沁河堤扒决3处。

郑肇经查勘苏北黄泛区

花园口决口后黄河泛水入淮，串入里运河，江苏北部受灾。是年经济部派郑肇经绕道香港前往苏北查勘灾区。

民国29年(1940年)

黄河水利委员会设立林垦设计委员会

2月，黄河水利委员会聘请有关大学教授、专家成立黄河水利委员会林垦设计委员会，主任委员由黄河水利委员会委员长孔祥榕兼任，凌道扬为副主任，常务委员任承统兼总干事。4月，在成都成立驻蓉办事处，处理日常事务。该委员会12月由成都迁天水，至民国33年撤销。

绥远水淹日军

3月20日，绥远驻军傅作义部在“五原战役”中，利用黄河解冻之机，炸破五原以北老杨圪旦附近的乌拉壕堤坝，放水淹盘踞在包头的日本帝国主义侵略军，使乌加河到四义堂村数十里间变成一片汪洋；灌区人民也配合部队放开丰济、皂河、义和、通济等大干渠淹没主要公路，断绝日军退路，使日军的汽车、坦克陷于泥淖冰水之中。激战中，日军溃散于水围绝境，大部分被击毙、淹死。日皇族水川伊夫中将也被击毙。

第一次林垦设计会议提出开展水土保持工作

8月1日，黄河水利委员会林垦设计委员会在成都驻蓉办事处召开第一次林垦设计会议，林垦设计委员会各委员、四川农业改进所所长及各技术主任、金陵大学农学院、四川大学农学院院长及各系主任均到会。这次会议讨论明确以“水土保持”一词取代“防止土壤冲刷”等术语，并讨论通过决议，积极推动西北水土保持工作；商订出“林垦设计委员会与金陵大学合作促进我国黄河上游水土保持办法大纲”，增聘金陵大学教授黄瑞采为林垦设计委员会专员，进行水土保持考察。

黄河水利委员会设立防泛新堤尉氏段抢堵临时工程委员会

黄河水利委员会为便于指挥防泛新堤的抢险、堵口工作，9月1日在尉氏设立防泛新堤尉氏段抢堵临时工程委员会，以河防处长陶履敦为主任，郑州行政督察专员杨一峰、河南修防处主任史安栋为副主任，该委员会于年底工程竣工后撤销。

河南修防处恢复沁西总段

“七七事变”后，豫北沦陷，沁河东西两修防总段人员星散，机构撤销，以致沁河无人负责修守，泛滥成灾，人民苦不聊生。沁阳县长赵翰卿呈请河南修防处恢复成立沁西修防总段，经河南修防处派副工程师徐福龄调查后，于9月11日恢复成立沁西总段，并以沁阳县长赵翰卿兼总段长，沁河修防工作在战争环境中逐渐恢复。

李仪祉遗著刊印成书

9 月,《李仪祉先生遗著》由孙绍宗收集汇编成书,由陕西省水利局石印 100 部。该书共 13 册,1315 页,收集遗著 342 篇。

黄河水利委员会设立黄河上游工程处

10 月,黄河水利委员会为办理黄河上游水利、水土保持等项工程,在兰州成立黄河水利委员会上游工程处,委员长孔祥榕兼该处主任,凌道扬为副主任,章光彩为襄办。次年 6 月 28 日改组为上游修防林垦工程处,陶履敦为处长。至民国 33 年 1 月复改为上游工程处,陶履敦继任处长。

中央水工试验所在武功设立水工试验室

11 月,中央水工试验所和国立西北农学院共同在陕西省武功县设立武功水工试验室(包括土工试验)。这是黄河流域最早设立的水工试验室。

《黄河问题》在欧美引起讨论

曾任职于黄河水利委员会的外籍水利专家塔德、安立森,将在我国 20 年所积有关黄河水文、泥沙、测量、修防及其他资料,写成《黄河问题》论文发表后,欧美工程界甚为重视,引起热烈讨论,其中查得利(Herber Chatly)、方维因(H · Vander Veen)、来因(E · W · Lane)等人多有见解,尤其来因所写的《书后》主张治水与治沙并重,并写有《黄河泥沙问题与防洪》一文,很受水利界重视。

黄河水利委员会在花园口修筑河防御敌工程

黄河水利委员会为修筑豫境河防御敌工程,在郑州设立豫省河防特工临时工程处,负责修筑花园口口门以下至京水镇之间的河防御敌工程。该工程在对岸敌人炮火袭击下进行,共修筑柳石坝 8 道,对挑溜冲刷对岸及保卫花京军工堤都起到了良好作用。工程于次年 7 月完成后交第三集团军防守。

民国 30 年(1941 年)

黄河水利委员会设立陇南水土保持试验区

1 月 1 日,黄河水利委员会在天水设立陇南水土保持试验区,这是黄河流域最早建立的水土保持科学研究机构,任承统任试验区主任。试验区设在天水的赤峪沟,以瓦窑沟等四条小流域为示范区开展工作。次年 8 月,农林部也在天水设立天水水土保持试验区,傅焕光任主任,试验场设在龙王沟、梁家坪、吕二沟等处。

中央水工试验所在扶风设立黄土防冲试验场

1 月,中央水工试验所派工程师吴以敩在陕西扶风傅家庄设立黄土防冲试验场,建有 20 个不同坡度、不同利用方式的试验小区,并以金陵河作为防冲试验流域,于其沟口案板坪村设立水文观测站,进行防冲试验。至次年因受扶风县政府干扰,被迫中止工作。

日伪河南省政府加修防泛东堤

3 月中旬,日伪河南省政府征集开封、通许、杞县、扶沟等县民工,分作三段加修防泛东堤及坝垛:上段朱仙镇至通许西关 80 里;中段通许西关经邸阁至扶沟江村 50 里;江村至杞县燕子庙 80 里。堤身高 4~5 米,顶宽 6 米。

河南修防处修筑河防军工坝

3、4 月间,日本侵略军沿防泛东堤修筑堤坝,挑水危及防泛西堤。河南修防处于 4 月 16 日至 8 月底在扶沟等地沿防泛西堤修筑军工坝 37 道、埽 2 段,加以抵御。共投资 164.43 万元。

联合侦察班潜入敌后侦察

日伪在泛东各县修筑堤坝,意图威胁防泛西堤及军事设施。经军事委员会西安办公厅及第一战区长官司令部研究,行政院核准,由黄河水利委员会、第三集团军司令部和河南省第一区行政督察专员公署三方抽调敏练机警、长于河防工程的人员共同组成联合侦察班,潜入沦陷区侦察日伪行动。

联合侦察班于 4 月 15 日成立，民国 32 年撤销。

宁夏举办黄河裁弯取直工程

宁夏永宁县望洪乡黄河坐湾塌岸不止，数年来毁田 7 万亩、村庄数十个，年年防护，投资甚巨，但收效甚微。年初，宁夏省从任存渡口以下河道坐湾处开挖引河一道，进行裁弯取直，当年伏汛涨水，主溜顺引河直下，原弯道流缓落淤成滩。

日伪在河南境黄河北岸挑挖长沟

春季，河南省黄河北岸的日伪当局征用民工在黄河故道西起吴厂（花园口对岸）东至开封境盐店开挖宽 1 丈 5 尺、深 8 尺长沟一道；另在北岸大堤以北，由王禄坑塘（花园口对岸）起，与大堤平行穿原武、阳武、延津境至封丘后朱乡开挖深 1 丈 5 尺、宽 1 丈 5 尺长沟一道；又在木栾店至马营一带河滩上挖长沟一道。河南修防处于 4 月急电黄河水利委员会，认为："敌挖长沟有引黄河东流或入故道使豫东泛区断流的企图"。

日军在郑州一带沿河肆虐

5 月 6 日，日本侵略军飞机 19 架轰炸郑州，投弹 80 余枚，死伤 60 余人，炸毁房屋 150 余间，警报终日未除。

5 月 21、23 两日，日本侵略军从对岸向荥泽一带整日炮击，铁牛大王庙险工物料遭受损失。

6 月 16 日，中牟日本侵略军隔河炮击南岗、马家、黄坟等处河工。

6 月 25 日，中牟日本侵略军隔河炮击马家，炸死修防民工 2 人，伤 4 人。

日伪再次筹堵花园口口门

6 月，日伪在开封成立委员会筹备堵复花园口口门，主任委员余晋和，副主任委员殷　，技术顾问谷口三郎、平尾胜等。次年 7 月，拟定出堵口计划。计划除使黄河归故以维持下游航运、灌溉外，在花园口修筑节制闸、船闸等，以维持泛区河道的航运、灌溉，并在大洪水时分洪以减轻黄河河道的洪水负担。计划二年完成，每年投资 1200 万日元。筹堵委员会维持到民国 32 年底。

黄河水利委员会设立关中水土保持试验区

6月，黄河水利委员会在西安会议上，就林垦设计委员会拟具的设立关中、陇东、洮西、河西、兰山五个水土保持试验区立案决议通过，一律于7月1日成立，并派员进行筹建，后因经费不足只设立了关中水土保持试验区。该试验区设于长安县终南山的荆峪沟高桥，卫龙章任试验区主任。至民国35年10月撤销。

张含英接任黄河水利委员会委员长

7月23日，黄河水利委员会委员长孔祥榕逝世，遗缺由万辟代理。8月，国民政府特任张含英为黄河水利委员会委员长。

河南修防处进行引河南流查勘

10月16日，河南修防处派左起彭参加第一战区长官司令部在洛阳召开的会议，讨论在汜水口以下至荥泽口间开挖引河，引河南流至郑州以南仍回归泛区河道的可能性。这次会议是第一战区长官司令部遵照军事最高当局为日本帝国主义在黄河下游故道以北开挖长沟，企图引河北流使黄泛区断流而寻找对策召开的。会后，河南修防处派潘镒芬、苏冠军、左起彭一起查勘了汜水河口，一致认为由汜水以下邙山开挖引水口工程不易，后又经苏冠军、刘芸蕙、李普华查勘了由汜水口、孤柏嘴、池沟、宋沟、荥泽口、李西河等处开口引河的方案。次年1月17日黄河水利委员会组成汜东测勘队，队长张晓云，以20天时间完成汜郑段沟线勘测后，写出“特别军工测量报告书”一份，论证开挖邙山引河由郑州以南行河的不可能性。

日本东亚研究所完成黄河治水及水力发电报告

日本东亚研究所第二调查（黄河）委员会第四部会完成调查后，编写出《黄河治水调查报告书》和《黄河水力发电调查报告书》，其中第10章专论“三门峡发电计划”。

甘肃省成立水利林牧公司

甘肃省政府和中国银行合资于本年在兰州成立水利林牧股份有限公司，资金1000万元，开展水利建设及农田灌溉、水土保持等工作。5年共开渠11条，灌溉50万亩，工作重点在甘肃黄河流域。

沁河又有四处决口

国民党博爱县区长张凤生，又在蒋村扒口，淹博爱20余村。当年，沁河还决武陟渠下村、大樊、北王村三处。

民国31年(1942年)

河南修防处加修军工挑水坝

2月3日，河南修防处奉令加修防泛西堤军工挑水坝，计在尉氏南至马立厢加修五道，扶沟坡谢至西华道陵岗加修七道，逼水东移。

甘肃溥济渠竣工

4月，甘肃临洮溥济渠建成放水。该渠于民国28年9月动工，从临洮县尚家窑引洮河水，渠长20公里，共投资138万元，临洮县洮河西岸30余村均得灌溉之利。

陕西黑惠渠竣工

4月，陕西黑惠渠竣工放水。该渠于民国27年9月开工，从周至县黑峪口筑坝引黑河水8.5立方米每秒灌溉周至农田，共投资180万元。实灌9.2万亩。

甘肃湟惠渠竣工

4月，甘肃湟惠渠竣工。5月放水。该渠于民国28年3月动工，引湟水河水，开渠31公里，投资660万元。灌溉农田2.5万亩。

查勘甘肃省水利水土保持

5月，甘肃省水利林牧公司与黄河水利委员会、全国资源委员会共同成立查勘队，查勘甘肃省境内的黄河、洮河、大夏河流域20个县市的农田水利、水力发电、航运、水土保持。历时1年零3个月，于民国32年8月查勘完毕。

宁夏黄河水枯

春灌期间宁夏黄河水枯，青铜峡最小流量419立方米每秒，枯水持续27天，造成宁夏灌区引水紧张。

陕县水文站观测洪水位发生失误

8月4日，陕县水文站观测员为避免日军隔河射击，用经纬仪作远距离观测水尺，以致发生失误，将水位298.66米误为299.66米(大沽)，推估流量亦误为29000立方米每秒。后经50年代整编水文资料时修正流量为17700立方米每秒。

黄河水利委员会改隶全国水利委员会

10月17日，国民政府修正公布“黄河水利委员会组织法”，规定黄河水利委员会隶属于全国水利委员会。

临泉会议讨论防范泛水南侵

12月，鲁苏豫皖边区党政分会主任汤恩伯，通知第十五集团军总司令部、河南省第七区行政督察专员公署、导淮委员会，周口、界首两警备司令部及河南修防处，在安徽临泉召开会议，讨论防范黄河泛水溃入沙河继续南泛的问题。28日会议由第十五集团军总司令何柱国主持，导淮委员会代表吴伯周报告安徽泛区情形，河南修防处派防泛新堤第三段段长徐福龄参加，并于会后参加鲁苏豫皖边区总司令部组织的黄泛查勘团进行泛区查勘。

拟定花园口堵口复堤计划

黄河水利委员会根据行政院水利委员会的命令，编制出黄河花园口堵口复堤工程计划，以备战后实施。行政院水利委员会饬中央水利实验处在重庆进行堵口模型试验。试验后决定用打桩修建便桥抛石平堵方法堵口。

黄河水利委员会成立水文总站

是年，黄河水利委员会将水文测量队改组为水文总站，任命许宝农为水文总站主任。

日伪补修防泛东堤

伪河南省建设厅为防止泛区扩大，拟定“新黄河第二工区堤防修补工事设计书”，修筑并加强通许至安徽境之间的原有堤防、护岸等。2月20日开工，5月底竣工，计修补堤防总长102公里、护岸1500米，堤高平均2.5米，顶宽5米，坡度1∶2。土方255万立方米。劳工由开封等11县征集，每日仅发给最低生活维持费。

次年4月1日至7月9日伪河南省公署兴工修筑郑县石桥至中牟车站间30公里和通许傅庄至太康南村岗间45公里之防泛东堤。

沁　河　决　口

武陟五车口沁河决口，堵塞后次年又决。

国民党武陟县区长孟新吾，为使五车口之水不淹他的村庄（赵明村），扒决东小虹桥沁堤，武陟沁南区受灾惨重。

《再续行水金鉴》出版

由郑肇经主持，武同举、赵世暹编辑的《再续行水金鉴》脱稿，经行政院水利委员会编入“水政丛书”印行出版。《再续行水金鉴》记载自嘉庆二十五年（1820年）至宣统三年（1911年）间的水利史。其中黄河水利史占大部分。

民国32年（1943年）

整修黄泛工程部署防汛

鲁苏豫皖边区总司令部、第十五集团军总司令部、河南省政府、河南省第一及第七区行政督察专员公署、周口警备司令部、黄河水利委员会及河南修防处等军、政、水利部门，为预防黄泛南移，避免扩大灾害，于1月底在漯河举行第一次整修黄泛工程会议，讨论成立整修黄泛临时工程总处，并拨军工款500万元举办第一期整修工程。完工后，于5月下旬又在周口举行第二次会议，继拨军工款450万元，抢修贾鲁河、颍河、沙河各堤，并培修京水镇至尉氏防泛西堤，至7月，工程亦大部完成。7月20日复由鲁苏豫皖边区总司令汤恩伯、第十五集团军总司令何柱国，黄河水利委员会委员长张含英，骑兵第二军军长徐梁及河南省建设厅，第一及第七区行政督察专员公署，周口、临泉警备司令部，河南修防处等单位的负责人及代表在安徽临泉举行第三次整修黄泛工程会议，讨论决定成立整修黄泛临时工程委员会，公推河南省主席李培基为主任，张含英、徐梁为副主任，筹措防汛工程工料费3000万元，成立防汛指挥机构，并对整修工程、防汛工作全盘进行了部署。

行政院组织考察西北水土保持

4月，国民政府行政院组织农林部、水利委员会、甘肃省建设厅等有关单位，成立西北水土保持考察团，邀请美国水土保持专家罗德民为行政院顾问，共同考察西北水土保持。该团本年4月从四川出发，到双石铺、宝鸡、天水、西安、荆峪沟、大荔、黄龙山、泾阳、六盘山、华家岭、兰州、西宁、湟源、三角城、永昌等地，于11月中旬返回四川，主要考察西北的土壤冲刷与植被、径流等。参加该团考察的国内水土保持工作者有：蒋德麒、梁永康、傅焕光、叶培忠、冯兆麟、章元羲、陈迟等。考察结束后，罗氏写有“西北水土保持考察初步报告”。这次考察是黄河流域规模空前的一次水土保持考察。

甘肃举办高抽引黄工程

春季，甘肃省在兰州西郊土门墩附近，用甘肃机器厂制造的7·5匹马力离心式抽水机，接直径7.5厘米水管，扬程30米向高地抽水灌溉农田，每小时抽水35吨，能灌农田300余亩，是为黄河上游高抽引黄灌溉之始。

河南沿黄大旱

自1942年以来，河南发生严重旱灾，十室九空，死亡300余万人。本年春，河南修防处南一总段郑上汛工人邵先亭等也惨遭饿死。

日伪举办引黄济卫工程

日本帝国主义为掠夺我国的资源，方便军事运输，由伪华北政务委员会建设总署水利局设计引黄济卫工程，并于6月正式开工。该工程由北岸京汉铁路桥以西引黄河水40立方米每秒，经穿越黄河北堤、张菜园沉沙后，沿京汉铁路输水至新乡，补充卫河水量，以扩大卫河航运能力，灌溉新乡一带农田28万亩。工程由伪河南总署开封工程处施工，至年底只将总干渠竣工，渠首闸用沉箱法施工遇流沙沉不下去而停工，次年5月在黄河滩上扒口试行放水。旋以日本帝国主义投降，干渠建筑物及灌溉配套工程等均未及施工而中途停止。

甘肃永乐渠放水

6月，甘肃永乐渠总干渠及西干渠完工放水。该渠于民国31年1月开工，渠口在大夏河白家漩上首1公里处。可灌甘肃永靖县农田5.4万亩。

绥远复兴渠竣工放水

7月，绥远复兴渠竣工放水。该渠是绥远省主席傅作义动员万余名军工开挖的，它开创了绥远河套灌区由政府主持开挖渠道的先例。该渠长40多公里，下与沙河渠相接，挖土200多万立方米，灌溉面积40多万亩。同期还由军工帮助将乌拉河整修成为一条人工渠道。至此，绥远后套十大干渠全部建成，共可灌田3万多顷。

赵守钰接任黄河水利委员会委员长

8月21日，黄河水利委员会委员长张含英辞职，国民政府特任赵守钰接充。

巴里特查勘黄河

秋季，行政院美籍顾问水利专家巴里特(Millis C·Barroit)应黄河水利委员会的邀请，由中央水利实验处技正李崇德陪同来黄河上中游甘陕宁绥豫等省和沿河南防泛西堤进行查勘。11月返西安后，黄河水利委员会副委员长李书田召集该会严恺、李赋都、李燕南、吴以敩、许宝农、阎树楠等举行座谈会，巴氏就黄河泥沙、下游防洪、花园口堵口、陕(县)孟(津)间筑坝拦洪等问题发表意见。

中央水利实验处调查甘青两省黄河水利

中央水利实验处第一、二水利查勘队，对甘肃、青海两省黄河水利进行全面调查。

民国33年(1944年)

黄河水利委员会勘测整理兰宁段航道

1月，黄河水利委员会饬令上游修防林垦工程处成立黄河兰(州)宁

(夏)段水道工务所,整理航道。工务所成立后即开始查勘测量。

甘肃汭丰渠建成放水

4月22日,甘肃汭丰渠建成放水。该渠于民国31年5月开工兴建,渠长13.14公里,可灌溉泾川县农田万亩。

吴以敩等赴美实习考察

全国水利委员会在美国租借法案中,选派各类水利人才20名赴美实习、考察。黄河水利委员会选派吴以敩参加,农林部选派傅焕光、任承统参加。此为我国第一批派往国外实习、考察水土保持的工作人员。

拟定黄泛区善后救济计划

行政院善后救济委员会编制出《中国善后救济计划书》。计划书中,将对黄泛区的善后救济列为十项计划之一,且其主要内容为水利建设,包括花园口堵口及下游故道修复堤防工程。而对泛区灾民的救济、复员及农田复垦等则散列于其他项目之中,缺一单独的多元目的的泛区复兴计划。该计划书于9月提交联合国善后救济总署。直到日本帝国主义投降,花园口堵口合龙后,在推行泛区善后经济业务中,才不得不于民国36年6月另拟定出《豫皖苏泛区三年复兴计划》。

民国34年(1945年)

黄河水利委员会设立宁夏工程总队

1月,黄河水利委员会为发展宁夏引黄灌溉工程,在银川设立宁夏工程总队,总队长严恺。总队下设设计组、测绘组和三个分队。另设一水文总站,张定一任总站长。

关中水土保持试验区建成一座沟壑土坝

黄河水利委员会关中水土保持试验区,在荆峪沟塬上南寨沟娘娘庙修建成一座沟壑土坝。集水面积2.6平方公里,由副工程师陈本善主持修建。3月6日开工,5月8日建成,土方量20000立方米,是为黄河流域第一座试验性质的沟壑土坝。

天水水力发电厂建成

5月，由资源委员会天水水力发电厂工程处修建的天水水力发电厂建成开始发电。该工程位于甘肃天水西郊渭河支流藉河的下游。从师家崖附近筑坝引水3立方米每秒，引水渠长3300米，安装200千瓦发电机两部。

整理湟水航道工程竣工

由黄河水利委员会上游工程处勘测设计施工的整理湟水航道工程，于5月基本竣工。行政院水利委员会和甘肃省政府派员验收。这项工程共在虎头崖滩、上下漩滩、马厂原滩、马聚元滩、王家口闸滩等处炸除礁石险滩12处，炸石1827.8立方米，投资356.9万元。

黄河水利委员会成立花园口堵口工程处

12月，黄河水利委员会成立花园口堵口工程处，筹备堵复花园口决口。黄河水利委员会委员长赵守钰兼处长，潘镒芬任副处长。次年花园口堵口复堤工程局成立，该处撤销。

甘肃靖丰渠基本建成

12月，甘肃靖丰渠基本建成。该渠位于靖远县北湾。北湾为一黄河河套，临河20公里有农田30000亩。甘肃水利林牧公司于民国31年开工筑堤护田、放淤改土、开渠引水，基本完工后，农田得以灌溉。

《历代治河方略述要》出版

张含英著《历代治河方略述要》由商务印书馆出版发行。该书综述历代治河方略概要，总结历代治河经验教训。1980年作者又将此书改编、补充，定名为《历代治河方略探讨》，1982年由水利出版社出版，是一部研究治河问题的重要著作。

花园口堵口大型模型试验在四川进行

中央水利实验处对花园口堵口工程在重庆已作了多次模型试验。是年10月，又在四川长寿县龙溪河作大比例尺水工试验，研究堵口、开挖引河、口门泄水量、河底冲刷、抛柳辊筑坝、平堵时的水力冲刷、口门壅水及冲深计算等问题，对花园口堵口工程提供重要参考资料。

民国 35 年(1946 年)

冀鲁豫行署调查黄河故道

1 月 31 日,解放区冀鲁豫行政公署令长垣、滨河(今长垣、滑县、东明、濮阳各一部分)、昆吾(今濮阳一部分)、南华(今菏泽一部分)、濮县、范县、鄄城、郓城、寿张(今台前)、东阿、平阴、长清等沿黄故道各县,立即调查黄河故道耕地、林地、村庄、房屋、户口及堤坝破坏情形等。

黄河水利委员会迁汴

2 月初,黄河水利委员会由西安迁回开封城隍庙街办公。山东修防处亦于 2 月 7 日随同黄河水利委员会由西安东迁,暂在开封办公。

花园口堵口复堤工程局成立

2 月,花园口堵口复堤工程局(以下简称堵复局)在郑州花园口正式成立。局长由黄河水利委员会委员长赵守钰兼任,副局长潘镒芬、李鸣钟等,总工程师陶述曾。局下设工务、会计、材料、运输等处。

晋冀鲁豫边区成立治黄机构

2～3 月,解放区晋冀鲁豫边区政府自接到黄河将回归故道的消息后,当以此事关系重大,乃决定设立治河委员会。该会于 2 月 22 日在菏泽成立,由冀鲁豫行署主任徐达本兼任主任委员,并决定主要工作为:(1)沿河各专区、县分别成立治河委员会,广为延揽治河人才,征求人民对治河的意见,以便有计划地进行工作;(2)立即勘查两岸堤埝破坏情形及测量河身地形情况;(3)调查两堤间村庄人口及财产数目,筹划迁移及救济事宜。3 月 12 日,该会召开第三次会议,决定在黄河南北两岸设立修防处和县修防段。5 月底 6 月初该会改为冀鲁豫黄河水利委员会,王化云任主任,刘季兴任副主任,机关设工程、秘书、材料和会计等处,共 40 余人,分驻菏泽和临濮集两地,下属第一、二、三、四修防处。

花园口堵口工程开工

3 月 1 日,花园口堵口工程正式开工。黄河口门宽 1460 米,小水时期,靠西坝1000米为浅滩，靠东坝460米为河槽。浅滩部分先用捆厢进占后浇戗土方法堵筑；深水部分先打排桩架设木桥，上铺双轨轻便铁路，用翻斗车运石块从桥上抛石，筑成透水石坝，石坝后修筑捆厢边坝，中间填筑土柜。

堵口前，河南省政府组成招工购料委员会，进行招工购料。交通部从京汉铁路广武车站至花园口专门修了铁路支线。行政院善后救济总署（以下简称行总）河南分署派出工作队、卫生队驻工地发放救济物资，办理卫生医疗。联合国善后救济总署（以下简称联总）中国分署派黄河工程顾问塔德等外籍技术人员多人，携带多种机械设备常驻工地协助施工。参加施工的职员260余人，基本工人约900人，最多时上工民工约5万人。

赵守钰求见“三人小组”

3月3日，黄河水利委员会委员长兼堵复局局长赵守钰求见正在新乡执行军事调处任务的“三人小组”中共代表周恩来、美国代表马歇尔、国民党代表张治中，商谈黄河堵口复堤问题。周恩来指示中共驻新乡军事调处组代表黄镇与赵接谈，以确定各方派代表进行商谈，求得合理解决。

开封会谈达成协议

3月23日，解放区晋冀鲁豫边区政府派出代表晁哲甫、贾心斋、赵明甫等首次前往开封，同黄河水利委员会赵守钰、联总塔德、行总马杰等，就黄河堵口复堤问题举行会谈。于4月7日达成《开封协议》。其主要内容为，堵口复堤同时并进，合龙日期俟会勘下游河道、堤防情形之后再行决定。

黄河水利委员会建立河北修防处

4月1日，黄河水利委员会建立河北修防处，并任命齐寿安为修防处主任，负责河北省境的黄河河务。河北省政府在抗战前原设有河北黄河河务局，“七七”事变以后河北省沦陷，该局迁往西安，机关形同解散。日本帝国主义投降后，河北省黄河两岸大部地区解放，河北修防处建立后暂设于郑州北郊东赵村，后迁往开封刘家胡同。

白崇禧、刘峙视察花园口

4月8日，国民政府军事委员会副总参谋长白崇禧，偕郑州绥靖区主任刘峙及随员30余人视察花园口堵口工程。

菏泽协商达成协议

4 月 8 日，黄河水利委员会赵守钰、孔令瑢、陶述曾和联总塔德、范明德(加拿大人)等 9 人，会同解放区代表赵明甫、成润等，由开封出发对下游故道进行联合查勘，历时 8 天，共查勘 17 县，直到入海口。往返约 2000 华里，15 日返抵菏泽。冀鲁豫边区行署主任段君毅、副主任贾心斋、秘书长罗士高等同赵守钰、陶述曾等协商后达成《菏泽协议》。其主要内容为：复堤、整险、浚河、裁弯取直等工程完成以后再行合龙放水。河床内村庄迁移救济问题，由黄河水利委员会呈请行政院拨发迁移费，并请联总拨发救济费。

行政院聘请外国专家成立治黄顾问团

4 月 27 日，行政院长宋子文致函马立森克努生(Morrison——Knudsen)公司总工程师杜德(Ralph A. Tudor)，要求代聘专家组织治黄顾问团。7 月 8 日在美国科罗拉多州的丹佛城召开预备会，组成顾问团。聘请的顾问团成员有：雷巴德(Eugene Reybold)中将、葛罗同(J. P. Growdon)中校、萨凡奇(John L. Savage)博士、欧索司(Peroy M. Othus)先生。顾问团于 12 月来华。

渤海解放区建立治黄机构

4～6 月，解放区渤海区行政公署为预筹黄河归故的防御措施，4 月 15 日决定在垦利、利津、蒲台、惠民、齐东等县建立治河办事处。5 月 22 日又决定：(1)建立河务局。河务局在沿黄河故道各县建立办事处，局长江衍坤、副局长王宜之。(2)建立渤海区修治黄河工程总指挥部，行政公署主任李人凤任指挥，王宜之、高兴华任副指挥，下设西段、中段和东段指挥部，负责宣传、动员和组织民工完成治黄任务。(3)成立黄河归故损失调查委员会，负责沿河居民损失调查和救济工作。6 月 8 日决定将沿黄河故道各县治黄办事处，由临时机构改为常设机构，充实领导力量和专业干部。

宋子文反对延缓堵口

菏泽协议后，国民政府强调堵口而不提复堤，塔德主张加速堵口尤力。堵复局及以总工程师陶述曾为代表的中方技术人员则认为：在下游堤防未复、石料运集工地甚少的情况下，汛前堵口绝无可能，主张延缓堵口。5 月 1 日水利委员会主任委员薛笃弼在郑州审核并批准堵复局的计划。5 月 2 日，行政院院长宋子文致电薛笃弼，不同意暂停堵口。指出：“黄河堵口关系重要，未宜遽定缓修，且国际视听所系，仍应积极兴修。已电令交通部迅速修筑未完工之铁路，准备列车，赶运潞王坟之石方前至工地，希速饬依照原定计划积极提前堵口。如有实际不能完成堵口时，届时可再延缓，此时未宜决定从缓也。”薛接电后，决定堵口继续进行。

晋冀鲁豫边区政府就黄河堵口发表谈话

5月5日，解放区晋冀鲁豫边区人民政府就国民政府违反《菏泽协议》决定两月内完成花园口堵口工程，特向《人民日报》记者发表谈话。指出：此举系有意放水淹没冀鲁两省沿河15县人民，我们坚决反对。如当局不顾民命，违反协议，则百姓必起而自卫。引起之严重后果，应由国民党当局负完全责任。

中共中央发言人发表谈话

5月10日，中共中央发言人发表谈话，指出：黄河改道8年，千里堤坝破败不堪，决非几个月所能修复，国民党当局违背先复堤、浚河后堵口放水的协定，坚持两个月内在花园口合龙放水，这只是借治河为名，蓄意水淹冀鲁豫三省同胞，如果国民党当局一意孤行，人民将采取自卫措施。要求国内外人士主持正义，制止国民党花园口堵口，彻底执行《菏泽协议》。

南京会谈达成协议

5月15日，在中共代表周恩来的领导下，晋冀鲁豫边区代表赵明甫、王笑一同国民政府行政院水利委员会、行总和联总的代表进行会谈，于18日达成《南京协议》。《协议》规定：(1)下游急要复堤工程尽先完成，复堤争取6月5日前开工，所需器材及工程粮款由联总、行总和水利委员会尽速供给；(2)下游河道内居民迁移救济从速办理；(3)堵口工程继续进行，以不使下游发生水灾为原则。解放区代表对《协议》提出如下保留意见：大汛前口门抛石，以不超过河底2米为限；不受军事政治影响；暂不拆除汴新铁路，暂不挖引河。同时解放区派工程师驻花园口密切联系。

周恩来同联总代表达成口头协议

5月18日，中共代表周恩来同联总驻中国分署主任福兰克芮、工程师塔德为执行《南京协议》达成口头协议6条：下游复堤，从速开工；复堤工程所需器材、工粮由联总、行总供给，不受军事政治影响；行总为办理物资供应在菏泽设立办事处;河道居民迁移救济,由国、共及联总、行总组成委员会负责;6月15日前,花园口以下故道不挖引河,不拆汴新铁路及公路;6月15日以后视下游工程进行情形,经双方协议后始得改变;打桩继续进行,抛石与否,须待6月15日视下游工程进行情形经双方协议决定,如果抛石,亦以不超过河底2米为限等。

山东解放区各界致电联总反对国民党两月内合龙

5月18日,山东解放区临时参议会、山东省人民政府及救济分会,致电上海联总,吁请制止国民党破坏《菏泽协议》,放水归故淹没解放区的阴谋。并对联总工程师塔德附和国民政府的阴谋深表遗憾。

解放区开展复堤工程

5月26日,渤海解放区动员19个县的20万民工开工复堤,各县指挥部说服群众麦收期间不停工,争取7月15日前完成复堤工程,以抵御洪水的袭击。6月1日冀鲁豫边区行政公署,命令沿黄故道各专署、县政府、修防处、段,立即动员和组织群众即日开工,将堤上獾洞、鼠穴、大堤缺口等修补完毕,在旧堤基础上加高2市尺,堤顶加宽至2丈4尺。截至7月,两解放区共完成土方1230万立方米。

国民党故意拖拨复堤粮款

《南京协议》签订后,按照双方商定的供给办法,第一期应该供给解放区工款100亿元(法币),面粉6000吨。但是直到6月27日,国方仅向两解放区供给面粉1500吨,工款刚拨出40亿元,还未送交解放区,至于河床居民迁移费,行政院还未批准。解放区经过八年抗日战争,已到民穷财尽的程度,要支持如此巨大工程,实是力不从心。6月7日和14日,解放区代表成润、赵明甫与联总人士分别赴开封和南京催拨工粮、工款,而水利委员会与行总却互相推诿,均不认帐,未获任何结果。6月20日,晋冀鲁豫边区政府电告南京行政院暂停堵口,速拨粮款。

渤海解放区布告沿河男子均有治黄义务

6月8日,渤海区行政公署布告全区人民积极修堤浚河,凡年在18岁以上50岁以下男子,均有受调修治黄河之义务。每修做土方1.5立方米,政府发给工资粮小米7斤。

刘季青代表在济南被扣

6月10日，渤海解放区驻开封黄委会代表刘季青，携带吉普车一辆和测量器材一部，由菏泽返回渤海解放区路经济南时，遭国民党特务无理扣留，并将汽车、测量器材劫去。后经中共驻济南代表向国民党当局提出抗议，方得脱离。

整理洮兰段黄河航道竣工

6月12日，由黄河水利委员会上游工程处负责勘测设计施工的整理洮河口至兰州段黄河航道工程，第一二期工程完成。水利委员会、甘肃省政府、黄河水利委员会派员验收。该项工程于1944年11月开工，共炸掉险滩、暗礁石993.66立方米。

塔德等评论国共两区复堤

6月20日，联总塔德由开封抵菏泽，会同范明德、张季春察看鄄城临濮集以下复堤情形。塔德等对解放区政府忠实执行《南京协议》及群众积极工作精神表示赞佩。范明德、张季春也赞扬解放区群众的复堤精神。而济南附近国民党地区迄今仍未动工。张氏在评论各方时说：解放区百分之百执行了《南京协议》，联总执行了百分之五十，至于国民政府则等于零。

花园口堵口工程受挫

6月21日，花园口堵口打桩架桥工程完毕，共打木桩119排，全长450米。开始在口门抛石。

6月27日，花园口堵口工程因水位猛涨，溜势汹涌，四排木桩被冲，到7月中旬东部又有44排全被冲走，堵口工程受挫，汛前合龙计划落空。

渤海解放区成立河防大队

6月27日，渤海区党委研究决定：为巩固河岸，防止国民党军破坏河堤，河务局及沿河各县均成立50至100人的武装部队，名为河防大队。

黄河水利委员会扩大无线电通讯设备

6月，黄河水利委员会在开封设立无线电总台，并在陕县、孟津、武陟木栾店、花园口、扶沟吕潭、淮阳水寨、尉氏设立电台，扩大无线电通讯设备。

周恩来向马歇尔提出暂停堵口

7月8日，周恩来致马歇尔备忘录指出：至6月27日冀鲁豫边区仅收到面粉5百吨，使复堤无法进行。国民政府在其统治区，只修南岸不修北岸，显然企图淹没解放区。请转告政府，供应款项须尽快送达解放区。花园口以下工程未完成前，不能挖引河、拆汴新铁路。堵口工程应暂为停止，黄河暂不归故。

上海会谈达成协议

7月18～22日，中共代表周恩来、伍云甫等同国民政府代表薛笃弼，行总代表蒋廷黻，联总代表福兰克芮、塔德、张季春等为拨付解放区复堤工程粮款、河床居民迁移救济费和复堤面粉等项，在上海举行会谈，22日签署了《上海协议备忘录》。主要内容是：(1)为修复堤坝中共地方当局所支付全部工料款项，应由国库支款还付；(2)行总应出面粉8600吨付给中共管理各区黄河工程工人；(3)河床居民救济款在11月底以前拨给150亿元。并确定洪水期不再堵口，9月中旬再继续进行。

周恩来向张玺等部署工作

7月19日，上海协议签字前，周恩来由王笑一、成润等人陪同由沪飞豫，察看花园口堵口工程，当夜在汴接见了冀鲁豫区党委书记张玺、行署主任段君毅，冀鲁豫黄委会主任王化云等，向他们分析了形势，告诫他们不要把希望寄托在一纸协议上，要抓紧赶修堤防工程，争取时间，避免被动。20日出席了开封各界人士黄河问题座谈会，发表了长篇讲话。21日飞返上海。

朱光彩接任花园口堵复局局长

7月30日，花园口堵口工程因桥桩被冲，汛前合龙计划失败，兼局长赵守钰引咎辞职。8月11日，由朱光彩接任。

水利委员会成立黄河治本研究团

7月，水利委员会成立黄河治本研究团，张含英任团长。8月初黄河治本研究团离京到黄河作野外查勘。8月10日至24日查勘八里胡同、三门峡，8

月25日至9月3日查勘龙门、壶口及兰州上下各主要坝址、灌溉工程。10月初至10月底查勘宁夏引黄灌溉工程，11月初至11月14日查勘河套灌溉工程。11月底返回南京。

国民党军队掠夺解放区治河物资

8月，国民党军队自6月26日向解放区大举进攻以来，抢去大量治河物资。其中菏泽、考城、东明三县计被抢去面粉200余万斤、麻绳49万斤、汽油18桶、机油5桶、柴油7桶、面袋19.2万条、秸料200万斤、木桩7万根，炸毁吉普车3辆。

黄河上游出现大洪水

9月14日，兰州黄河涨水，洪峰流量5900立方米每秒，沿河农田受淹，冲毁天车5轮。为1904年以来兰州黄河最大洪水。

9月15日，青铜峡出现6230立方米每秒的洪峰流量。5000立方米每秒以上流量持续9天，为宁夏有水文记载以来最大洪水。黄河两岸渠道多处决口，受淹农田20多万亩。

解放区培训治黄测绘人员

9月21日，山东河务局在蒲台县城开办测绘训练班。招收18至25岁具有初中文化程度的青年60名，修业期6个月，结业后由河务局安排工作。冀鲁豫黄委会5至6月间从冀鲁豫一、二中学调集学生10余人，由曲万里、马静庭任教，培训测量人才，并逐步建立测量队。

渤海解放区治黄工程计划编出

9月，山东河务局编制完成渤海解放区治黄工程计划草案，按工程缓急情形，分为初步工程和二期工程。初步工程包括：修补残缺、加高培厚两岸大堤，疏浚局部河槽，修筑两岸险工护岸工程。共计划土方2393.4万立方米。需小米1.6亿斤。本区43处险工中，择险情严重者26处先行施工，计需秸料332万斤，砖料5.5万立方米，为预防黄水归故后险工变化，另储存备防秸料3000余万斤，砖石料5.5万余立方米。二期工程是局部河身裁弯取直，疏浚尾闾河口工程。

花园口堵复局恢复堵口

汛后，花园口堵复局恢复堵口，国民政府限50天完工。行政院水利委员会副委员长沈百先、技监须恺到花园口工地，连续开会，决定改变堵口地点，选择距口门以下350米处另筑新堤，重新打桩架桥。11月5日新线打桩受阻，又移原口门处打桩。至12月15日补桩完竣开始抛石。17日水位上涨，部分桥桩冲斜，20日晨又有4排桥桩被水冲倒。

国民党军炮轰救济物资

11月22日，联总由上海运抵山东石臼所转冀鲁豫解放区首批救济物资，卸船后即遭国民党军舰炮击，使物资遭受重大损失。

故道居民迁移救济费拨付办法定出

11月23日，中共代表同联总、行总、水利委员会的代表就故道河床居民迁移救济费拨付办法举行座谈。决定迁移救济费150亿元，1/3拨付物资，2/3拨付现款。1947年1月5日前拨付现款100亿元，其余50亿元月底付清。

导黄入卫测量完竣

11月23日，河南省水利局组织测量队测量日本侵略军规划的引黄灌区及入卫总干渠。测量范围为黄河北岸、沿京汉铁路两侧的获嘉、新乡、汲县、延津等地。测量于12月中旬结束。

蒋介石电促堵复花园口口门

11月29日，花园口堵复局接黄河水利委员会转发水利委员会密电称："奉蒋主席戌(11月)梗(23日)代电称：希饬所属昼夜赶工，并将实施情形具报。"

张秋会谈无结果

12月18日，联总塔德，堵复局齐寿安、阎振兴等抵冀鲁豫解放区张秋镇。当晚与冀鲁豫行署段君毅、贾心斋、罗士高，冀鲁豫黄委会王化云、张方，解放区驻开封黄委会代表赵明甫，就延长堵口时间进行会谈，会谈至次日晨历经7小时未获任何结果。

张方出任冀鲁豫黄委会副主任

12月18日，冀鲁豫黄委会向各修防处段发出通知，奉冀鲁豫行署令，黄委会副主任刘季兴调回冀南行署任建设处长，所遗副主任职务，由第二行政区督察副专员张方充任。

山东修防处迁回济南

12月31日，山东修防处由开封迁回济南办公。

宁夏工程总队改组为宁绥工程总队

12月，黄河水利委员会改组宁夏工程总队为宁绥工程总队，负责发展宁、绥引黄灌溉，总队部设包头，阎树楠任总队长。

治黄顾问团查勘黄河

12月，治黄顾问团于10日到达南京后，12日出发查勘黄河。查勘工作由全国经济委员会公共工程委员会主任沈怡主持，事前由中央水利实验处技正谭葆泰、中央大学教授谢家泽组织60余工程技术人员从事黄河研究及资料搜集整编工作，以供顾问团参考。全国水利发电工程处总工程师柯登(John S・Cotton)及我国水利界人士也参加了查勘。顾问团先后查勘了海口、黄河下游故道、黄泛区、八里胡同、三门峡、龙门、鄂尔多斯高原、宁夏、兰州附近坝址、水土保持、青海及陕西关中灌溉工程。于次年元月10日回到南京。之后写出了《治理黄河初步报告》。柯登写出《开发黄河流域基本工作概要》。

航空测量三花间地形

本年，中央水利实验处航测队与国防部测绘局空军第十二中队协作，完成了三门峡至花园口间(简称三花间，下同)的航空摄影，并绘制成部分1：2.5万地形图。次年，又拍摄了三门峡至孟津和黄泛区的航空像片。

黄河水利委员会测量黄泛区地形

黄河水利委员会调10个测量队，分5个测区于本年冬开始测量黄泛区地形，至次年秋因受战争影响中途停测。

防泛新堤多处决口

自1939～1946年7年中间，黄河防泛新堤数十处决口。主要决口地点有：中牟胡辛庄，尉氏烧酒黄、寺前张、北曹、凹张、荣村、马立厢，西华道陵岗，淮阳李方口、下炉、宋双阁等处。

民国36年(1947年)

蒋介石再次限期完成堵口工程

1月2日，水利委员会致电花园口堵复局："奉主席谕：堵口工程务须按照原拟进度表所订元月5日完工，不可拖延，并派赵守钰临工督导。"

邯 郸 会 谈

1月3日，中共中央特派饶漱石会同联总驻北平执行部代表兰士英、联总驻华卫生专员卜敦、联总塔德、联总驻河南区代表韦士德，前往邯郸同晋冀鲁豫解放区代表滕代远、戎伍胜、赵政一、董越千就黄河堵口放水及下游复堤问题举行会谈。会上戎伍胜提出3项最低要求：1.迅速拨发所欠第一期复堤款49亿元；2.速拨河床居民迁移救济费150亿元；3.去年8月国民党军大举进攻冀鲁豫区使复堤工程被迫停止5个月，故合龙放水亦应推迟到5月底或6月初进行。塔德等同意即派工程师前往调查河堤并即刻拨款；先将流入故道之水堵住不让再流；到上海立即拨付解放区救济费150亿元，并与联总艾格顿将军商量延期堵口问题。

周恩来就黄河堵口发表声明

1月8日，周恩来就黄河堵口发表严正声明指出：目前陇海路东段内战正异常紧张之际，在故道复堤尚未完成，裁弯取直尚未开始，河床居民尚未迁移之际，国民党政府突于上月底，严令郑州军事当局及黄河堵复局，在花园口强行堵口。其目的在于利用黄河水淹没解放区人民和军队，割断解放区的自卫动员，破坏解放区的生产供给，以达到军事目的。望全国同胞与全国舆论，共同制止这一阴谋。

河南举行泛区善后建设会议

1月9～10日，由河南省政府、联总驻豫办事处及行总河南分署召开的黄泛区善后建设会议在开封举行。国民政府内政部、社会部、交通部、卫生部、地政署、黄河水利委员会、中国农民银行及河南省有关厅局都派出代表参加。会议上讨论、部署黄泛区公共福利、农村建设、农业善后、工业善后、行政、土地、教育事项很多。会后因受经济、物资、人员等条件限制，实施者甚少。

上海会谈未获结果

1月11～17日，解放区代表董必武、伍云甫、成润、赵明甫、王笑一同行总代表霍宝树，联总代表艾格顿、毕范理、塔德，水利委员会代表薛笃弼等在上海会谈4次无结果。

解放区代表强调因国民党军进攻解放区、延拨工款、迁移费，使解放区的复堤、迁移工作停止5个月，主张堵口工作亦应推迟5个月进行，并迅速供应解放区工粮、工款、迁移费，以加快解放区复堤、迁移工作。国方和联总代表则坚决反对，会谈未达成任何协议。

艾格顿向宋子文提出堵口复堤建议

1月15日，联总驻中国办事处艾格顿将军致函国民党政府行政院院长宋子文，就黄河堵口复堤问题提出如下建议：立刻建筑临时性水闸以堵闭流入故道之水，3月15日前堵口抛石不得增加高度，5月底以前全部完工。在此期间可进行河床居民迁移和复堤工作；国民党政府应宣告6月15日前黄河故道及两岸各5英里之地区作为非军事区，以完成各项工程及救济工作。共产党亦须作同样声明并受同样约束。此建议提出后，未见反应。

花园口堵口工程再次受挫

1月15日夜，花园口堵口工程因大溜将坝身冲塌，桥桩被冲走七排，险情扩大，架桥平堵再次受挫。

国民党军政要人到花园口视察

1月16日，国民党军总参谋长陈诚与陆军总司令顾祝同抵花园口视察堵口工程。27日，陆军副总司令范汉杰亦抵花园口视察。水利委员会主任薛笃弼，28日率工程技术人员奔赴花园口，连续召开会议研究堵口措施，强调堵口关系重大，蒋介石“垂注甚殷”，务于桃汛前合龙。

再次举行上海会谈

2月7日，中共代表董必武、伍云甫、林仲等，同联总艾格顿、毕范理，水利委员会薛笃弼，行总霍宝树等在上海就黄河堵口复堤工程举行会谈，会谈记录三项：(1)共区黄河复堤工作即刻开始，堵口工作仍照常进行，合龙日期，至3月中旬视下游抢修险堤及抢救工作以及合龙工程实际需要再由水利委员会、行总、联总与共方会商确定；(2)联总即刻通知塔德工程师，会同水利委员会及中共工程人员协同救济队携带器材进入共区勘察复堤及救济工作；(3)水利委员会于月内先拨行总40亿元转中共复堤工程垫款。

冀鲁豫边区黄河河防指挥部建立

3月3日，冀鲁豫军区和行署为保卫黄河堤岸，管理船只，保证战时水上交通，特成立黄河河防指挥部。王化云兼司令员，郭英任政委，刘茂斋任副司令员，赵迎春任参谋长。不久王化云辞去所兼司令员的职务，军区任命曾宪辉接任。赵迎春调离后任命梁仁奎为参谋长。各修防处船管科和修防段船管股的工作均交该部统一领导。该指挥部任务完成后，于1949年8月14日撤销，10月初指挥部的干部、工人和船只分别组建为平原省河务局石料运输处和平原省航政管理局。

花园口增挖引河竣工放水

3月8日，花园口堵复局在口门下游增挖的3条引河竣工放水。据测量，过水流量占全河800立方米每秒的二分之一，水流畅急。

郭万庄治黄会议开幕

3月11日，冀鲁豫黄委会在东阿县郭万庄召开治黄工作会议。根据区党委的指示，会上提出“确保临黄，固守金堤，不准开口”的方针。要求务于汛前完成复堤工程，要做到坚固、耐水、适时下埽。开展群众性的献石运动，教育群众把所有废弃碎石、无用碑块、封建牌坊、破庙基石自愿献出，支援治黄。并提出“多献一块石，多救一条命”的口号。会议于14日结束。

黄河花园口堵口合龙

3月15日,凌晨4时花园口堵口合龙,黄河回归故道。

冀鲁豫、渤海解放区部署造船

3月15日,奉冀鲁豫区党委和行政公署指令,行署秘书长罗士高和冀鲁豫黄委会主任王化云召开沿河各专员、县长和黄河修防处主任会议,部署建立造船厂和筹料造船工作,明确造船厂干部由黄河修防处调配。渤海区也在滨县玉皇堂成立造船厂,制造木帆船。

《黄河治本论》出版

3月20日,成甫隆编著的《黄河治本论》在北平出版,由《平明日报》印刷、笃一轩发行。该书共四章,着重论述各种治河方策,强调"山沟筑坝淤田为治理黄河的唯一良策"。

冀鲁豫边区行政公署将治黄列为中心工作

3月20日,冀鲁豫边区行署训令沿河各专、县和修防处、段,今后必须把治黄作为中心工作之一,加强修防处、段的干部配备,明确规定赏罚原则,争取黄河不开口。要求立即迁移河床居民,全线整修堤上的水沟浪窝,填补金堤缺口,汛前完成整险工作,麦前集中备料,沿堤植柳,继续造船。

董必武就花园口合龙发表声明

3月25日,中国解放区救济总会主任董必武,就国民政府违约堵口合龙发表声明。指出:黄河历次协议均规定堵口合龙,必须俟故道复堤移民的工作完成以后方得实施。而此项工作的经费明确由国民党政府供给。可是经费犹未供给一半,复堤整险工程因国民党发动军事进攻,已近10个月无法进行,行总、联总对此从未阻止,因此国民党政府遂赶于3月15日在花园口违约合龙。我谨代表解放区受灾人民向世界呼吁:声讨蒋介石政府这一罪行。联总苟有丝毫救济中国人民之意,应立践前言,停运一切救济物资给行总,撤回一切参加黄河工程的技术人员及器材。救济物资直接送给解放区,救济黄河故道被难居民。至于蒋介石政府水淹故道居民的罪行,我们保有一切声讨的权利。

晋冀鲁豫边区政府召开治黄会议

4月上旬，晋冀鲁豫边区政府在薄一波副政委的主持下，召开有冀鲁豫、冀南、太行、太岳4个解放区的行政公署负责人参加的治黄会议。经两次讨论，做出如下决定：治黄经费由全边区统一筹措，全区1850万人民，每人增加负担小米二市斤，不足之数用救济物资弥补；修堤主要修临黄堤，金堤只作修补。临黄堤主要修北岸，南岸放次要地位，乘国民党军队活动间隙进行。金堤修补由冀南解放区的元朝（今朝城一部）、冠县、莘县负责；要求每工完成土方2立方米，不浪费一个工。

黎玉抗议联总助蒋放水

4月16日，解放区山东省人民政府主席黎玉致电联总驻中国办事处艾格顿将军，抗议联总助蒋违约放水，造成沿黄人民的巨大损失。

渤海解放区确定柳荫地范围

4月17日，渤海解放区行政公署颁布命令，补订黄河两岸土地及盐田税契办法。规定：堤内全部及堤外10丈不确权征税，作为公有地，今后由政府奖励植树保护河堤。凡堤内所有土地及堤外10丈范围内之可耕地，仍归原业主耕种，不纳田赋，只根据每年产量交纳公粮，如无收益可不负担。但均不得在上述范围内使土或挖沟，以免河堤浸塌，违者定予重罚。

河南修防处接管沁黄旧堤

4月25日，花园口堵口合龙后，黄河回归故道，河南修防处接管由花园口堵复局负责修复的豫境沁河、黄河老堤，并宣布：防泛新堤已无防守任务，自即日起撤防，所有职工移驻老堤修守。

冀鲁豫边区召开复堤会议

4月28日，冀鲁豫边区行政公署和冀鲁豫黄委会，在阳谷县赵庙村召开沿河专员、县长、修防处主任、修防段段长联席会议，贯彻晋冀鲁豫边区政府对治黄工作的决定和指示，总结一年来黄河谈判的成绩，部署1947年的复堤工作。段君毅指出，通过谈判，揭露了国民党以水代兵的阴谋，推迟了堵口时间，争取到法币250亿元和部分物资。要求全党要从思想上明确：治黄工作已从谈判转上内政，从推迟堵口转上不准开口，要认真执行“确保临黄，固守金堤，不准开口”的方针。在组织上，县长兼修防段段长，段长要与本段共存亡。王化云布置了复堤工作。会后冀鲁豫组织25万人，冀南区组织3万人，在北岸金临两堤，展开全面复堤工作。

冀鲁豫行政公署号召群众复堤自救

5月3日，冀鲁豫边区行政公署主任段君毅、副主任贾心斋发布布告，号召全区人民“立即行动起来复堤自救”，“一手拿枪，一手拿锨，用血汗粉碎蒋黄[①] 的进攻”。

堵复局庆祝堵口合龙

5月4日，为庆祝花园口合龙成功，花园口堵复局在工地举行合龙典礼。国民政府水利部部长薛笃弼亲临主持，合龙处修建纪念亭一座，亭中间竖立合龙纪念碑，上刻蒋中正的题词和薛笃弼撰写的碑文。并印制了《黄河花园口合龙纪念册》。

赵明甫撤离开封

5月17日，解放区驻开封黄委会代表赵明甫，于国民党关闭和谈之门后，撤回解放区。

沣惠渠竣工放水

5月，陕西沣惠渠竣工放水。该渠自陕西户县秦渡镇沣、潏二水汇流处筑坝引沣河水11立方米每秒，开干支渠48公里，计划灌溉户县、长安、咸阳农田23万亩。

黄河水利委员会改组为黄河水利工程局

6月12日，行政院改组黄河水利委员会为黄河水利工程局，由陈泮岭任局长，同时公布“黄河水利工程局组织条例”。条例规定，黄河水利工程局掌理黄河兴利防患事宜，隶属于水利部，下设工务、河务、总务三处。

---

① “蒋黄”指蒋介石的军事进攻和黄河洪水造成的威胁。

刘邓大军渡黄河

6月30日，刘伯承、邓小平率领中国人民解放军晋冀鲁豫野战军12.6万人，下从东阿上至东明在300华里的黄河线上，击溃国民党军的黄河防线，渡过黄河，挺进大别山，拉开了战略反攻的序幕。刘邓首长签发嘉奖令表彰黄河各渡口员工协助大军过河之功绩。冀鲁豫黄委会及所属南岸修防处段乘势动员10万民工迅速开展复堤整险工作，当工作将完成之际，国民党军又反扑回来，治黄员工即返北岸。

复堤混合委员会会议无结果

7月7日，冀鲁豫黄委会主任王化云与黄河谈判代表杨公素，前往东明，同国民党国防部代表叶南、水利部代表阎振兴、行总代表丁致中及山东、河北修防处的代表、联总的代表举行黄河复堤工程混合委员会会议。国民党方面的代表以解放军渡河为由硬说解放区违反“不受军事影响”协议。解放区代表指责国民党军首先向解放区进攻，并派飞机沿河狂轰滥炸，致使复堤无法进行。并申明此次赴会目的是为了讨论修堤，未受权讨论军事。国民党代表则坚持讨论军事。最后，不果而散。

王汉才等为人民治黄捐躯

7月16日，冀鲁豫解放区长垣修防段段长王汉才、工程队长岳贵田、工程队员李光山，在长垣修防段复堤时，突被由长垣城里窜出之国民党军逮捕后被杀害。1987年中共长垣县委、县政府在就义地点建烈士纪念碑一座。1987年4月6日，举行了纪念碑落成揭幕典礼大会。

晋冀鲁豫边区政府通令表扬治黄干部

7月21日，解放区晋冀鲁豫边区政府第三次全体委员会议，一致通过决定，对冀鲁豫沿河同胞亲切慰问，对领导治河的冀鲁豫行署和直接领导复堤、参加谈判的干部王笑一、赵明甫、成润、王化云、张方、吕谦、谢鑫鹤、杨锐等通令表扬。

解放区完成全年复堤工程

7月23日，西起长垣大车集东至齐禹水牛赵300余公里的复堤工程于今日提前完成。全线30万农民，不顾国民党军的飞机轰炸和炮击，奋勇抢修堤防，大堤普遍加高2米，培厚3米，共完成土方530万立方米。在修堤中，翻身农民普遍开展劳动竞赛，推土效率逐步提高。筑先县(今聊城县)七区高法成等三人一天挖担土42.81立方米，每人平均日工效标准方14.27立方米，被誉为“挖土大王”。7月30日渤海区复堤、整险基本竣工。共计完成土方492万立方米，使用秸料1420万公斤，砖石11.2万立方米，麻绳、苇绳4.3万条，开支公粮464.6万斤。

解放区部署防汛

7月25日，解放区山东省河务局、渤海区修治黄河工程总指挥部联合发出指示：沿河5至10华里以内村庄凡16至55岁男子一律以村为单位编为防汛队，平时轮流驻堤防守，遇险全队立即集合上堤抢护，各办事处所有干部工人，一律不得擅离岗位，随时监视水情工情，发现险情即刻组织抢护。

7月底，冀鲁豫边区行政公署及冀鲁豫黄委会召开紧急防汛会议，要求沿河各县、区、村一律建立防汛指挥部，沿河15华里以内村庄划为护堤村，一旦出险全村群众上堤抢救。沿堤每隔200米搭一防汛窝棚，平时每窝棚住守2人传递水情、修垫水沟浪窝，大水增人，并携带铁锨、箩筐、布袋、门板、铁锤、榔头等防汛工具，每人携带高粱杆等软料15公斤，以备抢险之用。

冀鲁豫黄委会增设第五修防处

7月28日，冀鲁豫边区行政公署发出通令，为增强两岸黄河修防工作，特决定增设冀鲁豫黄委会第五修防处。各处段领导关系重新确定如下：

第一修防处辖东垣、东明、南华三段；

第二修防处辖长垣、濮阳、昆吾三段；

第三修防处辖鄄城、郓北、寿南、昆山四段；

第四修防处辖东阿、平阴、河西、齐禹四段；

第五修防处辖濮县、范县、寿北、张秋四段。

山东大马家和王庄大抢险

7月，山东利津县大马家汛期先后有15段埽工出险入水，大堤坍去大半。解放区600多名抢险员工，冒着国民党飞机的扫射，经一个月的抢修，终于转危为安。9月利津王庄抢险尤为险恶。先后有15段埽坝墩蛰入水，屡抢屡败，大堤坍塌殆尽，终于溃决。2000多抢险员工退守套堤，坚守二线。套堤靠水后，相继出现漏洞16处。正当抢险紧张之际，国民党军出动11架飞机轮番投弹扫射，秸料垛起火，民工伤亡，渤海区党政军民奋起战斗，堵住了漏洞，打退了“蒋黄”的进攻，保住了套堤，取得了防汛抢险的胜利。

史王庄群众抢堵漏洞

8月2日，冀鲁豫解放区濮县史王庄大堤出现漏洞，浑水涌流不止。农妇李秀娥发现后立即大声呼喊报警，濮县修防段副段长廖玉璞闻警后发出警报，附近20余村群众，闻警冒雨赶来抢救，经过29个小时抢堵始将漏洞堵死，转危为安。

沁河大樊决口

8月6日，沁河从武陟大樊决口。口门宽150米，过水300立方米每秒。

张含英写出《黄河治理纲要》

8月上旬，黄河治本研究团团长张含英写出《黄河治理纲要》。对黄河的治理和开发提出工作要点。

冀鲁豫黄委会揭露国民党军破坏治黄

8月12日，冀鲁豫黄委会发言人揭露国民党军一年来破坏治黄罪行，列举冀鲁豫区遭受的巨大损失。国民党军捕去黄河员工孙维坦、曹林园、孔繁鹤等570余人；杀害长清、长垣段段长张兴农、王汉才以下115人；被蒋机轰炸、扫射致死者有康志学、张玉良等375人，致伤910人；隔岸炮击打死打伤李世万、杨心五等380人，共计2100人。物资损失尤重，仅去年国民党军进攻菏泽东明时，一次就劫去修堤器材价值5亿元。蒋机还炸中孙口、杨集、国那里险工47次，炸毁木船273只（次），大车356辆（次），牛780头。

国民党军扒决贯孟堤

8月18日晚，国民党军“开封游击队”赵振庭部20余人，夜渡北岸强迫前鹅湾、后辛庄正在修堵缺口的群众，将贯台圈堤和贯孟堤扒开，圈堤口门宽150米，贯孟堤口门宽50米，黄水直冲大车集临黄堤，然后折向孟岗，受灾人口39000余，被淹土地11.6万亩。国民党兰封和封丘保安队把守口门不准群众抢堵，几次将前来堵口群众击散，并杀害前来请愿的群众代表7人，吊打多人。冀鲁豫四分区闻讯派出武装，清剿当地乡镇土顽武装，赶跑把守口门的保安队，打退长垣来袭的蒋军，保卫了堵口的顺利进行。

山东河务局在宫家修建窑厂

8月，解放区山东省河务局为解决抢修埽坝石料不足的困难，决定在利津县宫家建立窑厂一处，职工50余人，烧砖代石，每窑出砖6万块。

潘镒芬任黄河水利工程局副局长

8月，行政院任命潘镒芬为黄河水利工程局副局长。

山东河务局建立估工报批制度

9月12日，解放区山东省河务局决定建立工程估工制度。规定今后新修工程，除临时抢险外，都须由办事处初估，报经省局复估后，方得兴工。

涝惠渠竣工放水

9月，陕西涝惠渠竣工放水。该渠于民国32年7月开工，自户县涝峪口引涝峪河水5立方米每秒，筑干支渠22公里，计划灌溉农田10万亩。

解放区调查黄河归故后所受损失

10月30日，冀鲁豫解放区对沿河16县(东明县为国民党军占领未统计)调查，花园口堵口后故道居民遭受损失为：受灾村庄1014个，74309户，共266283人，土地910583亩，倒塌房屋64972间。

渤海解放区淹没村庄110个，房屋22908间，耕地263514亩，损失粮食66万公斤。治河民工死伤于国民党飞机轰炸扫射者894人，炸毁房屋300余间，木船57只，坝埽39段，河堤3000米，被国民党军抢去公粮10余万公斤，麻袋3万条，秸料80万斤。

解放区召开安澜大会

11月20日～12月21日，冀鲁豫黄委会在观城百寨召开全区安澜大会，总结人民治黄以来的成绩。共计修复两岸临黄堤和金堤900公里，完成土方1009万立方米，群众献石15万立方米，造船216只，集运秸料4000余万斤，柳枝500万斤，麻160余万斤，木桩16.5万余根，翻修破旧埽坝479道，整修砖石护岸559道，动员复堤群众30万人，冀鲁豫区参加复堤的有22县，冀南区5县。总计支出小米526万余公斤，小麦449万余公斤，柴草

1748万余公斤，冀钞31亿多元，另外沿河人民担负治黄小米1000万公斤，确保了大堤的安全，配合刘邓大军渡过黄河，支援了解放战争。

11月25日，山东省河务局在渤海区滨县召开安澜大会，总结一年工作，表扬人民治河功臣。自从3月15日花园口合龙、3月24日黄河水进入渤海区以后，沿河各县每日出动10至20万人复堤抢险。全年用工372万个，用石7万余立方米，秸料765万余公斤，木桩44448根。麻绳万余根，仅料物一项总值达北海币33亿余万元，开支工资粮639.5公斤，支柴草300万公斤，抚恤、医疗费679万元，发救济粮153余万公斤。

陕西洛惠渠竣工

12月12日，陕西洛惠渠竣工举行放水典礼。该工程于民国22年勘测设计，民国23年5月开工，民国26年6月主要工程完工，但因开凿铁锥山之5号隧洞中出现涌泉流沙，并以抗日战争关系，工程进展甚缓。最后将洞线西移，改用工作井凿洞法进行，于民国35年11月26日将洞打通(总长3377米)。民国36年9月9日试水。12月全部竣工。计划灌溉农田50余万亩。

钱正英任山东河务局副局长

12月29日，山东省河务局副局长王宜之调渤海行政公署工作。遗缺由钱正英充任。

民国37年(1948年)

中央善后事业委员会成立黄泛区复兴事业管理局

1月，国民政府中央善后事业委员会成立黄泛区复兴事业管理局，办理豫皖苏三省黄泛区复兴建设事业，以刘贻燕、王冠英为正副局长，局设于安徽蚌埠。该局自成立以来至9月底一直未拨经费，加以泛区战事频繁，业务终未开展。

水利部公布冀鲁豫三省修防处组织规程

2月26日，水利部公布经由行政院呈准国民政府备案的“黄河水利工程局所属冀鲁豫三省修防处组织规程”。规程规定，修防处办理各该省河防事宜，下设工程、总务两科。修防处设处长，以下设总段长、分段长，均应以技术人员充任。

冀鲁豫黄委会召开复堤会议

3月1日，冀鲁豫黄委会在观城百寨召开春季复堤会议。会上将“确保临黄，固守金堤，不准开口”的方针，改为“确保临黄，不准开口”。并确定了复堤标准：超出1935年最高洪水位1～1.2米，顶宽7米。会上批评了过去动员群众献工资粮、虚报工效等错误。

河南修防处全部迁汴

河南修防处在抗日战争期间，曾多次迁移，辗转于豫西郏县、南阳、洛阳、西安、郑州、许昌、内乡等地，民国34年又迁至陕西蓝田。日本帝国主义投降后，迁回开封。该处因有修守防泛新堤及协助花园口堵口复堤工程任务，大部人员暂在郑州办公。嗣后花园口堵口合龙，黄河归故，防泛新堤撤防，修防处接收沁黄旧堤修防任务，全部人员乃于3月6日迁回开封火神庙后街办公。

渤海解放区行署发出春修指示

3月8日，渤海区行政公署发出指示，要求沿河各县结合春耕生产，安排春季修堤所需劳力，土方任务205万立方米，分作两期完成，要尽一切努力于芒种前完工。

解放区布置植树护堤

3月20日，渤海区行政公署决定：各县在春修时节，应领导群众于堤旁植树，沿堤各村政委员会中添设护堤委员一人（不脱产）专管护堤看树等工作，发动沿河群众种植苘麻及芦苇，以备修防需要。4月5日，冀鲁豫解放区行政公署决定在沿河村庄的村政委员会中增设护堤委员一人，负责保护黄河堤防工作。1949年5月，冀鲁豫行政公署颁发了《保护黄河大堤公约》。

渤海解放区调整治黄民工待遇

3月25日，渤海行署通知：治黄送料自实行包工制以后，群众实得运资远远超过支差待遇，引起支援前线民工的不满，经行署会议研究，区党委同意，自4月1日起进行调整，运输黄河秸料、石料民工的待遇改为支差标准。

赵明甫任冀鲁豫黄委会副主任

4月5日，晋冀鲁豫边区政府任命赵明甫为冀鲁豫黄委会副主任。张方调任第四修防处主任。

冀鲁豫黄委会派人赴平陆设立水文站

5月16日，冀鲁豫黄委会派张慧僧等20余人，携带水文仪器、报汛电台，前往太岳区平陆县设立水文站，以掌握黄河水情，利于下游防汛。不久，陕县水文站恢复，此站撤销。

解放区布置防汛

6月24日，冀鲁豫区党委向沿河专、县布置防汛工作。要求各级党委认真执行“分期分段、重点防守”的方针，建立有力的防汛机构，上堤领导防汛，重点堤段每10华里设一指挥点，每500米设一防汛屋，沿堤10华里以内村庄为防汛区，5华里以内村庄各成立护堤抢险队，要准备好工具料物，闻警立即上堤抢险。

7月17日，渤海区党委决定成立渤海区防汛总指挥部，沿黄河各县一律成立防汛指挥部，做好充分准备，在春修胜利的基础上，争取防汛的胜利。

高村抢险

7月6日，东明高村险工河势发生急剧变化，大溜直冲十三和十四两坝，裹头埽均被冲跑，十四坝以下各坝也相继出险。抢险指挥部调集了东明、昆吾、南华、寿张、滑县等8个段的工程队共计350余人，南北两岸12个县的人力、物力和运输力量，各级干部240多人，黄河河防指挥部航运大队一个，一齐投入运送砖石柳绳各种料物和日夜抢险的斗争。7月20日以前主要抢修十三和十四坝。31日至8月11日，重点抢护十五坝，赶筑十四至十五坝之间两道新坝和抢修十六、十七、十八诸坝。12日至18日重点加修400米护岸埽。18日至31日在护岸埽以下新修几道坝垛，以防洪水顶冲大堤。8月12日险情最为严重，凌晨五点左右，在后杨村附近有70米大堤堤顶的三分之一瞬间塌入洪水之中，决口在即，人心惊惧，不少民工跑回家去。冀鲁豫军区急派两营解放军跑步到达工地，扛桩背料，贴堤下埽。行署副主任韩哲一、黄委会主任王化云、第五专署副专员郭心斋等都亲临现场指挥抢险，经三天三夜的抢护，险情始转缓和，8 月 18 日大溜外移，整个险工转危为安。抢险工程直至 8 月底完成。

高村抢险历时 56 天，国民党空军日夜轮番轰炸扫射，最多一天达 16 次之多，刘汝明经常派军队骚扰破坏，7 月 18 日拂晓又突然袭击，20 日至 30 日占领高村，抢劫焚烧各种料物，吊打抢险群众，使抢险停止 10 余日。在各种困难面前，抢险员工在各级领导干部的带领下不怕牺牲，日夜苦干，使用秸、柳料 450 多万公斤，青砖 200 余万块，石料 500 立方米，投入工日 30 多万个，共抢修坝埽 33 道(段)。

刘德润兼代黄河治本研究团团长

7 月 9 日，水利部黄河治本研究团团长张含英因公离职，团长由刘德润兼代，其所需经费由黄河水利工程局在黄河修防费下统筹报销。

中共中央发言人发表紧急呼吁

7 月 27 日，中共中央发言人就黄河问题发表紧急呼吁：6 月 16 日东明解放，当地政府即动员民工 43000 人，牲口 8000 头运料抢修高村险工，经七天努力，整修 9 个坝头。本月 4 至 6 日，河势发生激变，十三、十四坝，裹头埽被水冲走，险情恶化。而国民党军队却乘危加紧空袭轰炸，至 11 日抢险员工伤亡 100 余人，抢险被迫中断，决口危险异常严重。如出现决口改道，不独冀鲁豫、苏豫皖解放区首当其冲，即国民党统治区军民，亦绝难避免。如国民党及其军队视人民生命为儿戏，继续破坏当地人民救死求生的努力，致使黄河决口，一切后果，应由国民党政府负完全责任。

黄河水利工程局改称黄河水利工程总局

7 月 27 日，黄河水利工程局呈请将机关名称改为黄河水利工程总局一案，经行政院 7 月 17 日第五次临时会议决议准予照办。水利部于 7 月 27 日令知该局遵照执行。

冀鲁豫边区行政公署规定黄河抢险可直接调用民工

7 月 27 日，冀鲁豫边区行政公署发出通令：在紧急情况下，各修防处主任、段长，可不经过县以上战勤指挥部，直接调用抢险、防汛区的民工和大车，以应防汛抢险的急需。

冀鲁豫黄委会完成造船任务

冀鲁豫黄委会于1946年7月，奉晋冀鲁豫边区政府命令，建造木帆船200只，随即在一、二、三、四修防处设造船厂13处。1947年7月边区政府命令再造木船100只。到本年7月两期共造木船248只，购买成船8只，共计支出冀钞7亿元。

渤海解放区治黄防汛总指挥部成立

8月1日，渤海区党委、行署决定成立渤海区治黄防汛总指挥部，总指挥王卓如，副总指挥江衍坤、钱正英，即日起正式办公。总指挥部通令沿河各县于8月5日前成立防汛指挥部，并在各险工设防。8月10日前将沿河各村防汛队组织起来，发动群众进行堤防检查。

渤海解放区制定工程队员待遇

8月4日，渤海解放区公布黄河工程队待遇暂行办法，规定黄河工程队员是革命技术工人，其家属享受工属待遇。并规定了薪粮、评级加薪、奖励、老年优待办法等。

中共冀鲁豫区党委作出黄河防汛决定

8月12日，鉴于黄河南北两岸解放早晚不同，为协调一致，搞好防汛，冀鲁豫区党委对黄河防汛作出决定：黄河南岸沿河各地、县委要有一人经常考虑黄河问题，一旦出险，主要负责人必须亲自领导抢险。黄河两岸各地、县委都要树立全局观念，北岸必须支援南岸，反对本位主义和地方主义；南岸必须自力更生，不能依靠外援，如因延误抢险造成决口，责任由南岸地、县委承担。

堵复引黄济卫进水口

8月21日，日伪统治时期在京汉铁路桥附近开挖的引黄济卫进水口并未建控制闸，且曾一度放水。花园口堵口合龙后，铁桥附近水流北趋，渠道引溜泛滥，险象环生，且因进入汛期，水位上涨，串水湍急，时有夺溜之虞。黄河水利工程总局饬令河南修防处将渠口堵复，遂于8月21日由东向西进占堵筑，至25日下午合龙，动用秸柳33万斤。

冀鲁豫黄委会首次考察黄河

8月下旬～9月27日，冀鲁豫黄委会以张方为团长、马静庭为副团长、袁隆为政委的黄河考察团，首次对上自封丘古城，下至齐河红庙的黄河两岸堤防进行了考察。

黄河水利工程总局部分人员南迁

8月，开封已处于解放前夕。黄河水利工程总局及所属河南、河北、山东修防处的部分人员携带部分文卷、仪器迁往南京，在国府后街八号办公。次年，又转迁至湖南衡阳和广西桂林，9月30日奉令结束。

靖乐渠竣工

8月，甘肃靖乐渠竣工。该渠于民国36年10月开工兴建，从靖远县虎豹口引水，开渠12公里，以倒虹吸跨越祖厉河，灌溉农田2.5万亩。后经扩建加固，渠长28公里，灌田4.3万亩。

山东河务局接收山东修防处

9月24日，华东人民解放军解放山东省会济南，全歼国民党守军。并攻克长清、齐河、历城3座县城，使胶济、津浦两铁路衔接，华北、华东两解放区连成一片。山东省沿黄河地区也全部解放。26日，解放区山东省河务局派员接收国民政府留济南的山东黄河修防处的人员和物资。

冀鲁豫黄委会隶属关系变更

9月25日，华北人民政府委员会举行首次会议，选出董必武为政府主席，薄一波、蓝公武、杨秀峰为副主席，并宣布晋冀鲁豫、晋察冀两边区政府同时撤销。冀鲁豫黄委会属华北人民政府和冀鲁豫行署双重领导。王化云为华北水利委员会副主任、冀鲁豫黄委会主任，赵明甫为华北水利委员会委员、冀鲁豫黄委会副主任。

李赋都接任上游工程处处长

9月30日，黄河水利工程总局任命李赋都为上游工程处处长。

渤海解放区群众踊跃献石

9月，渤海区沿河各县人民响应区党委、行署的号召，踊跃献砖献石。群众把各种各样的石头运往附近黄河险工。利津县县长王雪亭、垦利县县长李伯衡、参议长徐瑞甫等亲自带领干部群众搜集砖石支援治黄。远距黄河的广饶、禹城、沾化、无棣、阳信等县群众也争相献砖献石。渤海区共得砖石15万立方米，缓和了治黄石料奇缺的困难。

华北人民政府冀鲁豫黄委会成立驻汴办事处

10月24日，河南开封第二次解放。11月3日，冀鲁豫黄委会派副主任赵明甫率领干部10余人，组成华北人民政府冀鲁豫黄委会驻汴办事处，进驻开封，接收黄河水利工程总局及所属机构的人员和物资，共接收1062人，经过整编留用655人。次年5月接收迁往南京的黄河系统技术人员，从苏州接纳河南大学水利系学生参加人民治黄工作，至6月共接回职员、学生70余人。著名水利专家张含英亦于1949年6月从南京到开封参加人民治黄工作，任冀鲁豫黄委会顾问。

山东河务局颁发工程勘估要点

12月15日，解放区山东河务局颁发1948年冬防和1949年春修工程勘估要点。总的要求以防御1937年最高洪水位为标准。规定平工堤顶超高1米，顶宽5米以上；险工堤顶超高1.5米，顶宽10米为宜，险工埽坝高出1937年洪水位半米。如工程过大次要埽坝可修至与1937年洪水位平。土牛按堤线长每公里堆积400到500立方米。各县在水退后即行估工，办事处主任必须参加。

西柏坡会议筹建统一治黄机构

12月15日，华北人民政府在河北平山县西柏坡附近召开有华北、华东和中原三区治黄机关代表参加的治黄工作会议，研究筹建统一治黄机构和审查三区治黄岁修计划。会上确定了黄河水利委员会组织章程草案和由王化云、江衍坤、赵明甫组成的筹备委员会，筹备建立统一治黄机构。

民国38年(1949年)

渤海解放区规定治黄干部要相对稳定

1月27日，渤海区党委下达《治黄干部调配限制的通知》，规定治黄干部一般不转业，调动办事处主任一级干部，须经区党委、行署批准。

冀鲁豫黄委会驻汴办事处召开中原区治黄会议

2月16～18日，华北人民政府冀鲁豫黄委会驻汴办事处，在河南开封召开第一次中原区治黄会议。沿河各专、县负责人和河南第一修防处主任及所属广郑、中牟、开封、陈兰修防段段长共20余人参加了会议。华北人民政府冀鲁豫黄委会副主任兼驻汴办事处主任赵明甫，在会上作了治黄工作报告和总结。开封市市长兼政委吴芝圃到会作了报告。会议要求各级政府必须坚决执行“确保大堤不准决口”的方针，完成修补大堤和集料的任务。会上确定的任务是：修补大堤土方29.2万立方米，集运石料23840立方米，砖4600立方米，柳枝22万公斤，木桩7945根。

冀鲁豫黄委会调整下属治河机构

2月20～27日，冀鲁豫黄委会在菏泽召开修防处主任、段长、工程科科长联席会议，王化云主任传达华北人民政府治黄会议关于建立统一治黄机构的精神，公布冀鲁豫黄委会所属机构的调整方案：确定中原区河南各段为第一修防处，下属广郑、中牟、开封、陈兰四个修防段。原冀鲁豫区第一、二修防处合并为第二修防处，下属东明、南华、曲河、长垣、昆吾五个修防段。原冀鲁豫区第三、第五修防处合并为第三修防处，下属鄄城、郓北、昆山、范县、濮县、寿张六个修防段和两个造船厂、一个石料厂。原冀鲁豫区第四修防处不动，下属东阿一、东阿二、河西(原长清县河西部分)和齐禹四个修防段。豫北沁、黄河段设第五修防处。会议还总结了1948年的治黄工作，部署了1949年的治黄任务。确定了“修守并重”的方针和“包工包做”的工资政策。

山东河务局成立黄河航运公司和石料公司

3月8日，解放区山东省河务局为提高造船和航运效率，经山东省人民政府批准成立黄河航运公司，领导造船厂、航运所、航运队等部门。同时将泺口石运处改为石料公司。两公司均按企业单位进行经营管理。

渤海解放区治黄总指挥部成立

3月16日，渤海解放区治黄总指挥部成立，王卓如任总指挥，江衍坤、钱正英任副总指挥。

冀鲁豫黄委会印发复堤须知

5月2日，冀鲁豫黄委会印发《复堤须知》，内容包括：组织领导、估工、分工、工具、劳力分配、上土、硪工、收方等。集中了冀鲁豫区1946至1948年的复堤经验，对复堤工作起到了指导作用。

沁河大樊堵口合龙

5月3日，沁河大樊堵口工程胜利竣工。大樊位于武陟县西20公里处，为历代多次决口之险要堤段。1947年夏沁河再决大樊，泛水经武陟、获嘉、辉县、新乡夹丹夺卫入北运河。受灾面积400余平方公里，人口20万。国民党为利用泛水防卫新乡城，一直不准群众修堵。

1949年元月，豫北尚未完全解放，人民政府和冀鲁豫黄委会即开始准备堵口。经一个多月的筹备，于2月22日正式开工堵口，于3月20日合龙，但因领导对堵口外行，急于求成，未深入调查，没有可靠措施，又加引河没有挖好，合龙时柳石枕结合不紧，透水不止，愈流愈急，坝身蛰陷，当时又无充足的料物进行抢护，于21日功败垂成。赵明甫、马静庭和技正徐福龄，疾往工地，认真调查，帮助总结，吸取教训，并在堵口技术上改单坝合龙为双坝合龙，加宽和疏浚引河。同时对堵口料物也作了充分准备。第二次堵口，于4月下旬开始进占，于5月2日主坝开始用柳石枕合龙，随即在边坝用合龙埽堵合，5月3日18时完全闭气，堵口告竣。

西安军管会接管水利机关

5月27日，西安市军事管制委员会任命彭达为军事代表，接管黄河水利工程总局上游工程处、水文总站、水利部泾洛工程局和陕西省水利局等单位。接管工作迅即完成。

山东河务局编出三年治黄决算

6月9日，解放区山东黄河河务局编出1946至1948年粮款开支决算，报请山东省政府核销。总计支出北海币 34.8 亿元，麦子 177.6 万斤，秋粮 4194.3 万斤，木柴 72.6 万斤，马草 209.5 万斤。

三大区联合治黄机构成立会议在济南召开

6 月 16 日，经过半年的筹备，华北、华东、中原三解放区联合性的治黄机构——黄河水利委员会成立会议在山东济南召开。委员会由九人组成，三大区各推选三名。华北区的委员为王化云、张方、袁隆（因公未出席），华东区的委员为江衍坤、钱正英、周保祺，中原区的委员为彭笑千、赵明甫、张慧僧（未出席）。会上一致推选王化云为主任，江衍坤、赵明甫为副主任。会议由山东省政府副主席郭子化主持，中共中央财政部黄剑拓、山东省主席康生、华北人民政府邢肇棠、中原人民政府彭笑千讲了话。接着黄委会举行第一次委员会，三区委员分别报告了 1949 年春修、运石、防汛工作的布置和接收国民政府治河机构、人员的情况。讨论了治黄方针和任务，黄委会的组织章程和驻地等，会议于 20 日结束。

7 月 1 日黄河水利委员会在开封城隍庙街正式办公，冀鲁豫黄委会驻汴办事处同时撤销。

河南、山东党政分别作出黄河防汛决定

7 月 1 日，中国共产党河南省委员会作出决定，把黄河防汛作为河南各地党政军民最紧迫的任务，要求河南党政军民结合剿匪反霸，有计划地组织起来，防汛防奸，以最大力量完成不决口的任务。7 月 27 日，中共中央山东分局、山东军区、山东省人民政府联合发出黄河防汛工作的紧急决定，沿河各级党政军民领导机关及河务部门，应对所属的河防堤段负责，迅即成立各级防汛指挥部，党政负责人及驻军首长必须亲自参加领导。并决定成立渤海防汛总指挥部，江衍坤为总指挥，王卓如为政委，钱正英为副总指挥。号召沿黄党政军民迅速行动起来，完成防汛的一切准备，坚守河防，保卫济南，保卫渤海平原。7 月 29 日，渤海区黄河防汛总指挥部宣布成立。

贯 台 抢 险

7 月 1 日，贯台险工西大坝之第二、三砖柳坝和下边四段秸料埽均相继坍塌掉蛰，全部入水，曲河段全体员工，抢护三昼夜犹未出水，形势危急。

黄委会派工程处长张方、第二修防处副主任仪顺江 3 日赶赴工地主持抢险。黄委会副主任赵明甫率领专家、测量队于 4 日亦赶到工地。抢修 8 天

6夜仍无一段埽坝稳固。黄委会决定，一面抢修险工，一面赶筑第二道防线。修新堤1399.5米，高2米，顶宽7米，开挖引河一道，长1795米，宽18米，深0.2至1米，做好了退守的准备。14日至18日，又新修砖柳护岸4段，长66米，直至7月21日大溜外移，抢险才告一段落。此次抢险动员曲河、长垣、卫南(今长垣、滑县各一部)等5县民工和料物，调集了第二修防处长垣、东明、南华、曲河等六个工程队共150人，历时55天，耗用秸料89万斤，柳枝392万斤，砖131万块，木桩5817根。

黄河水利委员会向沿河机关首次发出通知

7月5日，黄河水利委员会向沿河治黄机关发出首次通知：本会根据华东、中原、华北三区济南治黄会议的决议，已于7月1日在河南开封建立机关开始办公。现大汛将届，根据华北先旱后涝的特点，战胜黄水，完成不溃决的任务，仍须经过艰苦斗争，希望各区治河机关，提高警惕，加强防汛组织检查，并与本会密切联系，交流经验，以完成人民赋予我们的任务。

战胜1949年大洪水

7月6日～10月，黄河汛期共出现5次洪峰，两次大于10000立方米每秒，7月27日花园口出现11700立方米每秒洪峰，9月14日花园口又出现12300立方米每秒洪峰流量，其间1万立方米每秒以上洪水持续49小时。泺口站30米高程以上的高水位持续16天，造成平原省北岸寿张县(今河南省台前县)枣包楼严善人民埝和南岸梁山县大陆庄民埝溃决，洪水分别入北金堤区和东平湖区，经两区滞洪后，9月22日泺口站洪峰流量削减为7410立方米每秒。东坝头以下，两岸大堤出水一般只有1米左右，部分堤段出水高度只有0.2～0.3米。堤身隐患和弱点相继暴露，坝埽坍塌掉蛰时有发生，封丘贯台、菏泽朱口、东明高村、濮阳南小堤、鄄城苏泗庄、济南董道口、蒲台麻湾、利津王庄、垦利前左及一号坝等险工险情严重。河势上提下挫变化频繁，位山以下有十多处险工脱河。为防止洪水漫坝，济南以下险工的主要坝埽，临时用秸料将坝顶加高0.5～1.0米，并在险要堤段堤顶上抢修了200公里长的子埝。平原省动员专、县、区干部4000多人带领15万群众上堤防守，抢护堤防脱坡、渗水、蛰陷等各类险情224处，长5000多米，抢堵大小漏洞200多个。山东省组织群众20多万人上堤防守，抢护险工坝埽2290多次，堤防渗水、脱坡、蛰陷等出险总长度54880米，抢堵大小漏洞210个。共计抢险用石7.2万立方米，柳杂软料5100多万市斤，木桩8.3万根，草袋、麻袋 17.1 万条，抢做土方 66.9 万立方米。全河军民奋战 40 多个日日夜夜，战胜了黄河归故后的首次大水。

黄委会在濮阳坝头建立前方防汛指挥部

8 月 10 日，黄委会为便于领导防汛，特组织前方防汛指挥部，在濮阳坝头办公。并要求各级治黄部门在区划变动中深入学习有关防汛指示，发扬主动工作精神，对水情和工情要从最困难出发，切忌松懈麻痹。

平原省黄河河务局建立

8 月 20 日，平原省黄河河务局在新乡成立，局长张方，副局长袁隆，辖第二、三、四修防处及东明、菏泽、鄄城、郓城、梁山、曲河、长垣、昆吾、濮县、范县、寿张、东阿、河西、齐禹等修防段。随太行行政公署区划的变动，不久沁黄河第五修防处亦属平原省黄河河务局领导。

渤海区黄河防汛总指挥部发布秋汛工作纲要

8 月 21 日，渤海区黄河防汛总指挥部发出秋汛工作纲要，要求进行全面工程检查，整顿群众防汛组织，整理备防料物及器具，健全防汛工作制度。

8 月 27 日，对“三秋”期间黄河防汛工作作了补充指示：(1)各县大堤与险工必要的修补工程，应及时完成，勿拖延时间，勿浪费民力；(2)平工大堤警戒线为泺口水位 30.5 米(青岛基点)，在警戒水位以下除垦利特殊堤段外，平工之查水民工一律撤防；(3)险工警戒水位为泺口 29.5 米，在警戒水位以下各险工常备民工可酌量减少；(4)掌握水情变化，及时组织快收、快耕、快种，保证防汛秋收两不误。

黄委会向华北人民政府报送治理黄河初步意见

8 月 31 日，黄委会主任王化云、副主任赵明甫向华北人民政府主席董必武报送了黄委会《治理黄河初步意见》。其主要内容为：大西北即将解放，全河将为人民所掌握。治河的目的应该是防灾与兴利并重，上中下三游统筹，干支流兼顾。同时对 1950 年下游防洪、引黄灌溉、水土保持、水文站的设置等各项治黄工作提出了意见和实施步骤。10 月 8 日董必武主席对《初步意见》写了指示信，《治理黄河初步意见》交华北水利委员会研究后提出以下意见：认为明年度修防工程八项任务极是，水土保持工作及观测工作亦属必要。

平原省建立省地县三级防汛指挥部

9 月 18 日，中共平原省委决定：为加强黄河防汛的统一领导，明确分工负责，确保大堤不准溃决，立即建立省地县三级防汛指挥部。省防汛指挥部以韩哲一、王化云为正、副指挥，刘晏春为政委，并已在坝头开始办公。各地专级按照行政辖区，结合修防机关建立指挥部，并根据需要在地区指挥部下设立分指挥部。县级指挥部以县长为指挥长，段长为副指挥长，县委书记为政委。

十 中华人民共和国时期

（1949 年 10 月～1990 年）

中华人民共和国成立后，人民治黄工作进入了新纪元。黄河流域性机构的成立，结束了分区治黄的历史。

中共中央和毛泽东主席十分关怀治黄工作，1952 年 10 月，毛主席亲临黄河视察，发出“要把黄河的事情办好”的号召。建国初期，进行了大规模的查勘、测量和科研等基本工作，广泛搜集了地形、地质、水文、气象、河道、水土流失、社会经济等各方面的资料，在国务院的直接领导下，在苏联专家组的帮助下，制订了黄河流域规划，即《黄河综合利用规划技术经济报告》。这是我国历史上第一部综合开发江河的规划。1955 年 7 月第一届全国人民代表大会第二次会议审议通过《关于根治黄河水害和开发黄河水利的综合规划的决议》，给全国人民极大的鼓舞，开始了我国历史上第一次规模宏大的向黄河进军。从上游到下游，从干流到支流展开了全面治理，在短短的时间内黄河干支流建成了三门峡水利枢纽等第一批骨干工程。周恩来总理生前亲自主管黄河的事情，在三门峡工程兴建和改建过程中付出了大量心血。1964 年在他亲自主持召开的治黄工作会议上指出“使水土资源在黄河上中下游都发挥作用”，一直是治黄的重要指导思想。

1964 年治黄会议以来，两次较大规模加高加固了下游堤防险工；修建了河道整治工程；改善了分洪滞洪区；新建和改建了一批涵闸，有效地恢复和发展了引黄灌溉；坚持不懈地进行水土保持和支流治理工作，特别是成功地改建了三门峡枢纽，为在多沙河流上修建水库闯出了新路。在进行这些建设工作的同时，组织了两次全河性的调查研究工作，并进行了黄河泥沙研究工作及其他科研和技术革新活动。在以上工作的基础上，重新研究修订了各项治黄规划，特别是围绕小浪底枢纽工程进行了多方案的规划论证和设计工作。

经过四十年的治理，黄河的面貌发生了巨大的变化，夺取了建国以来伏秋大汛不决口的重大胜利，保障了黄淮海大平原社会主义建设的顺利进行；广泛开展了对黄河水沙资源的利用，上中下游引黄灌溉面积 9000 多万亩，黄河水力发电装机达 362 万千瓦；黄河中上游地区的水土保持工作出现稳步发展局面，累计初步治理面积12.9万平方公里；黄河两岸已成为我国重要的粮棉、能源和工业基地。

治理和开发黄河，是一项光荣而伟大的事业，在取得重大成绩的同时，也有不少缺点失误，加之“文化大革命”十年动乱的影响，给治黄事业带来了损失。黄河安危，事关大局，治黄任务还很艰巨，同时，黄河本身未被认识的领域还很多，有待于人们的继续实践和探索。

1949年

庆祝中华人民共和国成立

10月1日 中华人民共和国诞生。黄河系统的广大职工，在抗洪抢险第一线，以保卫人民生命财产安全、保卫人民共和国诞生的实际行动，进行了庆祝。

黄委会接收上游工程处等单位

10月12日 陕甘宁边区政府主席林伯渠、代主席刘景范致电黄委会：查黄河流经宁、绥、豫、鲁、晋等省，其治理工作应由贵会统筹领导，以期事权划一，收效迅速。关于现住西安市之前黄河水利工程总局上游工程处及水文总站机构之整编、工作之分配请派人负责接收处理。12月27日黄委会派王子平等前往西安、兰州接收上游工程处、水文总站、宁绥工程总队及所属六个测量队等单位。历时9天接收完毕。共接收技术人员127人，行政人员39人，技工、测工、摇机工61人，勤杂工3人，共计230人。并接收了财产、仪器、文件等。

黄委会改属水利部领导

10月30日 华北人民政府董必武给黄委会主任王化云、副主任赵明甫的指示电称：中央人民政府业已成立，决定自11月1日起黄委会改属政务院水利部领导。

11月29日，中央人民政府水利部通知黄委会，董必武主席已电示你会于11月1日起改属水利部，希即知照办理。

《新黄河》杂志创刊

11月1日 为交流治黄经验，推动治黄工作，由黄委会编辑出版的《新黄河》杂志在开封创刊。该刊于1956年改名为《黄河建设》，1979年又改名为《人民黄河》。

查勘引黄灌溉济卫工程线路

11月1～18日 黄委会派耿鸿枢、周相伦、孟宪奎会同平原省水利局吴宏文，沿京汉铁路两侧至卫河之滨，对计划修建的引黄灌溉济卫工程进行了查勘，对建筑物的状况、灌溉效益和济卫通航前景提出了查勘报告。并建议成立灌区测量队，测绘万分之一地形图。

全国水利会议在北京举行

11月8～18日 全国水利会议在京举行。水利部部长傅作义在会议总结中摘要列举了各省(区)各流域1950年应做的工程，其中黄河工程列举两项：一是复堤；一是引黄灌溉济卫。

山东河务局增设分局

11月25日 山东省人民政府为加强河防领导，决定在河务局下设立洛北、清河、垦利三个分局。洛北分局辖河西、齐禹、齐河、济阳、惠济5县办事处；清河分局辖高青、齐东、章历3县办事处；垦利分局辖惠民、滨县、蒲台、利津、垦利5县办事处。山东河务局共有干部739人，工人2608人。

豫、平、鲁三省联合考察修防工程

12月11日～1950年1月6日 黄委会与豫、平、鲁三省河务局组成考察组，组长为马静庭，参加人有徐福龄、孟晓东、王晋聪、武克明、李玉峰等，考察了豫、平、鲁3省的修防工程，历时24天，经过了29个修防段，听取了各处段的情况介绍，拟就了全河1950年统一的修防计划。提出河南堤线作择要修补，重点进行植柳护堤、防风护滩。对平原省大堤除加高堤身外应加帮堤身宽度。山东堤段采取部分加高、适当加宽的原则。为减轻平、鲁因卡水造成的高水位持续过长的威胁，东平湖、梁山洼、北岸临黄堤与北金堤之间，在大洪水时期应作为滞洪区。

山东举行安澜庆功大会

12月21日 山东省河务局为庆祝解放后战胜黄河首次大洪水，在驻地惠济县姜家楼举行安澜庆功大会，到会功臣、各机关代表及来宾2100多人，当地群众3000多人。会期2天，附近群众万人以上参加了文娱晚会，盛况空前。

1950年

1950年治黄工作会议在汴举行

1月22～29日 黄委会在河南开封召开治黄工作会议，水利部副部长张含英到会祝贺，黄委会主任王化云在会上作了1950年治黄方针、任务和会议总结报告。平原省河务局局长张方、山东省河务局副局长钱正英、河南第一修防处主任邢宣理等介绍了1949年治黄情况和经验。会上讨论通过1950年治黄方针与任务，1950年的工作计划和预算方案，黄委会的组织编制草案等。1950年的治黄方针是：以防御比1949年更大的洪水为目标，加强堤坝工程，大力组织防汛，确保大堤不准溃决；同时勘测、水土保持及灌溉等工作，亦应认真迅速地进行，搜集黄河资料，加以分析研究，为根治黄河创造足够的条件。

黄委会改为流域机构

1月25日 中央水利部转发政务院水字1号令：黄河水利委员会原为山东、平原、河南三省治黄联合性组织，为统筹规划全河水利事业，决定将黄河水利委员会改为流域性机构，所有山东、平原、河南三省之黄河河务机构，应即统归黄河水利委员会直接领导，并仍受各该省人民政府之指导。

筹建引黄灌溉济卫工程

1月 黄委会在平原省武陟县庙宫建立引黄灌溉济卫工程处。韩培诚、耿鸿枢兼任正、副处长，领导规划设计、施工管理、计划财务、科学试验等。5月上旬接受苏联专家库拉依次夫的建议：以灌溉济卫的实际需要确定引水数量，不能盲目按照日本人的计划引水。5月下旬进行灌区社会经济调查，7月底完成设计计划，11月23日向黄委会报送了施工计划书。工程计划主要内容是：引水闸址定在黄河北岸京汉铁桥以上1500米处，渠首闸5孔，每孔宽3米，进水深2.15米，钢筋混凝土结构，闸基下打钢板桩一周。渠首闸为张光斗教授领导清华大学学生设计，工程处负责施工。总干渠自渠首起至新乡市东卫河边止，全长52.7公里，计划引水流量40立方米每秒，灌溉、济卫各半。灌溉：京汉铁路以西一个灌区，以东两个灌区，可灌土地36万亩。济卫:20立方米每秒,加上卫河本身水量,保证新乡至天津可行驶200吨汽船和150吨木船。计划工程费小米8764万斤。

河南修防处改组为河务局

2月16日 河南第一修防处改组为河南省黄河河务局。局长由黄委会秘书处处长袁隆兼任,副局长孙占彪。下设秘书、人事、工务、财务4科,辖广郑、中牟、开封、陈兰4个修防段和黑石关石料厂。共有职工约400人。

政务院任命黄委会正副主任

2月24日 黄委会转发中央水利部人字第21号令,经政务院批准,任命王化云为黄河水利委员会主任,江衍坤、赵明甫为副主任。

西北黄河工程局建立

2月 黄委会西北黄河工程局在原黄委会上游工程处的基础上建立。局长由西北军政委员会水利部部长李赋都兼任,副局长邢宣理。主要任务是调查研究和推广水土保持措施,开展水土保持工作。据此,该局1951～1953年分别建立和接收了陇东、绥德和天水水土保持工作站。

全河供给会议在汴举行

2月 黄委会在河南开封召开了全河供给工作会议。会上确定以保证供给,节省开支,提高工效,工完帐结为供给工作的中心任务。1950年的具体任务是:集运砖石36万立方米,秸料3000万公斤,铅丝8万公斤,木桩23万根,麻2.5万公斤,水泥3000吨,以及职工、民工的粮食供应工作。

全河水文会议在汴举行

2月 黄委会在开封召开全河水文工作会议。会议提出:有重点地恢复水文测站,正确掌握水情变化,分析研究水文资料,探求水文规律,精通水文业务,掌握科学技术,对人民无限忠诚,与洪水顽强搏斗,不放松任何一次洪水,及时报汛。至12月设立水文站26处、水位站31处,基本上恢复到抗日战争以前的规模。

绥远省修筑黄河左岸防洪堤

3月2日 绥远省人民政府向水利部报送左岸防洪堤工程意见书，计划小米485万斤。3月16日水利部核准小米300万斤。动员军工和民工6000人，5月中旬开工修建，至8月上旬基本竣工，修堤长度249公里，完成土方260万立方米。

封丘段锥探大堤隐患试验成功

3月上旬 平原河务局封丘段工人靳钊，把过去在黄河滩用8号钢丝锥找煤块的技术，用于锥探堤身隐患取得成功。之后原阳修防段职工1952年试验成功的大锥亦逐步得到推广。从此黄河下游全面开展了锥探大堤消灭堤身隐患的工作。

濮县修防段首次在堤上种植葛巴草

3月15日 濮县修防段桑庄护堤员吴清芝，首次在所管理的十余里黄河大堤上种植葛巴草。雨后长势茂盛，蔓延迅速，对保护堤身不怕风吹雨打效果明显，遂即得到推广。

全河政治工作会议在汴举行

3月16～23日 黄委会在河南开封召开全河政治工作会议。这是全河统一治理以后的第一次政工会议。秘书处处长袁隆在会上作了报告，肯定了人民治黄以来政治工作取得的成绩，批评了干部中存在的闹享受、闹地位、闹婚姻、功臣自居、雇佣观点等错误思想。同时交流了政治工作经验，确定在干部中推行考绩制度，在工人中开展学政治、学文化、学技术和评政治、评技术、评文化、评团结的“三学四评”等活动。此外，对建立各级工会组织，发展会员，办好工人福利事业也提出了要求。

黄委会查勘宁绥灌区

3月31日～7月3日 黄委会派出以耿鸿枢为首的宁绥灌溉工程查勘组，会同中央水利部、西北军政委员会水利部和宁、绥两省水利局的干部，对宁、绥沿河已灌和可能灌溉的地区进行了查勘。查勘后对宁夏的卫宁灌区和河东、河西灌区的渠首、渠道、退水系统的合并改造，对绥远后套灌区的四首制最终改为一首制，在磴口至三盛公修建分水闸、排水入黄等提出了报告。

下游沿堤设置公里桩

4月20日 黄委会通令豫、平、鲁三省河务局，在黄河南北两岸堤顶上统一设置石质公里桩，以显示堤线长度，便于工作。

中央决定建立各级防汛指挥部

6月6日 中央人民政府政务院作出《关于建立各级防汛指挥机构的决定》。《决定》明确以地方行政为主体，邀请驻地解放军代表参加，组成统一的防汛机构。黄河上游防汛由所在各省负责，山东、平原、河南三省设防汛总指挥部，受中央防汛总指挥部领导，主任一人，由省人民政府主席或副主席兼任，副主任三人由其余两省人民政府主席或副主席及黄委会主任兼任。三省各设黄河防汛指挥部，主任一人由省人民政府主席或副主席兼任，副主任二人由军区代表及黄河河务局局长兼任，受黄河防汛总指挥部领导。

黄委会发出防汛指示

6月7日 黄委会发出《1950年防汛工作指示》。防汛的任务是以防御比1949年更大洪水为目标，在一般情况下，保证陕县17000立方米每秒、高村11000立方米每秒、泺口8500立方米每秒洪水不生溃决。同时要求做好防汛的思想动员和组织工作。

山东黄河防汛指挥部建立

6月18日 山东黄河防汛指挥部建立，山东省人民政府副主席郭子化任主任，山东省军区司令员许世友、山东省黄河河务局局长江衍坤任副主任，中共中央山东分局第二书记向明任政委。同时，德州、惠民地区和济南市也分别建立了黄河防汛指挥部。

河南黄河防汛会议在汴举行

6月中旬 河南省召开黄河防汛会议，建立河南省黄河防汛指挥部，主任由河南省人民政府副主席牛佩琮兼任，副主任由刘鹏旭、许西连、孙占彪兼任，政委由张玺兼任。会议对本年防汛任务，沿河各县区乡建立防汛指挥部，组织堤线大检查，大水靠堤各级负责干部必须亲自上堤，武装部队支援和保卫抢险等提出了要求。

黄河龙孟段查勘结束

6月23日 黄委会龙门至孟津河段查勘队，结束外业工作返回驻地开封。此次查勘以吴以教为队长，仝允杲、郝步荣为副队长，共11人。该队于3月26日由开封出发，自龙门而下进行查勘。对龙门、三门峡、八里胡同、小浪底四处坝址，测绘了地形、地质图，对与坝址有关的河道冲淤、河岸坍塌、沟壑发展、河系关系、交通航运情况，都作了观察和记载，并在三门峡和八里胡同之间发现了槐坝、傅家凹、王家滩三处新坝址。对各坝址可能筑坝的高度、浸水范围内的自然情况和社会经济情况进行了调查。地质专家冯景兰参加了查勘。

黄河防汛总指挥部成立大会在汴举行

6月26日 黄河防汛总指挥部成立大会在河南开封举行。河南省人民政府主席吴芝圃、副主席牛佩琮，平原省人民政府副主席韩哲一，山东省人民政府民政厅厅长谢辉，黄委会主任王化云、副主任江衍坤和赵明甫、总工程师刘德润以及山东、平原和河南省黄河河务局局长参加了大会。大家一致拥护中央关于由吴芝圃任主任，郭子化、韩哲一、王化云任副主任的决定。

黄委会部署全河堤防大检查

6月 黄委会印发《关于堤防大检查的实施办法》。要求各级防汛指挥部，首长负责，亲自组织，依据不同情况发动群众，对堤线、河势、险工、防汛料物和防汛组织进行全面深入的检查，并于7月15日前将检查结果报黄河防汛总指挥部。

下游春修实行"按方给资"

6月 黄河下游春修工程完成。在春修中实行了"以工代赈"和"按方给资"、"按劳记工"、"按工分红"等办法，工效逐步提高。平原省第一期复堤人均日工效标准方2.47立方米，第2期达到3立方米。涌现出10～16立方米的小组7个(共计45人)，鄄城的夏崇文、吴崇华小组于5月12日前后，分别创造了27.65和25.3立方米的全国最高纪录。豫、平两省硪工日工效达到80～100立方米(下方土)，最高达到145立方米。山东部分地方改用碌碡夯实，筑堤质量显著提高。春修中共动员民工51万人，其中有灾民22万人，完成土方1000万立方米。

傅作义、张含英等查勘潼孟河段

7 月 5～11 日 水利部部长傅作义、副部长张含英，清华大学水利系教授张光斗，水利部顾问苏联专家布可夫等在黄委会副主任赵明甫的陪同下，查勘了黄河干流潼关至孟津河段，对潼关、三门峡、八里胡同、王家滩、小浪底等水库坝址进行了对比研究。还了解了黄河防汛情况，对引黄灌溉济卫工程渠首闸进行了勘定。

黄委会等查勘东平湖

7 月 6 日 黄委会和平原、山东两省河务局共同组成东平湖查勘组，对东平湖、黄河、运河的堤防、水流和湖区可能蓄洪情况等进行查勘。并写出查勘报告。

8 月中旬，根据中央防总电示，黄河防总副主任王化云会同黄委会副主任江衍坤及山东省水利局局长江国栋、平原省交通厅厅长牛连文等对东平湖地区进行查勘，18 日会同泰安、菏泽两专署及东平县负责人，于安山镇举行座谈会。

黄河防总对东平湖蓄水问题作出决定

7 月 20 日 黄河防总召集山东、平原两省的代表，在河南开封就东平湖蓄水问题进行协商。经双方同意，黄河防总于 7 月 23 日作出决定：在蓄洪区内，平原省运堤、山东省旧临黄堤的修堵，以安山 1948 年洪水位 44.06 米（青岛基点）为防守标准，需要蓄水时由黄河防总统一掌握，由当地政府动员群众开放。平、鲁两省运河东西堤岸，维持原状不再加修，若被洪水破坏，低于 1948 年洪水位，或强度不能抵御 1948 年洪水时，进行修守和抢护。平原金线岭堤和山东新临黄堤，如遇较大洪水进行蓄水时，必须坚决防守不准溃决。东平侯河和平阴棘城新修拦河坝各一道，有碍洪水下泄，动员群众拆除。蓄洪区及长平滩区灾民救济，由两省提出救济方案报黄河防总转报中央处理。

山东河务局改组下属机构

7 月 26 日 山东省黄河河务局将垦利、洛北、清河分局和济南治河办事处，分别改为惠垦、清济、齐蒲、济南修防处，沿河各县治河办事处改为黄河修防段。

山东颁发消灭堤防隐患奖励办法

8月10日 山东黄河防汛指挥部颁布《消灭堤防隐患奖励与赔偿修正办法》。对查报堤身隐患、捕捉害堤动物及拆迁堤顶房屋等都给予物质奖励或补助。

查勘黄河故道

8月23日～9月10日 黄委会和河南黄河河务局共同组织两个小组，对兰封、考城、民权三县黄河故道和郑州花园口至尉氏黄泛区进行查勘，了解蓄洪滞洪的可能性。最后认为兰、考、民故道有蓄洪面积414平方公里，可用以蓄水9.3亿立方米，在小新堤筑滚水坝，坝顶高程70.5米(大沽)；花园口至尉氏黄泛区只能蓄水5.7亿立方米，效果不大，且进水、退水与陇海路矛盾甚多。

綦家嘴引黄放淤工程竣工放水

8月31日 山东黄河河务局在利津县綦家嘴首次试办的引黄放淤工程竣工放水。此工程系在大堤上建一引水涵洞，引水流量1立方米每秒，堤后修套堤，套堤上修一退水涵洞，大堤与套堤间洼地面积约53万平方米，用于放淤沉沙，改造盐碱地。套堤外挖排水渠40公里，尾水入徒骇河，并可解决利津、沾化两县20万人的饮水问题。

黄河总工会筹委会成立

8月 黄河总工会筹备委员会在开封举行会议。选举河南省工会联合会副主席宋川兼主任，河南省总工会劳保部部长金景然、山东渤海区工会主任吕华、平原黄河工会主席王鹏程为副主任。

山东省颁布护堤禁令

9月24日 山东省人民政府为巩固堤防，消灭隐患，颁布禁令如下：

一、沿河大堤堤脚两丈内，一律划为植树区，不准耕种。

二、大堤堤顶、堤坡一律禁止居民修房居住。原有居民应设法逐渐迁移，不得再盖新房，更不得任意挖沟、凿洞及开挖地瓜井、粪坑等。

三、所有大堤及各险工之套堤、堤顶、堤身，一律不准种植谷物及蓖麻子等作物，更不得窃用堤土，刨挖堤脚，违者从严处理。

政务院任命黄河水利委员会委员

11月21日 政务院第55次政务会议通过任命：丁仲文、王文景、王化云、乔峰山、江衍坤、李赋都、袁隆、张方、张兴、张光斗、张伯声、张慧僧、杨子英、赵锦峰、彭笑千、钱正英、赵明甫等为黄河水利委员会委员。

东平湖蓄洪问题达成协议

12月9日 水利部召集山东省水利局局长江国栋、平原省水利局办公室主任奉乐亭及黄委会主任王化云，就东平湖蓄洪问题达成协议。主要有：1.黄河水位至1949年洪水位时，山东省新旧临黄堤之间及平原省运河西堤与金线岭之间两地区应同时开放蓄洪；2.同意平原梁山二道坡及山东东平旧临黄堤决口附近分别为放水蓄洪地点；3.放水部分堤顶修至1949年洪水位。12月25日，水利部发函，要求平原、山东两省水利局和黄委会执行上述协议。

黄河机构和人员迅速扩大

12月 治河机构和人员迅速发展。黄委会机关设有秘书处、人事处、财务处、规划处、测验处、研究室；下属有河南、平原、山东三省黄河河务局，西北黄河工程局，引黄灌溉济卫工程处，中游水库工程筹备处，宁绥灌溉工程筹备处。三个河务局下属新乡、濮阳、菏泽、聊城、清济、济南、齐蒲、惠垦等8个修防处和39个修防段。全河共有干部2696人，勤杂人员537人，技术工人3434人，合计6667人。

王化云等考察邙山、芝川坝址

本年 黄委会主任王化云和工程师耿鸿枢等为选定拦洪库坝址对河南郑州桃花峪和陕西韩城芝川等坝址进行了考察。经考察分析认为桃花峪坝址以上，需在温孟滩上修筑围堰长约60公里，淹没损失与渗漏也不易解决。芝川坝址，河面太宽筑坝困难，且与邙山桃花峪水库相距太远，不易配合运用。

1951 年

黄河水利委员会成立大会在开封举行

1 月 7～9 日 黄河水利委员会委员集中于开封举行黄河水利委员会成立大会，并召开第一次委员会议。会上讨论通过了《1951 年治黄工作的方针与任务》、《1951 年水利事业计划方案》、《黄河水利委员会暂行组织条例方案》。1951 年的治黄方针是：在下游继续加强堤防，巩固坝埽，大力组织防汛，在一般情况下保证发生比 1949 年更大洪水时不溃决。在中上游大力筹建水库，试办水土保持，加强测验查勘工作，为根治黄河创造足够条件。继续进行引黄灌溉济卫工程，规划宁绥灌溉事业，配合防旱发展农业生产，逐步实现变害河为利河的总方针。

豫、平、鲁三省河务局分别召开庆祝安澜大会

1 月下旬和 2 月上旬 豫、平、鲁三省河务局分别在开封、新乡和济南召开庆祝黄河安澜表模大会。河南省人民政府主席吴芝圃、平原省人民政府主席晁哲甫、山东省人民政府副主席郭子化、李澄之分别在大会上作了报告。

治黄爱国劳动竞赛广泛开展

1 月 30 日 黄河总工会筹委会号召全河职工响应马恒昌小组的友谊挑战，开展抗美援朝爱国主义生产运动。全河职工积极响应，广泛展开治黄爱国劳动竞赛。

利津王庄凌汛决口

2 月 2 日 山东利津王庄下首 380 米处黄河大堤，因前左以上卡冰塞河，水位猛涨，超过 1949 年洪水位 0.83 米，出现漏洞 3 处。当即集中 300 余人抢堵，因临河尽为冰盖，正当破冰寻洞进行抢堵时，大堤 10 余米塌陷入水，10 余人陷入口门，3 日凌晨 1 时 45 分决口成灾。工人张汝宾、村长刘朝阳、民工赵永恩在抢堵中牺牲。受灾面积 560 平方公里。利津、沾化两县受灾村庄 122 个，人口 85415 人，倒房 8600 间，死亡 6 人。为堵塞决口，山东

省人民政府3月6日成立堵口委员会和堵口指挥部，调集干部、工人和民工7000余人，3月25日开工，4月1日进占，4月9日合龙。

黄河水利学校开学

3月8日 黄河水利学校举行开学典礼，5月17日水利部任命黄委会主任王化云兼校长。该校于1950年9月开始筹建，1958年经河南省批准改称黄河水利学院。

绥远防凌首次使用飞机、大炮

3月中旬 黄河河套段开河淌凌，多处冰凌壅塞插结成冰桥、冰坝，水位上涨，河堤漫溢决口60余处，黄杨闸工地被冰水包围，形势严峻。杨家河二道桥一位青年养路工，提议请派飞机、大炮轰炸冰坝。中央蒙绥分局接受建议请求中央派来飞机、大炮，炸开了冰坝，解除了危急。这是绥远采用飞机、大炮协助防凌的开端。

黄委会拟出防御黄河洪水的初步意见

3月 黄委会根据"分洪减盈"、"滞洪节流"的原则，对超过排洪能力的洪水进行处理。拟出《防御陕县23000～29000立方米每秒洪水的初步意见》上报水利部。

引黄灌溉济卫工程开工

3月 引黄灌溉济卫第一期工程开工。工程包括渠首闸、总干渠、东一灌区和西灌区等。

西北黄河工程局组织查勘泾、渭、北洛和无定河流域

3～10月 黄委会西北黄河工程局，组织黄委会有关部门及陕西水利局、西北水利部、清华大学等单位共84人，分为4个队，分别查勘泾河、渭河、北洛河、无定河、延河和清涧河流域。调查了解各流域的自然、社会经济、沟壑治理等情况，重点调查干支流水库库坝址26处。黄委会吴以敎、耿鸿枢，清华大学张光斗，西北军政委员会水利部部长李赋都等参加了查勘。

查勘下游预筹滞洪区

4月9～25日 为了防御下游30000立方米每秒以上的洪水，黄委会

派徐福龄、王甲斌、张信、任有茂等人组成查勘组，对黄河北岸上自延津胙城，下至封丘黄德集大堤和太行堤之间可能的滞洪区进行查勘。经过查勘认为，在开封柳园口对岸，河南封丘县大功一带，是一个较好的滞洪区。可在大功修建滚水坝作为分洪口，但滞洪区内将有1211村、649193人、2277398亩土地、454435间房子受淹。

中央财经委关于防御黄河异常洪水的决定

4月30日 中央人民政府财政经济委员会发出《关于预防黄河异常洪水的决定》。决定指出：目前黄河下游堤防，系以防御陕县18000立方米每秒洪水为目标。但1933年曾发生23000立方米每秒洪水，1942年曾达到29000立方米每秒[①]的大洪水，超过目前河道安全泄量很多。经本委召集水利部、黄委会、铁道部、华北事务部及平原省人民政府反复研究，特作出如下决定：

（一）防御异常洪水，在中游水库未建成前，同意在下游各地进行滞洪工程；

（二）第一期工程以防御陕县23000立方米每秒洪水为目标。在沁河南堤与黄河北堤中间地区，北金堤以南地区及东平湖地区，分别修筑滞洪工程，北金堤滞洪区关系较大，其溢洪口门应筑控制工程，并要求于1951年汛前完成，投资1800万元；

（三）第二期工程，以防御陕县29000立方米每秒洪水为目标，在平原省的原武、阳武一带结合放淤，计划修建蓄洪工程，以期改善该区沙碱土地，并分蓄黄河过量洪水。应立即进行勘测，拟具计划，准备于1951年秋季开始施工，1952年汛前完成。初估投资2500万元。

黄委会和河南省水利局查勘伊、洛河

4～7月 黄委会和河南省水利局，为研究控制洪水措施，保证黄河下游防洪安全和解决伊、洛河流域的防洪灌溉问题，共同组成查勘队，对伊、洛河流域进行查勘。经研究认为，应先修洛河故县和伊河任岭两座堆石坝水库，初步控制洪水以后，再考虑修建范蠡、长水、石家岭、龙门等水库。

---

① “1942年曾达到29000立方米每秒的大洪水”——因原观测有误，后考证为17700立方米每秒的洪水。

黄委会等多次查勘托克托至龙门河段

6月1日 黄委会查勘组由开封出发,到托克托后顺流而下查勘托克托至龙门干流河段。1952年又由黄委会、黄河西北工程局、山西、陕西两省水利局和中国地质工作计划指导委员会共同组织查勘队,对此段进行第二次查勘。1952年10月2日至1953年1月7日,燃料工业部水电总局和地质部组成查勘队,进行第三次查勘。三次查勘均提出了查勘报告。

绥远省防汛指挥部成立

6月12日 绥远省防汛指挥部成立。由省政府副主席奎璧任主任,由军区参谋长王跃南和水利局局长王文景任副主任。在省指挥部下分设绥中(萨县)和绥西(陕坝)两个防汛指挥部。

全河职工响应号召捐献黄河号飞机

6月16日 黄河抗美援朝捐献委员会,响应中国抗美援朝总会的号召,号召全河职工、民工为支援中国人民志愿军,打击美帝国主义,早日取得胜利,共同捐献"黄河号"飞机1架,全河职工、民工热烈响应,踊跃捐献。不久,即胜利完成。

陕县水文站首次驾驶机船测流

7月 陕县水文站首次使用排水10吨的汽油机船进行测流。在船上用流速仪测流一次仅用1小时,投放浮标测流仅需20分钟,比用木船测流,缩短时间3/4至4/5。

龙门水文站误报水情

8月15日 黄河干流龙门一带洪水暴涨,龙门水文站水尺被冲毁,19时零7分估报流量25000立方米每秒。下游三省防汛指挥部接到水情通知后,立即召开紧急会议,动员沿河群众迅速上堤严密防守,河南省人民政府主席吴芝圃,省军区正副司令员陈再道、毕占云,平原省副主席韩哲一,山东省财委副主任王卓如等均亲临第一线。兰封、开封、孟津等地群众抢收了滩区的部分庄稼。实际上水到下游各站并不大,花园口为9220立方米每秒,高村为7300立方米每秒,利津站5780立方米每秒,经汛后核实,龙门站实有13700立方米每秒,造成了不必要的紧张和损失。

石头庄溢洪堰竣工

8 月 22 日 石头庄溢洪堰竣工。26000 名干部、民工、技工在工地举行大会，庆祝溢洪堰胜利竣工。工程竣工的同时成立溢洪堰工程管理处，濮阳专署和有关各县成立了滞洪处(科)，并拨专款在北金堤滞洪区修建避水工程。

石头庄溢洪堰，位于黄河北岸河南省长垣县石头庄临黄大堤上。它担负的任务是，当陕县发生 23000 立方米每秒洪水时，可从堰身分溢出洪水 5000～6000 立方米每秒，流入北金堤滞洪区，以保证下游窄河道堤防的安全。此工程由主堰、两端裹头、石护岸、导流堤、堰前控制堤组成。堰长 1500 米，堰顶高程为 64.27 米，过水能力 5100 立方米每秒。该工程 4 月 30 日经中央批准兴建，5 月 4 日建立机构进行筹备，6 月初开工，8 月 20 日完成。调集干部 2500 人，民、技工 45000 人，马、牛车各 1000 辆，汽车 60 部，各种木帆船 1700 只，修建兰封至东坝头铁路专运线 14 公里，由黄河边至工地修建轻便小铁路 24 公里，共完成土方 1267 万余立方米，运输各种物资 25 万吨，用工 150 万个。

山西蒲河水库竣工

10 月下旬 汾河支流蒲河水库建成放水。拦河坝长 347.2 米，大坝两端各建冲沙闸和进水闸，设计灌溉面积 33 万亩。

《黄河工人》创刊

10 月 黄河总工会筹委会主办的《黄河工人》创刊。刊物面向广大治黄工人，宣传马列主义、毛泽东思想，辅导工人学政治、学时事、学文化，推动开展爱国主义劳动竞赛。1957 年停刊，共出 70 余期。

小街子减凌溢水堰建成

12 月 5 日 山东省利津县南岸大堤小街子减凌溢水堰竣工。此工程系山东河务局 10 月 5 日开工兴建的。任务是在黄河凌汛期间，配合破冰、爆破等措施，有计划地用以分泄冰水，减轻对大堤的威胁，并解决垦利、广北一带的灌溉和饮水问题。参加施工的有河务局工程队和附近 9 个县的民工 71000 多人。工程包括溢水堰、临河围堰、背河顺堤、溢水道左右新堤、引河、护村围埝等。溢水堰为陡坡式，长 200.6 米，宽 52 米，堰顶高程 12 米，为结合灌溉，堰身中间修有宽38米的10孔引水闸。共修筑土方268万立方米，用石1.7万立方米，水泥1044吨，实用工日194.6万个，工款188.7万元。

抢修汴济电话线路

本年 1951～1952年黄委会组织河南、山东两个河务局的电话队200余人抢修开封至济南的电话干线。将以前的杂木杆换成杉木杆，单根铁线换成双根，并且新架设了铜线一对，提高了线路的稳定性和通话质量。

1952年

政务院在“水利工作决定”中对治黄工作提出具体任务

3月21日 政务院第129次会议通过《关于1952年水利工作的决定》。《决定》指出：从1951年起，水利建设在总的方向上是由局部的转向流域的规划，由临时性的转向永久性的工程，由消极的除害转向积极的兴利。对黄河提出的任务是：加强石头庄滞洪及其他堤坝工程，应保证陕县流量23000立方米每秒，争取29000立方米每秒的洪水不致溃决。引黄灌溉工程应争取春季灌溉20万亩，年内达到40万亩。

黄委会为贯彻政务院的《决定》，特地作出了《关于1952年治黄工作的决定》。主要任务是：在一般情况下保证陕县23000立方米每秒，争取29000立方米每秒的洪水不生溃决；大力进行流域规划、确定治本方略；引黄灌溉济卫工程，除按计划完成36万亩的灌溉面积外，根据灌溉能力，应扩大至80万亩，年内完成49万亩。

绥远人民战胜黄河凌汛

3月25日 宁夏石嘴山以上河段解冻开河，包头、萨拉齐、托克托河段结成冰桥20座、冰坝19处，安北县柳匠圪旦河堤决口，永济、黄济二渠也发生漫溢。准格尔旗河堤决口一处，经干部带领群众抢修子埝，人民解放军炮兵及空军轰击冰桥、冰坝，于4月1日转危为安。这次防凌共动员干部、群众10余万人，大炮数十门，飞机多架次。

人民胜利渠举行放水典礼

4月12日 引黄灌溉济卫第一期工程竣工，举行放水典礼。参加典礼的有平原省人民政府副主席罗玉川和水利部，黄委会，山东、河南、平原三省水利局、河务局等机关代表。罗玉川剪彩后闸门徐徐提起，黄河水进入总干渠，渠道两旁群众无不欢欣鼓舞。罗玉川提出：“把引黄灌溉济卫工程，改为人民胜利渠吧！”群众欢呼赞成。“人民胜利渠”即由此得名。

7月1日～12月底，引黄灌溉济卫工程又完成了第二期工程：东二灌区、东三灌区、新磁灌区、小冀灌区及沉沙池扩建工程。至此，引黄灌溉工程基本完成,共可浇地 72 万亩。为黄河下游开辟了临堤建闸引黄灌溉的先河。

绥远黄杨闸正式放水

5 月 10 日 黄杨闸正式放水灌溉。黄杨闸位于绥远省陕坝专区米仓县黄河西岸黄杨木头附近,为黄济渠、杨家河、乌拉河三大干渠的渠首控制工程。包括 7 孔进水闸、7 孔泄水闸、1 孔船闸,新开渠道 75 公里。进水流量共 140 立方米每秒,泄水流量 500 立方米每秒,船闸可通过 30 吨船只。该闸于 1950 年 3 月底曾经黄委会宁绥灌区查勘组提出先行施工;1950 年 5 月中央人民政府拨款 306 万元,绥远人民政府投资 28 万元开工修建。1951 年 9 月建成,1952 年 5 月 10 日正式放水,可灌溉土地 280 万亩。

王化云提出《关于黄河治理方略的意见》

5 月 王化云所拟《关于黄河治理方略的意见》,报送中共中央农村工作部,部长邓子恢上报中共中央主席毛泽东。治黄方略共分四部分:治黄的现状、治黄的目的、治黄方略、10 年开发轮廓和几项建议。提出治理的目标是"除害兴利",治黄的总方略是"蓄水拦沙",实现的方法是在干支流上修建水库,为了防止水库淤积,干流上修建水库要大,支流上修建水库要多。同时开展水土保持工作。从 1953 年起 10 年内在干流上修建三门峡或王家滩水库。在支流无定河、延水、泾河、北洛河、渭河上修建 10 座水库。在水库工程完成前,下游应继续巩固堤防,确保陕县发生 23000 立方米每秒洪水不生溃决。建议中央早定治黄方略,建立开发黄河委员会,统一领导,聘请苏联专家设计三门峡水库。在设计前聘请苏联各类高级专家组成查勘组,进行全河性的查勘,做出流域规划,务使先做工程,成为整体开发中的一部分,使规划与设计相配合。

河套灌区水利岁修告竣

5 月 河套灌区水利岁修工程规模空前,成绩显著。168 项水利工程自 4 月中旬开工,至 5 月中旬基本完成。共计发动民工 49000 余人,完成土方 420 万立方米,超过解放前任何一年完成的数量,比 1949 年绥远解放后两年所完成的总数还超过 20%。另外还做草闸 73 座,草土坝 380 个,保证了 352 万多亩土地的灌溉,比 1951 年扩大灌溉 58 万亩。

黄河防总作出1952年防汛工作决定

6月14日 黄河防总作出《1952年黄河防汛工作的决定》:本年因反贪污、反浪费、反官僚主义的"三反"运动,春修工程开工较迟,各地必须按照计划于6月底完成;汛前须进行一次堤防险工大检查,发现弱点及时补救;各级防汛指挥部须于7月1日前建立起来,继续锥探大堤隐患;各滞洪区必须做好准备,在必要时,坚决在预定地点开放,以防止更大灾害。

黄河防总改变防洪标准

7月6日 黄河防总发出通知:本年防汛任务改为:保证陕县1933年同样洪水(水位299米)的情况下,两岸大堤不生溃决。

黄委会举行锥探工作经验座谈会

8月中旬 黄委会在河南开封召开豫、平、鲁三省黄河大堤锥探工作经验座谈会。会议由办公室主任袁隆主持。三省先进单位、锥探能手介绍了经验,表演了操作技术。会上山东河务局齐东修防段马振西锥探小组介绍了长锥锥探经验,他们使用7米长大锥,4人操作,可不用支杆、支架(如用10米大锥可使用支架)。会后全河普遍改用了大锥。

查勘黄河龙青段

8月22日 黄委会和燃料工业部水电总局共同组织查勘队,开始对黄河干流青海龙羊峡至宁夏青铜峡河段进行查勘。行程1000公里,历时半年,对龙羊峡、李家峡、八盘峡、黑山峡等19个峡谷的地形、地质情况作了初步了解。

查勘黄河尾闾

9月17日 黄委会与山东河务局共同组成黄河尾闾查勘队。对黄河尾闾地区的现状和河道变迁,进行查勘和调查,并对大小孤岛的渔业、航运、潮汐、陆地推进等也作了了解。查勘于10月7日结束。

保合寨抢险

9月28日～10月6日 广郑修防段保合寨堤段发生重大险情。保合寨是一处多年不着河的老险工。1952年汛期主溜南移,直冲邵庄与保合寨之间。9月上旬，花园口流量由1875立方米每秒涨至3810立方米每秒，大溜外移，险情缓和。9月28日流量降至1770立方米每秒，大溜再次直冲保合寨，河面缩窄至百米左右，溜势集中，顶冲大堤。9月30日晚有45米长6米宽一段大堤塌入水中，堤身只剩很少，广花铁路支线悬空扭曲，险情危急。开封地委书记、开封专署专员及黄委会办公室主任袁隆等领导干部赶往工地，调集中牟、开封、兰考、广郑四段工程队130余人、民工800人、长期防汛员80人，分日夜两班抢护，至10月6日转危为安。共抢修新坝垛6个，坝岸423米，用石6000立方米，柳枝50万公斤，用工5437个。

黄委会整编历年黄河水文资料

9月 黄委会在水利部、电力部、燃料工业部的领导帮助下，组织70余人的技术队伍，第一次对1919年以来的黄河水文资料进行整编，并刊印发行。

毛泽东主席视察黄河

10月29～31日 中共中央主席、中华人民共和国中央人民政府主席毛泽东，在公安部部长罗瑞卿、铁道部部长滕代远、第一机械工业部部长黄敬、中共中央办公厅主任杨尚昆等人的陪同下，乘火车出京，先在济南看了黄河，在徐州看了明清黄河故道，10月29日下午抵达河南兰封车站。30日，在河南省委书记张玺、省政府主席吴芝圃、省军区司令员陈再道、黄委会主任王化云的陪同下，视察了兰封县(今兰考)1855年黄河决口改道处东坝头和杨庄，同当地农民进行交谈，询问土改以后的生产、负担情况，向河南河务局局长袁隆、段长伍俊华了解治黄情况。在火车上听取了王化云关于治黄工作情况与治本规划的汇报。而后到开封柳园口视察黄河。31日晨乘专列由开封开往郑州，行前嘱咐“要把黄河的事情办好”。毛泽东主席抵达郑州京汉铁桥南端时下车登上邙山，察看拟建的邙山水库坝址和黄河形势。然后乘专列到达黄河北岸，由平原省委书记潘复生、省政府主席晁哲甫、黄委会副主任赵明甫等陪同，视察新建的“人民胜利渠”渠首闸、总干渠、灌区和引黄入卫处。

调查发现道光二十三年特大洪水

10月 水利部水文局局长谢家泽、黄委会工程师陈本善等人组成调查组，在陕县、潼关等地调查历史洪水的过程中发现了道光二十三年(1843

年)的历史洪水痕迹,经燃料工业部水电总局副总工程师张昌龄推算洪峰流量为36000立方米每秒,据考证,为唐代以来最大洪水。

西北区水土保持委员会成立

11月3日 西北军政委员会成立西北区水土保持委员会,统一领导西北区的水土保持工作。西北水利部部长李赋都任主任委员,蔡子伟、邢宣理等任副主任委员。该委员会于1953年随西北行政区撤销。

平原河务局撤销

11月30日 平原省建制撤销,平原河务局随之撤销。菏泽、聊城修防处及所属各修防段,濮阳修防处所属濮县、范县、金堤修防段,梁山石料厂等单位,划归山东河务局。新乡修防处及所属各修防段,濮阳修防处及所属封丘、长垣、濮阳修防段,石头庄溢洪堰管理处等单位,划归河南河务局。河南河务局于年底改组,张方任局长,刘希骞任副局长。

政务院指示水土保持应以泾、北洛、渭、延、无定河为重点

12月19日 中央人民政府政务院在"关于发动群众继续开展防旱、抗旱运动并大力推行水土保持工作的指示"中指出:"在1953年除去已经开始进行水土保持的地区,仍应继续进行以外,应以黄河的支流无定河、延水及泾、渭、洛(北)诸河流域为全国的重点"。

黄委会查勘黄河源

12月23日 黄委会河源查勘队,结束黄河源头查勘返回开封。查勘队共60人,由黄委会办公室副主任项立志、工程师董在华率领。8月2日从开封出发,在青海省会西宁做了准备,经黄河沿(今玛多县)、鄂陵湖,到长江上游通天河支流色吾渠,先查勘由通天河引水济黄的可能性,而后翻越巴颜喀拉山,到达黄河源地区,查勘黄河源头。经过雅合拉达合泽山、约古宗列渠、星宿海、扎陵湖回到西宁返回开封。行程5000公里,历时四个多月,共测导线长763公里、导线点690个、河道断面和流量8次,取土样33袋。这次查勘认为:从通天河引水济黄是可能的,黄河的正源是约古宗列渠,扎陵湖在东,鄂陵湖在西。

1953年

黄委会作出《关于1953年治黄任务的决定》

2月15日 黄委会作出《关于1953年治黄任务的决定》。主要内容为：

继续加强下游修防工作。强化堤坝，组织防汛，肃清堤身隐患，绿化大堤，准确运用溢洪、溢水堰，保证在发生1933年同样洪水时不决口，不改道。为解除洪水、凌汛威胁，对已选定的三门峡、邙山两水库，须大力进行规划工作，提请中央抉择。

治本准备是中心任务之一，要以更大力量、更大规模进行干支流查勘，按照蓄水拦沙的方略和工农业兼顾的方针提出全流域的规划。

水土保持工作，要贯彻普遍查勘、重点试办的方针。1953年要弄清黄土高原水土流失的情况，并在泾河、无定河流域进行水土保持试办工作。

毛泽东主席接见王化云询问治黄情况

2月16日 中共中央主席毛泽东乘火车南下路经郑州，在站台与火车上接见黄委会主任王化云，询问不修邙山水库的原因，修建三门峡水库能使用多长时间，移民到什么地方？并询问从通天河调水怎么样？当听到可能调水一百亿立方米时，毛主席说，引一百亿太少了，能从长江引一千亿立方米就好了。此外，还谈了西北地区的水土保持问题。在座的有中共河南省委书记潘复生。

王化云等考察水土保持

2～3月 黄委会主任王化云、总工程师刘德润、计划处副处长耿鸿枢、水电部高博文、西北黄河工程局副局长邢宣理等组成水土保持考察组，赴榆林、绥德、延安、晋西、天水考察水土流失情况和治理经验。

中国农林水利工会黄河委员会成立

3月20日 黄河总工会筹备委员会在河南开封召开第一次全河工会会员代表大会。会上总结了三年来的工会工作，交流了经验，选举产生了中国农林水利工会黄河委员会执行委员会。执委会选举吕华为主席，王鹏程、李文华为副主席。

查勘潼关、三门峡、八里胡同坝址

春季 燃料工业部水电建设总局副局长张铁铮、黄委会主任王化云、办公室主任袁隆、计划处副处长耿鸿枢等陪同苏联专家格里哥洛维奇、瓦果林奇，乘船查勘黄河干流潼关、三门峡、王家滩、八里胡同等坝址。在三门峡下船，专家们仔细观察了两岸的形势和地质情况，认为这里建坝条件优越，应做比较详细的勘测工作，并为坝址指定了第一批地质钻探孔位。

张含英率考察团考察西北水土保持

4月20日～7月15日 由水利部会同农业部、林业部、中国科学院、黄委会、西北行政委员会等单位的领导人和专家等36人组成西北水土保持考察团，在水利部副部长张含英的率领下，对无定河、泾河、渭河流域的榆林、绥德、延安、庆阳、平凉、兰州、天水等重点水土流失区的水土流失、沙漠南移、社会经济、群众治理水土流失的经验进行考察。

山西水利局查勘汾河

5月 山西水利局40余人，分为两组查勘了义棠至临汾、临汾至河津的汾河河道。写出了《汾河中游河道查勘报告》和《汾河下游河道查勘报告》。记述了河道自然概况，洪水泛滥原因，社会经济和灌区情况，提出了可能修的库坝址。查勘至11月结束。

王化云向邓子恢报告黄河防洪和根治意见

5月31日 王化云给中共中央农村工作部部长邓子恢呈送了《关于黄河的基本情况与根治意见》及《关于黄河情况与目前防洪措施》两份报告。《根治意见》的主要内容是：黄河下游决口泛滥的情况和原因，治理黄河的目的和一条方针四套办法。治河目的应是变害河为利河。总的方针是蓄水拦沙。从贵德至邙山修建二三十座大水库、大水电站，在支流上修建五六百座中型水库，在小支流上修建二三万个小水库，可发电二三千万千瓦，灌溉1.4亿亩土地，用农林牧相结合的方法发展水土保持，使黄河变清流，变水害为水利。6月2日，邓子恢向中共中央主席毛泽东推荐了王化云的报告。认为当时最急迫的任务是防止道光二十三年那样洪水的袭击。中央如同意王化云对黄河情况的分析和采取的方针，由水利部和黄委会作出规划，发陕、甘、晋、宁、豫各省(区)研究。

五百人查勘水土保持

5～12月 水利部、黄委会邀请中国科学院、农业部、林业部及所属科学研究院、所，并组织动员本系统的技术干部和工人共500余人，组成九个查勘队，分赴泾河、渭河、北洛河、无定河、清涧河、延河等20多条支流，进行水土保持查勘。其中以泾河、无定河流域为重点。经7个月的查勘，搜集了各流域的地形、地质、土壤、植被、水文、气象、社会经济、水土流失和群众治理的经验等资料，写出了各流域的查勘报告。1954年4～11月又组织两个队共100余人，对尚未完成的湟水、祖厉河、清水河、山水沟流域，进行补充查勘。经过两年查勘，基本上搞清楚了中上游地区的水土流失状况和需要采取的治理措施。

黄委会查勘青铜峡至托克托河段

6月7日～12月中旬 黄委会组成查勘队在队长任文灏、副队长杜耀东领导下查勘了宁夏吴忠县至绥远省托克托县黄河干流河段。12月中旬返回机关，写出查勘报告，对青铜峡、三道坎、南粮台、昭君坟等库坝址作了分析比较，提出开发意见。

水利部派员检查黄河防汛工作

6月初 水利部派员会同黄委会组成检查组，6月初开始对黄河险工、堤坝工程的质量标准，能否抵御可能出现的洪水；河道的重要变化及上下游、左右岸的互相影响；北金堤和东平湖滞洪区在滞洪时可能出现的情况进行了检查。历时24天，行程1500余公里，经过25个县段。经查勘发现自1949年大水以后，河道的基本变化是，河势大溜普遍下挫，不少险工脱河，平工变成险工，增加了防守的困难。

对黄河入海口进行第一次人工改道

6月14日 黄委会批准山东河务局在黄河入海口地区对黄河流路进行人工改道。改道地点在神仙沟与甜水沟之坐湾处，开挖新河长119米，上口宽17米，下口宽10米。16日引河竣工，7月8日引河过水，黄河水由小口子入神仙沟独流入海，新河道较原河道缩短11公里，甜水沟、宋春荣沟随皆淤塞。

黄河防总召开防汛会议

6月27日 黄河防总在河南开封召开黄河下游防汛会议，吴芝圃致开幕词，王化云报告黄河防汛工作的决定(草案)。会议指出：1953年的防汛任务应是以防御陕县1933年299.14米洪水位为奋斗目标。以此推估各地保证水位是：河南花园口为93.60米，高村为61.50米，山东泺口为31.00米。要贯彻有备无患的方针。发生异常洪水要坚决及时开放滞洪区。如果超过1933年的洪水，发生道光二十三年洪水(经推算为36000立方米每秒)，也应有足够的估计和预防措施。

黄河资料研究组成立

7月16日 国家计划委员会发出《关于成立黄河资料研究组的通知》，决定以李葆华为组长，刘澜波、王新三、顾大川、王化云为副组长，成员从燃料工业部、水利部抽调，有关部门派人参加。办公地点在燃料工业部水力发电建设总局。具体任务是负责收集、调查、整理、分析有关黄河规划所需的资料。黄委会主要负责收集整理泥沙、水文和龙门以下干流资料。燃料工业部负责收集整理龙门以上干流的资料。

菏泽刘庄抢险

8月2日 菏泽刘庄险工7～25坝全部出险，长度达490余米。菏泽地区专员、菏泽县县长和段长领导技工、民工全力抢护，三天三夜没有换班。鄄城工程队闻讯赶往支援，群众把柳枝运上工地。8月4日黄委会副主任赵明甫率黄委会抢险队和河南工程队，携带抢险工具、照明器材赶往工地领导抢险，山东河务局副局长刘传朋亦率工程总队急达工地。根据险情，抢险工地指挥部重新制订了先主坝后次坝，先急要后次要的抢险方案。5日夜指挥部下达总动员令，把干部、民技工分为七个工区，进行全线抢修，领导干部和群众一起背柳枝搬石头，稳定了险情。截至6日下午7时，抢修坝埽护岸39处(次)，全长470余米，用石2400立方米，柳枝30万公斤，麻绳9000余公斤，蒲绳4522条，这次抢险共调集干部400余人，民、技工26000人，动员大车40辆，小车120辆，木船300只。

战胜8月洪水

8月3日 本日6时,黄河武陟秦厂出现了11200立方米每秒的洪水。这次洪水主要来自八里胡同上下干流区间和伊、洛、沁河流域,距下游很近,来势迅猛,沁河和黄河多处出险。豫、鲁两省沿河各地党政领导干部迅即动员12万群众和干部上堤防守,经6个昼夜的奋力抢护,取得了防洪的胜利。这次涨水全河出险55处、漏洞106个。

人民胜利渠移交地方管理

8月 人民胜利渠的加固工程和沉沙池的改建工程全部竣工,经过验收全部移交河南省人民政府人民胜利渠管理局管理,黄委会随即撤销引黄灌溉济卫工程处。

全国水利会议对黄河提出任务

12月31日 水利部在全国水利会议上提出的《四年水利工作总结与方针任务》中,对黄河、长江提出的任务是:"黄河、长江不发生严重的决口或改道,以防打乱国家的建设部署"。对黄河提出的具体要求是:"为防止异常洪水的袭击,避免大的灾害,根据人力、物力、财力、技术等条件,近五年内应在已挑选的芝川、邙山两个水库中选修一个;在上游黄土高原地区应有步骤地大力开展水土保持工作,同时在支流上修筑小型水库以减少泥沙和洪水下泄。在上述水库工程未完成前,仍应继续加强堤防岁修与防汛工作,并继续研究制订黄河的流域规划"。

黄委会迁郑

12月底 黄委会由开封城隍庙街迁至郑州行政区金水河路办公。

1954年

帮助黄河规划的苏联专家组到京

1月2日 应中国政府聘请来华帮助进行黄河流域综合规划工作的苏联专家组一行七人到达北京。他们是:苏联电站部的阿·阿·柯洛略夫(组长)、巴·谢·谢里万诺夫、维·安·巴赫卡洛夫、谢·斯·阿卡拉可夫、格·比·阿卡琳,苏联农业部的康·谢·郭尔涅夫,苏联海上及内河航运部的维·尤·卡麦列尔。

绥远省并入内蒙古自治区

1月28日 政务院会议同意《内蒙古自治区人民政府和绥远省人民政府关于将绥远省划归内蒙古自治区并撤销绥远省建制的报告》。从此成立统一的内蒙古自治区。两省(区)水利局也进行了调整合并,成立了内蒙古自治区水利局。1955年4月改组为内蒙古自治区水利厅。

黄委会提出《黄河流域开发意见》

1月 黄委会在整编黄河流域基本资料的基础上,提出了《黄河流域开发意见》。《意见》提出:宁夏黑山峡以上,以发电为主,结合灌溉、航运和畜牧;内蒙古清水河以上以灌溉为主,结合航运、发电;河南孟津以上以防洪、发电为重点,结合灌溉与航运;孟津以下,以灌溉为重点,结合航运和小型发电,各段都要结合工业用水。同时选择了龙羊峡、龙口、三门峡三大水利枢纽,以控制调节各段干流水量。

黄委会作出1954年治黄任务的决定

2月12日 黄委会作出《关于1954年治黄任务的决定》。其主要内容是:1954年是由修防转入治本的过渡阶段。今年的任务应以黄河流域规划、下游修防、邙山和芝川水库的技术准备、水土保持为中心。首先,抽调骨干人员参加黄河规划委员会,进行查勘规划工作;其次,继续加强下游修防,以防御1933年同样洪水不决口不改道为目标;其三,在不影响流域规划条件下,为邙山、芝川水库技术设计进行勘测试验搜集资料,同时配合河南治淮指挥部、水利局进行洛河查勘和流域规划工作；其四，水土保持工作要贯彻“全面了解，重点试办，逐步推广，稳步前进”的方针；其五，做好基本工作，取得准确合用的资料，加强资料管理与整编工作。

中央黄河查勘团沿河查勘

2月23日 为进行黄河流域综合利用规划，补充资料，听取流域各地对治黄的意见和选定第一期工程，中央组成黄河查勘团，开始赴现场查勘。参加黄河查勘团的有中央有关各部的领导人、专家、工程技术人员和苏联专家共计120余人。团长李葆华，副团长刘澜波。23日从北京赴济南，25日由河口溯源而上到达乌金峡、刘家峡；而后由上往下进行查勘，于6月15日结束。这次查勘历时90余天，行程12000公里，查勘堤防险工1400公里、干支流坝址29处、灌区8处，还查勘了不同的水土保持类型区。沿途多次召开座谈会，听取地方领导人对治黄的意见和要求，为进行流域综合利用规划奠定了基础。

北金堤滞洪区修筑避水工程

3～7月 中央拨款在北金堤滞洪区内修筑围村堰、避水台，以利在滞洪时保护群众生命财产的安全。河南、山东分别于3月和6月开工兴建。河南于4月底完成，山东于7月20日完成。河南修筑护村堰345个，用土620余万立方米；山东修围村堰243个，避水台、急救台42个，用土170万余立方米。给河南拨款209万元，山东开支工款53.7万余元。

黄河规划委员会成立

4月 国家计委决定将黄河资料研究组改组为黄河规划委员会。委员有李葆华、刘澜波、张含英、钱正英、宋应、竺可桢、王新三、顾大川、柴树藩、王化云、赵明甫、李锐、张铁铮、刘均一、高原、赵克飞、王凤斋等17人，李葆华、刘澜波为正、副主任委员。黄河规划委员会下设办公室和梯级开发、水文与水利经济计算、水工、水土保持、地质、灌溉、航运等专业组，各组在苏联专家指导下进行规划编制工作。

陈东明任河南河务局局长

6月 河南省人民政府派陈东明任河南黄河河务局局长。

战胜 1954 年洪水

8 月 5 日 黄河武陟秦厂出现 15000 立方米每秒洪峰并于 8 日、10 日和 14 日连续出现 8110、9090、8780 立方米每秒洪水，9 月 8 日又出现 12300 立方米每秒的洪水。

新乡防汛指挥部接到沁河小董站出现 3050 立方米每秒的水情预报后，急调干部 600 人，群众 30000 人，在沿河各县县长、县委书记带领下，共抢修漏洞 7 处，漏水涵洞 5 处，堤、坝、护岸各种险情 24 处，这是人民治黄以来在沁河上出现的最大洪水。

洪水到来之前，河南防汛指挥部派员连夜赶赴兰封东坝头、长垣石头庄等重点防守区指挥防汛和滞洪区的抢救工作，迁出居民 12326 人，运出粮食 368100 公斤及大批物资。

洪水到达山东，因艾山卡水，8 月 5 日洪水尚未过去，8 月 8～14 日的 3 次洪水接踵而至，造成孙口至艾山河段高水位持续不下。部分洪水注入东平湖区后，又遇汶河水暴涨，戴村坝流量达到 3600 立方米每秒。8 月 13 日，安山水位达到 42.97 米（青岛基点），超过 1949 年洪水位 0.72 米，湖堤出水 0.5～0.6 米，多次发生渗水和塌陷，并遇大风肆虐，形势严峻。山东省人民政府副主席王卓如、中共中央山东分局穆林及沿河各级干部 5270 人带领群众 52 万人，日夜抢修各种险工 700 余处。最后在作了充分准备的情况下在黑虎庙分洪口开放东平九区蓄洪，解除了险情。

齐河南坦抢险

8 月 6～11 日 山东齐河县南坦发生险情。当河床洪水位高出背河堤脚 6 米时，堤身下部浸水饱和，逐渐形成泥浆，随水流失，两小时后，50 米长 6 米宽 2 米高的背河堤坡全部滑脱，随即出现大小不同的管涌并使大堤滑脱迅速发展到 150 米长，情况危急。经采用草袋装麦穰做成反滤体抢护，险情基本解除。

黄委会拟出临时防洪方案

10 月 鉴于 1954 年汛期淮河、长江防洪工程和水工建筑物失事的教训，水利部于 10 月 18 日发出指示，要求各水利部门，组织力量对水工建筑物进行普遍检查，对照原设计认真校核和鉴定。黄委会于 10 月 28 日，向豫鲁两黄河河务局发出指示，要求校核原防洪工程的规划设计是否符合实际，是否安全，堤坝施工质量是否符合设计要求；要检查石头庄、东平湖和小街子工程能否按计划水位分洪，分洪措施存在什么问题。

12 月，黄委会拟出黄河下游临时防洪措施方案。方案中提出下游防洪的控制站，应以秦厂站代替陕县站；工程防洪标准，由防御百年一遇洪水提高到防御二百年一遇的洪水，即 29000 立方米每秒洪水。

安阳黄河修防处成立

10 月 濮阳专区撤销，其辖区并入安阳专区，原濮阳黄河修防处改名为安阳黄河修防处，辖濮阳、长垣、封丘三个黄河修防段及濮阳金堤修防段。

黄委会调查 1933 年洪水情况

10 月底～11 月上旬 黄委会、河南河务局组成南北岸两个调查组，山东河务局亦组织南北两个调查组，4 组共计 52 人，对 1933 年洪水在黄河下游的实际情况进行了全面调查。调查后各组分别写有调查报告，对 1933 年洪水及决口灾害充实了大量资料。

陕、甘、晋水土保持工作会议在郑州召开

11 月 2～29 日 黄委会在郑州召开了陕甘晋水土保持工作会议。参加会议的除甘肃、陕西、山西三省 14 个专区的代表外，还有中国科学院、西北黄河工程局及 7 个水土保持工作推广站的代表，共 73 人。会议研究了水土保持的有效方法和实施步骤，根据因地制宜的原则，制定了不同类型区应采取的水土保持措施。

国家计委听取柯洛略夫的黄河规划报告

11 月 29 日 国家计委邀请国务院第七办公室、国家建设委员会、燃料工业部、水利部、地质部、农业部、铁道部、交通部、黄河规划委员会等有关单位负责人及苏联专家等，听取苏联专家组组长阿·阿·柯洛略夫关于《黄河综合利用规划技术经济报告情况》的报告。薄一波主持了会议。

黄河流域规划编制完成

12 月 23 日 黄河规划委员会编制的《黄河综合利用规划技术经济报告》已经完成。《报告》对黄河下游的防洪和开发流域内的灌溉、工业供水、发电、航运、水土保持等问题提出了规划方案。并提出了第一期工程的开发项

目。其中重要的工程项目有三门峡和刘家峡水利枢纽。

赵明甫向毛泽东主席汇报治黄工作

冬季　毛泽东主席乘专列回京途经郑州时，黄委会副主任赵明甫，在车上向毛主席汇报了水土保持和治黄规划工作。

1955年

黄河下游全部封冻

1月4日 黄委会发出防凌通知:黄河下游已全部封冻,应提高警惕。对各种不利的情况,应进一步研究预筹防御对策。开河过程中须大力组织群众打冰,加之炮轰等方法,解决卡冰壅水的问题。在冰水偎堤处,加强堤线的巡查和防守,对卡冰壅水严重的河段,要做好加修子埝的准备。小街子溢水工程应做好溢水准备,保证发挥最大效益。

全国水利会议对治黄提出任务

1月4~17日 在北京召开的全国水利会议上对治黄提出的任务为:黄河流域规划已经拟就,还应继续编制主要支流的流域规划。其中,汾、伊、洛、沁河流域规划争取在第一个五年计划内完成;第一期灌溉工程的勘测工作亦应积极进行;目前应积极准备三门峡水库的设计资料;在三门峡水库完成前,为防止异常洪水的袭击,1955年再增修临时防洪措施,保证秦厂发生29000立方米每秒洪水的情况下,不发生严重决口或改道。同时在中上游干支流黄土高原地区,有步骤地大力开展水土保持工作,以减少泥沙洪水下泄。

李赋都任黄委会副主任

1月20日 水利部决定,原西北行政委员会水利局局长李赋都任黄委会副主任。

山西省编出水土保持15年远景规划

1月26日 山西省为配合黄河流域综合利用规划的制订和实施,编制出山西省水土保持15年远景规划。

利津五庄凌汛决口

1月27日 河南开始解冰开河,29日开至利津。利津以下冰封仍甚坚固。源源不断的流冰卡塞在五庄至麻湾30公里河段内堆成冰坝,迫使水位急剧上升,利津高出保证水位1.5米,爆破队全力炸冰,大炮及飞机多次轰炸,并迅速开放小街子溢水堰分泄水势,终以渲泄不及,险情屡生。29日深夜利津五庄在堤基下出现漏洞,且时值七级大风,灯火全灭,经600余工人、农民奋力抢堵无效,终于1月30日1时决口,两个口门共宽585米,溃水淹及利津、沾化、滨县360个村庄,17.7万人,88万亩土地;倒房5355间,死亡80人,溃水顺1921年宫家决口时的泛道经徒骇河入海。

黄委会召开治黄工作会议

2月12~18日 黄委会在郑州召开治黄工作会议,传达全国水利会议精神和《黄河综合利用规划技术经济报告》,部署1955年治黄任务。

会议确定在"治标与治本相结合"的方针指导下,继续加强下游堤防,增修临时防洪措施,保证大堤不决口、不改道。集中相当力量为三门峡枢纽设计供给资料,争取参加设计工作。两年完成伊、洛河规划。加强基本工作,为各项工作提供可靠资料。同时大力进行水土保持等工作。

国家计委、建委同意黄河规划报告

2月15日 黄河规划委员会将《黄河综合利用规划技术经济报告》和苏联专家组对报告的结论等文件报送国务院。经国家计划委员会及国家经济建设委员会审查,认为报告中提出的黄河综合利用远景规划和第一期工程都是经过慎重研究的,是现阶段的最好方案。计委提出:三门峡水库泄量标准是否定为8000立方米每秒,正常水位定为350米或355米、360米等问题,建议由黄河规划委员会向苏联专家提出,在初步设计中研究确定。国家计委、建委党组向中共中央和毛主席报告了审查意见。

下游修堤推广硪碡硪和胶轮车

3月上旬~6月底 河南、山东两省的春季复堤工程全部竣工。计修堤土方2600余万立方米,加上其他土方工程,共计3000余万立方米,为历年土方最多的一年,修堤中普遍推广碌碡硪和胶轮车,山东出动胶轮车23000辆,河南出动3000辆,山东平均日工效标准方6.61立方米,河南平均为4.38立方米。

三门峡库区地形测量会战

3月12日 三门峡水利枢纽的设计,急需准确的地形图。因原有库区图质量差，需按苏联规范重测。黄委会于1954年10月起专门抽出40天时间，组织山东、河南、山西、陕西水利厅(局)测量队、淮委测量队、水利部地形队共1700多名测量职工，进行苏联测量规范的学习，1955年3月12日组织1200多人对库区开始测量，10月结束，12月23日清绘成图，送交黄河规划委员会，保证了设计工作的需要。

五庄堵口工程竣工

3月13日 五庄决口后山东省人民委员会、山东黄河河务局及山东惠民地委、专署立即建立堵口指挥部，经一个多月的准备，开始堵口。首先堵合了东口门。3月6日，动员工人农民6000余人，在西口门采用双坝进堵，11日正坝抛枕合龙，10时抛出水面，15时边坝下占合龙闭气。13日全部竣工。

中央批转陕、甘、晋三省水土保持会议总结报告

3月15日 中共中央向全国各中央局和省委批转了黄委会召开的陕、甘、晋三省水土保持工作会议的总结报告。中央认为这个报告很好，总结的各种经验都切合实际。指出，只要我们实事求是，因地制宜，依靠群众，因势利导，那么大自然的破坏力是可以利用到另一方面，即利用它来为人民造福，这个真理必须为全党所重视。

黄委会组织干支流洪水调查

3月20日 为了向三门峡工程初步设计和拟订伊、洛、沁河技术经济报告提供水文及水利计算资料，黄委会组织8个水文调查组，对干流山西保德至河南孟津段和伊、洛、沁河流域进行水文调查。晋、陕两省水利局也派出3个调查组对渭、泾、北洛河和汾河进行水文调查。干流上在潼关至三门峡段又调查到道光二十三年(1843年)洪水痕迹23处，及陕县水文站因日军侵略和解放战争缺测的1944、1945、1947、1948年的洪水痕迹。伊、洛河各组根据洪水痕迹校核了1931、1935、1937年的历史洪峰流量。沁河组对明成化十八年(1482年)的洪水发现了新的洪水痕迹。此外三门峡孟津组、伊河组和沁河组都发现记述1761年特大洪水的碑文。

黄委会编出伊、洛、沁河规划

3月 黄委会邀请地质部、河南省林业局等单位组成伊、洛、沁河流域

综合查勘队，队长郝步荣、地质工程师胡海涛、钻探队长戴英生等对伊、洛、沁河流域进行综合性查勘。4月完成外业工作，5月编出流域规划报告上报水利部和黄河规划委员会。7月，水利部副部长张含英邀请黄河规划委员会苏联专家，黄委会副主任赵明甫、李赋都等到伊、洛河流域现场审查规划方案，经审查同意选择伊河陆浑、洛河故县、沁河润城水库作为综合利用水库。

《下游堤防工程设计标准审查报告》报部

4月5日 黄委会向水利部报送《黄河下游堤防工程设计标准的审查报告》。其主要内容是：自兴修石头庄溢洪堰以后，下游的防洪任务是防御1933年陕县23000立方米每秒洪水不决口不改道。但是，陕县站流量不包括陕县至秦厂间干流区和伊、洛、沁支流区的洪水。1933年陕县23000立方米每秒洪水，加上三秦间干支流洪水，到达秦厂时实际为25000立方米每秒。单以陕县23000立方米每秒洪水到达秦厂时实际只有20000立方米每秒。而过去花园口、石头庄等一系列工程均是以此流量为防御标准。秦厂下游防洪工程设计标准应提高到秦厂200年一遇即25000立方米每秒。1955年下游两岸大堤超高标准应根据各河段堤防实际情况、堤距宽窄、风浪大小拟订。

黄委会公布河产管理暂行办法

4月 黄委会公布《河产管理暂行办法》。办法规定，凡黄河所有柳荫地、各种树木、土地、房屋、庙基、砖瓦窑、池塘（水坑）、苗圃等均属河产管理范围，应由各基层单位成立河产管理委员会，负责养护好现有河产，并在维护大堤的前提下，根据可能扩大生产，从而绿化堤防，养护大堤，培养财源，增加国家收入。

山东河务局等单位查勘汶河

5月3～12日 山东河务局会同治淮指挥部，山东省水利厅，泰安、菏泽、济宁专署以及东平、汶上、济宁、嘉祥等县水利局共同组成汶河查勘组，对汶河下游河道、堤防、闸坝工程、历年洪水情况等进行实际查勘和调查。研究了东平湖蓄洪与内河的影响，提出了防洪的具体措施和意见。

中共中央政治局通过黄河规划报告

5月7日 中共中央政治局召开会议，刘少奇主持，朱德、陈云、董必武、彭真、邓小平、薄一波、谭震林等46人参加，会上听取了水利部副部长李葆华关于《黄河综合利用规划技术经济报告》的汇报，政治局基本上通过了规划方案，决定将规划提交第一届全国人民代表大会第二次会议讨论，责成水利部党组起草关于黄河综合利用规划的报告和决议草案，送中央审阅。关于黄河上中游的水土保持问题应制订具有法律性质的条例，责成水利部提出草案，交中央审查。

黄河防汛抢险技术座谈会在郑州举行

6月1～6日 黄委会副主任江衍坤、李赋都主持召开黄河防汛抢险技术座谈会。参加会议的有黄委会工务处、河南、山东两省黄河河务局及所属修防处、段的技术负责人、工程师和富有防汛抢险经验的老工人。各单位报告了人民治黄以来8次伏秋大汛战胜洪水的经验，黄委会根据会议讨论的堤防抢险、险工抢护、巡堤查水、探摸险工根石等技术编写出《黄河防汛抢险技术手册》发全河学习使用。

江衍坤副主任到会工作

6月6日 水利部批复黄委会的报告：同意免去黄委会副主任江衍坤所兼山东黄河河务局局长职务。江衍坤副主任于5月19日到会工作。

河南河务局对老口门进行加固

6月20日～8月 河南河务局选择花园口、赵口、秦厂、小新堤等七处老口门进行加固。加固前先用洛阳铲或土钻提取土样，摸清堤身基础，而后采用锥探灌浆办法填实隐患。采用铺盖层截渗或修筑围堤加固老口门。共计用土393903立方米，锥探86800眼。6月20日开工，8月竣工。

王化云再次向毛泽东主席汇报治黄工作

6月22日 王化云在中共河南省委北院二楼会客室再次向毛泽东主席汇报黄河规划和在人民胜利渠灌区扩大排水工程防止盐碱化问题。

一届全国人大二次会议通过治黄规划决议

7月18日 国务院举行第15次全体会议，周恩来、陈云、邓子恢、陈毅、乌兰夫、李富春、李先念、廖鲁言、习仲勋等出席，水利部副部长李葆华、燃料工业部副部长刘澜波在会上作了根治黄河水害和开发黄河水利的综合规划报告的说明。会议通过了这个报告。决定由邓子恢副总理代表国务院向第一届全国人大第二次会议作报告。提请大会审议。

7 月 18 日，邓子恢副总理在第一届全国人大第二次全体会议上作了题为《关于根治黄河水害和开发黄河水利的综合规划的报告》。

7 月 30 日，大会通过了《关于根治黄河水害和开发黄河水利的综合规划的决议》。批准规划的原则和基本内容。同意邓子恢副总理的报告；要求国务院迅速建立三门峡水库和水电站建筑工程机构，完成刘家峡水库和水电站的勘测设计工作；陕、甘、晋三省应根据规划，在国务院有关部门指导下分别制定水土保持工作分期计划，保证按期进行。

黄河规划委员会提出三门峡工程设计任务书

8 月　黄河规划委员会提出《三门峡水利枢纽工程设计任务书》和《初步设计编制工作分工》两个文件，上报国家计委。大坝和水电站委托苏联电站部水电设计院列宁格勒分院设计，其余项目由国内承担。国家计委审查任务书时，提出 3 点意见：(1)考虑水库寿命可能延长的问题，要求提出正常高水位在 350 米以上几个方案供国务院选择；(2)为保证下游防洪安全，在初步设计中应考虑将最大泄量由 8000 立方米每秒降至 6000 立方米每秒；(3)应考虑进一步扩大灌溉面积的可能性。1956 年上半年，列宁格勒设计分院提出初步设计要点报告：推荐下轴线混凝土重力坝和坝内式厂房；正常高水位选择，从 345 米起，每隔 5 米做一方案，直到 370 米，初步设计要点报告推荐 360 米高程，设计最大泄量为 6000 立方米每秒。1956 年 7 月国务院审查初步设计要点，决定大坝和电站按正常高水位 360 米一次建成，1967 年正常高水位应维持在 350 米，要求第一台机组 1961 年发电，1962 年全部建成。按照以上意见，列宁格勒设计分院，于 1956 年底完成初步设计。

1957 年 2 月，国家建委组织我国各方面的专家，对三门峡工程初步设计进行审查，并报国务院审批。国务院在吸取专家意见的基础上，根据周恩来总理的指示提出：大坝按正常高水位 360 米设计，350 米是一个较长时期的运用水位；水电站厂房定为坝后式；在技术允许的条件下，应适当增加泄水量与排沙量，因此要求大坝泄水孔底槛高程尽量降低。

全国第一次水土保持工作会议在京举行

10 月 10～20 日　农业部、林业部、水利部和中国科学院联合召开全国第一次水土保持工作会议。参加会议的有 23 个省、市、区和黄河、淮河、长江三个流域机关的代表共180人。会议听取水利部部长傅作义、林业部部长梁希、中国科学院副院长竺可桢、黄委会主任王化云的报告，19日国务院副总理邓子恢讲了话。最后水利部副部长冯仲云作总结。

经过会议，代表们对水土保持重要意义，对建设山区，根治河流水害，开发河流水利，发展山区农业合作化的重要性有了统一认识。并对黄河流域的水土流失区作了如下的划分：黄土丘陵沟壑区、黄土高原沟壑区、土石山区和风沙区。同水土流失作斗争的主要措施有减缓山丘坡度、拦蓄雨水、减少径流、保护森林植被、禁止陡坡开荒等，尤其是黄河流域要发展这些措施。最后要求中央建立全国水土保持委员会，有水土保持任务的省也应建立水土保持委员会以协调各业务部门的工作。会后，19个省（区）和长江、淮河的部分代表赴阳高县、天水参观水土保持典型。

小街子溢水堰扩建工程开工

10月20日 山东利津小街子防凌溢水堰扩建工程开工，由惠民地区动员7000人进行施工。施工任务是对原溢水堰和分水区的各项工程标准进一步提高和加强，满足凌汛分水要求。土方任务200万立方米，于11月中旬竣工。

全河水文工作会议在郑州举行

11月21日 黄委会在郑州召开全河水文工作会议。总结1955年的工作，布置1956年的任务。1955年全河基本上贯彻了水文测站规范，扭转了标准不统一和操作方法混乱的现象；水文资料整编工作改革为“在站整编”，克服了测验与整编脱节的现象；水情工作由洪水估报洪水改为由气象预报洪水、雨量预报洪水及洪水预报洪水的三步预报方法，提高了预见性；设站工作，按照先查勘后设站的要求，新建水文站11处，水位站47处，雨量站18处，在青海高原设立黄河沿和唐乃亥两个水文站，黄河水文控制范围又向上游水文空白区延伸了900余公里，汶河水文测站也划归黄委会领导。截至年底已有水文站92处，水位站82处，雨量站167处，共有职工892人。

刘子厚任三门峡工程局局长

12月6日 经国务院常务会议批准，刘子厚任黄河三门峡工程局局长，王化云、张铁铮、齐文川任副局长。1956年1月3日，三门峡工程局在北京原黄河规划委员会开始办公，7月27日移驻三门峡工地。从此王化云离开黄委会常驻三门峡工作。

黄河首届劳模会议在郑州举行

12 月 13～19 日 黄委会、黄河水利工会召开黄河首届职工劳动模范代表会议。出席会议代表 140 人。全河著名的劳动模范有山东利津修防段工程队队长于佐堂，封丘段工程队队员靳钊，三角测量一队的青年工人屈成德，地质勘探三队机长李汉兴，水准测量二队郭金亭，天水水土保持推广站凌国清等。黄委会主任王化云，副主任江衍坤、赵明甫，黄河水利工会主席吕华分别作了报告，号召大家为完成国家第一个五年计划和根治黄河规划的任务，团结群众努力工作。

毛泽东主席对水土保持工作的指示

12 月 毛泽东主席在《中国农村的社会主义高潮》一书中对《看，大泉山变了样子！》一文的批示中说："有了这样一个典型例子，整个华北、西北以及一切有水土流失问题的地方，都可以照样去解决自己的问题了。并且不要用很多的时间，三年、五年、七年，或者更多一点时间，也就够了。问题是要全面规划，要加强领导"，"用心寻找当地群众中的先进经验，加以总结，使之推广。"

1956 年

黄河勘测设计院成立

2 月 经水利部批准，成立水利部黄河勘测设计院。1958 年 5 月 14 日，黄委会决定将水利部黄河勘测设计院更名为黄河水利委员会勘测设计院。1960 年 5 月任命韩培诚为院长，1962 年 1 月 29 日任命张少耕为院长。1962 年 12 月经水电部批准，撤销黄委会勘测设计院建制。

五省(区)青年造林大会在延安举行

3 月 1～11 日 陕、晋、甘、内蒙古、豫青年代表和全国 25 省(市、区)派出的代表共 1200 人聚会延安，举行青年造林大会，响应中共中央、毛主席绿化祖国的号召，贯彻一届全国人大二次会议关于根治黄河水害、开发黄河水利的决议，绿化黄土高原，大搞水土保持。中共中央给大会发了贺电，号召青年不只是应该讨论造林问题，还应该全面地讨论水土保持问题，以便更快地实现国家根治黄河水害开发黄河水利的规划，增加农业生产，加快国家工业发展的速度。

黄河春修实行以农业社为单位进行包工

3 月 28 日 黄委会下达春修工作指示，主要内容是：今年的治黄工作是在农业合作化高潮中进行的，过去是农民自由结合包工包做，今年是以农业社为单位进行包工，在劳动安排、干部配备上都要通过党政领导通盘考虑，以适应新的形势。今年春修应以加固工程为主，培修为辅，要做好调查研究，工程不论大小，都要讲求质量。修堤工程要按《土工施工规范》进行，整险要按《砌石工程施工参考资料》施工，锥探要按密锥和灌浆要求办事，锥一段处理一段。

山东河务局调整修防处段

3 月 根据行政区划的调整，3 月 3 日山东河务局撤销德州修防处，将其所属的齐河、济阳两修防段，分别划归聊城和惠民修防处领导。3 月 23 日将濮县修防段改为范县第一修防段，范县修防段改为范县第二修防段；齐东修防段改为齐东第一修防段，高青修防段改为齐东第二修防段；蒲台修防段改为博兴修防段，利津东岸增设广饶第一修防段；垦利第一修防段改为广饶第二修防段；利津西岸改为利津第一修防段，垦利第二修防段改为利津第二修防段；长清修防段改为齐河第一修防段，原齐河修防段改为齐河第二修防段。

大功临时分洪工程开工

4月29日 大功临时分洪工程正式破土动工。大功工程位于河南省黄河北岸封丘县大功村南黄河滩上，当武陟秦厂出现36000立方米每秒洪水时，由此分洪6000立方米每秒，配合石头庄、杨小寨、罗楼分洪工程解除下游危机；当秦厂出现40000立方米每秒洪水时，由此分洪10500立方米每秒。洪水分出后，一部分滞蓄在滞洪区，一部分由长垣境归入黄河，大部分经临黄堤与北金堤之间的滞洪区到山东寿张（今阳谷）陶城铺回归黄河，历时7～8日，比大河洪峰迟到3～4日，可保障艾山以下窄河道安全下泄9000立方米每秒洪水。

设计分洪水位81米，分洪流量10500立方米每秒，口门宽1500米，水头3米，最大流速4.4米每秒。工程结构为铅丝笼装石块护底。口门两侧断堤头修筑石裹头。于7月4日竣工。

大型《黄河》画册出版

4月 黄委会编辑的大型《黄河》画册，由河南人民出版社出版。这是第一部用图片资料形象地反映黄河自然面貌变化和人民治黄成就的历史画册。

苏联水土保持专家来黄河考察水土保持

4月 水利部聘请苏联水土保持专家M·H·扎斯拉夫斯基来华工作。5月由黄委会副主任赵明甫陪同赴雁北、吕梁、榆林、绥德、延安等重点水土流失地区进行考察，历时50天，结束后在黄委会举行了座谈。

中国科学院二百人考察黄河中游水土保持

4月底～9月中旬 中国科学院地质、地理、地球物理、土壤、植物、农业、经济等研究所及有关部门200余人组成黄河中游水土保持综合考察队，对无定河流域、白于山至中卫地区、天水至兰州地区约八万平方公里面积进行普查，对绥德、米脂、榆林、大理河中上游及甘肃的陇西、西吉、隆德、马鞍山、兴隆山、秦安等地进行了详查，对陕北的青云山、张家畔，甘肃会宁的梢岔沟，定西的安家坡，兰州西部的小金沟，进行了全面规划。通过考察搞清了各区域的自然规律、社会经济的发展规律与水土流失的关系。

秦厂出现洪峰

6月27日 河南武陟秦厂出现8300立方米每秒洪峰流量。其特点是：流量小，水位高。且6月间发生洪水，亦为过去所罕见。这次洪水计出现小洪峰10次，6000立方米每秒以上5次，8000立方米每秒以上2次。但是水位很高，秦厂至泺口普遍超出警戒水位，高村以下普遍漫滩靠堤。河南组织30000余人，突击抢收抢运夏粮、迁移人员。

山西省完成汾河流域规划

7月22日 山西省完成汾河流域规划。按照规划，在28000平方公里面积内逐步开展水土保持，控制水土流失；在干支流上修建水库7座，植树3000万株，建造防护林带；在灌区内逐步推行科学用水，根据不同条件划出不同作物区，发展经济作物，提高农业产量。

开展下游河道演变观测工作

8月 黄委会邀请水利水电科学研究院、华东水利学院、武汉水电学院和长江流域规划办公室等单位的专家、技术人员，查勘郑州黄河铁桥至海口河道，并选出典型河段，观测三门峡水库拦洪以后，下游河道演变情况及河道整治研究。当年建立花园口河床观测队负责铁谢至辛寨河段的观测研究工作。1957年5月23日，黄委会向河南、山东两河务局颁发《黄河下游普遍观测工作试行办法》，6月山东河务局建立了河道观测队，负责韦那里至孙口河段的观测工作。有的修防处、段也建立起河道观测研究小组予以配合。1959年黄委会水利科学研究所与水利水电利学研究院河渠研究所共同编写出《黄河下游河床演变及河道整治的研究初步报告》，后由钱宁、周文浩加工改编为《黄河下游河床演变》一书出版。河床测验队于1967年“文化大革命”中解体，测验工作停止。

刘家峡水电站选定坝址

9月13～19日 电力工业部、国家建设委员会、北京地质学院、清华大学、甘肃省人民委员会组成的刘家峡水电站坝址选择委员会共40余人，在陈志远、王鲁南、黄育贤、葛士英的率领下，对刘家峡的红柳沟、马六沟、苏州崖和洮河口4处坝址进行查勘，19日举行总结会，中国和苏联专家一致认为红柳沟坝址最为优良。该坝址位于刘家峡下口，水面宽40～60米，两岸为悬崖，河底为变质岩，并有施工场地。

水利部批准陈东明、王国华、刘希骞等任职

9月 水利部以〔1956〕水人干字第2371号文件函复黄委会，同意陈东明任黄委会秘书长兼办公室主任，王国华任山东黄河河务局局长，刘希骞任河南黄河河务局局长。

黄委会查勘渭河支流

11月12日～12月27日 黄委会组织查勘队，查勘了葫芦河、散渡河、牛头河、石川河、涝河等18条渭河支流和宝鸡峡、冯家峡、峡口、窦家峡、龙岩寺、琥珀峡、支锅峡、罗家峡、刘家川、高家峡、石窑子等库坝址。

黄委会查勘延河和北洛河

11月12日～12月30日 黄委会派出查勘队对延河和北洛河进行了查勘。其任务是，提出两流域的开发任务，制定技术经济报告阶段野外查勘计划及地质勘探地形测量要求。地方政府要求了解洛北高原灌溉的可能性和选定干支流库坝址及自然侵蚀模数校对等。查勘后于1957年元月写出查勘报告。

打渔张引黄闸竣工

11月30日 山东博兴打渔张引黄闸竣工，30日举行放水典礼。参加施工的干部工人和当地群众1500余人参加庆祝大会。山东打渔张引黄灌溉工程，是根据治黄综合规划的方针举办的第一期工程，此工程的兴建不仅对开发灌溉广饶、博兴两县324万亩土地有重大作用，同时也为下游举办引黄灌溉工程培养了干部、积累了经验。放水典礼由山东省副省长王卓如剪彩，水利部副部长何基沣在会上致词。

山东黄河第一艘客货轮试航成功

12月3日 山东黄河泺口至孙口第一艘客货轮——黄河鲁1号下水

试航。航线全长 167 公里,历时 17 小时,试航成功。如用木船,一般情况下需 6 天时间。黄河鲁 1 号客货轮是山东省河运管理局根据黄河河道特性,自己设计、就地取材建造的,全长 29 米,宽 5.5 米。货轮载货 45 吨,两层客舱设座 175 个。

山东修建的一批虹吸引黄工程竣工

12 月 5 日 山东修建的一批虹吸引黄灌溉工程竣工。共计 24 处,安装虹吸管 117 条,设计灌溉面积 300 万亩,竣工后冬灌小麦 5 万余亩。

黄河流域水土保持会议在郑州举行

12 月 15 日 国务院在郑州主持召开黄河流域水土保持会议。参加会议的有中央林业部、水利部、中国科学院和陕西、甘肃、山西、河南、内蒙古、青海、山东七省(区)负责水土保持工作的干部和陕西绥德、甘肃天水、西峰三个水土保持科学实验站的领导人共 84 人。苏联水土保持专家 M·H·扎斯拉夫斯基也参加了会议。会议根据中央“保证重点,适当收缩”的精神,确定了“全面规划,综合开发,沟坡兼治,集中治理,积极发展,稳步前进”的方针。会议并研究了沟坡兼治、集中治理,合理使用劳力、贯彻按劳取酬政策,经费使用,科学研究,编制黄河 12 年水土保持规划等问题。

黄委会完成水文站网规划

12 月 按照水利部统一要求,黄委会完成了全河水文站网规划。水利部同意黄委会在全流域设水文站 94 处、水位站 16 处、蒸发站 49 处、雨量站 161 处的基础上,增设水文站 66 处、水位站 21 处、蒸发站 27 处、雨量站 114 处。这是建国后黄河系统第一次用科学的方法进行的水文站网规划。

黄委会泥沙研究所更名

12 月 经水利部批准,黄委会泥沙研究所改为水利科学研究所,任务以研究黄河泥沙为中心,解决治黄工作中重大科学技术问题,为黄河治理和开发服务。

1957年

黄河下游战胜凌汛

2月27日 1月中旬,郑州京汉铁桥以下,全河冰封。冰厚20～30厘米,冰量达8700万立方米,形势严峻。1月下旬气温回升,河南河段首先解冻开河,大量流冰卡在寿张孙口和齐河李陨两河段,形成冰坝。下游气温仍低,封冰未开。继而气温回升,形成分段开河,经组织千人爆破队进行爆破、打冰,解放军空军投弹轰炸、炮兵轰击,开通流道,使冰凌顺利下泄,安全渡过凌汛。

三门峡水利枢纽工程开工

4月13日 三门峡水利枢纽工程隆重举行开工典礼。该工程位于河南省陕县与山西省平陆县交界处黄河干流上。控制黄河流域面积91.4%,拦河坝为混凝土重力坝,最大坝高106米,主坝长713米,坝顶高程353米。基础为坚硬细密的闪长玢岩。枢纽负担的任务是防洪、灌溉和发电,建成后有利于解除下游的洪水威胁。开工典礼在鬼门岛上举行,水利部部长傅作义参加了开工典礼。

国务院水土保持委员会成立

5月24日 为了便于领导全国水土保持工作的开展,国务院全体会议第49次会议决定,成立全国水土保持委员会。并任命陈正人为主任委员,傅作义、梁希、竺可桢、刘瑞龙为副主任委员,罗玉川、李范五、张林池、何基沣、冯仲云、魏震五、屈健、马溶之为委员。

1961年8月28日,国务院水土保持委员会撤销,同年11月21日又予以恢复。

查勘青海省黄河流域水土资源

5～12月 青海省水利局勘测设计院第二勘测总队和兰州水电设计院共140余人,对黄河干流的拉干峡至青海甘肃交界处河段及主要支流的荒地分布、利用情况和水力资源开发的可能性进行查勘。结束后编写出《黄河上游干支流水土资源查勘报告(初稿)》。

变更黄河防汛开始日期

6 月 15 日 自从民国 25 年(1936 年)执行每年 7 月 1 日为黄河大汛的开始日以来,20 年来一直未变。1956 年 6 月下旬黄河涨水,下游河道漫滩,根据水文史料,6 月下旬黄河涨水屡见不鲜,故从 1957 年开始将黄河开始防汛日期改为 6 月 15 日。以后还有部分年份实行 6 月 1 日开始防汛,但从 1985 年以后仍执行 6 月 15 日为黄河防汛开始日期。

首次水力充填坝试验在韭园沟进行

6 月 27 日～7 月 26 日 黄委会水利科学研究所与绥德水土保持科学试验站,共同在陕北绥德县韭园沟坝废溢洪道末端,首次进行水力充填坝试验。并写出《黄土水力充填坝试验研究初步报告》。

《黄河变迁史》出版

6 月 岑仲勉著《黄河变迁史》由人民出版社出版。该书对黄河河源,商朝迁都与黄河的关系,周定王五年河徙,禹河及东周黄河未徙以前的河道,分别作了考证,并对西汉以后一直到民国年间的黄河灾害、河道变迁、治理得失作了较深的研究和辨析,是民国以来系统研究黄河问题的一部巨著。

黄河下游春修工程竣工

6 月底 黄河下游春修工程全部竣工。3 月中旬全线开工,上堤 11 万余人,出动胶轮车最多达到 6218 辆,到 6 月底共完成土方 838.7 万立方米、石料 82913 立方米,锥探灌浆 122 万余眼,发现隐患 5784 处,其中灌浆在 500 公斤以上者 253 处,捕捉害堤动物 10784 只。全河土工平均日工效标准方6.15立方米,比 1956 年提高 8%。

黄汶相遇艾山出现较大洪水

7 月 19 日 黄河秦厂出现 11200 立方米每秒洪峰。7 月 20 日又出现 10300 立方米每秒洪峰,洪峰到达艾山以上时两峰连在一起。这时汶河也出现 40 年来所没有的 6220 立方米每秒的洪水,古台寺漫决,开放稻屯洼蓄洪,清水灌入东平湖 20.7 亿立方米。当黄河洪水到达艾山时,因东平湖水位过高不能分蓄洪水,黄汶相遇,使艾山洪水达到 10850 立方米每秒,超过了保证流量,东平湖安山水位两次达到44.06米,超出保证水位0.56米,经调集30000余人上堤抢修子埝,保证了湖堤的安全。

国务院发布水土保持暂行纲要

7月24日 国务院全体会议通过《中华人民共和国水土保持暂行纲要》并于25日向全国发布。《纲要》规定国务院和有水土保持任务的省都应成立水土保持委员会,下设办公室进行日常工作。要求各业务部门密切配合,分工负责,明确规定了各业务部门在水土保持工作方面应负担的工作任务。并要求水土流失区,各级人民委员会应将水土保持工作列入议事日程,统一安排水土保持措施,使农、林、牧、水密切结合,全面控制水土流失。对有计划的封山育林、禁止陡坡开荒、修造梯田、造林种草、森林的抚育与砍伐、修建工程要防止水土流失等都作了规定。

黄河中游水土保持座谈会在京举行

8月3～13日 国务院水土保持委员会主任陈正人在北京主持召开黄河中游水土保持座谈会,参加会议的有农、林、水利、水土保持等部门及试验站、黄委会和中央有关部门的代表共100余人,这次会议是根据李富春副总理的指示召开的,主要研究如何加强黄河中游的水土保持工作,以增加农业生产,改善人民生活,确保和延长三门峡水库的设计寿命,对水土保持任务、速度、效益、经费进行摸底算帐。

水利部批准兴建黄河三盛公水利枢纽

10月 水利部批准兴建黄河三盛公水利枢纽,并指定黄委会设计院承担设计任务。北岸总干渠、南岸总干渠、后套总排干沟以及建筑物等的设计任务,均由内蒙古自治区水利厅承担。

破冰船由上海驶抵山东泺口

11月15日 山东黄河河务局首次委托上海中华造船厂制造的两艘黄河破冰船——克凌1号和克凌2号,由上海驶抵泺口。船长31米,内装400匹马力柴油发动机。破冰厚度为30～40厘米。

全国第二次水土保持会议在京举行

12月4～21日 全国第二次水土保持会议在北京举行,各省(区)水利、水保和农业部门的负责人出席。会上总结了水土保持的成绩，交流了经验，根据“全国农业发展纲要”和中共八届三中全会关于发展农业和山区生产的精神，制定了十年水土保持规划和 1958 年的计划。会上通过的方针是“预防与治理兼顾，治理与养护并重，在依靠群众与发展生产的基础上，实行全面规划，因地制宜，集中治理，连续治理，综合治理，沟坡兼治，以治坡为主”。1958 年至 1962 年水土保持的任务是初步控制流失面积 18.4 万平方公里。会议期间，朱德、谭震林、邓子恢等分别作了报告。黄委会副主任赵明甫在会上作了“关于黄河中游水土保持工作”的报告。苏联专家康·谢·考尔涅夫、M·H·扎斯拉夫斯基、A·C·巴宁等都作了报告。

1958年

国家计委、经委同意提前修建黄河位山枢纽

1月13日 山东黄河河务局向中共山东省委报送《关于提前修建位山水利枢纽意见的报告》。山东省委、省人民委员会旋即报请中央，争取1961年至迟1962年上半年完成全部工程。4月25日山东省委向河务局转发国家计委、经委同意提前兴建位山枢纽工程的批复。

兰考三义寨人民跃进渠动工兴建

3月20日 兰考三义寨人民跃进渠开工兴建。渠首闸位于黄河右岸东坝头以上三义寨附近。规划引水520立方米每秒，利用黄河故道蓄洪40亿立方米，设计灌溉豫东和鲁西南沙碱旱地1980万亩，初步开发1400万亩。豫、鲁两省联合建立了施工指挥部，菏泽、商丘、开封三个专区分段施工，经过四个半月的努力，完成土方1.5亿立方米，砌石19万立方米，开挖干渠30条，修建大型水闸46座，于8月15日竣工放水。该闸设计效益过分夸大，建成后效益多未实现。

西部地区南水北调查勘

3月底 以黄委会为主有四川省水利厅技术干部参加的西部地区南水北调查勘队，开始进行实地查勘。该队以郝步荣为队长，竺可桢为顾问，中国科学院的地质专家谷德振、地震专家李善邦参加了重点地区的查勘。开始的查勘任务是完成调水一百亿立方米。8月查勘任务又增加到调水一千亿立方米，9月27日写出查勘报告，历时5个月，行程16000公里。查勘可能引水线路有四：

(1)通天河协曲河口到积石山。全长1688公里，可引水700立方米每秒，土石方总工程量25.5亿立方米。(2)金沙江的阿坝到洮河，全长6630公里，可引水1700立方米每秒；(3)金沙江的翁水河口到定西大营梁，全长6180公里，可引水4500立方米每秒；(4)金沙江的石鼓到天水，全长6244公里，引水4500立方米每秒。但土石方工程量达964亿立方米。查勘队提出的查勘报告题为《开凿万里长河南水北调为共产主义建设服务》。

1959年2月西部地区南水北调科学规划会议以后，于四、五月份，黄委会又派出3个勘测设计工作队，对通柴引水线和积柴、柴达木输水线进行查勘。同时，为弄清从金沙江、澜沧江和怒江引水的可能性，王化云率6人小组前往查勘。但因西藏地方反动集团发动叛乱，未能如愿，只有郝步荣、李家骅、龚时旸3人在部队保护下查勘了三江拟建的引水枢纽、渠道、隧洞等处的地形，7月24日结束查勘，于昆明写出报告，两次查勘的结果，确定了怒洮和怒定两条引水线。

与此同时，中国科学院也派出大批科技人员组成综合考察队，开展了多学科的综合考察，取得大量资料。

青海省撒拉族自治县黄丰渠竣工

4月15日　青海省循化撒拉族自治县引黄灌渠黄丰渠竣工。全长18公里，可灌溉农田2.3万亩。该渠于1957年11月27日开工。

周恩来总理主持召开三门峡工程现场会议

4月21～25日　国务院总理周恩来在三门峡主持召开三门峡工程现场会议。会上传达了毛泽东主席关于三门峡工程的设想和指示，而后周总理发动大家提意见，展开争鸣。陕、晋、豫三省和水利部、黄委会、三门峡工程局的负责人都发了言，彭德怀副总理、习仲勋秘书长也讲了话。最后周恩来总理作总结：三门峡工程以防洪为主，其他为辅，确保西安和下游安全；进一步制定水土保持规划，三门峡以上干支流规划和下游河道治理规划。

位山枢纽第一期工程开工

5月1日　位山枢纽第一期工程开工兴建。这期工程包括位山引黄灌溉闸、大店子分水闸、沉沙池及灌区的渠道、排水系统和各级建筑物。全部土方1.2亿立方米。引黄闸全长116米，闸高10.5米，共10孔，每孔净宽10米，设计引水流量780立方米每秒，控制灌溉面积700万亩，无坝引水时可引200立方米每秒。参加施工的有菏泽、聊城、泰安、济宁4个专区60万民工。10月1日引黄闸竣工放水。

岗李东风渠渠首闸动工修建

5月5日　东风渠渠首闸正式开工。该闸位于郑州花园口以西岗李与六堡之间黄河大堤上，其担负的任务是灌溉郑州市和开封、许昌两地区的

800至1500万亩土地和供应郑州市工业用水,引水300立方米每秒。该闸为开敞式钢筋混凝土结构,闸宽60.4米,长54.5米,共5孔,弧形钢闸门,经四个多月的施工于9月11日正式放水。该闸由河南省水利厅勘测设计院设计、河南省岗李引黄灌溉工程指挥部施工。闸门和全部混凝土工程由中南第四工程公司承包。1963年花园口水利枢纽破坝废除,该闸随之停灌。

1958年黄河防汛会议在郑州召开

5月21～26日 黄河防总在郑州召开1958年黄河防汛会议。参加会议的有河南、山东沿河部分专、市负责人、黄河河务局局长、修防处主任、部分修防段段长共50余人。会上传达了周恩来总理在三门峡施工现场会议上的总结报告。确定1958年的防汛任务仍然是防御武陟秦厂25000立方米每秒洪水不决口不改道,并对任何类型的洪水有对策,有准备,争取在超过保证水位0.3～0.5米的情况下,不滞洪不成灾。河南省副省长彭笑千,山东省副省长张竹生,黄委会副主任、黄河防总副主任江衍坤都讲了话。6月5日发出防汛指示,动员各级防汛组织做好防汛工作。

鲁布契可夫来黄河查勘并指导渗流研究工作

6月10日 苏联专家鲁布契可夫来黄河查勘和指导渗流研究工作。16日作了题为黄河下游大坝安全措施问题的报告,返回北京后,7月中旬黄河发生大水,鲁布契可夫和龙仁专家又返回黄河,同中国技术人员一道观察武陟白马泉、东平湖大堤渗流情况,提出防治措施。帮助黄河水利科学研究所的科研人员进行渗漏研究。

黄委会组织黄河下游综合利用规划查勘

6月16日～7月11日 以黄委会为主有水电部、交通部和河南、河北、山东、江苏水利厅,河南、山东两省黄河河务局参加的30余人的查勘队,在王化云等人的率领下,上起北邙山下至山东青岛,对黄河下游河道、梯级开发中的坝址、滞洪蓄洪区、引黄闸址、引汉穿黄的位置以及胶济、胶莱运河一一进行了查勘。途中征求了有关省、地、市领导人对黄河下游规划的意见,并在东平县、济南市、博兴县、打渔张、青岛市分别召开了规划座谈会。

引洮上山工程开工

6月17日 引洮上山工程开工。此工程为1月中共甘肃省党代会提出的，计划在洮河上游古城修建水库引水上山，经会宁县华家岭，过宁夏西吉至庆阳董志塬，总干渠长1400公里，14条干渠长2500公里，引水流量150～170立方米每秒，拟灌溉土地1500～2000万亩。总干渠要跨过大小河谷、沟涧800余条，绕过或劈开山岭200余座，总工程量约20余亿立方米，混凝土和砌石270万立方米。如此巨大工程，当时誉为“天上运河”，仅经过1个月的草测和3个月的准备，就仓促开工。此后经过3年艰苦施工，最多上16万人，耗费劳动工日6000余万个，国家投资1.5亿元。后因施工质量低，国家经济困难等原因，1962年4月，中共甘肃省委上报中共中央和西北局，决定引洮工程“下马”。

黄河下游两百万人民战胜大洪水

7月17日 郑州花园口出现22300立方米每秒的大洪水。这次洪水由三花间干支流地区连降暴雨所形成，是自1919年黄河有水文记载以来最大的洪水。由于暴雨中心距下游很近，洪水来势迅猛异常，一进入下游就把京广黄河铁桥冲垮两孔，使南北铁路交通陷于中断，对黄河下游造成严重威胁。黄委会请河南省委将因公路过郑州的三门峡工程局副局长王化云，暂时留下指挥这场防洪斗争。黄河防总及时分析了当时的雨情、水情和工情，认为花园口出现洪峰后，主要来水区的三花间雨势已减弱，后续水量不大，而且汶河来水也不大，据此征得河南、山东省委同意后，并报告中央防总，拟采取“依靠群众，固守大堤，不分洪，不滞洪，坚决战胜洪水”的方案。中共河南、山东省委迅速组织两百万群众，日夜防守。河南、山东两省省委第一书记上堤，地、县主要领导人坐镇指挥，形成坚强的人防大军。18日中共中央向河南、山东两省发出指示要求动员一切必要力量，一定战胜黄河洪水，保卫两岸丰收和人民的生命财产。下午周恩来总理由沪飞郑，指挥防洪，并批准了黄河防总拟订的防洪方案，要求两省全力以赴，保证这次防洪斗争的胜利。19日洪峰到达东明高村，流量为17900立方米每秒，水位62.96米，超出保证水位0.38米；23日到达济南泺口，流量为11900立方米每秒，水位32.09米，超出保证水位1.09米。东平湖的洪水位与湖堤持平，有的地方超过1厘米，当时对薄弱堤段和堤顶超出水位不多的堤段连夜加修戗堤和子埝，22～24日齐河段许坊、济南老徐庄、赵庄、鹊山津浦铁路桥路基、惠民白龙湾大堤发生多处漏洞出水，经大力抢堵，转危为安，洪水于27日流入渤海，取得了这次防洪斗争的全胜。

共产主义渠渠首闸竣工

7月 黄河北岸人民胜利渠渠首闸以西新修的共产主义渠渠首闸基本竣工。该闸于1957年11月29日开挖基坑，1958年1月底挖成，2月4日开始打钢板桩，浇筑混凝土，砌石护坡，安装闸门，5月1日放水，7月初基本竣工。施工由河南省水利厅第二施工队承担。此闸最大引水流量为280立方米每秒，设计灌溉河南、河北、山东三省土地1千多万亩，实际上只能灌溉河南武陟、获嘉等县12万余亩土地。

为应急需再次造船

7月 黄河京广铁桥被大洪水冲断后，周恩来总理7月指示河南省和黄委会除迅速修复黄河铁桥外，赶造木船160只，以备铁桥再次冲毁时架设浮桥，确保南北交通。8月中旬，成立了河南黄河造船委员会，河南省人民委员会从交通厅、省木材公司和黄委会抽调干部81人，组成河南黄河造船办公室，具体处理造船事宜。许昌、开封、信阳、南阳和新乡五个专区沿黄河铁桥上下两岸各设造船厂一个，迅速开展造船工作。自8月22日起至10月22日止共计造船75只，后中共河南省委通知停止建造，各厂随之解散。

黄河防总召开紧急会议

8月1～3日 黄河防总在郑州召开紧急防汛会议。讨论制订防御1958年更大洪水的紧急措施，保证防汛的彻底胜利。紧急措施是扩建东平湖，增加蓄洪量；加速引黄灌溉蓄水工程的施工，争取多削洪峰；加修不够防洪标准的堤坝，增强御洪能力；加强防守，保证黄河安全。

黄委会编出第二个五年计划期间水土保持规划

8月2日 在“大跃进”形势下，黄委会向国务院水土保持委员会、水电部报送了《1958年至1962年黄河中游水土保持规划（方案）》，建议转发各省（区），纳入地方农业建设规划，予以实施。规划提出的方针是：“全面规划，综合治理，集中治理，连续治理”。提出的目标是：在2至3年内实现坡地梯田化，山地水利化，荒山荒坡绿化，沟地川台化，施工机械化，山区电气化。第二个五年计划期间的基本任务是：两年突击，一年扫尾，3至5年基本控制，提前实现农业纲要，彻底改变黄河面貌，全部完成下余水土流失面积355273平方公里（1958年6月以前已完成158921平方公里）。提出治理标准是：在 24 小时内，内蒙古、陇中、青海、宁夏降雨 100 毫米，晋西、陕北、陇西、陇南降雨 150 毫米，河南降雨 200 毫米，达到土不下坡，水不出沟。实践证明这个规划难以实现。

中央防总电贺豫、鲁人民战胜洪水

8 月 2 日 中央防总致电河南、山东两省防汛指挥部及两岸防汛人员，热烈祝贺征服黄河大洪水的胜利，并要求保持高度警惕，继续做好各项防汛准备，严防洪水再度袭击，确保防汛的彻底胜利。

赶修东平湖围堤

8 月 5 日 山东防汛指挥部调集菏泽、聊城、泰安、济宁 4 个专区 21 个县的 23.3 万民工开始赶修东平湖围堤。施工中民工分作两班日夜赶工，于 11 月底告竣。共修筑新堤 76 公里，完成土方 1700 余万立方米。经过扩建，水库面积为 632 平方公里，总库容 40 亿立方米，防洪库容 35 亿立方米。

周恩来总理视察黄河

8 月 5 日 周恩来总理来郑州，视察黄河和修复后的黄河铁路大桥，并在黄河大堤上步行 10 多里。6 日，周总理在济南视察了黄河泺口铁桥。

王化云回黄委会工作

8 月 21 日 水电部通知：因工作需要，决定三门峡工程局副局长王化云仍回黄委会主持工作。

青铜峡水利枢纽开工

8 月 25 日 青铜峡水利枢纽工程举行开工典礼，26 日破土动工。青铜峡枢纽位于宁夏回族自治区青铜峡市黄河干流上，为黄河综合利用规划选定的第一期工程之一，系以灌溉为主结合发电、航运的综合利用工程。拦河坝总长 591.75 米，最大坝高 42.7 米，总库容 7.35 亿立方米，设计灌溉面积 582 万亩，电站装机 27.2 万千瓦（7×3.6＋1×2.0），年发电量 13.5 亿度。设计单位 1956 年至 1958 年为北京勘测设计院，1958 年以后为西北勘测设计院，由黄河青铜峡工程局负责施工。

周总理听取黄河三大规划汇报

8月30日 周恩来总理在北戴河政治局扩大会议将结束时，召集河南、河北、山东、山西、江苏、安徽、甘肃、宁夏、青海、内蒙古、陕西等省(区)的党委第一书记和国务院七办、经委、铁道部、水电部负责人，听取黄委会主任王化云关于"黄河三大规划"的汇报。汇报中内蒙古、山西省委书记提出应把红河、大黑河、涑水河列入规划，宁夏提出将黑山峡、大柳树、沙坡头合并修建大柳树，青铜峡已开工，中央还需解决5000吨水泥，青海提出希望龙羊峡、拉西瓦于1960年开工等。

周恩来总理指出大中型工程要推迟，以中小型土坝为主。黄河干流枢纽要先修岗李，后修桃花峪，泺口枢纽建在津浦铁路桥以下，龙羊峡以上继续查勘。关于水土保持方针，他总结了大家的意见提出："三年苦战，两年巩固、发展，五年基本控制。"

黄委会编出黄河流域三大规划简要报告

8月 黄委会根据"大跃进"形势和周恩来总理的指示编出《黄河流域水土保持规划》、《三门峡以上干支流综合利用规划》和《黄河下游综合利用规划》的简要报告。报告指出：1955年黄河流域规划提出的措施和速度，已远远落后于形势的发展，目前已进入跨流域的水量调剂，开始解决大范围内水资源不平衡的问题。三大规划任务是全面彻底地消灭黄河流域及整个华北平原的水旱灾害及凌汛灾祸，引汉引江济黄，大力开发电能，整治河道，发展航运、畜牧、水产、绿化，达到全面综合利用水资源，彻底根治黄河的目的。这个简要规划报告，经过补充修改，于12月铅印成册。

黄河内蒙古建设委员会建立

8月 经国务院第28次会议通过批准建立黄河内蒙古自治区建设委员会，主任王逸伦，副主任周北峰、常振玉。委员会下设黄河灌溉工程局，统筹内蒙古自治区黄河灌区工程的修建工作。

下游河道及三门峡库区大比例尺模型试验研究

8月 为研究三门峡水库投入运用后下游河道演变趋势及整治措施，1958年8月至1959年8月，黄委会水利科学研究所和北京水利水电科学研究院河渠研究所，在郑州花园口淤灌区内，制作了野外大比例尺下游河道模型并进行试验。试验范围为京广郑州铁桥以下25公里处至兰考东坝头，长约100公里。模型采用自然法制作，水平比例尺为1∶160，垂直比例尺为1∶18，模型长600米，宽30米。放水形式为借用引黄淤灌土地的自流黄河水。

与此同时，西北水利科学研究所、河渠研究所、黄委会水利科学研究所及西安交通大学、西北工业大学、西北农学院，为研究三门峡水库投入运用后排淤数量和回水范围，在陕西武功亦进行大比例尺模型制作和试验研究工作。三门峡水库整体大模型、小模型和渭河局部大模型的面积4万平方米，占地10万平方米。大模型水平比例尺为1∶300，垂直比例尺为1∶50。放水形式也是引用渭惠渠自流水试验。

黄河工会停止活动

8月 黄委会党组和党委，根据全总取消工会垂直领导的精神，决定把黄河山东区工会、河南工会办事处和水文、水保系统的工会都交地方领导，会直工会会员停止活动，保留会籍，下余16个基层工会仍由黄河工会领导。黄河工会干部先减为7人，再减至3人。

黄委会建立工程局

9月18日 中共黄委会党组(扩大)会议决议：为适应根治黄河和全国“大跃进”的形势，立即建立黄河工程局，在黄委会领导下负责组织与推动黄河各项工程的施工，在1～2年内职工将发展到5000人。黄委会秘书长陈东明兼局长，副局长田浮萍、田绍松，在组建过程中将河南黄河河务局与黄委会工务处合并组成工程局。河务局仍保留名义，领导原来河南黄河各修防处、段的修防工作。次年12月17日，党组会议决定撤销工程局，分别恢复原建制，于1960年1月1日分开办公。

刘家峡、盐锅峡两枢纽同时开工

9月27日 刘家峡、盐锅峡两座水利枢纽同时开工兴建。刘家峡位于甘肃省永靖县境黄河干流刘家峡峡谷下段红柳沟。是《黄河综合利用规划技术经济报告》所列第一期重点工程，属以发电为主结合防洪、灌溉的综合利用工程。坝顶全长840米，主坝长204米，最大坝高147米，顶宽16米，库容57亿立方米，5台机组，装机122.5万千瓦(3×22.5＋1×30＋1×25)，年发电量57亿度。水利枢纽初步设计为北京勘测设计院，电站设计为北京水电勘测设计院刘家峡设计组，水电部第四工程局负责施工。1961年因国家经济调整停建，1964年12月复工，1966年4月大坝浇筑第一块混凝土。

盐锅峡位于甘肃省永靖县盐锅集附近的黄河干流上，是一座以发电为主兼有灌溉效益的水利水电工程。坝顶全长321米，坝顶宽15.9米，最大坝高57.2米，库容2.16亿立方米。电站装机8台，总装机容量35.2万千瓦(8×4.4)，灌溉下游4.5万亩耕地。该工程由水电部西北勘测设计院设计，水电部第四工程局盐锅峡分局承担土建施工，水电部安装六处承担电站安装。

黄委会组织引汉济黄查勘

9月28日～10月12日 遵照中央指示，黄委会会同水电部、交通部、长江流域规划办公室、河南省水利厅、交通厅和沿途许昌、南阳、开封专署共20余人对引汉济黄郑州至丹江口段的引水路线进行查勘。经过五次座谈讨论和地方交换意见，确定：引水枢纽选在陈岗，经方城缺口，至燕山水库经调节后沿线经鲁山、宝丰、郏县、禹县、新郑、郑州，在桃花峪或岗李入黄。黄委会王化云、水电部肖秉钧、交通部刘远增、水利厅郭培鋆、交通厅彭祖龄等参加了查勘。

郑州至北京段引水线路，黄委会于1959年派第五勘测设计工作队在沙涤平、顾鹤皋领导下进行了查勘。

甘肃省委发动水土保持大会战

9月 中共甘肃省委在全国第三次水土保持会议后，提出了“继续开展一万个邓家堡运动”，进而提出“大战”华家岭、董志塬、清水河、祖厉河、虎狼关、火焰山、二郎山的口号。从10月10日起，省委直接领导成立了通渭、会宁、定西和静宁四县协作指挥部，调集四县37000人，发动了西起定西县的镇远镇，东至静宁县的朱家山，沿西兰公路全长100多公里，宽10余公里，面积1063平方公里的大会战。主战场为华家岭。在这次大规模水土保持活动中，广大群众日以继夜，大干苦干，取得了一定的成绩。1960年国家经济发生严重困难时停工。

蒲河巴家嘴水库开工

9月 巴家嘴水库开工兴建。该水库位于甘肃省庆阳地区泾河支流蒲河上，控制流域面积3020平方公里，年输沙量2400万吨。初建坝高58米，总库容 2.57 亿立方米。该水库是甘肃省第一个解决高原灌溉的大型工程，1960 年 2 月 22 日截流，1962 年 7 月完工。以后又经过两期加高，于 1975 年底完工。1964 年周总理主持召开的治黄会议上，该水库被定为拦泥库的试点。

山东河务局并入山东省水利厅

10 月 20 日 山东黄河河务局并入山东省水利厅，改名为山东省水利厅黄河河务局，受水利厅与黄委会双重领导，下属修防处、段机构任务不变。

10 月 26 日，山东省人民委员会任命王国华兼任山东省水利厅黄河河务局局长。12 月 20 日，国务院任命王国华为山东省水利厅副厅长。

封丘红旗渠渠首闸竣工

10 月 封丘红旗渠渠首闸胜利竣工。红旗渠渠首闸位于封丘县大功村西南黄河大堤上。该闸担负着蓄灌双重任务。计划蓄水面积 825 平方公里，可蓄 19～24 亿立方米洪水，可灌溉土地河南 710 万亩，山东 300 万亩。该闸为 3 孔开敞式钢筋混凝土结构，长 36.6 米，宽 45 米，引水 280 立方米每秒，最大引水 350 立方米每秒。1958 年 4 月 27 日开工挖基，5 月 28 日基坑完成。第二期工程于 6 月 28 日开工，9 月 25 日完成，并提闸放水，10 月全部竣工，共投资 4022917 元。

水电部提出奋战十年实现全国水利化

10 月 全国水利会议提出水利工作的总任务："奋战十年，在全国范围内的多数地区，基本实现水利化"。要求黄河下游"能抗御千年一遇洪水"，多数地区达到"大雨不成灾，无雨保丰收，坡地梯田化，平原河网化，沟壑川台化，工程系统化，提水机械化，荒山荒坡绿化"。

位山枢纽二期工程开工

11 月 4 日 位山枢纽二期工程开工。这期工程包括位山拦河闸、东平湖水库出湖闸、东平湖围堤石护坡和位山枢纽回水区的堤防培修工程。拦河闸共 16 孔，每孔宽 10 米，设计过水流量为 6000 立方米每秒，东平湖出湖闸共 7 孔每孔宽 10 米。出湖泄水流量 1500 立方米每秒。二期工程于次年 7 月 31 日告竣。

内蒙古引黄灌区总干渠开工

11月15日 内蒙古引黄灌区总干渠巴彦淖尔盟段破土动工。参加施工的民工82000多人。总干渠上接三盛公水利枢纽北岸进水闸,下至三湖河灌区,1964年全部建成,全长180公里,引水流量450～480立方米每秒。

汾河水库正式开工

11月25日 汾河水库正式开工。该水库位于山西静乐县下石家庄(今属娄烦县)汾河干流上。设计大坝底宽410米,坝高61.4米,坝长700米,控制流域面积5268平方公里,总库容7.23亿立方米。是一座以防洪、灌溉、工业用水为主,结合发电和养殖等综合利用的大型水利工程。枢纽由拦河大坝、溢洪道、输水洞三部分组成。工程建成后,可灌溉土地150万亩,可供太原工业用水1～2亿立方米,发电量8300千瓦。

南北大运河京郑、京秦段查勘结束

11月26日 遵照中央指示,由水电部、交通部会同铁道部、国家计委、北京市、河北省、河南省、黄委会八单位共41人组成的南北大运河京郑(郑州)段、京秦(秦皇岛)段查勘团,从10月24日开始,历时32天结束。经过查勘和研究提出:京郑段,自郑州南与引汉济黄路线相接,经郑州西郊向北沿铁炉车站以西、广武以东,于京广铁桥西侧、桃花峪东侧过黄河,经获嘉、新乡北郊、朝歌西,于安阳东北过漳河、涞水到北京,水面高程45米。北京至秦皇岛段,查勘团基本同意水电部原来所拟路线:在北京南苑码头与京郑段运河相接,东经通州南、邦均南、唐山南,至秦皇岛的汤河入海。

三门峡水利枢纽截流成功

12月13日 三门峡水利枢纽截流成功。该工程分两期施工,第一期施工在左岸,第二期施工在右岸。1958年2月左岸基坑开挖到预定高程278米。3月开始浇筑主体工程,10月完成左岸溢流坝浅水底孔、隔墩、隔墙、护坦和挑水鼻坎诸项工程。汛后修筑了神门和鬼门泄水道,为截流做了准备。按照截流设计,首先截断神门河主流,次截神门岛泄水道,后截鬼门泄流道。

1958年11月17日开始在神门河口进行截流演习,流量2030立方米每秒,流速2.66米每秒。至19日午夜,石戗堤已向河心平均进占12米,前沿宽为17.5米,顶高达到284.8米高程,进展顺利,士气高昂。工程局遂决定 11 月 20 日正式截流。经广大员工日夜奋战，又用了 71 小时将神门主流截断。

11 月 23 日 2 时，继续向神门岛泄流道口门进占。25 日流速达到 5.37 米每秒，最大落差达到 4.23 米。当日 6 时 49 分，神门岛泄流道截流又告成功。最后转向鬼门泄流道截流。该泄流道上设有闸门，但因流量过大不能下闸，直至 12 月 10 日流量降至 960 立方米每秒时方落下闸门，同时在闸门下游两岸，用块石进占，修筑鬼门戗堤，12 月 13 日戗堤合龙，至此，截流全部完成。这次截流历时 14 天，投抛块石 2263 立方米，大块石 326 块，混凝土四面体 110 个，铁丝石笼 148 个，块石串 44 串，柳石枕 62 个。

朱德副主席视察黄河花园口

12 月 16 日　中华人民共和国副主席朱德视察黄河花园口，陪同视察的有中共河南省委第一书记吴芝圃、黄委会主任王化云等。

宝鸡峡引渭灌溉工程正式开工

12 月 20 日　宝鸡峡引渭灌溉工程在宝鸡县太寅村举行万人开工典礼。这项工程，从宝鸡峡引渭河水，沿川道阶地东流，经过 98 公里塬边渠道，进入渭北高原。干渠总长 170 公里，可灌溉土地 170 万亩。陕西省渭河工程局负责施工，局下设十个工程指挥部，动员组织 12 个县的 7 万多民工。至 1962 年，因国家经济暂时困难，工程下马。1969 年 3 月全面复工，动员 14 个县(市)的 10 万多干部群众参加施工，1971 年 7 月竣工通水。1975 年 4 月宝鸡峡灌渠与渭惠渠合并管理，灌溉面积扩大至 300 万亩，为陕西省最大的灌区。

1959年

西部地区南水北调考察规划会议在京举行

2月12～22日 水电部和中国科学院在北京召开西部地区南水北调考察规划会议。中国科学院所属各有关研究所,综合考察委员会,中央有关部委,水电部所属黄委会、长江流域规划办公室,西南、西北有关各省(区)和有关高等院校等60多个单位的代表参加会议。水电部副部长张含英致开幕词,冯仲云副部长作总结报告,中科院副院长竺可桢讲了话,苏联专家考尔涅夫发表意见。会议听取黄委会关于南水北调查勘报告和其他单位的发言。大会认为:1959年的工作应以近期实现可能性较大的金沙江上游为重点。该地区的测量及通柴线和翁定线的勘测规划工作,由黄委会负责,有关省(区)和部门配合。

黄河流域水土保持科研会议在天水举行

2月26日 黄河流域水土保持科研会议在甘肃天水开幕。3月5日在定西闭幕。参加会议的有黄河流域各省(区)水土保持科学试验站,安徽、湖南等13省(区),国务院第七办公室,国务院水土保持委员会的代表。黄委会副主任江衍坤主持会议。代表们参观了甘肃省武山县梁家坪的"耕作园田化"和华家岭的"高山园林化"。会议通过"政治挂帅,依靠群众,提高科学技术水平,为多快好省地控制水土流失和发展生产服务"的方针。并制订出"1959年水土保持科研工作计划"和"水土保持科研大协作的方案"。

黄委会召开冀、鲁、豫三省用水协作会议

3月20日 黄委会在郑州召开三省用水协作会议。参加会议的有水电部司长刘向东、农业部工程师靳远、河南省水利厅副厅长张天一、河北省水利厅副厅长刘铭西、山东省水利厅副厅长王国华、漳卫南运河管理局局长苌宗商等25人。黄委会主任王化云主持会议。会议对黄河水资源及三省灌溉用水情况进行了分析,最后提出1959年下游枯水季节用水初步意见,即按照秦厂流量以2∶2∶1的比例由河南、山东、河北三省分别引用。

水电部召开位山枢纽规划现场会议

3月26日 水电部专家工作组在位山工程局召开位山枢纽规划现场会议。交通部,黄委会,清华大学,华东水利学院,山东水利厅、交通厅、位山工程局及有关部门的负责人共60余人参加会议。苏联专家考尔涅夫、卡道姆基、希列索夫斯基到会指导。

黄委会通知豫、鲁两省检查涵闸作好渡汛准备

4月9日 黄委会发出《及早作好防汛准备的通知》指出:1958年"大跃进"以来,下游建成引黄涵闸13座,以前修建的17座,多未经洪水考验,有的存在不少问题,每座都直接关系着黄河防汛的安全,要订出防汛安全措施,做好料物、器材、人力的准备,抓紧时间进行停水大检查,请省水利厅和河务局派人参加,工程遗留问题和尾工,要抓紧枯水季节进行处理,汛前完成,保证质量。

6月20日黄河防总再次发出对黄河涵闸组织大检查的函,要求山东河务局抓紧夏收后的时机,对大小涵闸(包括在建的涵闸)组织一次大检查,对查出的问题及时处理,暂时处理不了的,要提出补救措施。

盐锅峡水利枢纽截流告捷

4月26日 盐锅峡水利枢纽截流工程告捷。盐锅峡工程在截流前的导流施工中,采用了黄河上首创的草土围堰的方法,较原设计的木笼栈桥土石围堰缩短了工期,节约了木材和经费。截流工程从4月24日14时开始,4月26日2时30分即行合龙闭气。共用块石6855立方米,块石串468串,铅丝石笼41个,十字架13个,10吨四面体38个,15吨四面体21个,砂卵石335吨,运料速度每小时达46.25车,每小时进占1.65米,修戗堤长54.4米,平均宽8米,迫使黄河由溢流底孔下泄。合龙后全体职工在戗堤上举行祝捷大会。

1959年黄河防汛会议在郑举行

5月11～13日 黄河防总在郑州召开1959年黄河防汛工作会议,到会50余人,黄河防总主任吴芝圃主持会议。会上传达了国务院副总理邓子恢对黄河防汛工作的指示,根据中央防汛总指挥部的部署和"全河一盘棋,全河一条心,争取防汛全部胜利"的精神,部署了1959年的防汛工作,讨论

了“1959年黄河防汛工作方案”。在脑子发热的形势下，把下游防汛任务由保证秦厂25000立方米每秒不发生溃决，提高到30000立方米每秒不发生溃决，并撤销北金堤滞洪区，完全靠两条大堤制约洪水。

水利、水保观测会议在太原举行

5月17～26日 黄河流域水利、水土保持观测研究会议在太原举行。这个会议是由水电部水文局、水利科学研究院和黄委会共同主持召开的。流域各省（区）水利厅（局），有关协作单位和其他省（区）、流域、高等院校、科研部门，共40余个单位的代表140余人参加了会议。会上交流了水利水保观测研究的成果和经验。会后，于11月间，黄委会与中上游各省（区）有关单位和水科院水文研究所协作，组织50余人，对三门峡以上地区的水利、水土保持工程对黄河洪水泥沙、年径流的影响，进行了分析计算。

邓子恢主持研究黄河防洪问题

6月5日 国务院副总理邓子恢主持会议，研究黄河防汛和东平湖水库的运用问题。中共中央农村工作部副部长陈正人、水电部副部长钱正英、黄委会副主任江衍坤、河南山东两省副省长彭笑千、邓辰西，黄委会黄河工程局副局长田浮萍，山东水利厅副厅长王国华、主任工程师包锡成参加了会议。邓子恢听取了黄委会和河南、山东两省负责人的汇报后，确定：黄河防汛任务以保证花园口流量25000争取防御30000立方米每秒洪水为目标。东平湖水库按二级运用作蓄洪准备，石护坡工程增派部队支援施工，投资由中央安排。

赶修东平湖水库石护坡工程

6月30日 东平湖石护坡工程赶修完工。东平湖水库石护坡是为蓄洪后防御风浪袭击的工程。1958年11月23日开工，参加施工的有梁山、东平、汶上三县民工60000人，原计划砌石69公里，需石95.9万立方米。为保证渡汛安全，加快施工进度，中共山东省委从济宁、聊城增调民工20000人，调解放军6500人，赶修护坡工程，并确定砌石61.3公里，至6月30日基本完成，尾工于汛后继续完成。

三盛公水利枢纽开工

6月 内蒙古自治区黄河三盛公水利枢纽正式开工兴建。这是黄河综合利用规划中的第一期工程之一，是以灌溉为主兼顾发电的水利工程。主要建筑物有拦河闸、进水闸、冲沙闸、节制闸、泄水闸、电站，还有完整的灌溉和排水系统。

郭沫若视察花园口

7月2日 全国人大常务委员会副委员长、中国科学院院长郭沫若在郑州参观了黄河陈列馆，随后视察了黄河花园口和东风渠。

菏泽刘庄抢险

8月20日 菏泽刘庄发生重大险情。因溜势下延，刘庄险工下首至后郝寨间1500米一段近堤滩面均靠大溜，其中300米一段距堤仅20～30米，大堤受到严重威胁。山东省水利厅副厅长王国华，菏泽专署副专员程勉赶往指挥抢险，黄河工程局副局长田浮萍亦赶到工地共商抢险措施。指挥部调集干部、工人730人，民工6.3万人，运送料物100万公斤，展开抢险斗争。经投抛大量柳石枕和铅丝石笼，抢修新坝11道、圈堤1道，于9月14日转危为安。

黄河防总提出处理生产堤的原则

9月3日 黄河防总对豫鲁两省黄河滩区生产堤及渠堤提出处理原则：在不影响全面防汛安全和滩区农业生产的前提下，由省指挥部灵活掌握；扒口时，要及时裹护口门两端的堤头，防止口门扩大；既要贯彻破除生产堤计划，又要做好生产堤防守的准备工作。

毛主席再次视察黄河

9月20日 中共中央主席毛泽东在济南泺口视察黄河，陪同视察的有中共山东省委书记谭启龙等。

《人民黄河》出版

9月 黄委会编辑的《人民黄河》由水利电力出版社出版。该书叙述了黄河流域的自然经济情况，分析了黄河灾害成因及历代治理的经验教训，着重总结了中华人民共和国成立后十年的治黄成就。该书写成于“大跃进”时期，部分内容有夸大、失实之处，但由于是一部前所未有的系统介绍黄河的书，仍受到社会各界人士的重视。

周总理再次召开三门峡现场会议

10月13日 周恩来总理再次召开三门峡工程现场会议。会上讨论了三门峡枢纽1960年拦洪发电以后继续根治黄河的问题。周总理指示根治黄河必须在依靠群众发展生产的基础上,大面积地实施全面治理与修建干支流水库同时并举,保卫三门峡水库,发展山丘地区的农业生产。水土流失问题,必须做到三年小部,五年大部,八年完成黄河流域七省(区)的水土保持工程措施和其他措施,逐步控制水土流失。参加会议的有河南省委第一书记吴芝圃、陕西省委书记方仲如、山西省省长卫恒、水电部副部长李葆华、钱正英及黄委会主任王化云、长江流域规划办公室主任林一山、石油工业部副部长李人俊、农业部副部长何基沣、湖北省省长张体学等。

位山枢纽第三期工程开工

10月15日 黄河位山水利枢纽第三期工程开工。工程包括截流坝、顺黄船闸、十里堡、耿山口和徐庄三座进湖闸、防沙闸、东平湖水库进湖围堤及引河开挖等。动员了菏泽、聊城、济宁、济南4个专(市)、19个县的20万民工参加施工。

黄委会报送继续根治黄河的报告

10月21日 黄委会党组向周恩来总理、水电部党组和豫、鲁、陕、晋、甘、青、宁、内蒙古省(区)党委,报送《关于今后三年内继续根治黄河问题的意见的报告》。《报告》称:1960年三门峡水库拦洪后,在一般情况下下泄流量为6000立方米每秒,同时拦蓄50亿立方米水量保证下游灌溉。但是也将年均14亿吨的泥沙大部分拦在库内,这将对水库寿命产生严重威胁。另外,水库下泄清水后,必将引起河道发生剧烈的下切,对堤防和引水造成困难。要求做到全党动手,全民动员,三年大解决,五年基本解决,八年全部解决黄河问题。在干支流上除正在兴建的刘家峡、盐锅峡、青铜峡、三盛公工程外,建议在中游再修建龙门、小浪底、桃花峪三大枢纽。在支流上除已建的水库以外,在无定河、泾河、延水、伊河、洛河、沁河上修建14座大型水库,20座中型水库和一批小水库群,建成水库网体系。关于水土保持工作要求陕、甘、晋、豫从1960年起苦战三年,二年巩固与发展,五年做到基本解决,八年全部解决。下游为控制河道游荡和下切,需要修建岗李、柳园口、东坝头、刘庄、位山、泺口、王旺庄等7座拦河闸坝,河道整治要在三年内修筑生产堤

500公里，把3～10公里的宽浅式河槽逐步改造为300～500米的窄深河槽，为了保护生产堤，每隔相当距离修筑若干道坝埽。报告中提出的工程项目，绝大部分未能实现。

中央提出黄河流域为水土保持的重点

10月24日 中共中央、国务院发出《关于今冬明春继续开展大规模兴修水利和积肥运动的指示》，其中第六条指出：水土保持是发展山区、根治河流和防御水旱灾害的基本措施。黄河流域是水土保持的重点，对保卫三门峡水利枢纽工程，有极为重要的意义。黄河流域各省（区），必须抓紧今年冬季大力掀起一个水土保持的群众运动。在水土保持运动中，工程措施与生物措施必须并重，积极开展植树造林工作，为青山绿水梯田化，真正控制水土流失加紧努力。

国务院水保委员会召开黄河流域水土保持工作会议

11月2～18日 国务院水土保持委员会召开黄河流域陕、甘、晋、青、宁、内蒙古、豫七省（区）水土保持工作会议。参加会议的有各省（区）的副省长、农、林、水副厅长和部分专员、副专员、县长、副县长及中央各有关部委院的领导人及工作人员共170人。会议在河南洛阳开幕，在北京闭幕。会议中间，代表参观了三门峡的施工现场，参观后部分代表赴京继续开会。部分代表乘飞机参观陕甘晋的水土保持现场情况，而后赴京继续开会。会上传达了国务院总理周恩来对水土保持工作的指示，副总理谭震林作了报告，提出“反右倾，鼓干劲，三年小部、五年大部、八年基本完成黄河流域水土保持工作”的任务。措施是兴建支流水库，采用飞机播种造林、种草，开展科学试验，集中治理等。这些任务基本上落空。

花园口水利枢纽开工

11月29日 黄河花园口水利枢纽工程举行开工典礼，中共河南省委第一书记吴芝圃到会讲话。花园口枢纽位于郑州市北郊花园口以上岗李村北，工程负担的任务是抬高黄河水位，防止河床下切，保证北岸共产主义渠、人民胜利渠和南岸东风渠三灌区2500万亩农田的灌溉引水，并可供给天津工业用水，保证京广铁路黄河大桥的安全，联系南北水陆交通，促进物资交流。并可装机10万千瓦。该工程由黄委会黄河勘测设计院设计，由河南省花园口枢纽工程指挥部施工。当时采用流行的边勘测、边设计和边施工的方法进行。

位山水利枢纽拦河坝截流成功

12 月 9 日　位山拦河坝截流系采用黄河上传统的秸料捆厢进占法完成。11 月 25 日开始水中进占，12 月 7 日开放引河，正坝口门缩至 42.8 米，8 日 12 时从两岸开始抛柳石枕进行强堵。12 月 9 日 17 时 30 分合龙。副坝于 12 月 11 日开始抢进。全长 439 米，底宽 68 米，顶宽 10 米。采用两岸同时向水中倒土前进，于 12 月 31 日合龙闭气。

山东建成簸箕李等大型引黄闸并投入运用

12 月 30 日　山东建成 3 座大型引黄闸并投入运用。本年 3 月 25 日滨县韩家墩引黄闸竣工放水。该闸引水流量为 240 立方米每秒，控制灌溉面积 400 万亩，3～9 月灌溉 70 万亩。5 月 1 日菏泽刘庄引黄闸竣工放水，引水流量 250 立方米每秒，控制灌溉面积 750 万亩，冬灌 25 万亩。12 月 30 日惠民簸箕李引黄闸竣工放水，引水流量 75 立方米每秒，控制灌溉面积 150 万亩。

1960年

刘家峡水利枢纽工程截流

1月1日 刘家峡水利枢纽工程进行截流。在龙口最大落差3米，流速为4～5米每秒的情况下，抛石1350立方米，截流成功。

王旺庄水利枢纽工程开工

1月1日 王旺庄水利枢纽工程位于山东惠民地区博兴、沾化(今滨县境)两县境内。该工程根据“黄河下游综合利用规划”(草案)及“王旺庄枢纽设计要点报告”修建，于本日开工。主要工程有拦河坝、拦河闸、防沙闸、船闸及引黄闸等。该工程是黄河下游综合规划的最末一级枢纽工程。为使工程尽快生效，采取边勘测、边设计、边备料、边施工的方式仓促上马。1961年1月国家经济困难时期停建，机构当年撤销。为渡汛安全，汛前破除了已建成的拦河坝和临时壅水工程，整个工程耗资1257万元。

黄河第二届先进代表大会召开

1月13～19日 来自治黄各条战线的先进代表共300多人出席了黄河第二届先进集体和先进生产者代表大会。大会在郑州召开，水电部钱正英副部长到会作了指示，黄委会主任王化云作了治黄工作报告，水利电力工会全国委员会杨林部长也讲了话。大会总结和交流了各个方面的经验，表彰奖励了先进单位和先进人物。当时浮夸风盛行，提出了许多不切实际的任务与口号。

三门峡水电站成立

1月14日 根据水电部和中共河南省委工业部的指示，成立三门峡水电站。后因库区淤积，不能正常蓄水发电，水库改变运用方式，工程确定改建，1962年5月3日又撤销了三门峡水电站。

内蒙古黄河南岸总干渠动工兴建

2月5日 内蒙古黄河南岸总干渠动工兴建，全长243公里，从三盛公水利枢纽引水，东至伊克昭盟准格尔旗的十二连城，设计灌溉面积 111.29 万亩。

红领巾水库建成

2月6日 红领巾水库竣工建成。该水库坐落在内蒙古大黑河支流土默特旗毕克齐人民公社，1958年开工。坝高41.1米，库容1680万立方米，可灌溉农田16万亩，并能用于防洪调节。因全区各旗少年儿童以课余劳动收入捐助修建水库，故名“红领巾水库”。该库在泄洪排沙方面创造了不少经验。

邓小平等视察花园口枢纽工程

2月17～18日 中共中央总书记邓小平，书记处书记彭真，候补书记刘澜涛、杨尚昆在河南省委书记处书记杨蔚屏、史向生陪同下，视察了黄河花园口水利枢纽工程。

黄河流域第二次水土保持现场会召开

2月17～26日 黄河流域第二次水土保持试验研究现场会在甘肃省庆阳县西峰镇召开。参加会议的有青海、甘肃、宁夏、内蒙古、山西、陕西、河南等七省（区）水土保持试验站及其他省（区）有关科研单位和大专院校的代表共160人，会议由黄委会副主任江衍坤主持。会中提出的水土保持科研方针为：“从发展生产服务于社会主义建设出发，以任务带科学。”会议确定了1960年水土保持的科研任务及相应措施，并划分了5个水土保持科研协作区，拟订了水土保持试验研究和径流观测协作计划，并要求各地区拟订3至8年的水保试验研究规划等。

青铜峡枢纽工程截流

2月24日 位于宁夏回族自治区的青铜峡枢纽工程截流成功。开创了宁夏地区黄河干支流上冰期截流的先例。

泺口水利枢纽工程破土兴建

2月25日 泺口水利枢纽工程位于山东济南市北郊亓家庄和对岸齐河八里庄之间，是黄河综合规划预定的梯级开发工程之一。主要任务是：壅高水位以满足济南市至王旺庄之间南北两岸2650万亩农田灌溉用水的要求，同时照顾到济南工业用水的需要。工程项目有：泄洪闸、拦河闸、北岸引黄闸、电站、船闸、拦河坝等。2 月 25 日动工兴建。采取边勘测、边设计、边施工的方式仓促上马后，由于国家经济困难，1961 年未将此工程列入国家计划，1962 年定为停建项目，计耗资 1900 余万元。

西部地区南水北调科技会议召开

3 月 2～8 日 西部地区南水北调科学技术工作会议在北京召开。会议由国务院科学技术委员会、中国科学院和水电部主办，出席会议的有云南、四川、青海、甘肃、新疆、宁夏、陕西、内蒙古等省（区），中央有关部、委以及有关高等院校的代表 320 人，会议总结了 1959 年西部地区南水北调考察、勘测和研究工作，安排了 1960 年的工作任务，制定了 1960～1963 年间南水北调工作计划，并就引水线路有关的一系列工程地质、重大科技等问题进行细致的研究。

青年绿化黄土高原誓师大会召开

3 月 10～19 日 黄河流域五省（区）青年绿化黄土高原誓师大会在延安召开。会议由共青团中央书记处书记罗毅和林业部部长助理张昭主持，并向先进单位颁发了锦旗。来自陕、甘、晋、宁、内蒙古等省（区）的代表 633 人出席了大会。会议讨论了绿化和水土保持工作。中共陕西省委书记白治民在大会上讲了话，并要求陕西省青年投入除“三害”（干旱、风沙、水土流失）、治“三荒”（荒沙、荒山、荒坡）的战斗，促进农业的更大发展，为减少黄河泥沙、延长三门峡水库使用年限作出贡献。国务院水土保持委员会和农业部给大会发了贺电。

京广铁路黄河新桥建成通车

4 月 21 日 位于郑州京广铁路老桥以东 500 米处的铁路新桥于 1958 年 5 月 14 日动工兴建，本年 4 月 21 日建成正式通车。全桥共有墩台 72 个，全长 2889.98 米，桥面宽 5.5 米，双轨道，桥墩基础深 30 米，设计过水流量 25000 立方米每秒，是当时黄河上最大的一座铁路复线桥。此桥建成后老桥改为单线公路桥，后于 1988 年拆除。

刘少奇、董必武等国家领导人相继视察三门峡工程

4 月 23 日 中华人民共和国主席刘少奇在河南省委书记杨蔚屏、赵文

甫等陪同下视察三门峡水利枢纽工程，详细听取汇报，全面视察了工地。视察中，接见了帮助建设三门峡工程的苏联专家，并指示说：这样大的工程要培养和训练一些技术人员，培养技术人员也是一个重要任务。

由于三门峡工程是在黄河干流上修建的第一座拦河控制性枢纽工程，在国内外影响很大，国家领导人都非常关心这项工程并相继来工地视察。1月12日全国人大常务委员会副委员长班禅额尔德尼·确吉坚赞和全国政协副主席帕巴拉·格烈朗杰视察。3月23日全国人大常务委员会副委员长罗荣桓、国务院副总理聂荣臻视察。5月22日至23日国家副主席董必武前来视察并挥笔为三门峡建设者题词："功迈大禹"。还欣然命笔成诗《观三门峡枢纽工程》一首。10月24日国务院副总理陈云视察。1961年3月2日中共中央总书记邓小平视察，3月27日全国人大常务委员会委员长朱德视察。1962年4月4日国务院副总理李富春视察。

青海省建成一座黄河石拱桥

5月1日 青海隆务河与黄河汇流处的隆务黄河大桥建成。这是黄河上第一座大跨径空腹式石拱桥。全长83.45米，单跨50米，高14.7米，桥面宽7米，可以并排通行两辆卡车，本年1月开始兴建。

黄河流域飞机播种会议在兰州召开

5月5～12日 国务院水土保持委员会和黄河流域飞机播种指挥部在兰州召开了黄河流域飞机播种会议。参加会议的有陕西、甘肃、山东、内蒙古、宁夏、青海、河南七省(区)林业厅和水土保持局的负责人，国家计委、科委、林业部、水电部、黄委会及民航局的负责人和代表。黄委会副主任、飞机播种指挥部主任李赋都作了报告。会议认为，飞机播种是使大片荒山沙漠迅速绿化和保持水土的有效方法，应在西北特别是黄河流域黄土高原地广人稀地区有计划地开展起来。会议对飞机播种造林、种草的长远规划作了研究，提出了当年的计划任务。后因国家出现经济困难，规划未能实施。

花园口枢纽工程竣工

6月8日 郑州北郊黄河花园口水利枢纽工程(又名岗李枢纽)竣工。主要建筑物有：拦河坝、溢洪堰、泄洪闸、防护堤。共计挖土方855.54万立方米，投资5080.9万元。

夹马口电灌站投入运行

7月20日 山西省临猗县夹马口电灌站主体工程基本建成并投入运行。该工程装机容量7800千瓦，设计抽黄流量9.5立方米每秒，设计灌溉面积40万亩。

位山枢纽工程基本完工

7月26日 位山枢纽工程拦河闸下闸壅水，至此整个工程基本完成。该工程兴建三年来，山东省先后动用了80万民工，国家投资1.5亿元。

卧虎山水库竣工

7月 位于济南市历城县仲宫公社黄河水系玉符河上游的卧虎山水库竣工。该工程是以防洪、灌溉为主综合利用的大型水库。1958年9月开工。灌溉面积6.7万亩，总库容1.164亿立方米，控制流域面积557平方公里。

苏联三门峡工程设计代表组专家奉召回国

8月7～9日 三门峡市人民委员会和三门峡工程局先后举行宴会，欢送奉召回国的苏联三门峡工程设计代表组专家。工程局领导代表周恩来总理授予苏联专家“中苏友谊纪念章”。

三门峡水利枢纽蓄水运用

9月14日 本日18时三门峡水利枢纽关闭施工导流底孔，正式蓄水运用。坝前水位一天之内升高了3.5米，库区呈现了一个平静的人工湖。

河南河务局与省水利厅合并

10月 经河南省人民委员会第三次会议决定，国务院批复同意，河南黄河河务局并入河南省水利厅（名义保留），机关名为“河南省水利厅黄河河务局”。10月4日任命刘希骞为河南省水利厅副厅长兼河南省水利厅黄河河务局局长。10月30日河南黄河河务局迁至郑州市纬五路河南省水利厅办公。

三门峡水库管理局建立

11月28日 根据水电部党组的指示，建立三门峡水库管理局。原三门峡库区实验总站撤销。任命刘华生为局长。管理局的业务工作和干部管理由黄委会领导，党的政治思想工作由中共三门峡市委领导。1962 年 6 月该局撤销。1963 年 1 月恢复三门峡库区水文实验总站。

黄河通信开始使用载波机

12 月　黄委会在通信工作中对山东开了单路载波机（电子管式），山东局电话站对菏泽处开通了单路载波机，对位山开通了三路载波机。河南局电话队对开封地区修防处开通了匈牙利进口 BBO 型三路载波机。这样使有线线路通信的利用率、音质、音量等都得以改善。

渭河两岸修建防护大堤

12 月　三门峡水库建成蓄水后，为减缓移民和减少淹没损失，在三门峡库区渭河下游两岸开始修建防护大堤，当年完成北岸大荔县拜家至下沙洼、南岸华县黄河村至北老庄两段。后随着库区淤积的发展，该防护大堤加高延长至渭南、临潼、高陵等县 100 多公里的河段上。

黄委会水科所研制成 γ—γ 淤泥密度计

本年　黄委会水利科学研究所与中国科学院原子能研究所合作制成了 γ—γ 淤泥密度计，用来测量三门峡库区淤积物的密度。

1961年

水电部决定撤销西北黄河工程局

1月7日 水电部党组通知，根据中央关于精简机构的精神，撤销西北黄河工程局，人员就地由陕西省安排。

3月9日，黄委会〔1961〕黄人干第15号文宣布西北黄河工程局停止办公。

水电部决定由北京勘测设计院承担三门峡工程设计

1月 苏联召回驻三门峡设计代表组后，水电部决定由北京勘测设计院承担三门峡工程的设计任务。

对泾河干支流进行拦泥规划

4月 为在泾河干支流选择适宜地点建库拦泥，减缓三门峡库区淤积，黄委会勘测设计院第三勘测队对泾河干流大佛寺至张家山河段、支流马连河及蒲河巴家嘴至宋家坡河段进行了查勘，提出《黄河中游干支流治理规划初步意见草稿(泾河部分)》。规划共提出拦泥库9座，水库36座，总库容102.4亿立方米，其中拦泥库容83.8亿立方米。第一期工程推荐老虎沟、郑家河、巴家嘴三座拦泥库。

汾河水库竣工

5月15日 汾河水库于1958年11月25日动工兴建后，1959年7月拦洪，本年5月主体工程竣工。该水库是汾河干流唯一的一座大型工程。主体工程由水电部北京勘测设计院设计，山西省筹建工程指挥部负责施工。其中，汾河大坝采取水中倒土法填筑，坝高61.4米，为世界上最高的水中填土坝。

中共中央就黄河防汛问题发出指示

6月19日 中共中央向河南、山东、陕西、山西、河北五省省委发出中发〔1961〕435号《关于黄河防汛问题的指示》。《指示》强调指出，决不能因为三门峡已经建成,黄河就万事大吉。必须认识,治理黄河仍需要一个较长的时间,三门峡工程尚须经过一个时期的考验,三门峡以下的许多工程尚需要八年到十年时间才能分别建成。因此,黄河下游堤防每年应做的防洪工程以及修防的各项规定,必须继续贯彻执行,决不允许破坏。同时,在黄河下游沿岸堤防需要修建任何工程时,必须经过黄委会审查,并报请水电部批准。过去凡是没有经过审查批准的已建工程,对防洪起阻碍作用的一律撤除。

济南黄河大堤出现蛰陷、裂缝

6月 铁道部大桥工程局在济南市曹家圈修建黄河铁桥施工中,因八号墩沉井3次挖泥抽水,基础土壤向沉井方向流动,引起黄河南堤严重蛰陷和裂缝。在离八号井30米范围内,堤面发生十多条圆弧形裂缝,最宽5厘米,影响堤身的整体安全。

水电部、铁道部、黄委会、山东省水利厅6月组织联合检查并提出处理意见。中共山东省委6月20日责成济南市委组织有关部门进行处理。全部加固工程的施工,在济南市黄河防汛指挥部的统一领导下,由铁道部大桥工程局第一桥工处负责组织,黄河济南修防处派人参加负责技术指导。施工所需经费由铁道部负责,所需草包5万条、铅丝100吨由中央防总及黄河防总解决。

黄河水利学院停办

9月 由于国家经济和人民生活出现严重困难,河南省人民政府决定黄河水利学院本科停办,中专部放假两年。1～3年级学生大部分于11月份分配到武汉部队、新疆、河南和黄委会安排工作。

尼泊尔国王马亨德拉参观三门峡工程

10月8日 马亨德拉国王、王后、公主等尼泊尔贵宾一行18人,由周恩来总理、陈毅副总理和夫人张茜、中国驻尼泊尔大使张世杰、外交部俞沛文、章文晋陪同,参观了三门峡工程。

三盛公枢纽主体工程基本建成

10月 位于内蒙古自治区巴彦淖尔盟磴口县境黄河干流的三盛公枢纽主体工程基本建成。

三盛公枢纽控制流域面积31.4万平方公里,总库容0.8亿立方米,系以灌溉为主，设计灌溉面积1211万亩。工程由黄委会勘测设计院设计，内蒙古自治区黄河工程局负责施工。

主体工程包括拦河闸、拦河土坝、两岸进水闸和导流堤、电站、跌水、沈乌干渠进水闸及下游左岸防洪堤、库区围堤等。

在围堰截流施工中，首次在内蒙古黄河干流上使用草土围堰拦水成功。

盐锅峡水电站开始发电

11月 位于距甘肃省兰州市70公里黄河干流的盐锅峡水电站第一台机组发电，全部工程1970年12月竣工，总装机35.2万千瓦(8×4.4)。

该水电站是以发电为主的大型水利工程，控制流域面积18.27万平方公里，主要建筑物由溢洪坝、非常溢洪道和水电站组成，溢洪坝最大泄水流量5500立方米每秒，非常溢洪道最大泄水流量1100立方米每秒。

河南、山东两河务局回归黄委会建制

12月26日 山东、河南河务局并入省水利厅后，管理上出现了许多问题，下游工作有所削弱。根据黄河治理的需要，经国务院及水电部同意，山东河务局于8月14日、河南河务局于12月26日又回归黄委会建制。

黄河流域七省(区)水土保持工作会议召开

12月 国务院水土保持委员会在北京召开了黄河流域七省(区)水土保持工作会议。会议认为水土保持工作经历了以下时期：1957年以前系试办，为小面积的推广时期；1958年、1959年两年和1960年上半年为大发展时期；1960年下半年以后的两年系调整时期，新建很少。会议确定水土保持工作的方针是：依靠群众，从当地群众的生产生活着手，与当地群众的生产相结合；以生产队为基础，以群众的集体力量为主，国家支援为辅；以治理坡耕地为主，坡耕地的治理与荒坡、风沙、沟壑治理相结合；荒坡、沟壑和风沙治理，以造林种草和封山育林为主。

1962年

国务院任命韩培诚为黄委会副主任

1月29日 黄委会转发水电部〔1962〕水电工管字第003号文件:"经国务院全体会议第114次会议通过,任命韩培诚为黄河水利委员会副主任,同时免去其原任勘测设计院院长职务"。

国务院发出《关于开荒挖矿、修筑水利和交通工程应注意水土保持的通知》

2月27日 国务院发出的《关于开荒挖矿、修筑水利和交通工程应注意水土保持的通知》指出:近年来不少地区在开荒、挖矿、修筑水利和交通工程时,由于缺乏具体领导,盲目乱垦,毁坏森林、牧场,破坏水土保持的现象相当严重,造成水土流失的严重危害。通知要求开荒不要妨碍水土保持,把目前利益和长远利益结合起来,严禁破坏森林和牧场。对于挖矿、修筑水利和交通工程,应认真贯彻国务院水土保持暂行纲要的有关规定。

调查黄河下游引黄灌区次生盐碱化状况

3月5日 黄河下游引黄灌区自1958年以来由于大引大灌、有灌无排,使大片土地发生次生盐碱化,黄委会除通过两省引黄灌区进行调查外,并搜集各种资料印证得知:截至1961年底,河南省引黄灌区次生盐碱化面积519.88万亩,山东省为391.94万亩,合计911.82万亩(不含原有盐碱化土地面积)。

范县会议确定暂停引黄

3月17日 1958年"大跃进"以来,河南、山东两省引黄灌区由于错误地执行了大引大灌的方针,有灌无排,土地盐碱化加重,农业产量降至建国以来最低水平。国务院副总理谭震林在山东范县研究引黄的会议上指出:"三年引黄造成了一灌、二堵、三淤、四涝、五碱化的结果"、"在冀、鲁、豫三省范围内,占地一千万亩,碱地二千万亩,造成严重灾害"。会议经过研究确定:1.由于引黄中大水漫灌,有灌无排,引起大面积土地盐碱化,根本措施是停止引黄，不经水电部批准不准开闸。2.必须把阻水工程彻底拆除，恢复水的自然流向，降低地下水位。3.积极采取排水措施。

水电部副部长钱正英、黄委会副主任韩培诚、中共山东省委书记周兴、河南省委书记刘建勋、山东省水利厅厅长江国栋、河南省水利厅副厅长刘一凡及有关地委书记参加了会议。

范县会议后黄河下游引黄涵闸，除河南省的人民胜利渠、黑岗口及山东省的盖家沟、簸箕李等涵闸，由于供应航运及城市工业用水继续少量引水外，其余均相继暂停使用。

三门峡水库改变运用方式

3 月 19 日 国务院决定三门峡水库的运用方式，由“蓄水拦沙”改为“防洪排沙”(后改称“滞洪排沙”)运用，汛期 12 孔闸门全部敞开泄流。

三门峡水库自 1960 年 9 月开始蓄水运用以来，水库淤积比原设计快得多。截至 1961 年底，库区淤积泥沙 13.62 亿吨，连同 1959、1960 两年淤积的 3.68 亿吨以及库区塌岸 1.8 亿吨，共达 19.1 亿吨，下泄泥沙仅为 1.12 亿吨，致使潼关河床严重淤积，渭河河口形成“拦门沙”，加之淤积末端迅速上延，严重威胁到西安及关中平原和渭河下游的工农业生产安全，国务院据此决定改变三门峡水库运用方式。

国务院批转《关于加强水土保持工作的报告》

4 月 13 日 国务院批转了国务院水土保持委员会《关于加强水土保持工作的报告》。《报告》提出以下四点意见：

一、黄河流域是全国水土保持的重点，从河口镇到龙门区间的十万平方公里是重点的重点；但是全国其它地区的水土保持工作，也不能忽视。

二、水土保持是一项长期的艰巨的任务，应根据自然条件和劳力情况，有计划有步骤地进行。

三、水土保持工作必须密切结合农林牧生产，结合群众当前利益和生产的需要进行。

四、加强水土保持领导机构，各级水土保持委员会除农、林、水部门参加外，铁路、公路、工矿等部门亦应派人参加。

陕西省人大代表要求增建三门峡工程泄洪排沙设施

4 月 在第二届全国人民代表大会第三次会议上，陕西省代表在所提第148号提案中，要求增建三门峡泄洪排沙设施，减轻库区淤积。

会议决定，第148号提案由国务院交水电部会同有关部门和有关地区研究处理。水电部于8月及1963年7月两次邀请专家、教授和工程技术人员召开技术讨论会，就三门峡工程改建的可行性、改建方式与规模进行深入研究。

发布《关于黄河下游引黄涵闸工程在暂停使用期间的管理意见》

5月17日 为保证黄河下游引黄涵闸在暂停使用期间的完整与安全，黄委会制定并颁发了《关于黄河下游引黄涵闸工程在暂停使用期间的管理意见》，提出了引黄涵闸管理的原则性意见、注意事项与职责范围：

一、原有的涵闸组织可适当缩小，但不应撤销，应保留满足管理任务的人员。

二、管理单位在涵闸工程暂停使用期间的任务是负责保证工程的完整与安全。其具体工作是经常性的观测、检查、养护、保卫等，仍须按照以往制度照常进行，要特别注意汛期的防守抢险工作。

三、不经过原决定停用机关的批准，任何人不得擅自启闸引水。

四、涵闸工程的机械、仪器、备用件等设备，应妥加保护防止损坏。

五、对工程进行一次全面检查作出鉴定，提出在暂停使用期间需要特别注意的问题的处理措施，对存在的重大问题早日进行处理，以保工程安全。

中央防总电告黄委会认真处理相邻省边界水利问题

6月13日 中央防总就相邻省边界水利问题电告黄委会。电文指出，为最大限度地减免灾害，凡平原地区关系到两省边界的引水涵闸，应按照中央批示的水电部《关于五省一市平原地区水利问题的处理原则的报告》和1962年春双方达成的协议，认真地检查处理。电文对黄河流域内边界地区涵闸的归属作如下规定：金堤河上的五爷庙闸、濮阳南关公路桥濮阳金堤闸、樱桃园闸、古城闸，应由河南、山东两省水利厅移交给黄委会管理。

兰坝、广花铁路支线修复通车

6月14日 为确保黄河下游防汛物资运输，中央决定在汛前抢修兰坝、广花两铁路支线，指定铁道部第四设计院担任设计，中国人民解放军铁道工程兵负责施工。

铁道工程兵第七师于5月1日开始施工，兰坝、广花两铁路支线分别于5月28日及6月3日先后修复，两线于6月14日同时举行通车仪式。

兰坝支线是自陇海铁路兰考车站西端出岔，终点为东坝头车站，全长14.006公里。广花支线是自京广铁路广武车站北端出岔，终点为花园口车站，全长14.3公里。

在“大跃进”的年代里，上述两条防洪专用铁路线曾一度被毁。

国务院同意1962年黄河防汛任务

8月1日 国务院同意黄河防总《关于1962年黄河防汛问题的报告》，并批转有关省执行。报告指出：三门峡水库建成后，控制了黄河流域面积92%，基本上解除了下游特大洪水的威胁。但库区淤积很快，下游河道排洪能力有所降低。根据上述情况，1962年防洪任务确定为：在中央的正确领导下，全河一条心，四省（陕、晋、豫、鲁）一条心，密切协作，上下兼顾，加强修防，运用好三门峡和东平湖水库，以防御花园口站洪峰流量18000立方米每秒的洪水为目标，保证黄河不决口。

水电部在北京召开三门峡水利枢纽问题座谈会

8月20日～9月1日 三门峡水利枢纽问题座谈会在北京召开。会议由水电部副部长张含英主持，参加会议的有：国家计委，国家经委，陕西、山西、河南、山东四省水利厅，黄委会，三门峡工程局，北京勘测设计院，水电部有关司局及科学研究单位的有关专家，共80余人。

会议主要内容是交换对三门峡水库运用的意见，讨论是否需要增建泄流排沙设施，增建工程在技术上的可能性和怎样增建等问题。由于认识不同，未能取得一致意见，需要进一步加强观测试验，深入开展理论研究，拟再召开会议进行探讨。

黄河水利学校改归水电部领导

9月1日 为便于安排、平衡全国水利电力技术人才培养，水电部与黄委会研究决定，黄河水利学校自9月份开始归水电部直接领导。学校干部、师资、财务等各项工作，均由部直接管理。校名改为“水利电力部黄河水利学校”。1963年秋开学复课，并恢复招生。

关于调查开荒破坏水土保持情况的报告

10 月 20 日 黄委会关于当前黄河流域重点省(区)开荒破坏水土保持的情况报告国务院水土保持委员会、水电部:

据在陕北、晋西重点调查,近两年来新垦荒地约 600 多万亩,占原耕地面积的 20%左右。延安大砭沟和二庄科生产队,耕垦指数由原来的 22%增到 76.7%,只要能种之地都已开光。绥德一带新开荒地 90%以上是 25 度以上的陡坡,有的竟达 60 度以上。山西隰县有的生产队因陡坡不能立足,竟用绳子将人吊着开荒,并有人摔伤致残。山西临县段贤大队平均每户开荒 5.3 亩,每人开荒 1.62 亩。甘肃省 25 个县统计,原有 108 个水土保持典型,因开荒受到严重破坏,现保存下来的只有 22 个。

黄河下游治理学术讨论会在郑州召开

11 月 3 日 由黄委会主持,水电部技术委员会、水管司、水利水电科学研究院及黄委会所属设计院、水利科学研究所、工务处、水文处、河南及山东河务局等单位参加的黄河下游治理学术讨论会,在郑州召开。会议就黄河下游治理、位山枢纽改建、东坝头工程、密城湾工程等课题展开了热烈的讨论与争鸣。清华大学教授、水利专家钱宁及其他水利工作者 52 人参加了会议。

颁发《黄河下游堤旁植树暂行办法》(草案)

11 月 20 日 1958 年"大跃进"以来黄河堤旁树木遭到严重破坏,为巩固堤旁绿化成果,黄委会参照《国营林木技术规程》,结合黄河下游历年植树经验,颁发了《黄河下游堤旁植树暂行办法》(草案)。

1919～1960 年黄河干支流水量、沙量资料集出版

11 月 由黄委会主编的《黄河干支流各主要断面 1919～1960 年水量、沙量计算成果》资料集正式出版。

过去在治黄与水利建设中,因各单位所采用的黄河水文数据不同而使工作成果出现差异。水电部于 1960 年指示黄委会提供一套统一使用的水文数据。黄委会乃于 1960 年 11 月至 1961 年元月会同水电部水文局、北京

勘测设计院、西北勘测设计院、水利水电科学研究院以及甘肃、山西省水利厅等单位，对黄委会过去刊印的“年鉴”进行审查和修正。在此基础上，又对部分站缺测年份作了插补和分析计算，经水电部组织有关单位审查通过，刊印出版。该资料集首次提出黄河陕县站多年平均输沙量为 16 亿吨。

1963年

黄河中游水土保持机构和人员锐减

1月7日 黄委会以〔1963〕黄土字第1号文向国务院水土保持委员会和水电部报告黄河中游水土保持机构情况：

近两年来，陕、甘、晋三省水土保持机构精简过多，与1957年相比，机构撤销了58～80%，人员减少了69.7～95%。

陕西省目前共有水土保持干部94人，比1957年的985人减少了90.4%，水土保持试验站由16处减为4处。流失严重的榆林专区，水保干部由1957年的260人，减为17人，减少了93%。

甘肃省1956～1957年全省约有水土保持干部1500人，精简后仅有140人，减少了90.6%。据天水、定西、庆阳、临夏、临洮、兰州、白银、武都等八个专(市)及所属50个县统计，现有水土保持干部57人，比1957年减少了95%。

山西省原有水土保持干部573人，精简后保留230人，减少了59.9%。全省水土保持试验站由原来的5处170人，减为一处50人，人数减少了71%。

黄河中游水土流失重点区治理规划会议召开

1月9～18日 国务院水土保持委员会在北京召开黄河中游水土流失重点区治理规划会议。参加会议的有黄河流域河口镇到龙门区间水土流失严重的42个县县委领导和有关省(区)主管水保工作的负责人，国务院水土保持委员会主任廖鲁言主持了会议，黄委会副主任赵明甫在会上讲了话。

会议讨论了黄河流域河口镇至龙门这一段十万平方公里的治理规划，提出水土保持的方针是：水土保持必须与当地群众的生产和生活相结合，以治理坡耕地为主，坡耕地、风沙、沟壑治理相结合；荒坡、沟壑、风沙的治理以造林、种草和封山育林、育草为主。并认为，处理“以粮为纲”问题要根据合理利用土地和其它自然资源的原则，规定生产发展的方向，又不能不照顾到当前粮食的情况，制定规划要从实际出发，要有治理标准，既要有长期规划，又要有分段规划。

部分堤段树木又遭破坏

3月13日 “大跃进”期间，黄河堤防树木遭受严重破坏且未得到根本制止，1962年入冬以来，部分堤段树木又遭破坏。黄委会为此发出通报指出：1962年11月以来全河损坏丛柳59566墩，损失大小树木19794株，其中河南14572株，山东5222株。更严重的竟有结伙偷树、行凶打人现象。通报要求各地对已发生的案件尽速查明处理，加强堤防树木的管理，制止破坏事件的继续发生。

黄河干支流水文站网形成

3月16日 黄委会印发的《水文工作十年总结及1963年工作任务》一文指出，截至1962年底，建有流量站117处、水位站34处、实验站5处，除黄河上游和中下游一些小河测站不足外，黄河干支流已初步形成一个比较完整的水文站网。

黄委会提出“上拦下排”治黄方策

3月 黄委会在郑州召开的治黄工作会议上，王化云主任作了《治黄工作基本总结和今后方针任务》的报告，提出“在上中游拦泥蓄水，在下游防洪排沙”，即“上拦下排”的治黄方策。

国务院发出《关于黄河中游地区水土保持工作的决定》

4月18日 国务院发出《关于黄河中游地区水土保持工作的决定》。《决定》指出，水土保持是山区的生命线，是山区综合发展农业、林业和牧业生产的根本措施。黄河流域是全国水土保持工作的重点，其中从河口镇到龙门的十万平方公里、42个县是重点的重点，保持水土不单是点线上的工作，主要是面上的工作。治理水土流失，必须依靠群众，以群众力量为主，国家支援为辅；治理水土流失要以坡耕地为主，把坡耕地的治理提高到水土保持工作的首位，但也不能放松荒坡、沟壑和风沙的治理，要造林种草和封山育林育草。对水土保持工程设施，贯彻“谁治理，谁受益，谁养护”的原则，要坚决制止陡坡开荒和毁林开荒。决定还强调，42个县要制定水土保持规划，加强水土保持工作的领导。

郑～济通讯干线更换水泥电杆

4月 郑州至济南黄河专用通讯线路原为木杆支撑，经十余年的使用，已多半腐朽，倒杆断线的现象时有发生。黄委会为保证联络畅通，自4月份起，将该线路木杆全部更换为水泥杆。河南、山东两河务局架线队负责此项工程的施工，至年底竣工。计完成更换水泥电杆533.5杆公里(2866.14对公里)。这是黄河上最早使用水泥电杆。

赵明甫赴内蒙古考察水土保持工作

6月24日～7月8日 黄委会副主任赵明甫在内蒙古水利厅副厅长李直陪同下，先后到内蒙古伊盟的东胜、准格尔旗、达拉特旗，乌盟的和林、清水河县和呼和浩特市郊区考察水土保持的开展情况。赵明甫对一些水土保持先进典型给予肯定，要求进一步抓好典型，基本上做到社社有典型；在经费使用上以群众自力更生为主，国家适当补助为辅；在措施上，贯彻“谁修、谁管、谁用”的原则。

金堤河治理工程局成立

6月 国务院批准成立金堤河治理工程局。7月改为金堤河工程管理局，韩培诚兼任局长。1964年3月该局撤销。

三门峡水利枢纽问题第二次技术讨论会在北京召开

7月16～31日 由水电部副部长张含英主持、有120人参加的三门峡水利枢纽问题第二次技术讨论会在北京召开。

会议着重研究了三门峡水利枢纽上下游泥沙冲淤变化，增建泄流排沙设施的可行性，非汛期发电以及增建工程的有关工程技术问题。会议还以三门峡工程的控制运用为中心，联系到黄河的治理方向，水土保持工作的开展，干支流水库以及黄河、渭河下游的河道整治问题。

在三门峡是否增建泄流排沙设施上，讨论会仍有较大的分歧。

花园口枢纽废除

7月17日 三门峡水库改为滞洪排沙运用后，黄河下游河道恢复淤积，花园口枢纽系低水头壅水工程，工程效益不仅未能全面发挥，河道排洪能力反而受到严重影响，淤积日渐加重。加以工程建成后，管理单位几易隶属，管理运用不善，致使泄洪闸下游的斜坡段、消力池、混凝土沉排及防冲槽均出现严重损毁，不得不停止使用。本年5月提出破除拦河大坝的工程计划，经水电部和中共河南省委批准，7月17日6时将拦河坝爆破废除，大河逐渐恢复了自然流路。

内蒙古自治区建立水保专业队和试验站

8月27日 内蒙古自治区人委以〔1963〕蒙水土天字第792号文件发出《关于重点水土流失区建立国办水土保持专业队和水土保持试验站的通知》：

一、经中央批准，本年在全区建立国办水保专业队两个，编制160人，建立水保站25处，编制440人；给水保试验站增加职工90人，共690人。

二、专业队配备区旗级干部2人，并配备技术干部2～3人，均由所在旗县调剂解决，工人从城市精简职工和学生中解决。

三、经费由国家下放安置费内划拨。

渭河、北洛河下游河道淤积严重

9月16日 陕西省人民委员会会办李字第784号文件指出，三门峡工程蓄水运用以来，渭河、北洛河下游河道出现严重淤积，形成“拦门沙”，且淤积有继续向上延伸之势。截至8月底，渭河淤积已发展到泾河口附近(距西安市草滩约11公里)。北洛河淤积已发展到大荔县河城村附近(距北洛河口128公里)；渭河河床抬高0.4～1.4米，北洛河河床抬高3～4米，两河河槽断面缩小约一半，过水能力大大降低。

黄河下游堤防、闸坝工程管理会议在郑州召开

10月7～13日 黄委会在郑州召开了黄河下游堤防、闸坝工程管理会议。会议对黄河堤防工程及大堤树草遭到的严重破坏进行了分析，水电部派员参加了会议，黄委会副主任赵明甫作了会议总结。会议制订了《黄河下游闸坝工程管理规范》，并颁布试行。

国务院批复同意位山破坝及东平湖水库采用二级运用

10月21日 国务院批复同意山东黄河位山枢纽破坝方案，并同意东平湖水库采用二级运用，最高滞洪水位定为44.5米，二级湖堤堤顶高程46.0米。

黄河系统开展清仓核资

10月 根据水电部关于清仓核资的指示精神，黄委会从1962年至本年10月对黄河系统全部财产物资，包括帐内、帐外、库存、在用、借出、借入等项，普遍进行了一次清查、核对、登记和技术鉴定，并进行了抽查验收。通过此次清仓核资，不仅核实了固定资产，且发现了管理工作中的薄弱环节，为加强物资管理提供了依据。

国务院发布《关于黄河下游防洪问题的几项决定》

11月20日 国务院以国水电字第788号文件发布《关于黄河下游防洪问题的几项决定》：

一、当黄河花园口发生22000立方米每秒洪峰时，经下游河道调蓄后到寿张县孙口为16000立方米每秒。在位山拦河坝破除后，应利用东平湖进洪闸，必要时辅以扒口，分入东平湖4000立方米每秒，使艾山下游流量不超过12000立方米每秒。考虑到山区来水，艾山以下堤防应按13000立方米每秒的排洪标准设计，分期完成培修加固工程。

二、当花园口发生超过22000立方米每秒的洪峰时，应利用长垣县石头庄溢洪堰或河南省的其他地点，向北金堤滞洪区分滞洪水，以控制到孙口的流量最多不超过17000立方米每秒左右。在孙口以下，分洪入东平湖5000立方米每秒，使艾山下泄洪水仍保持在12000立方米每秒左右。

三、大力整修加固北金堤的堤防，确保北金堤的安全。在北金堤滞洪区内，应逐年整修恢复围村埝、避水台、交通站以及通讯设备，以保证滞洪区内群众的安全。

四、继续整修和加固东平湖水库的围堤。东平湖目前防洪运用水位按大沽基点高程44米，争取44.5米。整修加固后，运用水位提高到44.5米。

黄河中游水土流失重点区第二次会议召开

11月 国务院水土保持委员会在北京召开了黄河中游水土流失重点区第二次会议，参加会议的有这个地区内42个县，甘肃泾、渭河上游地区，江西、湖南、北京市有关单位，会议由国务院水土保持委员会主任廖鲁言主持，黄委会副主任赵明甫等在会上作了报告。

会议认为1963年结束了水土保持运动的停顿状态，42个重点县新治理面积达868平方公里，整修面积1052平方公里。面上的治理贯彻以坡耕地为主的综合治理方针，密切同当地群众的生产相结合，统一规划，以生产队为单位分片治理，坚持了“谁治理、谁受益、谁养护”的原则，数量质量并举，讲究实效。

会议提出了1964年的任务和高指标的十八年规划。

位山枢纽废除

12月6日 位山枢纽工程建成后，主要由于原规划设计过分乐观地估计了黄河防洪问题，泄洪流量偏小，不能处理黄河可能发生的特大洪水。尤其是枢纽以上壅水，造成回水区河道的严重淤积，降低了河道的排洪能力，增大了位山以上堤段的防洪负担。

为了防洪安全，最后确定大坝进行爆破。破坝工程于11月20日陆续开工，12月5日第一、二拦河坝先后被破除，大河恢复原有流路。东平湖水库也随之改为新老湖二级运用。

水电部提出金堤河治理问题的意见

12月17日 黄河以北金堤以南地区在行政区划上分属河南省长垣、滑县、濮阳三县和山东省范县、寿张两县，面积五千多平方公里。这一地区的涝水过去顺金堤河下泄入黄河。1949年入黄出路被堵后，因无正常排水出路，以致连年涝灾严重，1963年金堤河大水冲毁了平原水库，上下游水利纠纷增多。

为便于金堤河的统一治理，水电部12月17日向国务院的报告中，提出了关于金堤河的治理意见：把金堤以南山东省的范县、寿张一部分地区约一千余平方公里（包括黄河滩地）划归河南；金堤河恢复原有入黄出路，濮阳到陶城铺的金堤仍为黄河大堤；金堤河向北泄水的张秋闸恢复到1949年前的使用惯例，不泄汛期涝水，每年白露以后排泄金堤河积水，最大流量不超过20立方米每秒，该闸由黄委会管理。

本年11月间，河南省提出将金堤以北的范县县城（即樱桃园）划归河南，以便在这里设县，作为县党政机关的驻地。山东省将樱桃园的部分区域划归了河南。

黄河流域水土保持科学研究工作会议召开

12月20～30日 黄委会在郑州召开黄河流域水土保持科学研究工作会议，参加会议的有黄河中上游七省（区）水土保持科研站（所）和业务主管部门，黄委会副主任赵明甫主持会议。

会议是在黄河中游水土流失重点区第二次会议以后，水土保持工作出现新的形势下召开的，会议讨论了科学研究工作的任务，落实了1963～1972年水土保持科学技术发展规划，组织了“西北黄土地区水土保持科学研究协作小组”，拟订了1964年黄河流域水土保持科学研究任务。

黄河系统加强业余文化教育

12月 为落实水电部关于认真坚持办好业余教育的决定，黄委会大抓黄河系统的业余教育工作。1962年年底会直机关率先恢复业余文化学校，本年2月组成业余教育委员会，恢复黄委会教育科。中共黄河水利委员会党委特地作出《关于加强对机关教育工作领导的决定》，规定每周二、三、四、五晚上为职工业余文化学习时间，一般不得占用，还制定了《职工业余教育规划》，配备了系统内各级组织的业余教育专职人员。

据本月统计，黄委会驻郑单位相继开办业余文化班31个，入学人数为职工总数的42％；在79个基层单位中，办学习班65个，包括大学、外语、高中、中技、业务、高小等班，入学率为职工总数的37.2％。

1964年

黄河第三届先进代表大会在郑州召开

1月13～23日 黄委会和中国水利电力工会黄河委员会在郑州召开了黄河第三届先进集体与先进生产者代表大会，出席会议的代表190多人。

中共河南省委书记杨珏、河南省总工会副主席姚策、黄委会主任王化云等参加会议并讲了话。

会议表彰奖励了先进单位和先进人物，通过了告全河职工书，并按业务系统分别提出了倡议。

《黄河建设》月刊复刊

1月 《黄河建设》月刊于1960年7月停刊后，历经三年半，经水电部批准于本月复刊，并改为内部刊物。

三门峡水电站原设计安装的第一台机组发电

3月5日 三门峡水电站原设计安装的第一台15万千瓦水轮发电机组发电。不久因水流含沙量太高，机组损坏，于5月1日停止运用。该机组随即移往丹江口水电站。

国务院发布《关于水土保持设施管理养护办法(草案)》

3月 国务院水土保持委员会发布《关于水土保持设施管理养护办法(草案)》。指出根据“谁经营，谁管理，谁受益”的原则，水土保持设施所有权、经营权和管理养护责任亦应确定下来，且长期不变。严禁陡坡开荒、毁林开荒和滥垦滥牧。

《黄河埽工》出版

3月 黄委会编写的《黄河埽工》一书由中国工业出版社出版。该书详细介绍了修埽的材料、方法和埽工的应用及改进。

王化云向邓小平总书记汇报工作

4月中旬 黄委会主任王化云在西安向中共中央总书记、代总理邓小平(当时周总理正出访非洲,由邓小平代理总理职务)汇报以拦泥工程解决三门峡库区淤积问题。

《关于黄河下游沿黄涵闸和虹吸工程引水审批办法(试行)》颁发

6月8日 黄委会颁发《关于黄河下游沿黄涵闸和虹吸工程引水审批办法(试行)》。《办法》指出:

一、已停用的引黄涵闸,如需恢复使用时,使用单位应向涵闸管理机构提出经其上级地方政府批准的恢复使用设计方案和用水计划,经黄河河务局审查并转报我会同意后,方准动用。

二、已停止使用的虹吸工程,如需动用时,应由使用单位向虹吸工程管理机构提出申请书,报请黄河河务局同意后,方准动用,并报会备查。

三、经批准动用的涵闸和虹吸工程,引水运用时,均应按照正在使用的引黄涵闸和虹吸工程的规定执行。

国务院主持召开黄河防汛会议

6月10日 国务院副总理谭震林在北京饭店主持召开了黄河防汛会议。水电部副部长刘澜波、钱正英,河南、陕西、山西、山东四省及黄委会负责人参加了会议。会上听取了黄委会主任王化云关于黄河防总1964年黄河防汛工作意见的说明,并进行了讨论,原则上通过了这个文件。会议确定黄河防洪任务,仍以防御花园口站洪峰流量20000立方米每秒洪水为目标,保证黄河不决口。

水电部批准恢复黄河勘测设计院

6月22日 黄委会勘测设计院自1962年12月撤销后,规划设计、测绘、地质三个业务处直接由黄委会领导。实践中发现这种形式不能适应治黄工作发展的需要,经水电部〔1964〕水电劳组字第277号文件批准,恢复黄委会勘测设计院。

在实施过程中,黄委会首先设立了中共黄委会勘测设计委员会,后因黄委会机关开展“四清”运动及相继而来的文化大革命动乱,恢复工作遂告中断。

河南河务局拟订生产堤运用方案

6 月 30 日　据黄委会〔1964〕黄工字第 49 号文件关于开放生产堤预留分洪口门的通知精神，河南黄河河务局拟订了黄河滩区生产堤运用方案。要点如下：

一、生产堤标准：以防御花园口站流量 10000 立方米每秒为标准，当花园口流量在 10000 立方米每秒以下时，应领导群众进行防守，保护滩区农业生产；当花园口流量超过 10000 立方米每秒洪水时，必须坚持破除生产堤，以利排洪。

二、生产堤口门：旧有和新开生产堤口门，除临河留一子埝(顶宽不大于 2 米，顶部高程超出设计水位 0.3 米)外，多余部分均应按设计要求全部削除。

三、一旦需要开放生产堤时，必须在接到通知 8 小时内破堤过水，同时应作好滩区群众的迁安工作，保证人畜安全，财产少受损失。

三门峡水库进行人造洪峰试验

6 月 30 日　鉴于三门峡水库全部改建工程一旦付诸实施，黄河下游河道的淤积将趋于严重，该项试验的目的在于通过人造洪峰，寻求冲刷下游河道的途径。

人造洪峰的试验从 1963 年 11 月 1 日至本年 6 月 30 日，历时八个月，分两次进行。

试验结果，花园口以上河段仍淤积 3300 万吨，花园口以下冲刷了 3600 万吨，冲淤相抵后，下游河道仅冲刷了 300 万吨，且使下游局部河段发生塌滩现象，以致老险工脱河，新险工增多，而花园口以上河段由于严重淤积，则使主槽淤平，水流散乱。

内蒙古黄河干流发生大洪水

7 月 31 日　内蒙古自治区黄河干流磴口站本日 6 时发生 5710 立方米每秒的洪水，这是 1935 年以来在内蒙古黄河干流发生的仅次于 1946 年洪水的第二次大洪峰。各地组织 10 万余人上堤防汛，驻军也开赴巴盟、伊盟险工地段支援。巴盟磴口一带还做了滞洪准备和迁移安排。

黄河河口人工改道

7月31日 年初黄河河口罗家屋子冰凌壅塞，水位陡涨，两岸漫滩，15个村庄2607人被水围困。中共山东省委派黄河河务局、惠民专署等单位负责人查看灾情，研究采取分水措施。于1月1日16时爆破罗家屋子民埝，解除冰水威胁。至本月31日水从分水口处夺流，由钓口河入海。新河道缩短流程22公里，为1950年以后黄河河口的第二次人工改道。

黄河中游水土流失重点区第三次水土保持会议召开

8月29日～9月10日 黄河中游水土保持委员会在西安召开了黄河中游水土流失重点区第三次水土保持会议。参加会议的除原来位于水土流失重点区的42个县外，又增加了泾、渭、北洛河流域的58个县，还有7个省（区）和16个专区（盟）的负责人。会议还邀请了中央农业、林业、水利等有关部门以及华北局、西北局等。共281人到会。

会议对1964年的工作作了基本总结，研究部署了1965年的工作任务，印发了《1965～1980年黄河中游水土保持规划的初步设想》（第二稿）。

会议确定将泾、渭、北洛河流域的58个县列为黄河中游水土流失重点县，使重点县由原来的42个增加到100个。

鲁、豫、皖、苏、晋五省集会研讨黄河综合利用规划

8月 水电部组织鲁、豫、皖、苏、晋五省及黄委会在北戴河集会，研讨1955年拟订的黄河综合利用规划和已投入运用的三门峡工程。黄委会在会上提出了《关于近期治黄意见的报告（讨论稿）》。会议经过反复研讨与争论，归纳了七条统一意见：

一、原规划拟订的水土保持方向和主要措施是正确的，但对于治理速度和拦泥效益的估计偏于乐观。

二、原规划选定的支流拦泥水库多半是口小肚大，要淹没大片稳产高产的川台地。在西北地区用淹没大量粮田换取库容的办法是不适宜的。

三、综合利用、梯级开发的原则，对于黄河上游基本上是正确的。对于泥沙最多的晋陕间干流河段，也一律综合利用、梯级开发，很少注意拦泥是不适当的。

四、对三门峡水库的淤积速度和淤积位置以及渭、北洛河下游的影响缺乏详细研究，库区末端"翘尾巴"现象和后果是原先没有估计到的。

五、原规划拟订的在多沙支流上修建拦泥水库来配合水土保持减少三门峡入库泥沙，这一指导思想是符合黄河情况的。但原来选定的“五大五小”拦泥水库控制面积小，工程分散，离三门峡远，即使如期完成也不能有效地解决问题。

六、对黄河水少沙多的特点以及平原地区盐碱化问题的认识不足。

七、1958年以来干流工程的修建，在进度和规模上超越了原规划的指标，发生一些问题，特别是下游修建花园口、位山、泺口、王旺庄拦河枢纽，对防洪排沙十分不利，并造成很大浪费，但东平湖水库仍有很大作用。

黄河下游引黄渠首闸交黄河系统统一管理

8月 黄河下游引黄涵闸除少数属黄河系统外，大多属地方（省、市、县）领导，闸门的启闭权也均归地方。1962年3月17日黄委会以〔1962〕黄工字第18号文向水电部报告：“为了确保防洪安全，黄河下游引黄涵闸应有统一的领导机构，特别在近几年好多涵闸已暂停使用，更应统一管理，不然很可能因放松和忽视工程管理养护，而造成不应有的损失”。经水电部批示同意后，黄河下游引黄涵闸自1963年4月份开始由黄河系统接管。截至8月山东除少数虹吸工程尚未办完交接手续外，其余应接管的工程已全部接管；河南除人民胜利渠、共产主义渠和红旗渠三个引黄闸及一处虹吸尚未移交外，其余已全部交接完毕。

黄河中游水土保持委员会成立

8月 根据中共中央、国务院批转谭震林副总理的报告精神，黄河中游水土保持委员会于8月份在西安正式成立。主任委员由中共中央西北局农村工作部部长李登瀛同志兼任，副主任委员由屈健（1965年1月由鲁钊同志接替）、惠中权（兼）、赵明甫、唐方雷等同志担任。委员会机关设办公室、调查研究处、科学技术处、宣传处、政治处等五个处室。并将原属中国科学院领导的西北水土保持生物土壤研究所和原属黄委会领导的天水、西峰、绥德三个水土保持科学试验站划归黄河中游水土保持委员会领导。

黄河号机动拖轮开航

9月1日 由我国自行设计和制造的黄河号机动拖轮在郑州花园口开航。这批机动拖轮包括270匹马力的钢质机动拖轮两艘和载重80吨的甲板铁驳船10只。每艘拖轮在拖运500吨重量的情况下，顺水时速11～14

公里，逆水 7～8 公里，船只吃水深度 0.85 米。

国务院调整金堤河地区行政区划

9 月 9 日　国务院〔1964〕国内字第 421 号文件批示山东、河南两省金堤河地区按下列内容调整行政区划：

一、将山东省范县、寿张两县金堤以南和范县县城附近地区划归河南省领导，具体省界划法：山东省寿张县所属跨金堤两侧的斗虎店等 13 个村庄划归河南。

二、将山东省范县划归河南省，范县所属金堤以北除范县县城及金村、张夫两村以外的地区划归山东省莘县。

随着行政区划的变更，两省的治黄机构也作了相应调整。

《黄河下游土方工程拖拉机碾压试行办法》颁发

9 月　1963 年春黄河下游土方工程中，开始试用拖拉机碾压，经黄委会与河南、山东两河务局派专人测验，发现拖拉机碾压较硪实具有质量均衡（干容重合格率达 95%以上）、成本低、效率高、省劳力等诸多优点。黄委会本月制定并颁发了《黄河下游修堤土方工程拖拉机碾压试行办法》。强调指出"今后在复堤工作中，凡有条件的均应大力推广"。

《试行办法》颁发后，根据调查和试验资料，作了修改补充，于 1965 年 2 月 27 日黄委会正式颁发了《黄河下游修堤土方工程拖拉机碾压办法》。

整顿、更新全河水文基本设施

9 月　从本年初黄委会着手对全河水文基本设施进行全面整顿、配套与更新。截至本月，完成 33 个站过河缆的改建和新建工程（其中黄河干流站有石嘴山、龙门、三门峡、小浪底、泺口 5 站）。过河缆支架形式，除泺口、黑石关、石嘴山、杨家坪为钢结构外，其余大部分站更新为钢管支柱（12 处）或砌石支柱（11 处），另建大小测船 9 只、钢质升降缆车 10 只、铁水力绞关 9 部，提高了测洪能力与测报精度。

中共黄委会政治部成立

10 月 5 日　根据中共中央关于加强思想政治工作、建立各级政治工作机构的决定以及中共水利电力部政治部关于各级政治机构设置办法的试行意见，中共黄河水利委员会政治部于本月 5 日成立。政治部下设办公室、组织处、宣传处、干部处。关于中共黄河水利委员会党委会办事机构的工作，由政治部有关处室负责，会机关原人事处的干部工作由政治部干部处负责。

12月10日中央组织部任命周泉为黄委会政治部主任。

黄委会水文处、地质处以及河南、山东黄河河务局，也先后设置了政治工作机构。

周总理在北京主持召开治黄会议

12月5～18日 国务院为三门峡工程改建问题在北京召开了治理黄河会议，周恩来总理主持会议，并于12月18日作了重要讲话。周总理在讲话中对三门峡工程改建问题作了重要指示，并提出："总的战略是要把黄河治理好，把水土结合起来解决，使水土资源在黄河上中下游都发挥作用，让黄河成为一条有利于生产的河"。周总理这个指示以后一直是治理黄河的重要指导思想。

参加这次会议的共100余人，有中央有关部委和有关省区的负责人，有张含英、汪胡桢、黄万里、张光斗等水利界知名专家，有长期研究黄河、从事治黄工作的科技人员。黄委会主任王化云代表黄委会在会上作了《关于近期治黄意见》的汇报。

会上，以三门峡改建为中心，形成各种治黄思想的大交流与大论争，使这次会议成为当代治黄史上一次重要的会议。

会议决定，为有利于泄流排沙，批准三门峡工程"两洞四管"改建方案，即在左岸增建两条泄流排沙隧洞，改建坝身四条发电引水钢管为泄流排沙钢管，在坝前水位315米时，下泄流量为6000立方米每秒。

1965 年

三门峡水库“两洞四管”改建工程动工兴建

1 月 1962 年 3 月三门峡水库改为滞洪排沙运用后，水库排沙比虽有增加，但因泄流规模不足，库区淤积仍继续发展，须通过改建扩大泄流。水电部召开多次会议论证，本月国家计委、水电部根据周总理指示精神，批准“两洞四管”改建方案，并责成施工单位立即施工。

两洞系指在大坝左岸增挖两条泄流排沙隧洞，洞长分别为 393.883 米及 514.469 米，当进水口水位 310 米时，每条隧洞下泄流量 1140 立方米每秒。

四管系指电站左侧四条发电引水钢管改为泄流排沙钢管。当进水口水位 310 米时，每条钢管泄流 192 立方米每秒。

王生源任黄委会副主任

2 月 15 日 国务院任命王生源为黄河水利委员会副主任。

张含英、王化云率工作组考察黄河下游山东地区

3 月 19 日 为编制黄河治理规划，由水电部副部长张含英、黄委会主任王化云任正、副组长的工作组，从本日起，历时二十天，考察了黄河下游的山东菏泽、鄄城、郓城、梁山、东平、济南等地。在济南期间听取了山东省水利厅、山东黄河河务局的工作汇报，考察结束后在郑州进行了座谈总结。

参加工作组的有：北京水电科学研究院院长谢家泽、专家钱宁、武汉水电学院副院长张瑞瑾、黄委会工务处工程师徐福龄等。

编制黄河治理规划

3 月 根据周总理在 1964 年 12 月北京治黄会议上的指示精神，水电部决定由钱正英、张含英、林一山、王化云四人组成领导小组，编制黄河治理规划。王雅波为规划小组组长，谢家泽、张瑞瑾为副组长，成员有郝步荣、刘善健、王源、王咸成、钱宁、叶永毅、顾文书、张振邦、温善章、李驾三等。

本月临时规划办公室在郑州成立，下设六个工作组，即综合组（6 人），

基本资料组(40余人),水文泥沙组(45人),下游大放淤组(30人),下游组(30余人),中游组(80余人),共250人。南京大学地理系师生40余人协助进行粗沙来源调查。

各组按照各自的规划方案进行工作,分别到三门峡库区、陕北和晋西北的黄河支流及黄河下游进行查勘并收集资料。下游大放淤组选择了两处试点进行调查,在山东梁山县修了陈垓引黄闸,做了渠道衬砌设施。中游组调查了渭河下游及陕北、晋西北群众用洪用沙经验,查勘了支流拦泥库坝址,研究了拦泥库开发方案。下游组进行了河道整治、堤防培修与东平湖分洪、滞洪等有关黄河下游综合治理规划。

1965年10月黄委会开始"四清运动",黄河治理规划因而中断。

黄委会提出《黄河三秦区间洪水分析报告》

3月 黄委会提出《黄河三秦区间洪水分析报告》。《报告》建议,黄河下游防洪的设计洪水,应考虑千年一遇的标准,即在考虑陆浑水库的拦蓄作用及三门峡下泄4100立方米每秒一般洪水的情况下,秦厂水文站千年一遇洪水为30000立方米每秒。这一数值1975年前一直是黄河下游防洪安排的依据。

《黄河下游河床演变》出版

4月 钱宁、周文浩合著的《黄河下游河床演变》由北京科学出版社出版。该书是在系统地分析黄河水文和河道资料,并参阅考证有关历史文献的基础上写成的。全书共分八章。书中还综合分析了游荡性河流的成因、游荡指标及多沙河床的演变特点等。

探摸研究险工根石走失规律

4月 黄委会组织春修整险工作组,选择在花园口、申庄、九堡、黑岗口、柳园口、府君寺、东坝头等116个坝垛和76座护岸,对根石的深度、宽度、坡度、断面形态及分布现状进行探摸,结合调查统计资料,分析研究水下根石走失的规律,取得了巩固根石和提高科学管理水平的数据。

金堤河张庄入黄闸竣工验收

5月30日 位于河南省范县(原山东省寿张县境)金堤河入黄口的张庄闸兴建于1963年3月,本月30日至6月30日进行竣工验收。

该工程的主要作用为排涝挡黄，由黄委会设计院设计，马颊河工程局负责施工。排涝流量按 270 立方米每秒设计，挡黄设计水头差 7.0 米。当黄河遭遇稀有洪水须在石头庄分洪时，张庄闸兼作北金堤滞洪区分洪入黄的出口，最大泄水流量 1000 立方米每秒。

国务院同意 1965 年黄河防汛工作安排

6 月 3 日 国务院同意水电部《关于 1965 年黄河防汛工作安排的报告》。

1964 年黄河下游河床刷深展宽，宣泄能力加大，近期又完成堤防土方 2000 万立方米，抗洪能力有所加强，但位山工程破除后东平湖的进水能力降低，水电部据此对本年防御黄河各类洪水作出安排，原则上仍依照 1964 年中央召开的黄河防汛会议所作决议办理。即艾山下泄流量仍按 10000 立方米每秒进行控制，但由于河槽刷深，东平湖进水能力降低，艾山下泄流量有可能超过 10000 立方米每秒，部署防汛工作按艾山下泄 11000 立方米每秒进行准备。

1964 年原安排当花园口站发生 22000 立方米每秒洪水时，如果向东平湖分洪不到 6000 立方米每秒，则利用北金堤滞洪区下端倒灌 1000～2000 立方米每秒(包括张庄及临时扒堤倒灌)。至于北金堤滞洪区使用标准，由黄河防总根据汛期出现的情况具体掌握。

中共中央西北局决定建立黄河中游水土保持建设兵团

8 月 6 日 中共中央西北局决定建立黄河中游水土保持建设兵团。其主要任务是在水土流失严重、人烟稀少的地区发展国营林场，造林种草，结合建设一些必要的水土保持工程，控制水土流失。1966 年 2 月 23 日，周恩来总理建议，将黄河中游水土保持建设兵团定名为中国人民解放军西北林业建设兵团。

1966 年 7 月 21 日，根据中共中央关于建立中国人民解放军西北林业建设兵团的指示，林业部与中国人民解放军总参谋部宣布了中国人民解放军西北林业建设兵团的命名。同时，中央任命林业部副部长惠中权兼任兵团司令员，西北局农工部部长李登瀛兼任政治委员，鱼振东任副司令员，王杰任副政治委员，张平山任参谋长。兵团业务工作由林业部领导，党政工作由西北局领导。

兵团设司令部、政治部、兵团办公室，下设三个师、一个独立团。陕西为

第一师，部队分布在榆林、延安两个地区，人员1900多人；甘肃为第二师，部队分布在庆阳、平凉两个地区，人员10000多人；宁夏为第三师，部队分布在固原地区六盘山一带。独立团驻青海，部队分布在祁连山、玛可河、麦秀、大同、浩门河一带。

1966年8月，“文化大革命”的风暴波及到组建不久的西北林业建设兵团，1969年9月22日中央军委、国务院发布了撤销中国人民解放军西北林业建设兵团的命令。

在齐河段试行亦工亦农劳动制度

8月 根据中共中央和水电部关于逐步推行亦工亦农劳动制度的精神，黄委会与山东河务局组成工作组，于本月在齐河段推行亦工亦农劳动制度试点。试行中发现执行亦工亦农劳动制度手续过繁，且与临时工、季节工无显著差别，未普遍推行。

黄河中游水土保持委员会召开第一次全体会议

9月10～17日 黄河中游水土保持委员会在西安召开了第一次全体会议。会议根据谭震林副总理和中共中央西北局、华北局的指示，总结了工作并交流了经验，安排了第三个五年计划和1966年的任务，研究了水土保持建设兵团问题。

会议确定，18年规划中规定的“三五”期间治理2.76万平方公里的总指标暂不变动，力争超额完成。要求条件好的地区争取每人达到2亩基本农田、2亩林、2亩草。会议讨论了中央西北局关于建立黄河中游水土保持建设兵团的决定，打算在“三五”期间，头三年试办，后两年适当发展，五年内兵团人员达到3～5万人。

伊河陆浑水库竣工

9月16日 位于河南省嵩县陆浑村的陆浑水库于1959年12月动工，本年8月建成，9月10～16日组织竣工验收。该工程由黄委会设计院设计，河南省水利厅第一工程总队施工。

陆浑水库控制流域面积3492平方公里，占伊河流域面积的57.9%，总库容11.8亿立方米，是以防洪为主，结合灌溉、发电、供水、养鱼等综合利用的大型水库。该水库可削减黄河三花间千年一遇洪峰流量2000立方米每秒，控制伊河龙门以下五十年一遇洪峰流量不大于7000立方米每秒，有效灌溉面积68万亩。

共产主义渠渠首闸及张菜园闸由河南河务局接管

10月21日 黄委会〔1965〕黄工字第86号文件通知河南黄河河务局：为确保黄河防洪安全，便于管理运用，根据水电部关于黄河下游沿黄涵闸交由黄委会统一管理的指示，决定将建在黄河大堤上的共产主义渠渠首闸及张菜园闸委托你局接收管理，相应增加两闸编制12人。

国务院批准运用三门峡水库配合防凌关闸蓄水

12月20日 为确保黄河下游防凌安全，水电部在向国务院的报告中提到，必要时还要考虑三门峡水库适时关闸蓄水防凌。按严重情况关闸30天考虑，需要库容13.7亿立方米，相应水位不超过326米。

国务院〔1965〕国农办字第426号文件批示：国务院同意水电部《关于黄河下游防凌问题的报告》。对运用三门峡水库配合防凌关闸蓄水问题，责成水电部密切注意，严格控制。在确保防凌安全的原则下，尽量压低蓄水位和缩短蓄水时间，力争避免或减少因水库关闸蓄水所引起的不利影响。

黄河下游河道逐渐回淤

12月 三门峡水库蓄水运用以来的几年间，下游河道一度呈现冲刷状态。1961年冲刷8.02亿吨，1962年冲刷3.78亿吨，1963年冲刷3.17亿吨，1964年10月以前冲刷4.6亿吨，从1964年11月份起下游河道开始回淤，至本月底共淤6.03亿吨，多淤在河槽中。

黄河下游堤防完成第二次大培修

12月 三门峡工程建成前后，曾一度放松了下游修防工作，防洪能力有所下降。三门峡水库由"蓄水拦沙"改为"滞洪排沙"运用以后，为继续加强防洪工程，从1962年冬至本年年底历经四年进行了下游堤防的第二次大培修。

这次工程主要以防御花园口站洪峰流量22000立方米每秒为目标，按照1957年的堤防标准，培修临黄大堤和北金堤580公里，整修补残堤段1000公里，一些比较薄弱的险工坝岸工程也进行了重点加固，共完成土石方6000万立方米，实用工日3721.99万个，投资8146.19万元。

1966年

水电部提出恢复引黄灌溉的意见

3月21日 水电部〔1966〕水电规字第50号文件批转部工作组《关于山东省恢复和发展引黄灌溉问题的调查报告》，对恢复引黄提出以下意见：

凡灌溉面积在20万亩以上的设计任务书应报国家计委或水电部审批，特别重大的工程要报国务院审批；规划设计文件应由省农林办公室会同黄河河务局负责编制，征求黄委会意见，经省人委审查后，报水电部审批。灌区面积在20万亩以下的工程，亦应征求黄委会意见后由省审批。

恢复和新建涵闸及虹吸工程时，必须确保质量，并应由省黄河河务局会同省农林办公室提出设计，报黄委会审批，特别重大的或技术复杂的工程报水电部审批。

凡属黄河大堤上的引水工程，由黄委会所属机构负责管理，灌区由省或专、县管理。注意解决泥沙问题，防止再次发生盐碱化。

国务院批转 《关于黄河下游防汛及保护油田问题的报告》

6月10日 为保护河口地区的油田建设，国务院批转了水电部《关于黄河下游防汛及保护油田问题的报告》。批文指出：山东利津以下两岸油田建设正大规模进行，但当地堤防质量较差，河道淤积抬高较快，而且凌汛决口机会也多，今年汛期如南堤发生险情，可考虑在北岸王庄临时破堤分洪。为防备万一，可在汛前修筑部分避水台工程，同时做好防汛抢险和分洪准备。

三角城电力提灌工程动工兴建

7月15日 位于甘肃省榆中县的三角城电力提灌工程动工兴建。该工程从桑园子西坪提取黄河水，可灌溉榆中三角城一带24万余亩农田。设计流量6立方米每秒，总扬程560.1米，泵站34座，装机容量4.94万千瓦，1974年完成主体工程。

三门峡水库"四管"投入运用

7月29日 "两洞四管"是1964年12月北京治黄会议决定的三门峡水库增建工程。"四管"在原电站左侧的5、6、7、8号机组段内,钢管直径由7.2米逐渐收缩为3.82米,再由圆形渐变为宽2.6米、高3.4米的矩形孔口,增建钢管水平长度21.45米,当进水口水位310米时,每条钢管泄流192立方米每秒。"四管"工程于5月竣工,7月29日投入运用。

黄委会"文化革命委员会筹委会"成立

9月3日 本年5月全国"文化大革命"开始,黄河系统也相继开展"文化大革命"运动。8月16日黄委会文化革命小组成立,9月3日黄委会机关文化革命委员会筹备委员会建立,拉开了黄委会十年动乱的序幕。

《黄河建设》杂志停刊

9月 黄委会出版的综合性刊物《黄河建设》,因开展"文化大革命"于本月停刊。

雪野水库主体工程基本竣工

10月 位于山东省莱芜县境大汶河支流瀛汶河的雪野水库,1959年11月动工,本月主体工程基本竣工。

雪野水库是一座以防洪、灌溉为主,结合发电、养鱼等综合利用的大型工程。控制流域面积444平方公里,总库容2.21亿立方米,最大坝高30.3米,设计灌溉面积16.7万亩,主体工程由主副坝、溢洪道、输水洞、电站四部分组成。

罗马尼亚来宾苏培尔特考察黄河

12月12日 罗马尼亚国家建设和城市规划委员会主任工程师苏培尔特由水电部派员陪同,到山东济南考察了黄河堤防、护岸工程,座谈了黄河建设成就,随后参观了济南近郊稻改。

全国水土保持工作会议在北京召开

12月 国务院水土保持委员会在北京召开全国水土保持工作会议。会后,水电部副部长何基沣带队参观了山西省大寨大队和晋、陕、内蒙古三省

（区）的水土保持先进典型。

黄委会提出《黄河中游洪水特性初步分析报告》

12月 黄委会规划办公室中游组提出《黄河中游洪水特性初步分析报告》。该报告首次提出黄河中游较大暴雨的成因主要有三种类型，不同类型的暴雨又形成各具特性的洪水：(1)南北向切变线暴雨，多发生在三门峡以下和华北地区。如1958年7月洪水即这种暴雨所形成。其特点是来势猛、洪峰高、含沙量小。(2)西南东北向切变线暴雨，常出现在河口镇至吴堡区间诸支流如无定河、清涧河、延水和泾、渭、北洛河中上游一带。如1933年和1843年洪水即这种暴雨所形成。其特点是洪峰高、洪量大、含沙量大。(3)东西向切变线暴雨，多出现在渭河、伊、洛河流域和泾河、沁河南部地区。如1964年洪水即这种暴雨所形成，其特点是洪峰较低、历时较长、含沙量较小。

1967年

国务院、中央军委发出《关于防汛工作的紧急指示》

4月20日 国务院、中央军委发出《关于防汛工作的紧急指示》。要求各省（区、市）防汛指挥部应即由有关军区负责组织，有防汛任务的专、县防汛指挥部，分别由军分区和县人民武装部负责组织。黄河防汛总指挥部由河南省军区负责组织，并由济南军区、陕西省军区分别指定一位负责同志担任副指挥。防汛总指挥部组成后，应即报告中央防总。

汾河二坝水利枢纽工程竣工

5月25日 汾河二坝水利枢纽工程亦名汾河红旗拦河闸，于1965年9月3日动工，历经一年零八个月于本日竣工。拦河闸系宽顶堰式，共8孔，高7米，宽10米，设计过水流量为1600立方米每秒。受益灌溉面积84万亩。

国务院、中央军委发布
《关于保证作好防汛工作的通知》

6月25日 在"文革"动乱的形势下，国务院、中央军委为确保防汛安全和防汛工作的正常进行，特地发布《关于保证作好防汛工作的通知》。要点如下：

一、各级防汛组织的职工，都必须坚守岗位，不得用任何借口擅离职守。

二、水文测报工作人员，必须坚持按照规定及时向所有原受报单位发报水情、雨情。各群众组织应大力支持测报工作正常进行。任何团体和个人都不能对测报工作进行干扰，不得对测报设备、水文资料进行破坏。

三、任何团体和个人对堤防、水闸、水库等一切水利工程设施，都有责任进行保护，不得用任何借口进行破坏。

四、邮电部门对防汛、报汛的电报、电讯传递，不得借故拖延。遇有紧急情况，交通运输部门的车船应服从防汛指挥机构的统一调度。

五、防汛料物应积极筹措，妥善保管，任何团体和个人都不能擅自挪用。

黄委会两个群众组织签订防汛六点协议

7月7日 周恩来总理担心“文革”中的黄河渡汛安全，指示水电部负责人召集黄委会群众组织的代表，到北京协商解决黄河安全渡汛问题，并嘱水电部负责人转告：“不论在任何情况下，对黄河防洪问题都要一致起来，这个问题不能马虎”。

黄委会两个群众组织的代表遵照周总理的指示集会北京，为确保黄河安全渡汛，经过协商7月7日签订了六点协议：

一、立即将中央有关防汛指示，向黄委会全体职工原原本本地传达，保证坚决贯彻执行。

二、双方一致同意，黄河防汛办公室由王生源、张存舟、汪雨亭组织领导班子。办公室主任由王生源担任，负责办理黄河防汛工作，保证服从其正确领导。

三、重申坚决贯彻7月5日《河南省各方赴京汇报团关于贯彻执行中央“六·二四”通知及总理指示的协议书》。

四、动员外单位群众立即撤离黄委会，保证四大民主正常开展，迅速恢复正常的工作、生活秩序，不准打、抓、抄防汛人员，保证全体职工、家属人身安全。

五、不准挪用防汛专用资金、器材、材料等，即使一件器材、一块石头、一堆土、一条麻袋、一根木头也不能动用。各方过去挪用的立即全部退还。

六、此协议书自7月12日起生效。

各方应严格要求自己，自觉遵守上述协议。当发生某些争议时，应互相协商解决。

东平湖石洼进湖闸竣工

7月 为增大东平湖分洪能力，东平湖石洼进湖闸于1967年3月5日动工，7月竣工。该闸首次创用管柱桩基结构，全闸共49孔，每孔净宽6米，总宽342米，设计分洪能力5000立方米每秒。

黄河北干流发生大洪水

8月11日 山陕区间8月份以来连降大雨，黄河潼关以上北干流连续出现四次洪水，龙门站11日出现了21000立方米每秒的洪峰流量，这是有实测记载以来黄河北干流发生的最大洪水。20日、22日再次出现14900和

14000 立方米每秒的洪峰流量。

这次北干流洪水出禹门口后立即漫滩横流，淹没耕地 18.3 万亩，尤其是顶托渭、北洛河水，淤塞渭河河口，迫使渭水上滩，淹没秋田 6 万亩，倒房 652 间，但未造成人畜伤亡。

由于三门峡水库的调蓄，出库流量为 4000～6000 立方米每秒。

黄河中宁段出现冰塞

12 月 8 日 本月 8 日至次年 2 月 3 日黄河宁夏中宁段出现持续达 50 天的冰塞，为近数十年所罕见。经用飞机轰炸、人工爆破成效不大，立即动员群众加高大堤防护。这次凌汛中受灾 1566 户，土地 17155 亩，破坏防洪工程多处。

黄委会革委会成立

12 月 26 日 水利电力部黄河水利委员会革命委员会成立。该革委会由 25 名委员(常委 10 名)组成，其中群众组织代表 18 名，领导干部 7 名。由周泉任主任委员，王生源等 3 人任副主任委员。宣布黄委会一切党政财文大权统一归革命委员会，使动乱局面加剧。

青铜峡水电站第一台机组发电

12 月 青铜峡水电站第一台机组发电，同时青铜峡水利枢纽主体工程竣工。

1968年

周总理关注刘家峡导流隧洞漏水问题

2月 正在施工中的刘家峡水电站，于1967年10月28日左岸导流隧洞下闸蓄水时，发生事故，闸门下不到底，造成漏水，闸门下的漏洞越冲越大，影响电站本身建设和下游地区的安全。国务院总理周恩来对此甚为关注，本年2月3日亲自参加国务院业务小组会，讨论该事故的处理问题。8日，周总理明确指示："依靠群众，把洞子堵牢靠。"并指示让"文革"中"靠边站"的原水电部副部长钱正英出来工作。钱正英与水电部副部长杜星垣共同在工地与专家和工人群策群力，终于在10月14日将漏洞全部封堵。

颁发《关于加强堤防树木管理的通知》

3月14日 黄委会革委会以〔1968〕黄革工字第3号文件发出《关于加强堤防树木管理的通知》。《通知》称，近年来黄河下游堤防管理工作有所加强，但最近一个时期山东章丘、东阿和河南开封等地黄河堤防树木仍有被偷伐现象，个别地方甚至出现聚众破坏堤防树木的严重情况。通知要求黄河下游各修防单位依靠群众，加强管理，将发生的问题及时向地方各级革委会汇报，采取措施，杜绝类似事件的继续发生。

河口改道清水沟工程动工

3月18日 河口改道清水沟工程经国家计委批准动工，由惠民、昌潍地区调集民工5万人，胜利油田及马颊河工程局调挖土机等163台投入施工。完成清水沟引河开挖8.7公里，加修接长南大堤28.6公里，培修防洪堤17.2公里，培修保林以下生产堤12.7公里，完成土方693万立方米。

黄河下游引黄涵闸基本恢复引水

4月24日 黄委会革委会向水电部军管会报送《关于1967年黄河下游引黄灌溉调查报告》。《报告》中指出：黄河下游引黄涵闸目前基本上已恢复引水，较早的从1963年即已开始，且又新建了数座引黄工程。截至1967年12月，引黄灌溉面积已达886万亩（其中河南390万亩，山东496万亩），稻改面积37.1万亩(其中河南14.1万亩,山东23万亩),放淤面积21.5万亩(其中河南14万亩,山东7.5万亩)。

中共中央、国务院、中央军委、中央文革发出《关于1968年防汛工作的紧急指示》

5月3日 中共中央、国务院、中央军委、中央文革联合发出《关于1968年防汛工作的紧急指示》,要求立即成立各级防汛指挥机构。黄河防总由河南省革委会负责组织,指定一负责人指挥,并由山东、山西、陕西三省革委会和黄委会分别指定一负责人任副指挥,统一领导黄河防汛工作。全国防汛工作由中国人民解放军水电部军事管制委员会负责总抓。各级防汛领导机构及有关部门,要立即组织力量,对有关防汛工程进行逐项检查,抓紧完成岁修工程,落实防汛措施。任何团体和个人对堤防、水闸、水库等一切水利工程设施,都有责任保护,不得用任何借口进行破坏。对水情、雨情要按时上报,不得以任何借口延误。

水电部军管会批准黄河禹潼段兴建七处工程

6月13日 中国人民解放军水利电力部军事管制委员会向山西、陕西革委会、黄委会革委会发送了《关于黄河禹门口至潼关段河道整治规划及今年汛前工程的意见》,同意兴建山西禹门口、汾河口及蒲州三处,陕西芝川、夏阳村、朝邑、赵渡和潼关四处河道工程,共投资154.17万元,均列为地方水利项目。

东平湖林辛进湖闸、陈山口出湖闸基本建成

7月31日 东平湖林辛进湖闸于1967年9月开工,本日基本建成。主要作用是增加老湖分洪能力,减少新湖区运用机遇,设计分洪能力1500立方米每秒。8月31日,东平湖水库陈山口出湖闸竣工,泄水流量1300立方米每秒。

三门峡“两洞”建成

8月12、16日 三门峡1、2号隧洞建成。连同1967年7月29日投入运用的4条泄流排沙钢管,三门峡“两洞四管”工程全部建成运用。坝前水位315米时,枢纽的泄洪能力由3080立方米每秒提高到6000立方米每秒,水库排沙比增至80.5%。

黄河上中游水量调度委员会第一次会议召开

8 月 21～26 日 黄河上中游水量调度委员会在兰州举行了第一次会议，甘肃省革命委员会委员窦述任主任委员，黄委会负责人为委员之一。

军宣队、工宣队先后进驻黄委会

8 月 28 日 根据河南省革委会的安排，中国人民解放军 7249 部队调派陈秉贵、徐文举、王庆华、梁学同、屈宝琰、张元杰等 6 人组成毛泽东思想宣传队进驻黄委会。1973 年 3 月 10 日根据河南省革委会指示撤离。

9 月，根据河南省革委会的安排，由郑州国棉六厂和郑州铁路局工人组成的工人毛泽东思想宣传队进驻黄委会，后于 1969 年年底前后陆续撤离。

国务院批复河口规划方案

10 月 19 日 水电部、石油部向山东省转达国务院《关于黄河河口问题的批复》：(1)根据你省提出的黄河河口近期规划方案，请在省革委会领导下，会同黄委会及九二三厂积极具体安排，以便在 1969 年汛前集中力量将清水沟地区的油田勘探清楚，到 1969 年汛期前后将河口暂时改道清水沟。三五年后，根据该地区淤高情况及油田勘探情况和开发需要，再改回现河道。(2)关于 1969 年黄河河口工程具体计划及所需投资，请在省革委领导下，和有关部门研究提出，以便列入国家基建计划。

黄委会革委会建立抓革命促生产指挥部

10 月 黄委会革委会根据上级指示精神，从职工中抽出 200 余人建立抓革命促生产指挥部，屈宝琰(军代表)、李文忠(工宣队)、王生源、杨庆安为负责人，指挥部所属的工作班子以连、排命名，分生产、后勤两个连。

黄河中上游七省(区)水保科研座谈会召开

12 月 黄河中游水土保持委员会在陕西临潼召开了黄河中上游七省(区)水保科研座谈会，参加会议的有七省(区)水保主管部门及各水保科研站、所和有关大专院校派出的代表，共 100 多人。会议是在“文化大革命”的干扰下召开的，与会人员对水保科研的方针展开了争论和所谓的“批判”。

1969年

黄委会驻郑单位职工赴淮阳搞“斗、批、改”

1月5日 按照河南省革命委员会的安排，黄委会驻郑单位职工，从1月5日起赴河南省淮阳县郑集公社进行所谓“斗、批、改”运动，历时75天，于3月20日告一段落返回郑州。

山西省黄河治理指挥部成立

1月31日 山西省革命委员会以晋南地区革命委员会为主，省农林水利委员会水利办公室及有关县派人参加，成立山西省黄河治理指挥部，办理晋南地区黄河治理有关事宜。

黄河下游出现严重凌汛

2月10日 元月初以来黄河下游有八次冷空气活动，郑州、济南、惠民等地降温期间日平均气温达零下10摄氏度。在冷暖气流交替侵袭的气候条件下，山东泺口以上的黄河河段形成了三次封河三次开河的局面。全河两次封冻总冰量10327万立方米，河谷蓄水8亿立方米，封冻长度703公里。利津自元月3日封河到3月16日开河，封河期达73天，泺口站三次封河总封冻期45天，接近历年平均封河天数的一倍。

在冰凌“三封三开”过程中，山东齐河李陨和邹平河段梯子坝形成冰坝，冰坝共长20余公里。由于冰坝卡冰壅水，使冰坝上游水位陡涨，超过了1958年洪水位，堤防出现渗水、管涌、漏洞等险情。黄委会革委会生产指挥部根据形势，分析情况，运用了三门峡水库。沿黄各级防汛指挥部组织干部、群众大力防凌，在泺口上下和利津窄河段、弯曲段等壅冰卡水河段进行打冰及爆破，计炸冰数十万平方米。济南部队工程兵某部独立营张秀廷等九同志在平阴滩区抢救被冰水围困群众时壮烈牺牲。

三门峡水库在凌情严重时，关闸断流19天，控制运用52天，最高库水位为327.72米，蓄水18亿立方米，减轻了下游凌汛威胁。

水电部军管会决定将绥德、天水、西峰三站下放地方领导

3月13日 水电部军管会电报通知，将黄河中游水土保持委员会所属的绥德、天水、西峰三个水土保持科学试验站分别下放给地方领导。下放后，陕西省将绥德站委托榆林地区领导，改名为榆林水土保持站；1970年，西峰、天水两站亦先后撤销。1973年黄河治理领导小组在延安召开黄河中游水土保持工作会议以后，西峰、天水两站又先后恢复。

黄河防总发出1969年黄河防汛工作意见

6月13日 黄河防总发出《关于1969年黄河防汛工作意见》，对黄河防洪任务，确定以防御花园口站1958年洪峰流量22000立方米每秒，保证黄河不决口。对超过上述任务的各级洪水也要做到有准备、有对策。汶河防御尚流泽站洪峰流量7000立方米每秒，确保堤防安全。

对各类洪水处理安排上，上下游左右岸统筹兼顾，合理运用。花园口站22000立方米每秒及其以下各类洪水，应充分利用河道排泄，艾山下泄流量按10000立方米每秒控制，按11000立方米每秒准备，并根据黄、汶洪水量大小，运用东平湖、陆浑水库解决，张庄闸亦应准备必要时倒灌分洪。东平湖运用应先老湖后新湖，新湖运用水位按44.0米争取44.5米，确保湖堤安全。三门峡水库在预报花园口发生22000立方米每秒以上洪水时，应报请中央批准关闸运用，以配合下游防洪。当发生特大洪水各项措施难以解决时，应报请中央批准开放北金堤滞洪区，以策安全。

晋、陕、鲁、豫四省治黄会议在三门峡市召开

6月19日 国务院委托河南省革委会主任刘建勋在三门峡市召开了晋、陕、鲁、豫四省治黄会议，主要研究了三门峡工程的进一步改建和黄河近期治理问题。

一、改建原则："两洞四管"改建工程已基本完成并先后投入运用，对减轻库区泥沙淤积起了一定作用，但还不能根本解决问题。三门峡以上发生特大洪水时，将造成渭河较严重的淤积，有可能影响到西安，三门峡水库工程需要进一步改建。会议决定改建原则："在确保西安、确保下游的前提下，实现合理防洪，排沙放淤，径流发电。"

二、改建规模：一般洪水位以下淤积不影响潼关，打开1～8号施工导流底孔，当坝前水位315米时下泄流量10000立方米每秒；厂房左侧1～5号

钢管下卧 13 米，装机 5 台，每台装机容量 5 万千瓦。

三、运用原则：当上游发生特大洪水时，敞开闸门泄洪；当下游花园口可能超过 22000 立方米每秒洪水时，根据上游来水情况，关闭部分或全部闸门。增建的泄水孔原则上应提前关闭，以防增加下游负担。冬季继续承担下游防凌任务。水库发电应在不影响潼关淤积的前提下，汛期控制水位为 305 米，必要时降到 300 米，非汛期为 310 米。

四、黄河近期治理：依靠群众，自力更生，小型为主，辅以必要的中型和大型骨干工程，积极控制与利用洪水泥沙，防洪、灌溉、发电、淤地综合利用。措施是拦、排、放相结合，逐步地除害兴利，力争在十年或更多一点时间改变面貌。

黄河河口防洪工程遭受强地震破坏

7 月 18 日 本日 13 时 24 分渤海湾发生 7.4 级地震，同日 21 时 33 分及 19 日 9 时又相继发生两次 6 级余震。震中位于东经 119°40′、北纬 38°02′，震源深度 35 公里。地震波及黄河河口和沿黄邹平、高青、博兴、垦利、滨县、惠民、利津七县。黄河河口地区南湾、麻湾以下，北岸宫家以下防洪工程均有不同程度破坏。遭受破坏的黄河堤防工程 12 处、险工 3 处、涵闸 2 处，其中北岸四段（村名）以下、南岸渔洼以下破坏严重。大堤出现纵向及横向裂缝，缝宽 1～5 厘米，堤顶蛰陷 0.5～1.0 米，堤坦也有滑坡现象；险工石坝有多处裂缝，缝宽 1～2 厘米；佛头寺胜利闸出现石护坡裂缝，洞身接头处错位。

水电部军管会、黄委会革委会、黄河防总、山东黄河河务局革委会均派人前往现场检查，研究处理措施。遭受地震破坏的工程于 8 月 20 日前全部进行了加固处理。

拟订沁南滞洪方案

8 月 2 日 根据河南省革命委员会黄河防汛办公室豫黄防办字〔1969〕第 8 号文件批复精神，新乡地区防汛指挥部拟订了沁南滞洪方案。

一、滞洪标准：当沁河小董站流量超过 4000 立方米每秒或水位超过保证水位（北堤低于堤顶 2 米），如黄河顶托下泄困难，或北堤确有危险时，在确保北堤的原则下，可在沁南五车口进行分洪。需要分洪时，由武陟县防汛指挥部报请地区防汛指挥部批准后执行。

二、分洪措施：以人工扒口为主，辅以爆破，作两手准备，具体执行由武陟县防汛指挥部负责。

黄河中游水土保持委员会撤销

9 月 20 日 国务院发出〔1969〕国发 22 号文件，指出：黄河中游水土保持委员会予以撤销。黄河中游的水土保持工作，由各有关省（区）统一领导；黄河中游水土保持委员会的 104 名职工，由陕西省负责安排，所有技术资料由水电部委派黄委会接收。

八盘峡水电站动工兴建

11 月 位于甘肃省兰州市西固区八盘峡村的八盘峡水电站本月正式动工兴建。八盘峡水电站为《黄河综合利用规划技术经济报告》中所列梯级开发工程之一。工程由水电部西北勘测设计院设计，水电部第四工程局八一三工程分局承担施工。

电站以发电为主，兼有灌溉、航运等综合效益。1974 年底主体工程基本完成，1975 年 8 月至 1980 年 2 月 24 日 5 台发电机组相继安装完毕并投入运行，装机容量 18 万千瓦（5×3.6），年发电量 11.6 亿度。

黄河三门峡工程局更名

12 月 18 日 水利电力部军管会〔1969〕军生办字第 154 号文通知：黄河三门峡工程局改名为水利电力部第十一工程局。

1970年

打开三门峡施工导流底孔工程开工

1月 打开三门峡溢流坝1～3号施工导流底孔工程本月动工，4月底完成，其余的4～8号底孔于1971年10月全部打通。

三门峡“两洞四管”改建工程投入运用后，枢纽泄流规模较前增大一倍，水库淤积有所减轻，但因泄流规模偏小，潼关以上库区仍继续淤积，为解决这一问题，三门峡工程仍需进一步改建。改建方案经反复论证，最终确定打开已堵塞的溢流坝1～8号施工导流底孔，并改建电站1～5号机组，扩大泄流。

黄委会大批干部下放

2月13日 黄委会干部大批下放。有的下放到沿黄各修防处、段，有的下放到五·七干校，有的组织勘测设计分队、设计组或工作队下放到黄河中游及无定河、陆浑、故县、河口村、天桥电站等地。另有83人下放到中牟刘集公社插队。

周恩来总理接见王化云

3月 周总理在北京接见王化云，在座的有李先念副总理。周总理询问了黄河情况，特别是三门峡工程改建的效果。

交口电力提灌工程建成放水

4月1日 位于陕西省渭河下游的交口电力提水灌溉工程1960年2月1日动工兴建，本日建成放水。该工程分8级提水，总扬程86米，干支渠长440余公里，可灌临潼、蒲城、大荔、渭南、富平五县农田126万亩。

黄河天桥水电站动工兴建

4月29日 位于山西保德和陕西府谷两县黄河干流的天桥水电站工程动工兴建。本工程为黄河北干流河段修建的第一座大型骨干工程，为低水头大流量河床式径流电站，总装机容量12.8万千瓦(2×2.8+2×3.6)，坝型为闸墩式，最大坝高42米，总库容0.74亿立方米。

黄委会设计院与山西省水利设计院1969年10月完成工程的初步设计，1970年3月18日水电部军管会批准工程兴建。山西省水利施工总队主要承担工程施工，水电部六局与山西水总安装队承担机械安装。

电站四台机组相继于1976年10月至1978年7月投入运行，1978年7月1日，黄河天桥水电站正式移交给山西省电力工业局管理。

焦枝铁路黄河铁桥建成通车

6月5日 位于河南省济源县连地与孟津县柿林之间的焦枝铁路黄河桥本日建成通车。该桥1969年10月由大桥工程局施工，全长917.6米，主桥桥孔12个，设计过水流量22400立方米每秒，桥跨除1孔长31.7米外，其余11孔均为80米，这是黄河中游地区50年代以来建成的第二座黄河铁路桥。

郑州修防处擅自决定在堤坝上开挖防空洞

6月8日 郑州修防处擅自决定在其所管黄河堤坝上开挖防空洞5处。其中在花园口将军坝和116号坝坝头上挖地下防空洞两个，各长10余米，深3～4米，宽1～3米；花园口航运队在郑州黄河圈堤上挖防空洞1处，长30余米，宽1.5～3.0米，深3～4米；郑州西牛庄邮电所在背河堤坦上挖防空洞1处，长约7米，宽0.8米，深2.5米；郑州铁路局某基层单位在西大王庙附近的堤后挖长10米、宽1米、深3米的防空洞1处。黄委会革委会为此印发通报，责成河南河务局革委会认真处理，限期回填。

水电部军管会准修河口渡汛工程

6月29日 为保证渡汛安全，山东省革命委员会以〔1970〕第232号文请示水利电力部军管会修做黄河河口渡汛工程。经部研究函复，同意整修西河口上下堤防，利用十八户（村名）淤区和一千二（村名）分洪；十八户放淤工程加修第五条渠，十八户和一千二分洪口门迁移部分水深溜急的村庄及修做部分围村埝，分洪口门做好临时裹护准备。

文峪河水库竣工

6月 位于山西省文水县汾河支流文峪河北峪口附近的文峪河水库本月竣工。文峪河水库是一座以防洪为主，灌溉、发电综合利用的大型枢纽工程。工程控制流域面积1876平方公里。主体工程包括拦河坝、溢洪道、输水洞及电站等,最大坝高55.6米。工程于1959年7月动工,总库容1.08亿立方米,装机容量0.25万千瓦,设计灌溉面积51.2万亩。

齐河段研制成功钢壳机动吸泥船

6月 齐河修防段职工为解决从黄河吸取泥浆淤背固堤问题,群策群力,就地取材,研制成功黄河上第一艘32吨位钢壳机动吸泥船。通过吸泥船的机械搅动,黄河局部水域的含沙量平均可达每立方米152公斤,最高达350公斤。这种简易吸泥船成效显著,向水电部汇报后得到肯定,之后遂在有条件的地区普遍推广。

开展无定河规划设计工作

7月 黄委会革委会组织40余人的无定河工作队,于本年2~7月对无定河的开发治理进行调查研究,并协助地方进行流域规划和水利水电工程的规划设计工作,提出了《无定河干支流水利水电骨干工程规划意见》。

第一台电动打锥机研制成功

7月 河南河务局武陟第二修防段职工(以曹生俊、彭德钊等同志为主)研制成功第一台电动打锥机。

大堤压力灌浆以往系以人工或手摇机锥孔,工效低且体力劳动繁重。研制成功的电动打锥机是以2.8千瓦电动机驱动,1~2人操作,取代了全靠人力锥孔的施工方式。每机日锥深8米、直径30毫米的孔洞200个,较人力锥孔提高工效5倍。

在电动打锥机的基础上,该段职工又改进为自动打锥机,即以10马力柴油机驱动,锥机可自动移位,平时可以900公斤压力挤压锥杆入土,遇硬土时,机架上250公斤的方锤,能自动连续锤击,使锥杆穿越硬土层。

由黄河机械修造厂定型生产的744型自动打锥机,在黄河系统内外得到推广。

山东平阴黄河公路桥竣工通车

12 月 1 日 位于山东省平阴县龙桥的黄河公路桥于 1969 年动工，本日建成通车。该桥是山东黄河干流第一座公路桥梁。全长 956 米，桥面宽 9 米，主桥 6 孔，桥跨主桥 97.7～112.0 米，副桥 35 米，桥下设计流量 13000 立方米每秒，设计标准载重汽—13，拖—60。

1971年

水电部召开治黄工作座谈会

1月14日 水电部于1970年12月5日至1971年1月14日在北京召开了治黄工作座谈会。出席会议的有流域八省(区)和有关单位的负责人,共65人。会议由水电部军管会主任张文碧主持。会议期间,开展了对所谓修正主义治河路线的批判,讨论了治黄规划。中央领导同志李德生到会讲了话。

刘家峡电厂施工中发生事故

3月18日 在刘家峡水利枢纽电厂主厂房施工中,当安装吊运330千伏联络变压器时前端两根钢丝绳滑脱,后端两根钢丝绳随即拉断,变压器前部落地,后部砸向1号发电机组,砸坏330千伏联络变压器和正在运行的1号水轮发电机组,机组被迫停止运行。损失电力1000万度。事后,对事故有关人员作了处理。

沿黄各省贯彻治黄工作座谈会精神

3~5月 黄河流域青、甘、宁、内蒙古、陕、晋、豫、鲁八个省(区),分别传达贯彻治黄工作座谈会精神,讨论制订治黄"四五"规划,加强对治黄工作的领导。到1971年10月,山东、河南两省已订出治黄"四五"规划修正稿。青海省成立了省治黄领导小组,以湟水流域为重点,已完成湟水流域治理规划初稿。甘肃省已完成渭河支流葫芦河和泾河支流马连河的流域治理规划初稿,"四五"期间重点发展黄河两岸的高地提灌工程。陕西省已完成泾、渭、北洛、无定河、延水、黄甫川等16条入黄主要支流的治理规划初稿。宁夏已完成入黄支流清水河流域和渭河支流葫芦河流域的治理规划初稿。内蒙古的治黄规划初稿分为三部分:后套灌区规划、黄河干流整治规划及面上的水土保持和小型水利规划。山西已完成汾河和沁河规划初稿。

1971 年黄河防汛会议在郑召开

6 月 10 日 经国务院批准，由黄河防总总指挥刘建勋主持，1971 年黄河防汛会议在郑州召开。参加会议的有水电部、晋、陕、豫、鲁四省负责人和黄河下游沿河地、市、县革命委员会负责人，还有水电部第十一工程局、陕西省渭南地区三门峡库区管理局，河南、山东黄河河务局和修防处、段、水文站的负责干部等 212 人。这次会议是建国以来规模最大的一次防汛会。

会议分两个阶段进行，6 月 10～18 日召开了预备会议，研究制订了《1971 年防汛工作意见(草案)》和《黄河下游修防工作试行办法(草案)》。6 月 20～30 日为正式会议，讨论了处理各类洪水的措施，安排了防汛工作。

在这次会议上制订的《黄河下游修防工作试行办法(草案)》中，对黄河下游修防工作体制作了重大变动，即原属黄委会建制的山东、河南两个河务局和修防处、段改归地方建制，是所在省、地、市、县革委会的主管黄河修防工作的专职机构，实行以地方为主的双重领导。

国务院对黄河小北干流围垦的批复

7 月 14 日 水电部就黄河小北干流地区新民和永济两滩围垦问题向国务院写了报告。报告中提出围垦堤线、围垦标准、分流口门等具体规定。国务院批示同意并指出：要“提倡顾全大局，遇事互相协商，互相谦让，搞好团结，要处理好和当地群众的关系，决不能与民争地”。(注：黄河龙门至潼关段河道简称小北干流)

陕晋水坠坝试验研究工作组成立

7 月 水坠坝在黄河流域运用较早，1958 年山西省即用水中倒土法建成坝高 60 余米的汾河水库。1971 年陕西省水土保持局经过调查写出《水坠坝》一书，在 1973 年延安召开的水土保持会议期间，水电部副部长钱正英要求总结经验，加以推广。本年 7 月由黄委会、陕西省水电局、山西水利局共同主持在西安召开了协作会议，并成立陕晋水坠坝试验研究工作组，1979 年 12 月经水电部批准改为黄河流域水坠坝科研协调组。10 年间先后取得科研成果 80 余篇，其中《水坠法筑坝》获 1978 年全国科学大会奖。

河南省成立小浪底工程筹建处

7 月 为适应小浪底工程前期工作的开展，河南省在小浪底工地成立小浪底工程筹建处，崔光华任主任，姚哲、韩培诚等任副主任。至1973年因小浪底筹建工作缓办，筹建处撤销，部分人员归属故县水库工程指挥部，崔光华任河南省故县水库工程指挥部指挥长，姚哲、韩培诚等任副指挥长。

李先念批示黄河下游修防办法可先试行

8月2日 水电部转发了《1971年黄河防汛工作意见》和《黄河下游修防工作试行办法(草案)》两个文件。《黄河下游修防工作试行办法(草案)》经李先念副总理批示可先试行。

水电部批准山东“南展”及“北展”工程

9月14日 水电部批准山东省革命委员会生产指挥部修建黄河垦利(南)展宽工程和齐河(北)展宽工程。

黄河南岸垦利、北岸齐河展宽工程，都是为解决济南以下窄河道的防洪、防凌问题而兴建的。

齐河展宽工程在黄河北堤以外4公里又修新堤长38公里，展宽面积为106平方公里，滞洪库容3.9亿立方米，并在临黄北堤上修建豆腐窝分凌分洪闸，在中段临黄堤上修建李家岸分凌灌溉闸。在下段新堤上修建大吴泄洪闸，以退水入徒骇河。为排泄展宽区内雨水及尾水和发展引黄灌溉，在新堤上修有四处排水闸。展宽区内迁移齐河县城及居民43788人，均由国家妥善安排。齐河北展工程于10月20日动工兴建，由德州、聊城、泰安地区及济南市7万人参加施工。

垦利展宽工程是自博兴县老于家皇坝起至垦利县西冯止，在展宽区临黄河南堤以外3.5公里修筑新堤38.5公里，展宽面积为123.3平方公里，滞洪库容3.27亿立方米。控制分洪工程分别在麻湾、曹店修建分洪分凌闸，章丘屋子修有泄水闸，在展宽堤上修建多处灌排闸，以解决展宽区内的排水和附近社队发展引黄灌溉和放淤改土。展宽区内居民48976人修筑村台建房安置。垦利南展工程于10月25日动工兴建，由惠民地区调集44000人参加施工。

郭沫若陪同柬埔寨贵宾参观刘家峡工程

9月16日 全国人大副委员长郭沫若陪同柬埔寨宾努亲王等参观刘家峡水电站并游览了水库，郭沫若即兴填词《满江红·游刘家峡水库》：

“成绩辉煌，叹人力真真伟大。回忆处，新安鸭绿都成次亚。自力更生遵教导，施工设计凭华夏。使黄河驯服成电流，兆千瓦。绿水库，高大坝，龙门吊，千钧闸，看奔腾泄水，何殊万马。一艇飞驶过洮口，千岩壁立疑巫峡。想将来高峡出平湖，更惊讶。”

国务院批准成立黄河治理领导小组

9月24日 国务院以〔1971〕国发文70号批转水电部关于黄委会体制改革的报告。批示指出：水电部的报告经征得各省（区）同意，现批准试行，希在试行中继续总结经验，提出修改意见。黄河治理领导小组的成员，由刘建勋、李瑞山、杨得志、张文碧、冀春光、窦述、张怀礼、吴涛、熊光焰、刘开基、白如冰、王维群、钱正英等十三人组成。由刘建勋担任组长，杨得志、李瑞山、张文碧任副组长。

水电部关于黄委会体制改革的报告中提出：在黄河治理领导小组下，设精干的办公室，名称叫“黄河治理领导小组办公室”，由黄委会抽调300人左右组成。黄委会下属的山东和河南两河务局，下放山东和河南两省，实行以地方领导为主的双重领导。黄委会其他人员分别下放给有关省（区）。

平阴田山头电灌站建成

10月31日 山东平阴县田山头电力引黄灌溉工程经肥城、平阴两县人民奋战两年半建成。该工程包括修建两座提水共67.5米的电力扬水站，凿通2.5公里长的分水岭隧洞，开挖绕山渠道30公里。设计提水24立方米每秒。灌溉平阴、肥城两县31.7万亩土地，并可解决山区6万多人的吃水问题。为山东黄河最大的电灌站。

宁夏召开治理河道经验交流会

11月5日 宁夏回族自治区水利电力局于11月5日在中宁县召开全区治理河道经验交流会，通过参观和典型经验交流，总结出治理河道的基本方法是“巩固堤防，加强护岸，堵塞支流，削减心滩，固定河槽，改滩造田”。

甘肃省靖会电力提灌工程开工

11月5日 甘肃省靖会电力提灌工程位于甘肃省靖远县南和会宁县北，从靖远县城西黄河右岸提水，逆祖厉河而上，设计流量12立方米每秒，净扬程533.8米，总扬程596.9米，设计灌溉面积26万亩，泵站72座，水泵236台，总装机容量5.59万千瓦，干渠总长度131.8公里，干渠附属建筑物

317 座，工程总投资 560.43 万元。该工程于 1971 年 11 月 5 日开工兴建，1983 年 5 月全部竣工。1987 年实灌面积达 15.33 万亩，其中世界粮食计划署援助 472 万美元。

1972年

水电部关于黄委会体制改革实施意见的批复

3月21日 国务院批转水电部关于黄委会体制改革的报告下达后，中共黄委会革委会核心小组研究了贯彻落实的具体意见上报水电部。水电部于本日发出〔1972〕水电综字第70号文《关于黄委会体制改革实施意见的批复》，同意按此方案试行，希认真办好体制改革中的交接工作，黄河治理领导小组办公室的工作人员，同意按350人编制。以上方案正准备开会贯彻时，1972年5月4日黄河治理领导小组组长刘建勋指示：停一下，不要急。于是暂缓贯彻。以后因形势变化，除山东、河南两河务局曾下放归山东和河南两省领导外，其余下放计划均未予实施。

丹麦教授来山东黄河考察

4月14～20日 丹麦奥尔胡斯大学教授约翰斯·胡姆隆和夫人，由水电部派员陪同赴山东黄河参观考察了东平湖滞洪区、黄河堤坝工程、引黄涵闸、虹吸、扬水站和引黄淤背、淤地及灌溉工程。

开封市黄河修防处成立

5月10日 河南省革命委员会生产指挥组豫生字〔1972〕78号文批复：同意撤销开封黄河修防段，成立开封市黄河修防处，担负开封市郊区和开封县的治黄任务，黑岗口闸门管理段和开封石料转运站属该处领导。

山东黄河河务局隶属关系变更

7月1日 根据国务院批转水电部《关于黄河水利委员会体制改革的报告》，山东河务局下放山东省，实行以地方为主的双重领导。中共山东省委、省革命委员会机关编制方案，明确河务局是隶属省生产指挥部的直属局，自7月1日起正式启用"山东省革命委员会黄河河务局"印章。

天桥水电站遭洪水袭击

7月19日 黄河中游暴发洪水，保德义门水文站19时42分实测洪峰流量为 10700 立方米每秒，天桥水电站洪水位超过施工围堰的防洪标准，最大流速达到 8.4 米每秒。上游挑坝大部冲垮，回水淹没碎石厂、水泥预制厂、仓库等，冲走卷扬机两台、木船 4 只。

郭沫若为“黄河展览馆”题写馆名

8 月 28 日 为宣传治黄成就，黄委会革委会将原黄河陈列馆改建为黄河展览馆。本日，全国人大常务委员会副委员长郭沫若为黄河展览馆题写了馆名。

水电部召开黄河小北干流治理座谈会

9 月 19 日 为解决黄河小北干流陕、晋两省水利纠纷问题，水电部召集陕、晋两省及黄委会召开黄河小北干流治理座谈会。参加的有山西省负责人刘开基、水利局局长刘锡田，陕西省水电局局长胡棣和黄委会革委会副主任王生源等。经协商后一致同意以下五项原则：(摘要)

一、黄河小北干流的治理应坚决贯彻国务院关于黄河治理的指示和有关规定，充分协商，团结治水，坚决不做阻水挑流工程。未经批准不得再行围垦。

二、黄委会应主动会同晋、陕两省做好小北干流的整治规划，上报审批后，按轻重缓急，分期实施。在研究一岸工程时，对岸应派有关同志参加。

三、发动群众加速控制水土流失，发展绿化和“三田”建设。

四、现有河道的阻水挑流工程应予废弃。

五、晋、陕两省各自做好群众思想工作。

新华社发出治黄取得巨大成绩专稿

9 月 25 日 在毛主席视察黄河二十周年即将到来之际，新华社发出关于治黄取得巨大成绩的新闻稿，全文约 2500 字，标题是“在毛主席的号召指引下，我国根治黄河水害开发黄河水利取得巨大成绩”。其内容是：二十多年来，河南、山东两省每年冬春都要投入三、四十万以上的劳动力，加高培厚下游长达 1800 多公里的大堤。仅堤防工程就动用了土石方三亿八千多万立方米。同时，修建了东平湖水库和其他分洪滞洪工程，初步整治了河道。每年冬春两季，都对堤防进行岁修，夏秋洪水季节，下游沿河地区，都有上百万的防汛大军，检查水情，抢修堤段。黄河历史上“三年两决口”的险恶局面已经得到扭转，黄河丰富的资源正广泛地被用来为发展农业生产服务。现在，黄河下游两岸已建成引黄涵闸60多座,虹吸(抽水灌溉)工程80多处,灌溉面积达到800多万亩。黄河中上游水土流失地区的许多领导干部,深入现场,进行调查研究,依靠群众,摸索泥沙流失规律和控制的办法,带领群众开展水土保持,变害为利,发展生产。同时,大力发展水电事业,在黄河干流建成了一座座大型水利枢纽,在支流上修建了上千座大、中、小型水利电力工程,为城市、农村提供了大量电力,灌溉了4800多万亩农田,使历史上多灾低产的黄河流域面貌有了很大变化。1971年全流域粮棉产量分别比1949年增长79%和137%。有69个县和一大批社、队的粮棉产量,达到或超过了《全国农业发展纲要》规定的指标。

以上新华社专稿,全国各报纷纷刊用。《人民日报》于9月26日在头版头条位置登出。

山东黄河北镇大桥建成通车

10月1日 山东黄河北镇大桥建成通车。该桥由钢桁梁主桥和预应力钢筋混凝土引桥两部分组成,全长1390.6米。

郑州邙山提灌站竣工

10月1日 兴建邙山提灌站,“引黄入郑”,这是郑州市水源开发的一项重要工程。1970年7月1日开工,1972年10月1日建成送水,历时两年零三个月,总投资728万元。该提灌站为二级提灌。渠首位于郑州市广武岭东端岳山脚下的枣榆沟。一级提灌扬程为33米,提水能力10立方米每秒;二级提灌扬程为53米,提水能力为1立方米每秒。80年代以来,平均每年提水1.5亿吨,担负郑州市62%的城市供水,并灌溉农田4万亩。同时,以提灌站为中心,发展旅游事业,1981年3月,被郑州市人民政府命名为“郑州市黄河游览区”,每年吸引中外游客百万人以上。

黄河下游河道整治经验交流会召开

10月9日 黄委会革委会在郑州召开了黄河下游河道整治经验交流会议。河南、山东河务局及各修防处负责人、工程技术人员,还有清华大学等单位参加。首先,以二十天时间从孟津至河口查看了宽窄河道的整治工程,然后组织经验交流和座谈讨论黄河下游整治近期规划,商定了1972年河道整治任务。会议于11月10日结束。

晋、陕两省现场研究小北干流治理问题

10月15日 黄河小北干流晋、陕两省因修建工程引起的水利纠纷日益加剧。1972年黄河小北干流两岸韩城、合阳、大荔、潼关、河津、万荣、临猗、永济、芮城等九县都在兴建黄河防护工程，有的是续建工程，有的是新建工程，有的规模小，有的规模大。

1972年10月15日，应黄委会革委会邀请，山西省水利局派工程师左来锁，陕西省水电局派姚政稳参加，共同到现场研究黄河小北干流的规划和治理问题。

山西省召开治黄工作座谈会

10月24日 山西省革命委员会水利局在河曲县召开全省治黄工作座谈会，总结交流治黄工作经验。

内蒙古西沙拐黄河整治工程竣工

10月27日 内蒙古伊克昭盟黄河南岸总干渠长230公里，其中流经125～130公里处为西沙拐。该段自1961年放水后至1971年曾先后被黄河淘断3次，迫使渠道4次改线从库布其沙漠中穿过，这不仅每年清淤土方量大，且受黄河淘刷影响，渠线很不安全，直接影响下游20万亩农田的灌溉。经内蒙古和伊盟政府决定，于1972年组织群众进行了西沙拐黄河整治工程，10月27日竣工通水，这项工程使黄河北移2公里，南干渠移出沙漠，从古河滩中穿过。

于正方任山东黄河河务局局长

10月28日 中共山东省委任命于正方为山东省革委会黄河河务局局长。

黄河系统隆重纪念毛主席视察黄河二十周年

10月30日 为纪念毛泽东主席1952年视察黄河二十周年，黄河系统各单位举行隆重的纪念活动。10月30日至11月1日在郑州召开了有全河各单位代表参加的落实毛主席“要把黄河的事情办好”指示经验交流会，同时黄河展览馆正式对外展出。沿河各基层单位，结合各地情况，就地开展纪念活动，包括召开纪念会、座谈会、经验交流会、小型文艺演出或举办图片展

览等。此外，流域各省新闻单位还开展了较大规模的有关治黄成就的宣传报道。

三花间最大暴雨及最大洪水分析工作开始

10月 黄委会革委会与华东水利学院、河南省气象局协作，引进美国传统使用的水文气象法，开展了黄河三门峡至花园口区间可能产生的最大暴雨和最大洪水的分析计算工作。从1972年10月开始，历时三年，于1975年提出了成果，供水电部召开的黄河特大洪水分析成果审查会审查。在工作过程中，总结了一套结合我国实际且易于推广的最大洪水推算方法，在有关水利部门进行了推广。

东银窄轨铁路动工兴建

11月7日 东(河南兰考县东坝头)银(山东梁山县银山)窄轨铁路今日动工兴建，该铁路主要解决菏泽地区黄河防汛石料的运输问题，设计年运输能力为35万吨，全长为205.5公里，轨距为762毫米，沿黄河南岸大堤铺轨，计划五年建成，总投资为2700万元。山东省成立了"菏泽地区黄河东银窄轨铁路施工指挥部"进行领导。

内蒙古普查黄河防洪堤

11月中旬 内蒙古自治区水利局根据水电部指示精神，十一月中旬组织四个组到伊盟、巴盟、包头市及沿河县防汛指挥部，对黄河两岸防洪堤进行了普查，于12月5日写出《关于黄河防洪堤普查的报告》。

黄委会革委会作出《黄河禹门口至潼关段近期治理规划》

12月 黄委会革委会在调查研究的基础上，作出《黄河禹门口至潼关段近期治理规划》，规划对小北干流主流摆动的规律及小北干流削峰滞沙作用作了分析，对河道泥沙淤积状况作了预估，并提出了治理方案。

黄河水库泥沙观测研究成果交流会在三门峡市召开

12月 黄委会革委会在河南三门峡市召开黄河水库泥沙观测研究成果交流会，参加会议的有38个单位共81人，会后将会议交流的研究成果刊印为《黄河水库泥沙报告汇编》。

1973年

水电部批准拍摄科教片《黄河在前进》

1月22日 西安电影制片厂1972年3月接受水电部提出的拍摄黄河科教片的任务，由厂长助理姜应宗负责。黄委会革委会先后派陈升辉、谭宗基、蔡志恒，陕西省水土保持局派李兴仁配合，为厂方提供技术资料并担任顾问。1972年8月22日，向水电部钱正英副部长汇报了剧本初稿，决定将科教片定名为《黄河在前进》，以宣传水土保持为主。水电部并于元月22日向沿黄八省（区）发出“关于协助西安电影制片厂拍摄治黄科教片的通知”。1975年9月完成电影拷贝，1976年1月在全国公开放映。

黄河水利学校恢复招生

3月 黄河水利学校因文革动乱于1966年停课，1973年3月经水电部批准恢复招生，9月，第一批工农兵学员进校学习。1977年秋，全国恢复高考，黄河水利学校开始在全国统一高考中录取新生。

宁夏在南部山区召开水土保持现场会

4月上中旬 宁夏回族自治区革委会生产指挥部于4月上中旬在南部山区召开了全区水土保持工作现场会。会议组织与会代表先后到西吉县新营公社、中卫县景庄公社等典型社队进行参观学习。在比先进找差距以后，各县代表提出了今后的打算，因地制宜地订出了水土保持和抗旱斗争的规划和措施。水电部和黄委会的代表也参加了会议。

黄河中游水土保持工作会议在延安召开

4月14～26日 经国务院批准，黄河治理领导小组、水电部、农林部在陕西延安召开了黄河中游水土保持工作会议。参加会议的有甘肃、宁夏、内蒙古、陕西、山西五个省（区）及其所属水土流失严重的22个地（盟、州、市），116个县、市、旗的领导同志和部分水土保持先进单位的代表。会议由霍士廉代表黄河治理领导小组副组长李瑞山主持、水电部副部长钱正英作总结报告。会后印发了会议纪要，题为《大力加强水土保持工作，为在三到五年内改变农业生产面貌而奋斗》。会议总结了经验,建议水土保持工作的方针为:以土为首,土水林综合治理,为发展农业生产服务。会议还确定将水土流失重点县由原来的100个,增加到115个。

石砭峪水库定向爆破筑坝成功

5月10日 陕西省水利部门和有关单位,自行设计装配,在长安县石砭峪水库工地,成功地进行了一项定向爆破筑坝工程。堆积坝高85米,总库容2810万立方米,可灌农田19万亩。

河南、山东河务局进行治黄工程大检查

5月20日 根据水电部召开的全国水利管理会议的要求,河南河务局从2月14日起到5月20日进行治黄工程大检查,历时99天,参加大检查的共有5741人,其中治黄职工327人、地县干部90人、大队生产干部及护堤员5324人。检查以县段或灌区为单位进行,基本上弄清了治黄工程中存在的问题,进一步总结了治黄工程的管理经验,研究了防汛的急迫措施和今后的改进意见。山东河务局自3月开始,以修防段为单位,由领导干部、技术人员和工人组成普查队,开展了工程大检查,对堤防、险工、护滩、涵闸、虹吸、机电泵站等工程及管理组织、制度进行了全面检查。检查于4月底结束。

水电部召开水电规划设计座谈会

6月21～28日 水电部在北京召开全国水电规划设计座谈会。会上交流了经验。初步安排了今后两年水电勘测设计任务。会议安排黄委会的勘测设计项目有洛河故县水库补充初步设计、黄河龙门开发方案研究;安排黄委会与内蒙古水利局设计院完成的有黄河河口镇至龙口段规划选点;安排第十一工程局完成的有黄河任家堆开发方案研究等。

黄河下游规划座谈会在郑州召开

7月5～12日 黄委会革委会在郑州召开黄河下游治理规划座谈会,参加会议的有河南、山东两省河务局、水利局的负责人。会议讨论了黄委会拟订的《黄河下游近期治理规划意见》,研究了下游近期防洪方案、引黄淤灌规划和南水北调问题。

杨宏猷任黄委会革委会副主任

8月14日　中共河南省委常委研究，决定杨宏猷任黄委会革委会党的核心小组副组长、黄委会革委会副主任。

杨晓初任山东黄河河务局局长

8月29日　经中共山东省委研究决定：杨晓初任山东省革委会黄河河务局局长，党的核心小组组长。

壶口附近穿黄公路隧洞竣工

8月　位于著名的黄河壶口瀑布上游的穿黄公路隧洞于1970年8月开工，1973年8月竣工。洞线全长1723米，洞顶埋深在基岩以下23米，洞子毛径10米，为圆形洞。由中国人民解放军工程兵总字305部队设计并施工。

河口浅海区运用无线电定位仪进行测量

8月　为配合石油开采，黄委会河口测验队在黄河河口浅海区开始采用CWCH——10D型无线电定位仪进行测量。以后于1982年8月，黄委会河口水文实验站应用国产304型高精度无线电定位仪进行测量，进一步提高了河口浅海区测量定位精度。

黄委会规划设计大队迁郑州办公

8月　黄委会规划大队系1969年11月成立，在洛阳市办公。同时建立了下属的规划一、二、三分队及天桥、故县、陆浑、河口村工程设计组等，开展规划设计工作。1973年8月，黄委会革委会将规划大队改名为规划设计大队，由洛阳迁回郑州办公。

李先念对兰考、东明滩区受灾调查报告作出批示

10月22日　黄河下游花园口站8月下旬连续出现三次洪峰，花园口至夹河滩河段低滩全部淹没，部分高滩上水。9月1日晨东明、兰考滩区生产堤破口后，88个村庄进水，66个村庄被水包围，受灾群众7万多人。灾情发生后中央和地方党委十分重视，组织进行救灾。周恩来总理就对滩区群众的安全关心不够和掌握情况不灵等问题对水电部进行了批评。9月12日水

电部发出《关于兰考、东明县黄河滩地群众被淹事件的检查通报》。中共黄委会革委会核心小组 9 月 13 日也发出《关于兰考、东明滩区受灾问题的检查报告》。之后，水电部、农林部和黄委会联合组织调查组，到灾区调查灾情及黄河滩区和生产堤的情况，1973 年 10 月 12 日向水电部、农林部及国务院写出了《关于东明、兰考黄河滩区受淹情况和生产堤问题的调查报告》。李先念副总理 10 月 22 日在调查报告上批示："假使哪一年（或者明年）来历史最高水位的时候，能否保证大堤不出问题？水电部要严格和充分考虑这个问题，决不能马虎。"

黄委会革委会颁发滩区修建避水台初步方案

10 月 24 日　黄委会革委会颁发黄河下游滩区修建避水台的初步方案，要求河南、山东两省于今冬明春完成滩区避水台工程，以保障滩区人民生命财产安全。避水台高程超过 1958 年实际洪水位 2～2.5 米，每人按 3 平方米修建。

黄河下游治理工作会议在郑召开

11 月 22 日～12 月 5 日　黄河治理领导小组在郑州召开了黄河下游治理工作会议，参加会议的有河南、山东沿黄十三个地、市，水电部及所属有关部门负责人和工程技术人员一百余人。会议总结了治黄工作的主要成就和经验教训，针对下游出现的新情况和问题，提出了下游治理措施：(1)确保下游安全措施，首先大力加高加固堤防。五年内完成加高土方 1 亿立方米，十年内把险工薄弱堤段淤宽 50 米，淤高 5 米以上，放淤土方 3.2 亿立方米。并抓紧完成齐河、垦利展宽工程，确保凌汛安全。其次，废除滩区生产堤，修筑避水台，实行"一水一麦"，一季留足群众全年口粮的政策。(2)发展引黄灌溉，今后三到五年内，建设高产稳产田达到 1200 万亩。(3)做好 1974 年防汛工作。(4)加速中游治理。

三门峡工程改建后电厂开始发电

12 月 26 日　三门峡水利枢纽工程改建后电厂第一台 4 号国产 5 万千瓦双调水轮发电机组并网发电。此后，第二台至第五台机组陆续安装，第二台 3 号机组于 1975 年 12 月 29 日并网发电。第三台 2 号机组于 1976 年 11 月 14 日并网发电。第四台 1 号机组于 1977 年 10 月 30 日并网发电。第五台 5 号机组于 1979 年 11 月 5 日并网发电。

交通部组织清除潼关铁桥下残石

12 月 潼关黄河铁路桥于 1970 年建成通车后，河床上施工临时设施及抛石未清除干净，以致产生阻水作用，对行洪及降低潼关河床高程有不利影响。黄委会及陕西省水电局曾于 1972 年和 1973 年先后向水电部报告。清华大学水利系教师陈希哲就此事直接向周恩来总理反映。1973 年 10 月 6 日余秋里副总理批示认为所提意见正确，责成交通部与水电部认真解决。1973 年 12 月 5 日两部在风陵渡联合主持召开了讨论清除范围的现场会议。会议虽未对清除范围达成一致意见，但随后交通部组织了清理工作，改善了桥孔的过水条件。

1974年

同位素测沙仪鉴定会在郑州举行

1月9～15日 黄委会革委会在郑州举行同位素测沙仪鉴定会，参加的单位有长江流域规划办公室、清华大学、261厂、二机部六局等及黄委会所属各水文总站。经过鉴定，与会代表一致认为在含沙量大于每立方米20公斤时，适于用该仪器施测含沙量，并同意将同位素测沙仪进行小批量生产。水电部派代表到会指导。

大禹渡电灌站竣工上水

1月12日 山西省运城地区芮城县大禹渡电灌站枢纽工程，从1970年10月动工兴建，经过三年多施工于今日竣工上水。该电站装机1.1万千瓦，总扬程214米，提水流量5.7～8.05立方米每秒，设计灌溉面积28.4万亩。

黄河泥沙研究工作协调小组成立

3月20～25日 根据水电部指示，黄河泥沙研究工作第一次协调会议在郑州召开。参加会议的有甘肃、陕西、山西三省水利(水电)局和河南、山东两省河务局，清华大学水利系，水电部科研所，第四、第十一工程局及黄委会等单位的代表共30人。会议制订了近期黄河泥沙研究的主要课题和分工协作意见。同意成立“黄河泥沙研究工作协调小组”，并由龚时旸任组长，仝允杲任副组长，牟金泽任总联络员。协调小组负责协调各单位黄河泥沙研究计划，推动黄河泥沙研究工作，并出版不定期刊物《黄河泥沙研究动态》。

国务院批转《黄河下游治理工作会议报告》

3月22日 国务院批转黄河治理领导小组《关于黄河下游治理工作会议报告》，同意《报告》中对1974年黄河下游防洪工程计划的安排，认为从全局和长远考虑，黄河滩区应迅速废除生产堤，修筑避水台，实行“一水一麦”，一季留足全年口粮的政策。对薄弱的堤段、险工和涵闸要加紧进行加固整修。

内蒙古召开黄河灌区会议

7月11～19日 内蒙古自治区革命委员会在巴盟乌拉特前旗召开黄河灌区会议。会议总结了河套灌区建设的经验教训，认真研究了灌区规划方案及河套灌区近期建设的主攻方向和奋斗目标。

水电部批准黄河下游进行第三次大修堤

11月25日 根据黄河下游治理会议精神，为了确保黄河安全，制订了黄河下游大堤近期(1974～1983年)加高加固工程初步设计，报经水电部批准，自本年度开始进行黄河下游第三次大修堤。

黄河下游大堤近期加高加固工程确定以防御花园口站1958年型22000立方米每秒洪水为目标，大堤埽坝等防洪工程均以上述目标洪水为设防标准；加高加固工程设计，包括人工加高帮宽大堤、引黄放淤固堤、险工埽坝改建加高和涵闸改建加固。以上总计土方4.8亿立方米，石方175万立方米，混凝土15.7万立方米，总投资4.5亿元。上述任务将分期在十年内完成。

水电部派员检查内蒙古黄河灌区

12月13日～1975年元月 水电部派遣以李延安(黄委会革委会办公室主任)为组长的黄河灌区农田水利基本建设检查组一行七人，由内蒙古自治区水利局农牧处陈耳东陪同，先后到河套灌区、呼和浩特市郊区哈素海和二道凹水库和乌盟凉城县检查，并参加社队群众打井劳动一个星期，工作组离开呼和浩特以前，自治区黄河灌区建设指挥部听取了他们的汇报和建议。

刘家峡水电站建成

12月18日 刘家峡水利枢纽工程从1958年9月27日正式开工，1968年10月15日下闸蓄水，1969年3月29日刘家峡水电站第一号机组投产发电，以后2、3、5号机组陆续安装并投入运行，至1974年12月18日第4号机组投入运行，共安装五台机组，电厂安装工程全部竣工。总装机容量122.5万千瓦，校核容量116万千瓦，保证出力40万千瓦，设计年发电量57亿度。1980年6月16日经验收委员会批准，刘家峡水电站正式移交水电厂管理运用。

甘肃景泰川电灌一期工程竣工

12月 甘肃省景泰川电力提黄灌溉一期工程竣工，分11级提水，净扬程445米。提水流量10立方米每秒，灌溉农田30万亩。一期工程是1969年10月开工兴建的。

纪录片《黄河万里行》公映

12月 1970年12月在北京召开治黄工作座谈会期间，中央领导李德生指出黄河宣传不够，并提出要拍摄一部治黄的电影。据此，黄委会于1971年6月向中央新闻纪录电影制片厂提供一份关于拍摄治理黄河纪录片的参考材料。1972年新影派编辑屠椿年、摄影方振久等到黄河采访，拍摄了大量黄河资料。1973年5月，新影确定由著名编导姜云川执导这部影片。以后他在黄委会牛曾奇陪同下对黄河进行采访并带摄制组进行了摄制，1974年秋，全片摄制完成，12月在全国公映。

1975年

陆浑水库移交河南省洛阳地区管理

2月5日 为加强对陆浑水库工程管理的领导，更好地发挥水库防洪和灌溉发电综合利用的效益，经水电部同意，黄委会革委会将所属陆浑水库管理处移交给河南省洛阳地区领导。

水电部委托黄委会举办治黄规划学习班

3月3日～5月13日 水电部委托黄委会革委会党的核心小组在郑州举办了治黄规划学习班。参加学习班的有水电部第四、第十一工程局，清华大学水利系，黄委会及山东、河南黄河河务局等单位，水电部也派员参加，共151人。学习班组织学员到治黄第一线进行了学习调查，总结了历次黄河规划工作的经验教训，最后写出了《二十年来治黄规划的主要经验》和《治黄规划任务书》两个初稿以及作为规划任务书附件的工作计划。

甘肃靖远刘川电力提灌工程动工兴建

3月 刘川电力提灌工程位于甘肃省靖远县西北部，设计提水流量3立方米每秒，净扬程294.5米，总扬程315.9米，设计灌溉面积7.5万亩，泵站16座，水泵46台，总装机容量1.26万千瓦，干渠长40.5公里，干渠附属建筑物195座，工程总投资1425.4万元。该工程于1975年3月动工兴建，1981年底主干渠1～7泵站通水，1982年底有效灌溉面积达2万亩。因工程是典型的民办公助性质，干渠多为盘山渠道，高填深挖土方量大，渠道衬砌因陋就简，1978年部分渠道上水后，大小决口达188次之多。1979年9月至1980年5月和1985年进行过两次除险及补强加固。1983年世界粮食计划署对灌区建设实施援助，1986年底全部竣工。

勘查潼关至三门峡河段

4月25日 水电部和黄委会革委会派员会同晋、陕、豫三省水利局的人员对潼关至三门峡的河势、塌岸情况以及近期应做防护工程的地段进行了现场查勘和讨论协商，历经12天，对潼关河段的重要性和两岸工程修缮情况及今明两年防护工程项目取得一致意见，并提出查勘报告。

内蒙古镫口扬水站扩建站放水

5月 镫口扬水站扩建站是内蒙古黄河上最大的扬水站，安有6台ZLB——85型立式轴流泵，总装机3000千瓦，总抽水流量36立方米每秒，最大扬程5.02米。站址座落在镫口黄河左岸，控制灌溉农田116万亩。

宁夏同心电力扬水工程动工

5月底 宁夏回族自治区同心电力扬水工程动工兴建，参加施工的有同心、海原、中卫三县七千民工。该工程设计抽水流量5立方米每秒，总扬程253米，在中卫宣和七星渠伸延段内抽水，流经中卫、中宁、同心、海原四县的部分社队，渠道总长93.75公里。经三年施工，于1978年5月竣工通水。该工程除解决同心县城及渠道沿线人畜饮水问题外，可灌农田林地10万亩。

水电部向中央送出黄河简易吸泥船的简报

6月12日 水电部编印的第37期《水利简报》载有题为《黄河下游自制简易吸泥船放淤固堤》的报道。水电部特将简报呈送毛泽东主席、中央政治局各委员、国务院有关部委、总参、总政、总后、军事系统有关单位、新闻单位等。简报中概述了利用简易吸泥船放淤固堤的显著效果，及比人工加高培厚大堤有节约劳力、投资、粮食及减少开挖耕地等优点。

水电部批准建立黄河水源保护办公室

6月20日 为加强全河的水资源保护工作，经水电部和国务院环境保护领导小组批准建立黄河水源保护办公室，主任王生源(兼)。

内蒙古黄河灌区暴雨成灾

8月5日 内蒙古狼山地区突降暴雨，降雨历时24～36小时，24小时中心雨量达460毫米，雨区面积达20000平方公里。狼山西部60多条山沟山洪暴发，向南冲毁总排干，乌梁素海决口，总排干两侧汪洋一片。据不完全统计，受灾公社26个，受灾人口7万多人，淹没农田19万亩，损失粮食近2000万斤，牲畜9000余头，倒塌房屋万余间。水利设施破坏严重，计主要干支沟渠决口 239 处，冲毁涵闸建筑 496 座，灾情严重程度为几十年来所罕见。

黄委会向全河通报 75·8 河南特大暴雨洪水

8 月 15 日 8 月 5～8 日河南中部和南部降特大暴雨。由于这次暴雨，淮河流域的沙颍河、洪汝河和汉江流域的唐白河均发生了特大洪水。洪汝河水系的板桥水库、石漫滩水库发生垮坝，造成很大损失。

水电部 8 月 15 日特发出《水利简报》报道这次洪水，黄委会革委会将此简报转发全河，并要求认真吸取这次特大洪水的经验教训相应地做好防汛工作。

阿尔巴尼亚科学工作者来黄河考察

8 月 17 日 阿尔巴尼亚科学院两名科学工作者玛里奥·肯齐和特里乌夫·丘奇到黄委会水利科学研究所考察 JFH—422 型 γ—γ 含沙量计研究试制和室内外实验概况，并参加了为他们召开的“利用 γ 射线测定河水含沙量专题座谈会”。8 月 23 日，又去山东黄河泺口水文站实地考察测沙的情况。

东雷抽黄灌溉一期工程开工

8 月 30 日 陕西省东雷抽黄灌溉一期工程正式开工兴建。工程取水点在合阳县东雷村塬下，设计灌溉面积 97.11 万亩，其中塬上灌区 76.11 万亩，滩地 21 万亩。总装机容量 11.86 万千瓦，机组 133 台，国家投资 1.3 亿元，1988 年 9 月通过陕西省计委主持的验收。

黄委会组织黄河水系污染情况调查

10～12 月 黄委会水源保护办公室于第四季度组织了两个调查组。分别到沿黄八省(区)了解黄河水系污染情况和征求有关防治污染的意见。经调查，发现随着工业的迅速发展，黄河水质污染日益严重。据不完全统计，全流域工矿企业每天排入黄河的废水量有 292 万吨，并有不同含量的汞、砷、酚、氰、铬等 40 余种有害物质。已对沿河人民的生活、健康及工农业生产造成了危害。并且使黄河干流的兰州、宁夏、包头河段，黄河支流湟水、渭河、汾河、大汶河等河段的水质逐年恶化。

宁夏青铜峡东干渠建成放水

11月5日 宁夏回族自治区青铜峡东干渠从1968年开工以来，经过7年的连续施工，到1975年10月底主体工程竣工，11月5日举行竣工庆祝大会，1976年11月12日通过验收。东干渠从青铜峡水库引水，干渠总长54.4公里，全部用混凝土砌护防渗。最大引水能力70立方米每秒，设计灌地54万亩(其中扬水32万亩)，这在当时是宁夏黄河灌区引水部位最高的渠道。为了减轻山洪对干渠的威胁，在5条较大的山洪沟上修建了滞洪水库，总库容300万立方米。

辛良任黄委会革委会副主任

11月19日 水电部征得中共河南省委同意，调部属第三工程局党的核心小组组长、革命委员会副主任辛良任黄委会革委会党的核心小组副组长、革委会副主任。

黄河水土保持科研座谈会在天水召开

11月20日～12月2日 黄委会革委会在甘肃天水召开黄河流域水土保持科研工作座谈会。参加会议的有黄河流域七省(区)主管水土保持工作的单位、部分地区水利电力局、水土保持局、站、研究所及有关大专院校和部分先进社队等48个单位的代表78人。

会议交流了在执行“以土为首，土、水、林综合治理，为发展农业生产服务”水土保持方针的成绩和经验。讨论了今后十年的科研规划，安排了十个重点攻关的协作项目，并落实了1976年的科研任务。

黄河水库泥沙研究经验交流会在太原召开

11月28日～12月10日 黄河泥沙研究工作协调小组与山西省水利局共同主持在太原召开黄河水库泥沙观测研究、处理、利用经验交流会议。参加会议的有黄河流域八省(区)和有关地区水利(水电)部门和水库观测管理、科研、水土保持试验、高等院校等方面的代表137人。会议总结交流了水库泥沙观测研究、处理利用的经验，讨论了当前水库泥沙工作中存在的问题及今后努力方向。会后将交流成果刊印为《黄河泥沙研究报告选编》第二集。

水电部召开黄河特大洪水分析成果审查会

12月11～14日 水电部在郑州召开黄河特大洪水分析成果审查会。会议审查了自1972年开始的三花间最大暴雨及最大洪水分析工作所提供的成果，在大量历史洪水调查和历史文献考证的基础上，认为黄河下游花园口站可能发生46000立方米每秒的洪水。

黄河下游防洪座谈会在郑召开

12月13～18日 水电部在郑州召开了黄河下游防洪座谈会。参加会议的有水电部，石油化工部，铁道部，黄委会，河南、山东两省革委会的负责人。会议遵照国务院领导要严肃对待大洪水的指示，研究和讨论了黄委会提出的“关于防御黄河特大洪水的方案和1976年紧急渡汛措施”。经过会议讨论，一致认为黄河下游花园口站还可能发生46000立方米每秒的洪水。在第五个五年计划期间，建议采取重大工程措施，逐步提高下游防洪能力，努力保障黄淮海大平原的安全。

国务院批准兴建青海龙羊峡水利枢纽

12月26日 1975年全国计划会议期间，由国家计委与水电部会同甘肃省、青海省、宁夏回族自治区负责人，对黑山峡与龙羊峡的开发问题进行了讨论，一致同意先开发龙羊峡，并建议将已列入国家计划的黑山峡工程项目改列为龙羊峡工程，安排尽快开工。为此，水电部本日以〔1975〕水电计字第304号文，向国务院提出了《关于开发青海龙羊峡水电站的请示报告》。1976年1月28日，国务院正式批准兴建龙羊峡水利枢纽工程。

向国务院报送防御黄河下游特大洪水报告

12月31日 水电部和河南、山东两省革委会联名向国务院报送《关于防御黄河下游特大洪水意见的报告》。文件由钱正英、刘建勋、穆林签发。报告提出：当前黄河下游防洪标准偏低，河道逐年淤高，远不能适应防御特大洪水的需要。今后黄河下游防洪应以防御花园口46000立方米每秒洪水为标准，拟采取“上拦下排，两岸分滞”的方针，建议采取重大工程措施：(1)在三门峡以下兴建干流水库工程，拦蓄洪水；(2)改建北金堤滞洪区，加固东平湖水库，增大两岸分滞能力；(3)加大下游河道泄量，增辟分洪道，排洪入海；(4)加速实现黄河施工机械化。

1976年

周恩来部分骨灰撒入黄河

1月8日 周恩来总理逝世。1月15日晚，遵照周恩来的遗愿，把他的骨灰撒到祖国江河大地。他的一部分骨灰撒入山东北镇附近黄河。

郑州、济南水文总站收归黄委会领导

1月 黄委会革委会1975年12月通知：将郑州、济南两个水文总站的领导关系隶属黄委会领导。1976年1月完成接交手续。两站系于1969年12月分别下放河南、山东黄河河务局领导的。

朱永顺任山东黄河河务局局长

2月21日 中共山东省委决定：朱永顺任山东省革命委员会黄河河务局局长、党的核心小组组长。

龙羊峡水电站开工

2月25日 黄河龙羊峡水电站动工兴建。电站位于黄河上游青海省共和县与贵南县交界的龙羊峡进口处，它以发电为主，兼有灌溉、防洪和防凌作用，是一座具有多年调节性能的大型综合利用枢纽工程，控制流域面积13.1万平方公里，年径流量205亿立方米，直接控制着黄河上游近65%的水量和主要供水来源，设计混凝土重力拱坝高178米，总库容247亿立方米，单机容量32万千瓦，总装机容量128万千瓦，年平均发电量59.42亿度。它的坝高、库容和单机容量，居我国已建成水电工程中的首位。该工程由西北勘测设计院设计，水电第四工程局施工。1979年12月29日截流，1982年6月28日主坝浇筑第一块混凝土。

黄河中游地区机械修梯田试验研究第一次协作会议召开

3月31日 黄委会革委会在山西省水土保持科学研究所召开黄河中游地区机械修梯田试验研究第一次协作会议。参加会议的有甘肃天水、西峰、兰州，陕西榆林地区，内蒙古和山西大泉山、右玉等14个水保试验站的代表。会议交流了机械修梯田的经验，研究落实了1976年的协作计划和有关事项。

国务院批复《关于防御黄河下游特大洪水意见的报告》

5月3日 国务院以国发〔1976〕41号文件对河南、山东省革委会和水电部提出的《关于防御黄河下游特大洪水意见的报告》批复如下：国务院原则同意。可即对各项重大防洪工程进行规划设计。希望在抓紧规划设计的同时，切实做好今年的防汛工作，提高警惕，确保河防安全。

黄河河口改由清水沟入海

5月27日 黄河河口改由清水沟入海。由于原钓口河流路泥沙淤积延伸，泄洪排沙能力降低，水位壅高，对防洪防凌和油田安全均为不利。黄委会提出在河口清水沟入海的方案，经水电部、国家计委批准，1968年3月开工，先后完成了引河开挖长8750米，修建防洪堤、东大堤、北大堤、接长南大堤等工程，完成土方1257万立方米。1976年4月在罗家屋子原河道开始修建截流工程，5月20日截流合龙，较原钓口河流路缩短流程37公里，为建国后第三次有计划的人工改道。

内蒙古沿黄建设无线电通讯网络

5月 内蒙古自治区为吸取河南省1975年8月淮河发生大水有线通讯失灵的教训，确定在黄河沿岸有线通讯的基础上，再增设无线电通讯。在包头市、巴彦淖尔盟、伊克昭盟安设“747”型无线电台，随即培训了无线电通讯人员。到1976年底全区沿河已架设电台16部，1980年增至29部。

四省黄河防汛会议在济南召开

6月19日 豫、鲁、晋、陕四省黄河防汛会议在济南召开。水电部袁子均司长、黄委会革委会主任周泉等参加会议。会议讨论了防御黄河下游特大洪水方案，研究确定1976年防汛任务为：确保花园口站22000立方米每秒洪水大堤不决口；遇特大洪水时，尽最大努力，采取一切办法，缩小灾害。

天桥水电站发生事故

6月25日 黄河天桥水电站土坝右端发生塌坑事故。中央防总办公室、水电部、黄委会、山西省水利局即于6月29日、7月5日和6日先后派人赶到工地调查，认为事故的主要原因是天桥电站坝址水文地质情况十分复杂，还未完全掌握承压水的规律，设计、施工时对地下水处理措施不力，特别是右岸排水洞没有封底，以致形成渗流短路，发生管涌流土并使右岸排水洞基础部分破坏，坝面发生大面积塌坑。

石头河水库开工

6月 石头河水库是1974年1月经水电部批准列入国家基本建设计划，以灌溉为主，结合发电综合利用的大型水利枢纽，也是陕西关中实现南水北调，解决西部缺水的重要工程。大坝位于眉县秦岭北坡斜峪关山口处，坝高105米，总库容1.25亿立方米，年调节水量2.7亿立方米，1980年基本建成。

山西省水利局召开治黄流动现场会议

7月14日 山西省水利局在运城地区召开治黄流动现场会议，落实1976年黄河防汛措施，讨论研究河道工程布局与滩地改造利用工程措施等。

吴堡出现24000立方米每秒洪峰

8月2日 黄河吴堡水文站出现24000立方米每秒洪峰，这是该站1842年以来的最大洪水。洪水主要是内蒙古伊盟境内普降大雨和暴雨，使黄甫川、清水川、孤山川、窟野河等支流同时涨水而造成的。此次洪水峰型尖瘦，沿途削减，3日10时至龙门，洪峰流量只有11000立方米每秒。

小浪底、桃花峪水库工程规划技术审查会召开

8月14日 水电部工作组在郑州主持召开小浪底、桃花峪工程规划技术审查会。36个单位142人出席会议。听取黄委会关于小浪底、桃花峪两个工程规划的汇报，并深入现场调查研究，审查讨论。

1981年11月，水利部对小浪底、桃花峪工程规划比较审查后认为，小浪底优于桃花峪。决定不再进行桃花峪水库的比较工作，责成黄委会抓紧小浪底水库的设计工作。

花园口连续发生9000立方米每秒以上洪水

8月27日 今年汛期花园口水文站出现7次洪峰。其中超过5000立

方米每秒的洪峰6次，以8月27日、9月1日接连出现的9210立方米每秒和9100立方米每秒洪水最为严重。这两次洪水具有水位高、水量大、持续时间长的特点。花园口站15天洪水量达89亿立方米。自柳园口以下有550多公里长的河段超过1958年洪水位0.5～1米。兰考东坝头以下两岸滩地进水总量约20亿立方米，共淹滩地200万亩，受灾人口近100万，河南死亡31人，山东死亡25人。大堤偎水长1080公里，堤根水深4～5米，险工出险85处，护滩工程出险40处，大小管涌700多个，漏洞9处。

黄河污染治理长远规划座谈会召开

10月12～20日 黄河污染治理长远规划座谈会在郑州召开，会议汇编了《黄河污染治理长远规划》，讨论修改了《黄河水源保护管理试行条例》。黄委会水源保护办公室在北京大学地质地理系师生的协助下，于今年4～6月，组织了4个组41人，分赴沿黄八省（区），对西宁、兰州、银川、包头、呼和浩特、太原、西安、洛阳和泰安地区的黄河水质污染状况进行了调查，并写出了《污染源调查资料》，绘制了《黄河污染示意图》和《重点市（地区）污染源示意图》。

黄委会加强无线电通讯网络建设

10月 鉴于淮河1975年8月发生大水期间有线通讯失灵造成灾害的教训，3月，水电部、黄委会决定：在现有有线设施基础上，再增设一套无线电通讯设备。河南、山东两省河务局随即配备了无线电通讯人员并组织技术学习，在郑州～原阳～庙宫，原阳～封丘安设了A—350无线电台。郑州～庙宫还安设了208型电台。同时，黄委会在四机部的协助下，拟订了龙门到黄河口区间的建网计划，并对三花间部分水文站进行了电台选型试验和郑州到济南的干线设计，截至1976年10月全河已架设各型电台42部。

黄河中上游地区用洪用沙交流会召开

12月15～26日 黄河泥沙研究工作协调小组与陕西省水电局共同主持在西安召开了“黄河中上游地区用洪用沙经验交流会”，到会的有黄河流域八省（区）水利（水电）、水土保持部门和长江、海河流域有关单位的代表185人。会议交流了用洪用沙经验和科研成果。会后将经验与成果刊印为《黄河泥沙研究报告选编》第三集。

河南河务局建成两条治黄窄轨铁路

12 月 河南河务局两条治黄窄轨铁路建成，即新辉线和封清线。新辉线是由辉县共山石场引出，与新乡至封丘线连接，全长 34.03 公里。封清线是由封丘站东南引出，止于清河集大堤上，全长 24 公里。两线均于 1973 年兴建，主要为运输河工石料。但由于运石成本过高及料源不足等原因，1985 年被迫停运并无偿移交给地方。

1977年

洛阳黄河公路桥建成

1月2日 河南洛阳黄河公路桥建成通车。该桥位于河南孟津县的雷河村与对岸的洛阳市吉利区之间，全长3428.9米，桥面净宽11米。1973年7月开工；1976年12月27日竣工，12月31日通过验收。总造价4037.3万元。

山东省进行黄河分洪道工程规划设计

2月1日 经山东省黄河分洪道工程领导小组确定建立的分洪道工程规划设计办公室开始办公。黄河分洪道工程规划设计，是根据国务院1976年5月3日《关于防御黄河下游特大洪水意见报告的批复》精神进行的。主要设想在东阿陶城铺以下另筑一道新堤，使之与现有黄河大堤之间作为分洪道，遇特大洪水时，可利用分洪道分泄部分洪水入海。

黄委会通信总站建立

2月 黄委会在郑州建立通信总站，下设三门峡、洛阳、陆浑、郑州4个通信站。

黄河下游凌汛严重

3月 从1976年12月25日起，黄河下游气温大幅度下降，到2月5日，低气温持续了40余天，12月27日首先在河口地区封河，然后节节向上插封，最上封至开封黑岗口，封河总长404公里，总冰量为7104万立方米，河槽最大蓄水量达3.56亿立方米，冰量较解放后封河年份平均值偏多39%。河口段封河初期就壅水漫滩，12月29日，西河口水位壅高到8.99米，比当年汛期最高洪水位还高0.07米，西河口到利津河段水位抬高2米左右，影响滨县、利津、博兴、垦利4县，10万亩滩地进水，14个村庄被水围困，160多公里大堤偎水。山东省组织了46个爆破队，在开河前于泺口以下5段河道内爆破冰凌9800米。三门峡水库自1月1日开始控制下泄流量，河南、山东引黄涵闸也及时开闸引水。2月中旬气温回升，3月8日全河开通，防凌工作胜利结束。

山西省三门峡库区管理局成立

4月5日 山西省三门峡库区管理局成立，归该省水利局领导。

三门峡水电厂成立

4月 三门峡水力发电厂成立，归属河南省电力工业管理局。

中小型水库水力吸泥清淤试点会召开

5月7～14日 黄河泥沙研究工作协调小组与山西省水利局共同主持在山西省的太原、田家湾、巨河、红旗水库等现场召开了“黄河流域中小型水库水力吸泥清淤试点现场会”。会议总结交流了各地在开展水库水力吸泥清淤试点工作的经验，提出了今后应就排沙效率、降低成本与节约投资、运用方式及操作技术以及观测仪器等问题进行重点、深入的研究。

黄河中游水保工作第二次会议召开

5月6～19日 黄河中游水土保持工作第二次会议在延安召开。会议由水电部、农林部、治黄领导小组主持，山西、陕西、青海、宁夏、内蒙古、甘肃等省（区）的代表500多人出席了会议。

会议总结交流了1973年延安水保会议以来的成绩和经验，提出水保工作应“纳入农业学大寨的轨道”。继续贯彻“以土为首，土水林综合治理，为发展农业生产服务”的方针。会议确定黄河中游水土流失重点县由原来的115个增至138个。

宋绍明任河南黄河河务局局长

5月27日 中共河南省委决定：宋绍明为河南省革委会黄河河务局局长、党的核心小组组长。

黄河河口南防洪堤退修新堤

6月30日 黄河河口南防洪堤退修新堤完工。黄河河口于1976年改道由清水沟入海后，原防洪堤下段靠水出险，经水电部批准，退修新堤一段长13.5公里及堵串土坝一道，共计土方127万立方米。5月上旬开工。

《黄河流域特征值资料》出版

6月 黄委会出版了《黄河流域特征值资料》，该书对黄河流域集水面积、干流长度、流经省(区)均有新的提法。黄河流域集水面积原为737699平方公里，新量为752443平方公里；黄河干流全长原为4845公里，新量为5464公里；以往黄河流经八省(区)的提法不确，应加上四川，改为黄河流经九省(区)，即青海、四川、甘肃、宁夏、内蒙古、山西、陕西、河南、山东。黄河流域特征值的量算工作，系从1972年3月开始，黄委会水文部门与沿黄各省(区)水文总站共同协作进行。其量算成果上报后，水电部于1973年批复同意将新量成果专册刊印，并指示黄河水文年鉴从1971年起改用新量成果。

李先念称赞用吸泥船加固黄河大堤

7月4日 水电部第606期《值班简报》上报导了"用简易吸泥船加固黄河大堤效果好"一文，文章指出："黄河下游自1970年开始用简易吸泥船加固黄河大堤以来，到现在黄河下游已有吸泥船166只(山东142只，河南24只)，累计放淤固堤已达3700多万立方米。船淤比人工筑堤节省劳力80%、投资少50%"。7日，国务院副总理李先念阅后批示：很好，继续总结提高。

小北干流发生"揭底"现象

7月6日 黄河龙门水文站出现流量14500立方米每秒洪峰，且水势猛，水位高，含沙量大，漫滩范围广，形成汾河壅水、倒灌。洪峰过后，黄河小北干流发生了河道"揭底"现象，给沿岸造成了灾害。7日，潼关水文站洪峰流量为13600立方米每秒。沿岸漫滩20万亩，农田被淹，有3人死亡，是继1967年以来为害较大的一次。

延河出现大洪水

7月6日 延河发生近百年一遇洪水。实测延安水文站洪峰流量为7200立方米每秒，一天输沙量高达5538万吨，河水決堤漫溢，洪水冲进延安市，134人死亡，倒塌房屋4132间，冲毁农田6.5万亩，冲毁库坝200多座。

武陟县发生擅自扒开沁河大堤事件

7月28日 河南武陟县阳城公社为排除背河积水,擅自在沁河堤73公里处将堤身扒开1.6米,并在背河挖了两条引水沟。值此大汛时期,如遇黄、沁涨水,必将酿成决口大患。但武陟第二黄沁河修防段革委会主任王合仁发现此事达10日之久不向上级报告,是严重的失职。为此,武陟县委常委9月17日研究决定:撤销王合仁党内外一切职务。

水电部批准黄委会建造流速仪检定槽

7月 水电部〔1977〕水电计字第112号文件批复:"为了提高水文测验质量,适应治黄事业的发展,同意新建流速仪检定槽一座。"1978年开始建造,槽长250米,宽5米,水深3米。1986年建成,投资218.86万元,是年12月23日通过部级技术鉴定。1987年4月正式投产使用。水电部对该槽评为:"一级精度,达到国际水平。"

黄河河南堤段出现严重险情

7～8月 花园口水文站7月9日出现第一次洪峰,流量8100立方米每秒。由于河床下切,造成下游30处险工和护滩工程出险。

7月9日,杨桥险工17～21坝及护岸被水从坝基底下淘空,坍塌200余米,其中数处塌陷距堤根仅有二、三米。中牟杨桥80年没靠过大溜,这次靠了大溜。7月19日,开封柳园口险工19～21坝土胎出现裂缝80多米,20坝护岸50米浆砌护坡全部塌入水中,经几千人抢修,才化险为夷。8月8日,花园口站出现10700立方米每秒洪峰流量,杨桥8坝以下至万滩49坝均靠大河。其中19～27坝靠大边溜,造成19坝、20坝坍塌下蛰。万滩险工从35～58坝及3段护岸相继坍塌下蛰。8月10日中牟赵口闸,45～47坝坝基被冲塌200余米,根石下陷8米。

潼关河段出现实测洪水最大值

7、8月 黄河中游出现3次洪水:潼关站7月7日洪峰13600立方米每秒,8月3日洪峰12000立方米每秒,8月6日洪峰15400立方米每秒。其中15400和13600立方米每秒洪水是1933年以来实测最大和次大值。

毛乌素降特大暴雨

8月1～2日 在内蒙古和陕西交界地区,下了一场特大暴雨,暴雨强中心位于毛乌素沙漠南缘内蒙古乌审旗呼木多才当,9小时内雨量达1400毫米(调查值)。孤山川河流暴洪汇流集中,加上水库垮坝流量,造成高石崖水文站洪峰流量达10300立方米每秒的特大洪水,有500多座库坝被冲垮。暴雨中心的群众反映,雨前西北风大作,云层极厚,来势很猛,下雨时象倒水一样,脸盆伸向院中顷刻即满。雨后大地一片汪洋,院内的空桶空缸普遍满溢,农田牧场被淹,公路交通中断,部分房屋倒塌,麻雀和喜鹊几乎全被雨打死,机井水位升高1至2米,实属历史罕见。事后,中央气象局及陕西、内蒙古两省(区)有关部门和黄委会陆续派调查组前往调查。

另外,8月5日、6日,无定河、屈产河下游也发生暴雨洪水,无定河白家川水文站以下雨量在200毫米以上,无定河干支流普遍涨水,造成严重垮坝现象,大部分淤地坝被冲毁,有的商店、粮店被淹,灾害严重。

黄河发生高含沙水流

8月7日 三门峡最大出库流量8900立方米每秒,最大含沙量911公斤每立方米(7日8时)。小浪底水文站出现最大流量10100立方米每秒,含沙量高达941公斤每立方米,这是黄河上有观测资料以来的最大值。在涨水过程中,武陟驾部的水位6小时内突然下降0.95米,后又在1.5小时中猛升2.8米;与此相应,在驾部下游的花园口水文站观测到洪水涨到6180立方米每秒时,在8小时内流量削减到4600立方米每秒,后又在4.7小时内猛涨到10800立方米每秒。

山西省治理汾河指挥部成立

9月26日 山西省治理汾河指挥部成立,主要任务是承担三年内完成汾河水库加固改建工程的组织领导和设计施工,并制订在三年内彻底治理汾河中段从兰村口至灵石口全长150公里的河道治理规划。

引大入秦工程兴建

9月 甘肃省引黄河支流大通河入秦王川灌溉工程动工。工程位于甘肃省兰州市以北,景泰县以南,皋兰县以西,规划灌溉面积86万亩,总干渠设计引水流量32立方米每秒,年引水量4.43亿立方米,总投资10亿元,全部工程计划于1993年建成。

黄河干流大型水库泥沙观测研究成果交流会召开

10月16～27日 由黄河泥沙研究工作协调小组和甘肃省水电局共同主持,在兰州召开黄河干流大型水库泥沙观测研究成果交流会。参加会议的有黄委会和黄河流域青、甘、宁、内蒙古、陕、晋、豫、鲁八省(区)水利、水电、河务局和有关水库等104个单位的171名代表。会议交流了水库泥沙观测研究成果与经验。会后刊印了《黄河泥沙研究报告选编》第四集。

三门峡至入海口河段查勘结束

10月22日～11月25日 黄委会与水电部规划设计院等单位共同组织查勘组,对黄河三门峡至入海口进行查勘研究,重点讨论了(1)关于桃花峪、小浪底工程选点问题;(2)山东黄河分洪道工程查勘审查意见;(3)关于南水北调穿黄工程;(4)关于北金堤滞洪区退水等问题。

水电部批准使用光电泥沙颗粒分析方法

10月 原采用的粒径计泥沙颗粒分析方法,分析的泥沙粒径成果偏粗。根据水电部部署,黄委会于1975年组织人力,进行各种颗分方法的对比试验并取得试验数据。1977年10月下旬受水电部委托,由黄委会主持在三门峡市举行全国泥沙颗粒分析会议。会议认为光电颗粒分析方法是先进的可行方法。水电部批准光电法为全国推广使用的新方法。会后,黄委会与华东水利学院、西北工业学院共同研制了GDY—1型光电颗分仪,并于1979年底通过部级鉴定。1980年黄委会推广使用。

姚哲任河南黄河河务局局长

11月25日 中共河南省委任命姚哲为河南省革委会黄河河务局局长、党的核心小组组长;免去宋绍明的河南河务局局长、党的核心小组组长职务。

托克托县麻地壕扬水站竣工

11月 内蒙古自治区托克托县麻地壕扬水站竣工,这是自治区在黄河上兴建的第二大扬水站。1976年4月开工,设计流量36立方米每秒,扬程4.51米,灌溉面积24～68万亩。

齐河展宽区大吴泄洪闸建成

11 月 齐河展宽区大吴泄洪闸建成。山东大吴泄洪闸系齐河展宽区防洪运用的主要泄洪退水闸，位于展宽堤下段。1976 年 4 月 15 日开工，桩基为开敞式混凝土结构，9 孔。近期防洪水位 32.4 米；泄洪流量 300 立方米每秒；远期大堤加高 2 米，设计防洪水位 34.4 米，泄洪流量为 590 立方米每秒。

黄委会加强气象预报工作

12 月 为了增长水情预报的预见期，自 1977 年开始，黄委会已正式开始收填天气图，作本流域的降水和天气预报，并加强了与沿黄各省(区)气象部门的暴雨联防协作，同时还开展了卫星云图分析，以提高暴雨预报质量和预见期。

长垣～渠村窄轨铁路建成

12 月 河南长垣～渠村窄轨铁路建成。全长 43.67 公里，1974 年动工，总投资 990.7 万元。到 1983 年，共为黄河运石 19.16 万立方米。后因运石成本过高等原因于 1987 年拆除。

1978 年

黄河下游修防单位归属黄委会建制

1 月 5 日 经国务院领导批准，将山东、河南两省河务局及所属修防处、段，仍改属黄委会建制，实行以黄委会为主的双重领导。业务领导、干部调配由黄委会负责；党的关系仍由地方党委负责。

黄委会正名及新任领导成员

1 月 经水电部同意，在“文革”中改为“水利电力部黄河水利委员会革命委员会”的名称，正名为“水利电力部黄河水利委员会”。同时任命了新的领导班子成员：主任王化云，副主任杨宏猷、杨庆安、辛良、李玉峰、李延安。

7 月 21 日，水电部又任命王生源为黄河水利委员会副主任。

治黄工作会议召开

2 月 17 日 1978 年治黄工作会议在郑州召开。王化云主任主持会议，会议总结了经验，找出了差距，研究了在新形势下如何加快治黄速度等问题。

李先念对龙羊峡水电站建设作出批示

2 月 28 日 中共中央副主席李先念对水电部第四工程局加快龙羊峡水电站建设作的批示中指出：“建设龙羊峡电站，开发龙羊峡至青铜峡之间的十几个梯级水电站，工程规模很大，经济效益极大，任务很艰巨，也很光荣。”

黄委会勘测规划设计院恢复

3 月 6 日 中共黄委会临时党组通知：经水电部批准，黄委会勘测规划设计院恢复，院下设地勘总队和测绘总队。任命王锐夫为院长。同时撤销规划设计大队。

黄委会科技成果获奖

3月18日 全国科学大会在北京召开。黄委会获奖的有:引黄放淤固堤经验、三门峡水利枢纽改建及泥沙处理等11项成果。

黄委会派员参加全国水利管理会议

3月20日 全国水利管理会议在湖南省桃源县召开,有1300多名代表出席了会议。会议根据党中央的战略决策和搞好各条战线整顿工作精神,认真总结经验,肯定成绩,找出差距,表彰先进,制定措施,以大力提高管理水平和技术水平,迎接水利建设的新高潮。水电部钱正英部长主持会议并作了报告。黄委会主任王化云带领山东、河南河务局及修防处和部分修防段的领导共27人参加了会议,并向大会提交了《黄河下游治黄工程管理规划》和《黄河下游工程管理总结》的报告等。山东河务局济阳修防段被大会命名为全国水利管理学大寨学大庆标兵。

黄河水系水质监测规划座谈会结束

3月21日 在郑州召开的黄河水系水质监测站网和监测工作规划座谈会结束。会议是3月14日召开的,沿黄各省(区)和中央有关部委、大专院校、科研单位等代表102人出席了这次会议。会议交流了近年来开展水质监测工作的经验,研究制订了《黄河水系水质监测站网和监测工作规划》。

花园口水文站建造施测大洪水机船

3月 为了吸取1975年8月淮河大水造成灾害的教训,适应黄河下游防御特大洪水的需要,花园口、夹河滩两水文站开始建造施测大洪水的水文测船。花园口站的船1981年10月建成投产,该船长38米,宽6米,造价81.3万元。这是黄河河道水文测验中最大的机船。

尊村引黄电灌第一期工程竣工

4月9日 山西运城地区尊村引黄电灌第一期工程竣工。该工程总体设计10级提水,总扬程211.7米,机组6.74万千瓦,灌溉面积166万亩。第一期工程5级提水,总扬程77.8米,机组4.165万千瓦,灌溉面积123万亩。

黄河高含沙水流实验研究工作协作会召开

4 月 13～17 日 黄河泥沙研究工作协调小组在郑州召开了“黄河高含沙水流实验研究工作协作会议”，参加会议的有 19 个单位的代表 33 人。会议制订了高含沙水流实验研究 1978～1985 年规划及 1978 年计划；商定成立“高含沙水流研究协作组”；编辑出版《高含沙水流研究动态》。

安阳修防处进行铲运机修堤试验

4 月 安阳黄河修防处在濮阳白冈大堤进行铲运机修堤试验，共完成土方 20000 立方米。与人工修堤比较，铲运机施工有以下特点：(1)能完成挖土、装土、运土、卸土和平土全部工序，还可代替一部分压实，节约压实费约 60%。(2)可提高工效，降低成本，减轻劳动强度，每立方米综合单价可节约 0.4 元。

故县水库恢复施工

4 月 故县水库恢复施工。故县水库位于黄河支流洛河中游的河南洛宁县故县村下游，是洛河干流兴建的第一座大型水库，控制流域面积 5370 平方公里。大坝为混凝土实体重力坝，坝顶高程 553 米；电站为坝后式，装机 3×2 万千瓦，初期年发电量 1.82 亿度，具有防洪、灌溉、发电的综合效益。1959 年开始施工，1960 年秋因国民经济困难，缩短基建战线而停工。1977 年冬，水电部把故县水库列为部属工程项目。

风沙危害和黄河中游水土流失重点地区防护林建设规划座谈会结束

5 月 26 日 由国家林业总局主持召开的“风沙危害和黄河中游水土流失重点地区防护林建设规划座谈会”在西安结束。会议是本月 16 日召开的，着重讨论研究建设我国“三北”(“三北”即东北、西北、华北)重点地区防护林体系的问题。黄河中游的风沙地区和西北高原的重点流失区，包括在防护林范围之内，而且是防护林体系的主要组成部分，规划中防护林总任务 8000 万亩的大部分是在黄河流域。

商丘黄河修防处建立

5 月 根据河南省行政区划的变动，河南兰考县划归商丘地区，在原兰考修防段段址建立商丘黄河修防处，并保留兰考修防段。1980年商丘处撤销，兰考修防段仍归属开封修防处。

郭林任河南黄河河务局局长

5月 中共河南省委任命郭林为河南黄河河务局局长，原河南河务局局长姚哲调省另行安排工作。

贵德黄河公路桥建成

6月1日 青海省贵德县黄河公路桥建成通车。桥长264.4米，宽7米，1976年11月19日动工。

固海扬水工程动工

6月1日 宁夏固海扬水工程动工，这是在宁夏南部干旱山区兴建的一项大型灌溉工程，从中宁县泉眼山黄河中提水，灌溉清水河中、下游两岸川台地农田，并解决沿途人畜饮水问题。该工程除输变电工程由宁夏电力局设计院勘测设计外，余均由宁夏水利勘测设计院设计。宁夏自治区水利工程处、固原、海原、同心、中宁四县和农垦指挥部参加施工。

河南省革委会颁发黄沁河工程管理布告

6月23日 河南省革委会向沿河县村镇颁发了《黄沁河工程管理布告》和《河南省黄沁河工程管理办法》。

三门峡等水库列为水文泥沙观测研究重点

7月26日 水电部发出“关于进一步开展水库水文泥沙观测研究工作的意见”，明确由20个重点水库组成“重点水库、水利枢纽水文泥沙观测研究协作组”，由黄委会任组长单位，长办、水电部水科院担任副组长单位。黄河干支流的水库有：三门峡、天桥、盐锅峡、八盘峡、青铜峡、巴家嘴、刘家峡、三盛公。

水电部批准黄委会建立水源保护科研所和水质监测中心站

7月 为使黄河水资源更好地为人民造福，水电部〔1978〕水电环字第7号文批准黄委会在郑州建立黄河水源保护科研所和水质监测中心站。

1978年黄河防汛会议召开

7月 经中共中央副主席李先念批示同意，黄河防汛会议在中共河南省委第二书记胡立教主持下，于6月6日在郑州召开。水电部副部长李伯宁，黄委会主任王化云，河南、山东、陕西、山西省委的负责同志及河南、山东两省河务局、修防处等单位的领导同志出席了会议。6月12～17日，各省负责同志到北京继续开会。7月16日，李先念副主席、纪登奎和陈永贵副总理听取了水电部部长钱正英、黄委会主任王化云的汇报。李先念副主席指示：(1)防汛文件发给四省贯彻执行；(2)铁道部保证抢运防汛石料30万立方米；(3)破除生产堤由各省负责；(4)组建下游机械化施工队伍；(5)龙门、小浪底、桃花峪等大型工程先搞设计；(6)黄河滩区治理纳入黄河计划。

河南召开贯彻落实黄河滩区政策会议

8月17～19日 根据中共河南省委指示，河南黄河河务局、河南省粮食局在郑州召开贯彻落实黄河滩区政策会议。来自河南沿黄16个地(市)、县的农办负责人、粮食局局长及各修防处，段的领导人，黄委会的代表出席了会议。会议认为，粮食政策应坚决贯彻国务院〔1974〕27号文件关于黄河滩区应迅速废除生产堤，修筑避水台，实行"一水一麦"，一季留足群众全年口粮的政策。

黄委会颁发《放淤固堤工作几项规定》

8月27日 黄委会颁发《放淤固堤工作几项规定》。《规定》指出，放淤固堤要本着先险工、后平工，先重点、后一般，先自流、后机淤的原则；放淤标准：淤宽50米，淤高到1983年防洪水位。

兴堡川提灌站兴建

8月 甘肃省靖远县兴堡川电力提灌工程动工兴建。工程位于靖远县北区、宁夏海原县西部，从黄河左岸挑车梁提水，以解决兴堡川的农业灌溉和人畜饮水问题。设计提水流量6立方米每秒，净扬程407.3米，设计灌溉面积15万亩，泵站9座，水泵72台，干渠长91.1公里，总装机容量4.89万千瓦，总投资8225.8万元。计划1990年全部完成。世界粮食计划署从1983年起援助800万美元。

黄河泥沙研究成果学术讨论会召开

10月11日 中国水利学会泥沙专业委员会与黄河泥沙研究协调小组在郑州共同主持召开“黄河泥沙研究成果学术讨论会”。参加会议的除黄河流域各省(区)水利(水电)部门外,还有其它流域以及全国有关省(区)的工程、科研和院校等单位代表共150余人。提交科研成果论文报告百余篇。会议着重交流讨论了近年来黄河泥沙研究成果,内容涉及黄河泥沙来源及人类活动对泥沙减少与效益的研究;水库泥沙的试验研究(包括大型水库规划设计管理运用的泥沙问题,中小型水库的泥沙处理与利用,水库水力吸泥清淤试验研究等);黄河及渭河下游河道冲淤变化规律与计算方法;黄河河口泥沙问题的研究;渠道与渠系泥沙问题的研究,高含沙水流特性研究及应用;浑水动床模型试验等其它专业性泥沙问题的试验研究等。

日本访华代表团参观黄河

10月12日 应中国水利学会邀请,以日本香山县土木部部长三野田照男为团长的“日中友好治水利水事业访华代表团”一行16人来黄河参观访问。代表团先后参观了黄河展览馆、花园口堤防及邙山提灌站。代表团对我国建国以来黄河治理成就表示钦佩,并提出了一些治河工程的建议。

法国代表团考察小浪底

10月19日 以法兰西共和国工业部水电设备区域局副局长让彼得为组长的法国电力代表团大型水利电力工程组一行7人,到黄河小浪底水库工程坝址考察,为时4天。黄委会邀请该组来此考察的目的,主要对小浪底水库工程中的技术问题征询意见。

黄委会组织西线南水北调查勘

10月 黄委会组织的西线南水北调查勘队返郑。查勘队由25人组成,队长董坚峰。6月14日由郑州出发,7月1日开始赴通天河与黄河源地区进行查勘,历时4个月,对通天河至黄河源地区三条引水线路及通天河干流上的17个引水坝址进行了综合考察与测量。同时,在江苏省地理研究所配合下,首次测量了扎陵湖、鄂陵湖的水量和水下地形,对两湖水质、水温、水生物及湖泊底层物质,进行了全面调查。

天水、西峰、绥德水保站归属黄委会建制

10 月 黄委会征得甘肃、陕西两省的同意，并经水电部批准，自本月起，将天水、西峰、绥德三个水土保持科学试验站归属黄委会建制。

扎、鄂两湖名称位置恢复

11 月 2 日 青海省革委会向国务院呈送了《关于恢复扎陵、鄂陵两湖名称位置的报告》，建议把 50 年代将扎陵湖、鄂陵湖颠倒的位置予以更正。翌年 2 月 2 日，国务院批复同意，即“西扎东鄂”。

国家批准“三北”防护林体系工程

11 月 19 日 国家正式决定“三北”防护林体系上马。“三北”地区分布着 19 亿亩沙漠和戈壁，构成万里风沙线，而西北黄土高原是我国水土流失最严重的地区，尤以黄河中游的 115 个县为甚。该工程至 1990 年，国家已投资 6 亿元，完成造林面积 1.1 亿亩。

中小型水库水力吸泥清淤试点会召开

11 月 黄河泥沙研究工作协调小组与陕西省水电局共同主持在陕西召开“黄河流域中小型水库水力吸泥清淤试点工作座谈会”。会议交流了各试点水库近年来实验研究进展情况，并就改进提高现有水力吸泥装置、进一步扩大试点工作等问题进行了座谈讨论。

豆腐窝分洪闸竣工

11 月 山东黄河北岸齐河展宽工程豆腐窝分洪闸竣工，闸分 7 孔，每孔宽 20 米，分洪流量 2000 立方米每秒。凌汛时如李家岸以上形成冰坝，豆腐窝水位为 33.76 米时，可分洪 1860 立方米每秒。

泥沙研究培训班开学

11 月 黄河泥沙研究协调小组委托清华大学水利系举办的“泥沙研究培训班”20 日在北京清华大学水利系开课。主要来自黄河流域有关单位，以及全国有关生产、科研和高等院校的学员共 70 余名。开设流体力学、泥沙运动基本理论、河床演变以及遥感遥测技术在河床演变中的应用等主课。著名泥沙、水力学专家钱宁、林秉南等主讲，黄委会派工作人员参加教学工作。

培训班于 1979 年 4 月底结业。

田浮萍任山东黄河河务局局长

12 月 21 日 中共黄河水利委员会党组转发中共水利电力部党组通知:任命田浮萍为山东黄河河务局局长。翌年 3 月 28 日,中共山东省委任命田浮萍为山东黄河河务局党组书记。

黄河流域水力资源普查结束

12 月 黄委会设计院、水电部西北勘测设计院和黄河流域九省(区)的水利电力勘测设计单位,按照全国统一要求,从 1976 年开始,对黄河流域的水力资源进行了普查:干支流理论蕴藏量按平均出力计算共 4054.8 万千瓦,按年发电量计算为 3552 亿度。大于 10000 千瓦的各级支流 140 条。可开发 10000 千瓦以上的水电站 100 个,总装机容量 2728 万千瓦,年发电量为 1137 亿度。按电量计算,黄河流域可开发水力资源约占全国的 6.1%。

青铜峡水电站八台机组安装完毕

12 月 宁夏青铜峡水电站八台共 27.2 千瓦水轮发电机组(7×3.6+1×2.0)全部安装完毕。

陆浑水库大坝加高完工

12 月 陆浑水库是 1965 年建成的。1970 年,河南省及洛阳地区为了利用库容兴利,作出《河南省陆浑水库灌区规划报告》,经水电部批准增建一条灌溉洞及电站,1976 年竣工,输水洞的电站及渠首设施也相继建成。1975 年河南淮河发生特大洪水之后,黄委会作了陆浑水库保坝设计,到 1978 年,完成了大坝垂直加高 3 米的任务。

黄委会水文站网调整、发展规划完成

12 月 由黄委会水文处主持进行的《1985 年前黄委会所属水文站网调整、发展规划》,从 1977 年开始,业已完成。黄委会辖区共计划布设水文站 211 个,实验站 5 个,水位站 75 个,雨量站 1230 个。

北金堤滞洪区改建工作基本完成

12 月 北金堤滞洪区改建工作基本完成。该区位于黄河北岸河南省长垣、滑县、濮阳、范县、台前及山东省莘县、阳谷境内，总面积为2918平方公里。1951年建成后，当时黄河下游以1933年型陕县23000立方米每秒洪水为防御标准，为保障高村以下河段的堤防安全，拟定在长垣石头庄分洪6000立方米每秒。1963年8月海河、1975年8月淮河发生特大暴雨后，黄委会根据实测洪水、历史洪水资料等分析，认为花园口站仍可能出现46000立方米每秒的洪水，向北金堤滞洪区分洪流量需要增加，其次石头庄溢洪堰前有4道渠堤阻水，爆破时机不好掌握，有可能错过洪峰，分洪不足；一旦洪水把堤冲开，又可能分洪过多，甚至形成夺流改道。为此，经国务院批准，改建北金堤滞洪区，废除石头庄溢洪堰，兴建渠村分洪闸。渠村分洪闸位于濮阳市渠村乡青庄险工上首，1976年11月动工，1978年8月竣工，钢筋混凝土灌柱桩基开敞式结构，设计分洪流量10000立方米每秒，共56孔，全长765米，是目前黄河上最大的一座分洪闸。改建后的滞洪区长141公里，总面积2316平方公里，比原来减少602平方公里。分洪流量由原来的6000立方米每秒提高到10000立方米每秒，而且进洪口门下移19公里。因此，滞洪水位有所抬高，全区内主溜、水深、蓄水区域都有变化。滞洪区人民在各级党委领导下，从1976年开始，开展了大规模的群众修台筑堰工作，实行“防守与迁移”并举的方针，修路架桥，建造船只。1984年7月还建成了滞洪区无线通讯网，如一旦滞洪区分洪，便可最大限度地减少损失，以确保黄河安全。

黄河系统第一部纵横制交换机启用

12月　黄委会正式启用黄河系统第一部纵横制交换机（HJ905型，400门），从而实现了在郑的治黄部门相互通话的自动拨号。

1979 年

山东部分修防处、段调整

2 月 7 日　山东河务局撤销泰安修防处，合并于济南修防处。原泰安修防处所属的章丘修防段、长清管理段，划归济南修防处领导。原平阴管理段划归位山工程局领导。济南修防处增设历城修防段。

国家批准在黄河下游组建机械化施工队伍

2 月 15 日　水利部转发了国家计委的意见，同意建立治黄机械化施工队伍。8 月 12 日，国家劳动总局给水利部的文件指出："国务院领导同志批示黄委会在河南建立一支两万人的常年施工队伍"。9 月 10 日，黄委会给山东、河南两省河务局下达了劳动指标 12600 人。9 月 11 日，黄委会在《关于组建黄河下游施工专业队伍的意见》中指出，常年施工专业队伍担负以下任务：(1)黄河大堤、险工、涵闸等防洪工程施工；(2)担负防汛、防凌的工作；(3)发展多种经营，增加生产收入。

黄河水利技工学校正式建立并开学

2 月 17 日　黄河水利技工学校正式建立并开学。黄河水利技工学校是经水电部批准，由黄委会于 1978 年在开封开始筹建的。

黄河下游通讯线路遭暴风雨破坏

3 月　去冬以来，黄河下游几次遭受强冷空气侵袭。尤其是 2 月 21～22 日，风雨交加，最大风力 9 级，有的地区持续 20 多小时，电话线和水泥电杆的冰层厚度竟达 4～6 厘米，超过电杆承压的设计标准，出现大量的断线、倒杆，造成有线通信瘫痪。最严重的是河南安阳及山东的菏泽、德州、聊城 4 个地区的 12 个修防处、段，长达一个多月不能顺利通话。共刮断水泥电杆 448 根，刮断木杆 1590 根，两处过河飞线被刮断，烧毁电缆 3700 米、电话总机 1 部、单机 2 部，造成经济损失 50 多万元。

灾情发生后，山东、河南两局及有关修防处段召开了紧急会议，集中 400 多名职工，全力以赴抢修，经一个多月奋战，线路修复通话。

王化云任水利部副部长

4月 水利电力部分成水利部、电力部。黄委会改为“水利部黄河水利委员会”,王化云被国务院任命为水利部副部长(兼黄委会主任)。

《黄河下游工程管理条例》印发试行

4月 黄委会根据1978年全国水利管理会议精神,制定了《黄河下游工程管理条例》印发试行。条例包括:总则,堤防工程管理,险工、控导护滩工程管理,涵闸、虹吸工程管理,滩区、水库分(滞)洪工程管理与安全保卫共6项36条。

1979年黄河防汛会议召开

5月17日 黄河防汛会议在郑州召开。河南、山东河务局,陕西、山西、三门峡库区管理局,各水文总站等治黄业务部门负责人参加。会议期间,段君毅总指挥和钱正英部长到会讲话。22日水利部副部长、黄河防总副总指挥王化云作了总结讲话。

水利部及晋陕豫鲁四省向中央报告黄河防洪问题

5月 在国务院副总理余秋里、王任重主持下,山西、陕西、河南、山东4省领导在北京听取了黄委会关于黄河防洪问题的汇报。11日,水利部及豫、鲁、陕、晋4省联名向国务院、党中央写了《关于黄河防洪问题的报告》。《报告》提出解决黄河下游防洪问题的三条措施:(1)在三门峡以上和以下的干流兴建龙门和小浪底水库;(2)控制伊、洛、沁三条支流的洪水;(3)建立常年施工队,加快堤防建设。

冯家山水库建成

5月 冯家山水库建成。水库位于陕西省宝鸡县冯家山村,在渭河支流千河上。1970年7月1日开工,集水面积3232平方公里,总库容为3.89亿立方米,设计灌溉面积136万亩。

《人民黄河》杂志刊行

6月 由黄委会主办的《黄河建设》杂志在停刊十三年后经国家科委批准复刊,易名为《人民黄河》。该刊以治黄科技为主要内容,双月刊,第一期于本月出版。1984年下半年起向国内外公开发行。

利 津 断 流

6月 黄河流域自5月以来,天气干旱,干支流水量偏枯,加之沿河引黄灌溉,自5月28日开始,利津断流8天。胜利油田水库存水全部用完,注水井被迫停产,原油和天然气产量大幅度减产。6月11日水利部电告河南、山东省革命委员会,在三门峡泄流减少后,停止引黄灌溉,确保郑州、开封两市及胜利油田工业和生活用水。

黄委会派员参加联合国水资源规划讨论会

6月 黄委会应邀派工程师程学敏参加在意大利召开的"联合国水资源规划讨论会",并在会上宣读了《黄河的水资源规划》论文。

玛曲黄河公路桥交付使用

8月 甘肃省玛曲县黄河公路桥竣工。该桥是黄河首曲较大的一座,共3孔,每孔长70米,系钢筋混凝土箱式肋拱桥,全长280米,总建筑高度32米,桥面净宽7米。

黄委会召开水保科研会

9月13～22日 黄委会在甘肃庆阳县西峰镇召开"黄河中游地区水土保持科学研究工作座谈会"。会议总结了建国以来水土保持科研工作的成就,交流了科研成果,制订了《黄河流域1980～1985年水土保持科学研究规划》。

黄河中下游治理规划学术讨论会召开

10月18～29日 中国水利学会在郑州召开了"黄河中下游治理规划学术讨论会",来自全国的水利界知名人士、有关学科的专家、教授和从事治黄工作的领导干部、工程技术人员共220人出席了会议。

会议收到学术论文和资料140余篇。张含英理事长致了开幕词,47人在大会上作了学术报告或发言。

会前,中国水利学会曾组织专家、学者分别到黄河中下游实地进行调查研究,为开好这次会议作准备。水利部部长钱正英参加了会议并听取了各方面的意见和建议。

兰州黄河公路桥建成

10 月　兰州黄河公路桥建成。桥长 304 米，宽 21 米，1977 年 9 月动工，桥梁为预应力钢筋混凝土薄壁箱形连续梁的新型结构。

石洼分洪进湖闸改建完成

11 月 18 日　东平湖水库石洼分洪进湖闸改建完成。原闸是 1967 年建成的，49 孔，分洪流量 5000 立方米每秒。为防御特大洪水，1976 年 10 月动工改建，把建筑物等级由原二级提高到一级。改建后分洪流量仍为 5000 立方米每秒。该工程荣获 1985 年国家优质工程银质奖。

涵闸、虹吸设计、施工技术座谈会召开

12 月 14 日　黄河下游涵闸、虹吸设计、施工技术座谈会在郑州召开。会议内容：(1)学习国务院关于加强基本建设管理的有关文件；(2)修改、补充黄河下游引黄涵闸及虹吸工程的改建、新建设计标准；(3)总结、讨论设计工作中如何选择合理闸位和底板高程及改进适应黄河情况的涵洞、虹吸结构措施；(4)制定了《黄河下游涵洞、虹吸设计、施工管理暂行办法》草案。

龙羊峡水电站导流隧洞及截流工程竣工

12 月 27、29 日　黄河龙羊峡水电站导流隧洞 27 日竣工。该洞是 1977 年 12 月开工的，洞长 661 米，高 16 米，宽 15 米，是我国目前正在建设的各水电站导流隧洞中最大的一个。它是根据黄河上游 50 年一遇的最大洪水设计的，每秒泄水量 3000 多立方米。隧洞完工后，河水改由导流隧洞泄向下游，为电站主体工程的拦河大坝和厂房施工创造了条件。12 月 29 日下午 5 时 45 分开始截流，口门宽 53 米，最大水深 13 米。施工时先爆破导流洞进口岩坎和混凝土挡墙，分流 70%，后经抛石、钢筋笼、铅丝笼等，于当晚 10 时 45 分，胜利完成截流工程。

龙毓骞受国务院表彰

12 月 28 日　国务院在人民大会堂隆重举行授奖仪式，嘉奖农业、财贸、教育、卫生、科研战线的全国先进单位和全国劳动模范。黄委会总工程师龙毓骞是这次被国务院表彰的 340 名全国劳动模范之一。

《宁夏黄河河道整治规划报告》出台

12 月 宁夏自治区水利勘测设计院提出《宁夏黄河河道整治规划报告》，对河道的防洪标准与行洪宽度做了系统规划。1983 年 10 月自治区人民政府批准执行。

河南黄河河务局成立北金堤滞洪处

12 月 河南黄河河务局北金堤滞洪处成立。滞洪处驻濮阳，下设台前、范县、长垣、濮阳滞洪办公室、滑县滞洪管理段。滞洪处是 1953 年创建的，至 1958 年，归属安阳专署；1964 年至 1970 年改为滞洪办公室，仍属于安阳专署；1971 年至 1978 年划归安阳黄河修防处领导，改为滞洪组；1979 年隶属河南河务局；1985 年与濮阳修防处合并。

非金属环氧金刚砂抗磨涂料获奖

12 月 国家科委发明评选委员会批准奖励 19 项发明，其中黄委会水利科学研究所和天津勘测设计院科研所协作研制的非金属环氧金刚砂抗磨涂料获国家三等发明奖。

1980年

黄委会水文局建立

1月5日 水利部批准黄委会建立水文局，撤销水文处，水文局与黄河水源保护办公室合署办公。

引黄灌溉工作会议召开

1月23～27日 水利部主持在新乡市召开“引黄灌溉工作会议”。山东、河南两省水利厅、河务局、两省引黄地、市、县水利局和引黄重点灌区及黄委会、农业部等单位155人参加了会议。

水利部副部长王化云、史向生出席会议并讲话。会议主要内容是：(1)交流引黄灌溉经验；(2)讨论加强引黄灌溉工作；(3)研究制定《关于引黄灌溉的若干规定》。另外，还着重强调今后要收缴水费等问题。这是水利部第一次专门召开引黄灌溉会议。

治黄总结表模大会召开

1月22～29日 黄委会在郑州召开治黄总结表模大会，总结三十年治黄经验，表彰先进集体和劳动模范，共商新时期治黄大计。大会提出新时期的治黄任务：加快治黄步伐，除害兴利，综合利用黄河水土资源，为实现“四化”作出贡献。来自各级治黄单位的领导干部、先进单位的代表、劳动模范和先进生产者共450人出席了会议。

水利部副部长兼黄委会主任王化云向大会作了《人民治黄三十年》的报告。水利部副部长史向生参加了会议。会上表彰了先进集体43个，劳动模范24名，先进生产者146名。

宁夏黄河东升裁弯工程完成

2月2日 宁夏黄河东升裁弯工程完成。黄河永宁县东升一带，有6.4公里一段急弯，1976年以来，西岸有6875亩土地塌入河中。为消除水患，1979年12月，永宁县组织民工，于黄河对岸的灵武县横山乡因势利导，在急弯段开挖一条2.4公里的引河裁弯取直，使主流远离西岸，转危为安。

黄委会颁发《黄河下游引黄涵洞、虹吸工程设计标准的几项规定》

2月19日 黄委会颁发《黄河下游引黄涵洞、虹吸工程设计标准的几项规定》。《规定》明确临黄的涵洞、虹吸工程均属一级建筑物，设计和校核防洪水位以防御花园口22000立方米每秒的洪水为设计防洪标准，以防御花园口46000立方米每秒的洪水为校核防洪标准等。

袁隆任黄委会副主任

2月28日 水利部任命袁隆为黄河水利委员会副主任，免去辛良的黄河水利委员会副主任职务，调水利部另有任用。

黄委会学术委员会成立

3月18日 黄委会学术委员会成立并举行首次全体会议。会上推选龚时旸为主任委员。学术委员会的职能是：起咨询、审议和参谋作用，推动各项治黄科技工作的开展。会议并讨论研究了治黄10年规划等。

黄河中游治理局成立

3月27日 水利部下达〔1980〕水农字第36号文，同意重建黄河中游水土保持委员会和新建黄河中游治理局。黄河中游治理局既是中游水土保持委员会的办事机构，又是黄委会所属机构，下设1室4处，人员暂定300人。随后国家农委以国农办〔1980〕75号文任命：陕西省副省长谢怀德兼任黄河中游水土保持委员会主任，黄委会副主任王生源兼副主任。5月9日，黄委会正式成立黄河中游治理局。1981年11月17日启用印章。

黄河工会恢复

3月 中华全国总工会批准恢复"中国水利电力工会黄河委员会"。1979年4月黄河工会筹备组成立，开始筹备全河各级工会组织的恢复工作。

黄土高原水土流失综合治理科学讨论会召开

3月 国务院有关部委、科研单位、高等院校和黄土高原七省(区)有关单位的210人出席了在西安召开的"黄土高原水土流失综合治理科学讨论会”。会议议程:(1)讨论《黄土高原综合治理方案》;(2)向党中央国务院提出黄土高原综合治理建议;(3)提出 10 个水土流失重点县的治理方案;(4)制订黄土高原重大科研项目;(5)酝酿成立全国水土保持学会。会议收到学术论文 100 多篇。

十一个国家的学者参观黄河

4 月 1 日 出席河流泥沙国际学术讨论会的十一个国家的学者参观了黄河。从 3 月 1 日起,他们先后参观了黄委会黄河展览馆、水利科学研究所及邙山提灌站、花园口大堤、三门峡水利枢纽和水文站。

河流泥沙国际学术讨论会,是由中国水利学会和国际水文计划中国委员会共同发起召开的,是 1949 年以来,在中国举行的第一次泥沙研究方面的国际性学术会议。

《黄河下游引黄灌溉的暂行规定》发布

4 月 19 日 黄委会转发了水利部颁发的《黄河下游引黄灌溉的暂行规定》。规定共 18 条,总的精神是:搞好引黄灌溉,促进农业生产,兴利避害,不淤河,不碱地。

水利部发布《小流域治理办法(草案)》

4 月 21 日 水利部在山西省吉县召开的“水土保持小流域治理座谈会”上,拟订了《小流域治理办法(草案)》。29 日,水利部正式发布了这个《办法》,规定了小流域治理的规划、管理、养护和利用及有关政策等。

王生源兼任黄河中游治理局局长

4 月 28 日 黄委会以黄发字〔1980〕第 16 号文通知:中共水利部党组研究决定,王生源同志兼任黄河中游治理局局长。

洛阳地区三门峡库区管理局成立

5 月 22 日 河南省人民政府批准成立河南省洛阳地区三门峡库区管理局,人事归洛阳地区行政公署领导,业务由黄委会领导。后改称三门峡市三门峡库区管理局。

全河档案工作会议召开

5月 全河档案工作会议在郑州召开，会上制定了《黄委会治黄档案管理试行办法》。

黄河滩上建成大型过河缆道

5月 济南水文总站自1976年以来，开始尝试在黄河滩上建造水文缆道，并先后于孙口、高村等地自行设计、施工，建成深基、大跨度吊船缆道，这在黄河水文史上是空前的。位于滩地的塔基，均按黄河下游实测历史最大洪水(相应花园口流量22300立方米每秒)过主溜设计(桩基深为地面以下25米左右)，基本同于黄河公路桥桥墩设计标准。孙口、高村缆道主跨度分别为710米、951米；铁塔高度分别为33.5米、50.5米；单塔重量分别为8吨、20吨。两处缆道工程先后于1978年和1980年汛前投产。

黄委会选定38条试点小流域进行综合治理

5～6月 根据水利部的安排，黄委会在黄河中游水土流失严重的无定河、三川河、黄甫川等三条支流和山西吉县，内蒙古伊金霍洛旗，陕西清涧、延安、淳化等地共选了38条小流域作为试点，采取签订合同、定额补助等经济管理办法，以加快水土流失的治理。

黄河流域干旱山区用洪用沙座谈会召开

6月25日～7月2日 黄河泥沙研究工作协调小组和宁夏水利局共同主持在银川召开了"黄河流域干旱山区用洪用沙工作座谈会"。黄河中上游青海、甘肃、宁夏、内蒙古、山西、陕西六省(区)和科研、高等院校等协作单位95人参加。会议重点介绍黄河中上游山区用洪用沙典型经验与措施，交流开展这一工作的情况，研究讨论促进的意见与办法。会议期间参观了宁夏长山头淤地洪漫和园河三库一坝用洪用沙经验，以及店子洼、沈家河、二营等水库。会后将交流经验与成果刊印为《黄河泥沙研究报告选编》第5集。

黄委会引进测绘新技术

6月 黄委会于1976年7月购进了一台激光经纬仪。该机在陡峻山坡测图，可以甩掉地形尺直接测点，避免了扶尺员在山坡立尺之危险。同年，航测内业采用电算空中三角加密新技术，按区域网布点法，极大地提高了效率。1977年黄委会水科所购置了TQ—16大容量电子计算机。三角网、水准网平差、陆地摄影内业控制加密等普遍运用了该机计算。1977年还从民主德国引进了世界上先进的测水准和高程的自动置平水准仪蔡司Ni002。1979年又购进一架国产HGC—1型红外线测距仪。1980年进口一架民主德国产EOT2000型红外线测量仪。随着测绘新技术的引进,完成了国家测绘总局在1976年分给的"全国一等水准网"的其中4条线路1200公里的测绘任务。

《水土保持》杂志创刊

8月 为推动水土保持工作的开展,水利部委托黄委会代为编辑出版的《水土保持》杂志创刊(双月刊)。1982年更名《中国水土保持》。1983年改为国内外发行。1984年改为月刊。

联合国防洪考察团来黄河考察

8月3～14日 联合国亚太经社台风委员会防洪考察团3日到黄河三门峡枢纽进行考察。5日和6日,参观了黄河展览馆、黄委会水科所以及花园口大堤险工和水文站。6、7日两天黄委会有关部门的同志作了黄河下游防洪等情况介绍。龚时旸应邀介绍了水土保持工作情况。8日前往济南。10、11日两天考察了济阳、梁山县黄河大堤、引黄渠首闸、吸泥船放淤固堤、堤防管理以及东平湖。12、13日两天进行了总结,14日结束。考察团对黄河30年没决口及黄委会在除害兴利方面所作的工作给予高度评价。

刘连铭任黄委会副主任

8月20日 水利部任命刘连铭为黄河水利委员会副主任。

黄委会对全河技术工人进行考核

8月 为促进工人学文化学技术,提高职工队伍的素质,从去冬以来,黄委会对全河技术工人进行了应知应会的全面技术考核。70%以上的应考工人参加了考试,平均分数在70分以上。

黄河河口观测研究规划座谈会结束

9月28日 黄河河口观测研究规划座谈会在济南结束。这次会议是根据国家重点科研项目第22项"根治黄河的研究"中有关黄河口研究的任务和技术发展需要于22日召开的。会议主要讨论修改了《1981～1990年黄河河口观测研究规划》，主要内容：(1)河口淤积延伸对下游河道的影响；(2)河口演变规律；(3)滨海海洋动力要素输沙特性；(4)河口治理；(5)遥感遥测技术在河口研究中的应用。

班禅副委员长视察龙羊峡

10月8日 全国人大常委会副委员长班禅额尔德尼·却吉坚赞视察龙羊峡工地，他说："龙羊峡这个工程，是祖国社会主义建设中一项重要的工程，将为我国的四化建设发生重大作用。"本年9月28日还视察了刘家峡水电站。

1980年治黄工作会议召开

10月10～14日 黄委会治黄工作会议在郑州召开。会议讨论了《关于试行黄河工程投资包干的暂行规定》、《机构编制管理暂行办法》、《下游施工队伍组建和经营管理的几项暂行规定》等。

国际防洪座谈会召开

10月17～20日 联合国技术合作发展部和中国水利部共同主办的"国际防洪座谈会"在郑州召开。参加会议的有联合国邀请的16个国家的24位外国代表及我国长江、黄河、淮河、珠江、海河、钱塘江等河流治理机构的代表39人。联合国技术合作发展部的代表、水资源处负责人阿拉加潘主持会议。

会议就防洪工程规划布局、堤防养护和加固措施、河道整治的规划和工程结构、分洪工程、防汛抢险技术措施、防汛组织等6个方面的问题交流了经验。我国专家向大会提交了12篇论文。会议结束时，中共河南省委书记刘杰和水利部副部长王化云举行宴会并讲了话。会后一些国家的代表考察了黄河和长江。

故县水利枢纽工程截流

10月19日 洛河故县水库工程经过两年多的施工胜利截流，从此转入主体工程的施工。

故县水库管理处建立

10月20日 河南省人民政府批准建立故县水库枢纽工程管理处，由黄委会和洛阳行署双重领导，以黄委会为主。管理处驻洛宁县寻峪村。

西线南水北调查勘队返郑

10月 黄委会西线南水北调查勘队返回郑州。这次查勘历时6个月，行程近万里，对通天河、雅砻江、大渡河至黄河上游地区引水线路进行了重点查勘。查勘地区位于1960年查勘的玉积线以北，1978年查勘的德多线东南，即前几次查勘的空白地带，面积约10万平方公里。查勘主要研究了由通天河、雅砻江、大渡河分别单独向黄河上游引水或两条河、三条河联合向黄河上游引水的多种方案选择，包括抽水和自流引水方案的比较。共查勘引水地区各河道上引水枢纽坝址22个。此外，还进行了卫星照片地质构造解释成果的实地调查与检验，并收集了大量资料。

工程管理和综合经营经验交流会召开

11月2日 黄委会在山东省济阳县召开工程管理和综合经营经验交流会。会议由杨庆安副主任主持，听取了山东、河南两局及一些修防处段的经验介绍，讨论了《关于防洪工程管理，开展综合经营的几项规定》，研究了进一步搞好工程管理，开展综合经营的措施和有关方针、政策、经营方式等。

潼关至太安段机械拖淤试验结束

11月9日 三门峡库区水文实验总站对库区潼关至太安（在芮城县境）段进行机械拖淤试验，以改善库区泥沙淤积部位，控制潼关河底高程。试验7月开始，11月9日结束。

黄河流域水坠坝科研成果交流会召开

11月19～26日 黄河流域水坠坝科研成果交流会在呼和浩特市召开，参加会议的有陕西、山西、内蒙古、青海、甘肃、宁夏、河南等省（区）的水保部门的代表和黄委会、水利部科技局、中科院等单位的专家学者79人。用水坠法筑坝是项新技术，与碾压法相比提高工效5至10倍。会议交流了水坠坝的科研成果。

黄委会颁发科技奖励有关条例

12 月　黄委会颁发了《科学技术研究成果奖励试行办法》和《技术改进奖励条例》。从此，黄委会对科技成果的奖励形成了制度。

西北地区农业现代化学术讨论会结束

12 月　有 480 多人参加的“西北地区农业现代化学术讨论会”在兰州结束。王任重、宋平等领导同志在大会上讲了话。会议分 10 个专题组，其中参加黄土高原水土流失综合治理专题组讨论的专家和科技人员约 40 人，着重讨论了(1)对水土保持的认识问题；(2)关于建设方向、水保方针等问题；(3)存在问题和建议。

东银窄轨铁路基本完工

12 月　东银窄轨铁路基本完工(铺轨完成从河南兰考县东坝头至山东梁山县银山)。这是供黄河防汛用石的专线铁路，设计正线铺轨 205.5 公里，其中山东 189.0 公里，河南 16.5 公里；支线 36.5 公里。1972 年 11 月开工以来，已完成路基 190 公里，铺轨 183.6 公里，完成投资 3566.99 万元。1984 年 7 月 1 日菏泽地区行署将东银窄轨铁路管理局建制全部移交给山东黄河河务局。

河南、山东河务局试用新材料新方法筑坝

本年　河南河务局新乡黄沁河修防处灌注桩施工队 7 年来对混凝土灌注桩筑坝进行试验；开封黄河修防处进行了旋喷法构筑黄河河工建筑物试验；濮阳黄河修防段进行了杩杈坝试验。山东河务局菏泽修防处进行了“压管坝”和“透水坝”试验等。

三门峡至黄河口无线电通讯网基本建成

本年　三门峡至黄河口无线电通讯网基本建成。三门峡至黄河口无线电通讯网是从 1976 年开始架设的。微波干线以郑州为中心，西至三门峡，用 12 路接力机；东至济南，用 24 路微波机等组成，全长 680 公里。干线两侧的一些水库，主要修防处和 53 个水文站、37 个修防段(所)全被沟通。设置了 110 个台站，购置电台 926 部，建成 5 座固定铁塔。

黄校被定为全国重点中专

本年 教育部确定黄河水利学校为全国重点中等专业学校之一。

航空遥感技术应用于治黄

本年 黄委会于1978年利用美国地球资料卫星(ERTS—1,ERT—2)获取的卫片图象编制了《黄河流域卫星象片镶嵌图》。利用该图可以宏观地了解黄河流域的地质构造、地貌形态、水系分布和植被界区状况。并用该图于1980年修订了1955年出版的《黄河规划技经报告》附图—《黄河流域中游土壤侵蚀区域图》。1979年应用假彩色卫片修订了《黄河中游自然地理分布图》。1980年还用百万分之一卫片比较了百万分之一比例尺《青海水系图》、《玉树幅地形图》,发现有几处明显差异,从而印证各种版本的黄河河源区地图水系分布的真伪。同时还完成了北干流无定河口至龙门段1∶1万航测图,为龙门库区提供了可靠的测绘资料,这也是国家1∶1万基本图的一部分。

黄河三花间实时遥测洪水预报系统着手筹建

本年 为改善黄河三门峡至花园口区间雨、水情数据收集的手段和洪水预报方法,黄委会在今年组成"三花项目组",开展"改善黄河三花间实时遥测洪水预报系统"的研究。5月,我国与世界气象组织、联合国开发计划署商定,请英国赫尔西博士来华担任水文顾问,赫尔西在京同有关人员就黄河三门峡至花园口区间的自动测报系统等外援项目进行了讨论。7月以来,黄委会抽调人员,进行签署项目文件准备工作,并和世界气象组织代表涅迈兹、计算机专家帕施克进行了谈判。项目文件原则通过。12月,"三花间暴雨洪水自动测报系统"正式列为联合国开发计划署援款项目,金额30万美元。该系统由陆浑遥测示范系统、陆浑经洛阳到郑州的通信系统、郑州预报中心等7个数据收集站、200多个遥测站构成。

1981年

《黄河水系水质污染测定方法》试行

1月1日 由黄河水源保护办公室制定的《黄河水系水质污染测定方法》，开始在黄河流域各水质监测站试行。此《方法》包括水样的采集和保存、水样中的泥沙处理、测定要求、水质污染测定的方法和步骤及附录。

国务院同意水利部对三门峡水库春灌蓄水的意见

2月23日 国务院发出《关于三门峡水库春灌蓄水的意见》。为解决黄河下游春灌用水，水利部建议，为配合黄河下游防凌，三门峡水库凌汛期间，最高水位控制在326米以下，凌汛后，春灌蓄水位可控制在324米以下。国务院同意水利部的建议，要求河南、山东两省加强引黄管理工作；水利部要作好水库的调度运用，同时要抓紧组织力量研究库区的治理问题。

"晋航一号"渡轮下水

3月7日 "晋航一号"大渡轮在山西省平陆县黄河茅津渡口下水使用，来往汽车无需绕行70余公里山路从三门峡大坝下的公路桥驶过黄河。

龚时旸任黄委会副主任

3月14日 水利部党组任命龚时旸为黄河水利委员会副主任。

联合国为我国举办"黄土高原土地资源利用培训班"

3月16日 联合国粮农组织为我国举办的"黄土高原土地资源利用培训班"在西安开学，联合国粮农组织的四名专家和中国专家分别进行比较系统的专题讲授。参加培训班的40名学员，来自陕西、甘肃、宁夏、青海、山西、内蒙古、河南等地和农业部、水利部、中国科学院等部门。培训班于4月13日结束。

水利部组成三门峡工程大修领导小组

3月21日 水利部决定成立三门峡工程大修领导小组，由冯寅副部长任组长，黄委会杨庆安副主任、十一工程局陈德淮副局长任副组长，组织对泄水底孔进行全面检查及修复。

小浪底初步设计要点报告编制完成

3月 黄委会勘测规划设计院根据1978年8月15日水电部水电规字第127号文的要求，编制完成了《黄河小浪底水库工程初步设计要点报告》。该报告初步选定工程坝型为心墙堆石坝，开发目的是防洪、减淤、发电、供水和防凌。8月及9月，水利部副部长冯寅先后在北京和郑州对此报告进行了审查，提出了下阶段补充工作意见。

水利部加强黄河下游引黄灌溉管理工作

4月15日 水利部发出《关于加强黄河下游引黄灌溉管理工作的通知》。要求黄河下游引黄灌区采取有效措施加强管理，把规划工作与管理紧密结合起来。水利部决定把黄河下游引黄灌区作为灌溉管理的重点，同时又对1980年颁发的《黄河下游引黄灌溉的暂行规定》作了补充。27日，黄委会根据《通知》精神，决定由黄委会副主任杨庆安、工务处处长汪雨亭、河南黄河河务局副局长赵三堂、山东黄河河务局副局长齐兆庆为黄河下游引黄灌溉管理工作负责人。11月7日，水利部颁发了《灌区管理暂行办法》。

国务院批准黄河下游1981～1983年防洪工程投资

5月4日 国务院批准国家计委提出的《关于安排黄河下游防洪工程的请示报告》。对1981～1983年最急需工程作了安排。决定3年投资3亿元，每年1亿元。大体上使下游堤防达到防御花园口22000立方米每秒洪水标准。1981年所需投资，由国家预备费中拨5000万元作为基建投资，增拨水利部专用于黄河下游治理工程。

黄委会、山西省水利厅联合调查水保工作

5月8～20日 由黄委会、山西省水利厅水土保持局组成联合调查组，实地调查了忻县、吕梁两个地区的河曲、保德、兴县、方山、离石、中阳、柳林七个县、十六个公社、九个大队和七条小流域治理现场，写出《关于农村实行生产责任制后如何开展水土保持工作的调查报告》。《报告》指出：要加强领导，把水土保持工作纳入农业生产责任制之中，改变生产条件，发展农林牧生产，使广大农村尽快富裕起来。

黄河防总召开四省防汛会议

6月5～9日 黄河防总在郑州召开山西、陕西、山东、河南四省1981年黄河防汛工作会议。要求沿黄各地克服麻痹思想，迅速行动起来，建立健全各级防汛机构，组织防汛队伍，尽快完成今年安排的渡汛工程任务，从大局出发，按照规定坚决破除生产堤，立足于防大洪水，做好三门峡、东平湖水库和北金堤滞洪工程的运用准备，确保黄河安全渡汛。

《黄河下游防洪工程标准(试行)》颁发

6月20日 黄委会向河南、山东黄河河务局发出关于颁发《黄河下游防洪工程标准(试行)》的通知，要求以往有关规定与本标准有矛盾的，一律按本标准执行。标准包括：大堤标准、险工改建标准、控导工程标准及其它工程标准。其中大堤标准，临黄堤以防御花园口站22000立方米每秒洪水为目标；艾山以下按10000立方米每秒控制，堤防按11000立方米每秒考虑设防，设防水位按1983年水平。北金堤按渠村分洪10000立方米每秒滞洪运用设防。沁河防御小董站4000立方米每秒，大清河防御尚流泽站7000立方米每秒。

济南黄河铁路新桥通车

6月30日 济南黄河铁路新桥通车。该桥位于京沪线津浦段泺口黄河老桥上游20公里，全长5698.3米。跨过黄河与齐河展宽区。

黄河上游战胜大洪水

8月13日～9月12日 青海省兴海县唐乃亥以上地区连续降雨，唐乃亥水文站最大洪峰流量5450立方米每秒，十五天洪量59.2亿立方米，四十五天洪量120亿立方米。是该地区近200年一遇的大洪水，严重威胁龙羊峡水电站施工围堰和兰州至内蒙古包头段沿黄地区工农业生产及人民生命财产的安全。9月6日，龙羊峡水电站施工围堰开始抢险，并成立了由青海省、甘肃省、电力工业部及部属水电建设总局西北勘测设计院和四局共同组成的龙羊峡非常防汛指挥部。11日上午，国务院有关领导听取了中央防汛办公室和水利部、电力工业部有关黄河上游洪水情况的汇报。决定全力以赴加高加固龙羊峡水电站施工围堰，抢护工程安全。同时，要求做好刘家峡水库防御这场大洪水的一切准备。9月12日，电力工业部部长李鹏亲临工地指导防汛。13日,国务院向青海、甘肃、宁夏、内蒙古四省(区)人民政府和水电四局再次发出了抗洪抢险的紧急通知。15日下午,水电四局完成施工围堰加高4米的子埝工程。15日中午,刘家峡水库大坝完成加高3米的子埝工程。18日22时,龙羊峡堰前出现最高洪水位2494.78米,历十二小时后,才开始回落。青海、甘肃、宁夏、内蒙古四省(区)的数十万军民,日夜守护在黄河两岸,抢修加固黄河堤防。黄河上游各水文站职工坚守岗位,及时提供水情预报。26日,洪峰顺利通过包头河段,龙羊峡水电站恢复正常施工。同日,中共中央、国务院、中央军委发出贺电,祝贺黄河上游防洪抢险斗争取得决定性胜利。

泾、渭河流域连续发生大暴雨

8月18～22日　泾、渭河流域发生大暴雨,暴雨中心在宝鸡,降水量达253毫米,造成渭河咸阳站洪峰流量6210立方米每秒,华县站洪峰流量5380立方米每秒。9月5～7日,又发生一次大暴雨,暴雨中心在泾河张家山,降水量131毫米,华县站洪峰流量5360立方米每秒,加上伊、洛河来水,造成9月10日黄河花园口洪峰流量8060立方米每秒,为本年汛期最大的一次洪峰。

王锐夫任黄委会副主任

9月8日　经水利部党组研究并征得河南省委同意,任命王锐夫为黄河水利委员会副主任,兼任黄委会勘测规划设计院院长。

黄河下游工程“三查三定”

10月13日　黄委会转发水利部《对水利工程进行“三查三定”的通知》,要求河南、山东黄河河务局和张庄闸,按黄河下游工程管理实际情况,到明年汛前,从“三查三定”(即查安全定标准,查效益定措施,查综合经营定发展计划)入手,进一步摸清每项工程管理状况,然后逐项制定加强管理的计划和措施。同时下发了水利工程现状登记表。1983年6月,“三查三定”工作结束。

黄河中游水土保持委员会第一次会议召开

11月1～6日　黄河中游水土保持委员会第一次会议在西安召开。黄河中游水土保持委员会主任谢怀德主持会议并作了《关于黄河中游水土保持工作情况与今后意见》的报告。会议提出了总的要求：农、林、牧并举，因地制宜，各有侧重，决不放松粮食生产，积极发展多种经营，切实搞好林业、牧业两个基地的建设，水土保持必须为这个生产建设方针服务。会议研究了黄河中游 1982 年水土保持工作任务和五年规划（1981～1985）、十年设想（1981～1990）。

王家梨行险工滑塌

12 月 25 日 山东历城黄河修防段王家梨行险工第 8、9、11 号三段浆砌石护岸及 10 号浆砌石坝发生滑塌。9 月 14 日上述坝岸发生裂缝，11 月 21 日，缝宽达 20 毫米，坝基断裂体顶面下陷 18 厘米，11 月下旬至本月 10 日，险情没有发生新的变化。当时误认为坝岸墩蛰，13 日组织力量开始翻修，沿坝身裂缝开挖一条长 70 米，深 2.5 米，上口宽 5 米、下口宽 1.0 米的沟，逐坯夯实回填，25 日下午竣工，当夜坝体突然滑塌破坏，属晴天枯水出大险，为历史上罕见的现象。四段坝岸工程滑塌总长 81.6 米。

1982年

《黄河下游修防单位十条考核标准》颁发

1月22日 黄委会颁发《黄河下游修防单位十条考核标准》。考核标准内容有：施工、防洪、工程管理、引黄淤灌、综合经营、科学技术、职工队伍建设、领导班子、安全生产、增产节约共十条。考核办法：上级考核下级，逐级考核，每年考核一至二次，考核结果逐级上报。

引 黄 济 津

1月 1980年以来，天津市严重缺水。1981年8月，国务院京津供水紧急会议决定请河南、山东两省支援，采取紧急临时措施，从黄河引水6.5亿立方米，分三路输往天津。输水线路是：从河南人民胜利渠引水经四号跌水入卫河，再经卫河至天津，流程780公里；山东位山闸引水经位临干渠入卫运河、南运河至天津，流程460公里；山东潘庄闸引水经潘庄干渠入卫运河、南运河至天津，流程400公里。河南人民胜利渠自1981年10月15日开闸送水，日平均送水流量50多立方米每秒，至本月1日，累计送出水量3.5亿立方米；山东位山、潘庄两闸也在1981年11月27日相继提闸送水，于本月14日，累计送出水量3.0亿立方米。天津市截至本月21日，共收水达4.5亿立方米。

1982年9月，国务院再次决定从位山、潘庄两条路线向天津市供水。位山闸从1982年11月1日至12月23日放水2.75亿立方米，潘庄闸从1982年11月11日至1983年1月3日放水2.34亿立方米，共计5.09亿立方米，缓解了天津市用水危机状况。

黄委会召开水土保持会议

2月17～24日 黄委会水土保持工作会议在郑州召开，袁隆副主任作了《黄河流域水土保持工作总结》报告，回顾了建国以来黄河中上游水土保持工作。截至1980年底，共修筑水平梯田3824万亩，坝地264万亩，小片水地683万亩，造林4276万亩，种草1029万亩；加上封山育林等措施，合计完成治理面积7万平方公里，占应治理面积的17%。

黄河大堤进行抗震加固试验

2月 黄河大堤郑州至开封段和济南段的抗震加固，是国家重点抗震项目，按国家建委规定必须做出抗震加固设计。1981年水利部下达任务后，本月15日黄委会决定，由河南黄河河务局负责郑州至开封段的勘探，土工试验由黄委会水利科学研究所负责，山东黄河河务局负责济南段。此后河南、山东两局共选择七个典型堤段断面，进行了外业勘探和土壤的物理力学指标等常规性试验，1985年7月完成试验报告，9月完成这两段大堤和险工坝岸的抗震加固设计。

水利电力部恢复

3月8日 水利部、电力工业部合并恢复水利电力部，钱正英任部长。4月30日，水利电力部通知原水利部黄河水利委员会改称水利电力部黄河水利委员会。

黄委会编制1982～1990年三门峡库区治理规划

3月15日 黄委会向水电部报送了《1982～1990年三门峡库区治理规划》。《规划》中提出，根据水库现阶段运用的原则和水位，库区治理范围应该是335米高程以下及受水库蓄水回水淤积影响的地区。三门峡库区渭河下游及潼关至三门峡大坝河段总的治理规划目标是：渭河下游堤防达到50年一遇的设防标准，基本控制渭河耿镇桥以下河道，保证两岸堤防、村庄、扬水站的安全；解决潼关以下库区严重塌岸段的防护问题，一般塌岸段初步得到治理，沿岸村庄、扬水站一般不受塌岸威胁，初步安置好新移民，解决好人畜吃水问题。

黄河河曲段凌汛抢险

3月25日 黄河干流河曲段凌汛抢险结束。河曲段地处内蒙古和晋、陕交界处，上至龙口峡谷，下至天桥水电厂，全长77公里，1981～1982年冬春，发生了严重的冰塞，封河期冰位超过历史最高洪水位2米以上，局部地区高出4米之多，冰盖和冰花最大厚度达1.1米和9.3米，河段的最大储冰量为8600万立方米。1月25日凌晨，位于山西省河曲县城东北约10公里黄河河心处的娘娘滩岛被淹，两岸十几个村庄、三个厂矿也部分进水，灾情迅速向下游更大范围扩展，并严重威胁河曲县城与天桥水电站的安全。灾情发生后，中央防汛总指挥部先后派工程技术人员四批 15 人次到现场调查凌情，并成立晋、陕、内蒙古三省(区)联合防凌指挥部；申请空军、炮兵、工兵支援。黄委会派遣山东位山工程局孟青云前往协助破冰，联合防凌指挥部根据孟青云汇报黄河下游防凌的经验做出“上控、下排，中间疏通，为文开河创造条件”的部署。经刘家峡控制下泄流量(500 立方米每秒以内)，天桥水电站 2 月 28 日开闸排水，工兵连从河曲县城附近向上游炸通一条宽 30 至 70 米、长 15 多公里的主河道；空军出动飞机四次 13 架，在石窑卜、长沙滩投弹 26 吨，部队两个高炮连分别五次在曲峪、焦尾城河段发射炮弹 370 发，同时河曲县人民政府组织机关职工、社队民兵，修筑地面防护工程六处，长 2400 米。3 月 25 日，冰凌顺利排除，抢险结束。这次冰情为该河段历史上所罕见，危害三省(区)，天桥水电站也被迫停机 2 个月，少发电 6750 万度，总计损失 1 亿元以上。

黄委会安排 1984～1985 年黄河治理工程

3 月 26 日 黄委会向水电部并国家计委报送了《关于黄河治理工程“六五”计划后两年安排意见的报告》。“六五”计划前三年黄河下游防洪工程三年 3 亿元的计划正在实施，这三年计划完成后，尚需完成的工程量有：大堤加固土方 2056 万立方米；险工加高改建石方 74 万立方米，放淤固堤土方 6580 万立方米；改建加固涵闸 18 座、虹吸管 22 条，以及其它相应的配套工程等，共需投资 2.02 亿元。报告还提到小浪底枢纽工程的施工准备，关于故县水库建设、中游重点支流治理等问题。

黄委会科研成果获奖

4 月 3 日 黄委会水科所与陕晋水坠坝协作组合作的《水坠坝的研究与推广》，黄委会西峰、天水、绥德水保站及水保处的《水土保持试验成果推广》，由黄委会参加陕西泾惠渠管理局主持的《高含沙引水淤灌》分别获国家农委、科委颁发的重大农业科技成果推广奖。

1982 年 10 月 25 日，黄委会水科所、水文局与清华大学合作的《黄河中游粗砂来源区及其对黄河下游淤积的影响》获国家自然科学二等奖。

国务院转发关于涡河淤积和引黄灌溉问题的报告

4 月 12 日 国务院转发原水利部《关于涡河淤积和引黄灌溉问题处理意见的报告》。由于引黄灌溉的退水进入涡河河道，使河床逐渐淤高，排涝能力降低了40%～50%。水利部意见制止黑岗口、柳园口两处灌区带来的泥沙。黑岗口引黄闸可继续供给工业和城市用水，暂停农业供水，柳园口灌区抓紧沉沙池的施工，竣工验收后，才能开闸放水。同时在豫、皖两省交界和有关地段设水沙监测站，并规定了灌区退水的含沙量标准。

水电部成立大柳树灌区规划领导小组

4月13日 水电部成立大柳树灌区规划领导小组及综合规划组。领导小组组长王锐夫（黄委会副主任）、副组长马英亮（宁夏水利局局长）。综合规划组组长王长路（黄委会设计院副总工程师）。

黄河大柳树灌区位于西北干旱地带中心，涉及陕、甘、宁、内蒙古四省（区）十七县、市（旗），以黄河为界分为东西灌区。按黑山峡河段大柳树高坝一级开发方案，黄委会根据黄河水量情况，统筹兼顾，推荐近期到2000年发展270万亩，中期至2020年发展570万亩。

人民胜利渠引黄30周年纪念会召开

4月13～17日 由中共新乡地委、行政公署主持在新乡市召开了人民胜利渠引黄开灌30周年纪念会。水电部、黄委会、河南省水利厅等单位共130多人参加。会议对灌区的规划设计、建设配套和管理运用进行了全面总结。

宁夏整修黄河防洪大堤

4月 宁夏境内黄河堤防，在1981年特大洪峰经过时曾多次出险。宁夏回族自治区人民政府根据中央防汛总指挥部的要求，决定在1982年汛前，彻底整修黄河防洪大堤，工程标准按洪峰流量6000立方米每秒设计（相当于二十年一遇）、校核洪峰流量7310立方米每秒（相当于五十年一遇）。防洪堤顶高程要求高出1981年洪水位1～1.2米，堤顶宽平工段4米，险工段7米，内外侧坡1∶2。整修工程按县划段包干，层层负责，统一指挥，上工人数最多时达11.9万人，4月开工，到8月底完成，共加固旧堤254公里，建新堤146公里，完成土方447.6万立方米，9月通过了验收。

袁隆任黄委会主任

5月20日 中共中央组织部通知：中央同意袁隆任黄河水利委员会主

任；免去王化云的主任职务，改任该委顾问。6月28日，中共中央组织部又通知：袁隆任中共黄河水利委员会党委书记；免去王化云的党委书记职务。

全国水土保持工作协调小组成立

5月25日 国务院决定成立全国水土保持工作协调小组。协调小组由水电部部长钱正英、国家计委副主任吕克白、国家经委副主任李瑞山、农牧渔业部副部长何康、林业部部长杨钟组成，钱正英任组长，办公室设在水电部，负责日常工作，原属国家农委领导的黄河中游水土保持委员会改由水电部领导。协调小组的任务是：研究和贯彻水土保持工作的方针政策，督促各地执行水土保持工作的有关法规、条例，组织交流防治水土流失的经验，协调较大范围的水土保持查勘规划和科学研究，研究解决水土保持工作中的重大问题。

杨联康徒步考察黄河

5月31日 自费徒步考察黄河的地学工作者杨联康，历经315天的长途跋涉，从黄河源头，穿过九个省（区）、108个县，行程5500公里，到达黄河入海口，考察了黄河全程。

国务院颁布《水土保持工作条例》

6月3日 国务院向全国颁布《水土保持工作条例》。《条例》有水土保持的预防、治理、教育及科学研究、奖励与惩罚等共三十二条。它规定水土保持工作的方针是：防治并重，治管结合，因地制宜，全面规划，除害兴利。

黄淮海平原农业发展学术讨论会召开

6月18～27日 黄淮海平原农业发展学术讨论会在济南召开。出席会议的有水电部，林业部，农牧渔业部，国家科委、农委，中国科协，农学会，水利学会及冀、鲁、豫、苏、皖五省，京、津二市有关部门科研单位代表330人。黄委会派人参加了会议。代表们对黄河防洪、引黄灌溉、水资源短缺的对策等方面提出了建议。

水电部颁布《引黄渠首水费收交和管理暂行办法》

6月26日 水电部颁布《黄河下游引黄渠首工程水费收交和管理暂行办法》，自即日起施行。过去有关引黄渠首工程征收水费的规定与此有矛盾的，均以本办法为准。《水费办法》有总则、水费标准、水费收交、水费管理共四章十一条。办法规定工农业用水按引水量收费，执行用水签票制度，通过灌区供水的，由灌区加收水费，超计划用水加价收费，用水单位应向黄河河务部门按期交纳水费。

《河南省黄河工程管理条例》颁布

6月26日 河南省第五届人民代表大会常务委员会第十六次会议通过《河南省黄河工程管理条例》。要求沿黄各级人民政府、各级治黄部门，加强对防洪工程和防汛工作的管理，确保黄河大堤安全。

济南黄河公路大桥通车

7月14日 济南黄河公路大桥正式通车。该桥座落在济南北郊，桥面总宽19.5米，行车道宽15米，全长2023.44米，主桥是预应力混凝土连续梁斜拉桥。主孔跨径220米。大桥自1978年12月15日开工，1982年6月建成。

国务院批复水电部关于解决黄河禹门口至潼关段水利纠纷的报告

7月22日 水电部向国务院报送了“关于解决黄河禹门口至潼关段陕晋两省水利纠纷的报告”。主要内容有：1952年，政务院做出了以黄河主流为界，两岸不准过河种地的指示，两省1953年达成了解决黄河滩地问题的协议，1972年水电部与晋、陕两省又达成了五项协议等。但由于各方面的原因，协议未能很好贯彻执行。水电部建议重申过去国务院的有关指示和双方协议有效，必须严格执行，成立“黄河北干流（禹门口至潼关段）河务局”，隶属水电部黄委会领导，统一管理北干流河道。10月22日，国务院原则同意水电部的报告，由陕西、山西省人民政府、水电部贯彻执行。

豫、鲁两省19万军民战胜黄河洪水

8月2日 黄河花园口出现15300立方米每秒的洪峰，这次洪水主要来自三门峡至花园口干支流区间。从7月29日开始，上述地区普降大雨到暴雨、大暴雨，局部地区降特大暴雨，到8月2日，共计五日累计雨量伊河陆浑782毫米，畛水仓头423毫米。造成伊、洛、沁河和黄河洪峰并涨，洛河黑石关站洪峰流量4110立方米每秒，沁河小董站发生了4130立方米每秒的超标准洪水，沁河大堤偎水长度150公里，其中五车口上下数公里，洪水位超过堤顶0.1～0.2米。在沁河杨庄改道工程的配合下，经组织3万人抢险，共抢修子埝21.23公里，战胜了洪水。花园口七日洪量达49.7亿立方米，最大含沙量63.4公斤每立方米，平均含沙量32.1公斤每立方米。花园口至孙口河段洪水位普遍较1958年高1米左右，造成全线防洪紧张局面。洪水出现后，党中央、国务院十分关心，中央防汛总指挥部分别向河南、山东发了电报，要求河南立即彻底铲除长垣生产堤，建议山东启用东平湖水库，控制泺口站流量不超过8000立方米每秒。8月6日东平湖林辛进湖闸开启分洪，7日十里堡进湖闸开启，9日晚两闸先后关闭。这次洪水期间河南、山东两省组织19万多军民上堤防守，抗洪抢险共用石料8.25万立方米，软料531.4万公斤，同时采取破除生产堤清除行洪障碍(滞洪17.5亿立方米)、运用东平湖老湖区分洪(滞洪4亿立方米)等有效措施，使洪水顺利泄入大海。

无定河等被列为全国治理水土流失的重点

8月16～22日 在全国第四次水土保持工作会议上，确定八个地区为今后全国治理水土流失的重点地区。属于黄河流域的有无定河、黄甫川、三川河和甘肃省的定西县四个地区。

豫、鲁两省政府发布《关于不准在黄河滩区修复生产堤的通知》

9月9日 黄委会向河南、山东省人民政府报送《关于进一步贯彻执行国务院指示不准在黄河滩区重修生产堤的报告》，建议两省政府重申国务院〔1974〕27号文彻底废除生产堤的批示，实行一水一麦，一季留足群众全年口粮的政策。26日和11月5日山东、河南两省人民政府分别向沿黄地县发出了《关于不准在黄河滩区修复生产堤的通知》。

黄委会批复关于加高沁河右岸堤防的报告

9月21日 黄委会批复河南黄河河务局关于加高沁河右岸堤防的报告。指出，经研究，沁河仍按防御1983年水平小董站4000立方米每秒洪水为目标。按此防御目标尚未完成的堤防工程，平工顶宽由原5米改为6米，超高4000立方米每秒水位1.5米，临河边坡改为1∶3。其它标准不变。

引黄灌溉试验站成立

9月 黄委会引黄灌溉试验站在新乡成立。该站原名“水利电力部豫北水利土壤改良试验站”,始建于1963年底,1969年初撤销,1980年经国家科委和国家农委批准恢复。

黄委会召开科技工作会议

10月8～12日 黄委会召开科学技术工作会议,会属各单位分管科技工作负责人及科技管理部门负责人参加了会议。会议传达贯彻了水电部科技工作座谈会精神,总结交流了1978年以来工作经验,讨论修订了《1983至1985年治黄重点科技项目发展规划》。

水资源利用工作会议召开

10月20～26日 黄委会邀请流域九省(区)水利部门,在郑州召开了黄河流域水资源合理利用与供需平衡会议。会议讨论了“全国水资源合理利用与供需平衡分析研究工作提纲”,确定了将黄河流域划分8个一级水资源供需平衡区,44个二级区。会议要求1983年九省(区)提出水资源利用现状的基本资料及近期和远期(1990年、2000年及2030年水平)工农业发展预测指标;1984年进行分区水资源供需平衡的估算;1985年上半年进行汇总。根据这次会议部署,在水电部规划院的直接领导下,历时3年,于1985年8月编写成《黄河水资源利用》初稿。

胡耀邦视察东明黄寨险工

10月23日 中共中央总书记胡耀邦视察山东省东明县黄寨黄河险工和汛期滩区群众受灾情况。

黄委会批复关于提高大清河南、北堤防洪标准的报告

10月30日 黄委会批复山东黄河河务局“关于提高大清河南、北堤防洪标准的报告”。同意大清河戴村坝以下南堤由超高1.4米提高为2米,北堤超高由1.2米提高为1.5米,顶宽均改为5米。

黄河下游工程管理经验交流会召开

11月5～8日 黄河下游工程管理经验交流会在原阳召开。会议由黄

委会副主任杨庆安主持，各局、处、段、所主管工程管理的负责人共百余人参加。会议检查了济阳会议以来工程管理的情况，交流了经验，大会最后颁发了《黄河下游工程管理考核标准（试行）》。

李献堂、董坚峰、李学珍职务任命

11月23日 水利电力部党组任命李献堂为河南黄河河务局党组书记、代理局长。

12月3日 水利电力部党组任命董坚峰为黄河水利委员会水文局党委书记、局长。

12月4日 水利电力部党组任命李学珍为黄河水利委员会勘测规划设计院党委书记、院长。

刘金、戚用法、李金玉职务任命

11月24日 经水利电力部批准，并商得河南省委同意，任命刘金、戚用法为黄河水利委员会副主任、党委委员，李金玉为中国水利电力工会黄河委员会主席、党委委员。

尕马羊曲黄河大桥建成

12月7日 位于青海省兴海县尕马羊曲村的尕马羊曲黄河大桥建成通车。它是黄河上游跨径最大的混凝土双曲拱桥，大桥全长133.8米。

引黄济津、京线路查勘

12月 黄委会顾问王化云、副主任龚时旸和王锐夫等分别查勘了引黄济津、京的白坡引水线路和位山引水线路。白坡引水线路是从河南孟县白坡引黄河水，经人民胜利渠、延津县大沙河沉沙池，由滑县淇门入卫河，再沿南运河北上至天津、北京。位山引水线路从山东东阿县位山闸引黄河水，沿三干渠穿徒骇、马颊二河于临清入南运河，再北上天津、北京。

齐河、垦利展宽工程基本建成

12月 黄河北岸齐河、南岸垦利展宽工程基本建成。这两项工程是1971年10月动工兴建的，通过展宽堤距形成两大滞蓄区，解决济南以下窄河道的防洪防凌问题。工程建成后，可以根据洪水凌情，有计划有控制地分滞洪凌，以减轻堤防威胁。

齐河展宽工程完成新堤37.78公里，建成分洪和排洪涵闸8座，展宽区面积106平方公里，有效库容3.9亿立方米。共计完成土方4863.6万立方米，石方15.6万立方米，钢筋混凝土4.1万立方米，国家投资8749.7万元。

垦利展宽工程完成新堤38.6公里，建成分洪、放淤和排灌涵闸8座，展宽区面积123.3平方公里，滞蓄库容3.27亿立方米。共计完成土方3388.8万立方米，石方8.1万立方米，钢筋混凝土3.8万立方米，国家投资6021.6万元。

1983年

治黄总结表模大会召开

1月20～24日 黄委会在郑州召开治黄总结表彰先进集体和劳动模范大会，表彰了劳动模范89人，先进集体代表55人，先进工作者208人。

黄委会领导班子调整

2月5日 中共水利电力部党组批准，对黄河水利委员会领导班子调整如下：袁隆任主任、党委书记，刘连铭任副主任、党委副书记，龚时旸、刘金、戚用法任副主任、党委委员，王化云任顾问、党委委员，龙毓骞任总工程师，李金玉任工会主席、党委委员。黄委会原副主任、党委副书记、顾问、党委委员职务同时免除。

小浪底工程论证会在京召开

2月28日～3月5日 国家计委和中国农村发展研究中心在北京组织召开了小浪底水库工程论证会。参加会议的有国家计委主任宋平、副主任何康、吕克白，国家经委副主任李瑞山，中国农村发展研究中心主任杜润生，副主任郑重、杨珏、武少文，水电部部长钱正英以及陕、晋、豫、鲁四省水利厅厅长、国内知名专家、教授、学者和水利工作者近百人。会议由宋平主持，黄委会副主任龚时旸对王化云《开发黄河水资源，为实现四化作出贡献》的文章作了补充和说明，会议根据五项论证内容，进行了分组讨论。会后，宋平、杜润生在给国务院《关于小浪底论证会的报告》中指出："解决下游水患确有紧迫之感"。"小浪底水库处在控制黄河下游水沙的关键部位，是黄河干流在三门峡以下唯一能够取得较大库容的重大控制性工程。在治黄中具有重要的战略地位。兴建小浪底水库，在整体规划上是非常必要的，黄委会要求尽快修建是有道理的。与会同志提出以下一些值得重视的问题（如重新修订黄河全面治理开发规划，小浪底水库何时兴建、开发目标、工期、投资等）目前尚未得到满意的解决，难以满足立即作出决策的要求"。

黄土高原水土保持专项治理规划工作展开

3月9日 国家计委发出《关于请组织编制西北黄土高原水土保持专项治理规划的通知》指出:“为了配合七五计划和后十年设想,请即抓紧时间在1983年底前,提出规划要点,1985年底前提交全部规划成果。”全国水土保持工作协调小组及时组织黄委会与黄河中游治理局起草了《西北黄土高原水土保持专项治理规划任务书》,并在6月11日召开的第五次会议上通过。6月13日,国家计委向全国水土保持工作协调小组和黄土高原七省(区)计委转发了《西北黄土高原水土保持专项治理规划任务书》,要求“抓紧开展工作,并按时保质保量完成规划”。7月下旬,全国水土保持工作协调小组在西安召开座谈会,成立了黄土高原水土保持规划工作组,研究了《规划工作方案》和《规划编写提纲》。12月12～22日,黄土高原水土保持规划工作组在西安召开了第一次(扩大)会议。1985年11月4日,全国水土保持工作协调小组办公室,在西安召开评议黄土高原水保专项治理规划(初稿)座谈会。之后经过反复修改,于1987年6月提出《规划要点》初稿,1987年11月下旬和12月上旬,黄委会和全国水土保持工作协调小组办公室在郑州和北京分别召开会议,邀请有关专家进行评审,基本上肯定了《规划要点》初稿,同时又提出了一些修改意见。1989年5月和1990年3月,先后向全国水资源与水土保持领导小组和国家计委上报规划送审稿。

国务院批准南水北调东线第一期工程方案

3月12日 新华社报道,国务院最近批准南水北调东线第一期工程方案。该方案的主要任务是:开通长江到黄河南岸的输水线路,将长江水从江苏江都水利枢纽向北送到山东东平湖。

黄河下游险工加高改建学术讨论会召开

3月18～22日 由河南省水利学会黄委会分会主持的黄河下游险工加高改建学术讨论会在郑州召开。黄河下游的险工坝岸,经过几次改建加高,坝体总高达20～30米,稳定问题比较突出。这次会议共收到论文和技术报告28篇。

万家寨引黄讨论会召开

4月11～16日 由水电部规划设计院主持,山西万家寨引黄水量和经济分析讨论会在北京召开。到会的有国家计委、国务院山西能源规划办公室、水电部、黄委会以及内蒙古、山西、河北、北京市等有关单位。会议初步决定,按 2000 年工农业用水水平,万家寨水利枢纽引黄水量 30～40 亿立方米。引水地点在山西省偏关县万家寨。

黄河档案馆成立

4 月 19 日 水电部批准成立水利电力部黄河水利委员会治理黄河档案馆,简称:黄河档案馆。

黄河志编纂委员会成立

4 月 26 日 中共黄河水利委员会党委决定成立黄河志编纂委员会,王化云为名誉主任,袁隆为主任,共有 22 名委员组成。3 月 18 日成立黄河志总编辑室,为黄河志编委会的办事机构。7 月 5～8 日,黄河志编委会在郑州召开了第一次扩大会议,通过了《黄河志》编纂大纲。

黄河中游安排水土保持治沟骨干工程

4 月 国家计委和全国水土保持工作协调小组下达"黄河中游水土保持治沟骨干工程规划"任务,由黄河中游治理局主持,历时两年,1985 年完成规划任务,上报后,国家计委和水利部决定从"七五"开始,安排治沟骨干工程建设试点工作。1986～1989 年先后安排治沟骨干工程 249 座,其中新建 183 座、加固 66 座大中型沟壑土坝,至 1990 年底基本完成,控制流域面积 2152.7 平方公里,总库容 3.3 亿立方米,工程总造价 4103 万元,其中国家补助 2643.7 万元。

黄河下游防汛会议召开

5 月 5～9 日 黄河防总在郑州召开黄河下游防汛会议,河南省省长何竹康主持。会议分析了当前黄河下游防洪形势,部署了 1983 年黄河防汛工作,研究了为确保黄河防洪安全急需采取的重大工程措施。讨论修订了《关于黄河下游防洪问题的报告》,上报国务院审批。会议期间和会后,河南省委第一书记刘杰、省长何竹康,水电部副部长李伯宁,由黄委会主任袁隆等陪同视察了河南郑州、开封、新乡、安阳等地的黄河防洪工程和滞洪区的建设。

黄河防总颁发《黄河防汛管理工作暂行规定》

5月8日 黄河防总颁发《黄河防汛管理工作暂行规定》，发至陕西、山西、河南、山东省防汛抗旱指挥部。暂行规定有：防汛指挥机构；组织防汛队伍；巡堤查险与抢险；水情工情观测；施工工程的管理；水库、分洪、滞洪和行洪；防汛物资储备管理；财务管理；通信、交通；汛情联系等十项规定。

1986年5月，黄河防总正式制定了《黄河防汛管理工作规定》。

沁河杨庄改道工程竣工

5月 沁河杨庄改道工程是由河南黄河河务局规划设计，水利部批准，沁河杨庄改道工程指挥部负责施工，武陟县人民政府负责组织迁移安置。第一期工程于1981年3月14日开工，从右岸杨庄起至左岸莲花池止，长约3.5公里。改道后新河道裁弯取顺，扩宽至800米，1982年7月中旬完工。第二期工程武陟沁河公路桥于1982年3月下旬开工，1983年5月20日竣工。施工高峰人数1800人，投入各种施工机械设备399台，总计完成土方353.6万立方米，石方6.35万立方米，混凝土11630立方米，工日58.8万个，工程用地3800亩，迁移人口4675人，投资2836万元，较水电部批准修正概算节约70万元。1984年9月，沁河杨庄改道工程荣获国家优质工程银质奖。

黄委会进行机载雷达全天候成象试验

5月 由黄委会遥感组与中国科学院电子所协作，用该所研究的合成孔径侧视雷达在黄河孟津至郑州和伊、洛河夹滩地区进行试飞成象，用以研究解决洪水期全天候成象问题。此次飞行覆盖面积4990平方公里，每条航线图象宽度约6厘米，比例尺约1∶15万。侧视雷达为X波段，地面分辨率15米。对黄河河道及其整治工程，图象判释情况良好。河流、水库、水塘等水体，均呈镜面反射，无回波。影象为黑色，水陆边界尤为明显。经试验认为，机载雷达全天候成象，是监测洪水和进行洪灾调查的有效方法之一。

国务院调整黄河防总领导成员

6月14日 国务院〔1983〕国函字124号通知：由于机构改革，黄河防汛总指挥部原领导成员有些变动，为做好防汛工作，经研究调整黄河防汛总指挥部领导成员如下：

总 指 挥　何竹康　河南省省长

副总指挥　卢　洪　山东省副省长

副总指挥　郭裕怀　山西省副省长

副总指挥　徐山林　陕西省副省长

副总指挥　袁　隆　黄河水利委员会主任

通知指出，为保证防汛工作不间断，今后不再因人事变动而逐年任命，均由接任的同志任职，报国务院、中央防汛总指挥部备案。

黄委会批复渠村分洪闸运用操作办法

6月30日　河南黄河河务局向黄委会报送渠村分洪闸运用操作办法。7月6日，黄委会作了批复：围堤爆破时机由黄河防汛总指挥部下达指令，河南省防汛指挥部组织实施。闸门启闭时机和分洪指标，由黄河防汛总指挥部报请中央防汛总指挥部批准后下达指令，河南省防汛指挥部调度运用。爆破作业时间按5小时，爆破损坏清理时间2～4小时。

《黄河水利史述要》获全国优秀科技图书奖

7月6日　1982年度全国优秀科技图书评选结果在北京揭晓。共评选出获奖科技图书70种。其中由黄委会编写的《黄河水利史述要》获全国优秀科技图书二等奖。该书1982年由水利电力出版社出版，1984年再版，共33万字。

钱正英考察河套灌区

7月12～16日　水电部部长钱正英考察内蒙古河套灌区。陪同的有内蒙古自治区政府副主席白俊卿和水利厅副厅长苏铎等。考察后，钱正英与内蒙古自治区党政领导进行了座谈，一致认为河套灌区目前的主要问题是盐碱化威胁，解决办法是“合理灌溉，保证排水”。8月19日水电部和内蒙古自治区政府联合向国家计委写了《关于内蒙古河套灌区恢复续建的报告》。

三门峡水利枢纽管理局成立

7月15日　经水电部批准，黄委会三门峡水利枢纽管理局正式成立。局下设电厂、大坝工程分局、库区治理分局等，代局长马福海（1987年12月后为局长）。管理局的主要任务是：统一管理三门峡水利枢纽工程，包括大坝电厂及附属设施的经营管理、运用和维修；承担第三期改建工程的组织实施;统一库区治理规划、计划;负责工程设计审批;统一禹门口至潼关河段规划和治理。管理局为企业性质,实行“以水保电,以电养水”。

胡耀邦视察龙羊峡工程

7月23日 中共中央总书记胡耀邦和中央有关领导人杨静仁、王兆国在兰州军区政委肖华、甘肃省委书记李子奇、青海省委书记赵海峰等的陪同下,视察了正在施工中的龙羊峡工程。胡耀邦题词:“向根治黄河,造福中华民族的同志们致敬!”8月2日,胡耀邦视察了刘家峡水电站。

北镇黄河大堤裁弯取直工程竣工

7月30日 北镇黄河大堤裁弯取直工程竣工。此项工程是1982年6月25日经黄委会批准兴建的。在大堤桩号273+700～279+900处滩地上新修堤防4500米,完成土方176.38万立方米。原堤长6220米,改作二道防线。

武陟黄河北围堤抢险

8月2日 黄河花园口站出现本年最大洪峰流量8180立方米每秒,洪水落水时,大河在南岸桃花峪坐湾,主流直冲北岸,河水淘刷北围堤堤前滩地。9日,在公里桩号6+400米处,大水距堤脚仅12米,造成严重险情。中共河南省委、黄河防总发出“保证安全,不准溃决”的指示。10日开始抢险。至10月23日,险工抢护稳定。抢修工程长1772米,柳石垛26座,护岸25段,用石3万立方米,各种软料1500万公斤,用工日16万个,投资326万元。

气垫船在花园口水文站试航成功

8月19日 为了解决黄河下游漫滩部分的洪水水文测验问题,花园口水文站经批准购买气垫船在该站测验河段的主流、浅滩、草滩等试航成功。

中牟黄河大堤受暴雨袭击

9月7日 中牟沿黄地区普降暴雨和特大暴雨,暴雨中心在中牟万滩公社附近。19时至24时,五个小时降雨量达387毫米,最大降雨强度100毫米每小时。造成中牟黄河大堤出现大小水沟浪窝1822个,在227道坝垛护岸中坦石塌陷、严重塌陷的占191道,为工程总数的84.1%,淤背的戗堤刷试验工程:混凝土排水槽16道、三七灰土排水槽14道、大堤草皮护坡102米,控制堤线总长2102米。8月竣工后,在9月、10月份连续降雨期间,防冲刷性能良好。

水土保持责任制经验交流会召开

9月10～19日 黄委会在山西省太原市和忻州市召开了黄河流域水土保持责任制经验交流会,由龚时旸副主任主持。会议期间,重点参观了河曲县旧县乡小五村农民苗混瞒等治理典型,交流了各自的经验。

王廷仕任黄河中游治理局局长

9月12日 黄委会转发中共水利电力部党组文件,任命王廷仕为黄河中游治理局局长,免去王生源的局长职务。

黄河基层水文测站实施站队结合

9月 水电部水文局提出对基层水文测站管理体制进行改革,实施站队结合的新体制。黄委会水文局首先对局属各类测站进行了站队结合规划,划分了西宁、府谷、榆林、延安、榆次、天水、西峰、洛阳8个勘测队,包括105个站(队),占基层站(队)数的76.1%,至1989年批准实施的有西峰、延安、西宁、榆林4个勘测队。实施站队结合,可解决历年来水文基层工作分散驻守,用人多,效率低的状况。基地的建设,可解决职工长期存在的生活难题,利于稳定职工队伍。

部分黄河修防处调整

9月 随着河南、山东两省行政区划的调整,河南、山东黄河河务局调整了部分修防处。原郑州修防处重新组建为郑州市黄河修防处,原安阳修防处改为濮阳市黄河修防处,原开封市和开封地区黄河修防处改为开封市黄河修防处;21日,山东成立东营市黄河修防处。

政治工作座谈会召开

10月15～26日 黄委会在郑州召开了政治工作座谈会。会议传达了中央组织工作会议和水电部组织工作会议精神。会议认为,当前首先要抓好干部队伍的培训工作。建立教学场所,提高干部的政治和文化知识水平,其次要建立后备干部制度,搞好第三梯队建设。

包头黄河公路大桥建成通车

10月19日 包头黄河公路大桥建成通车。桥长810米,宽12米。

黄河流域水利史学术讨论会召开

10月21～26日 中国水利学会水利史研究会在郑州召开了黄河流域水利史学术讨论会,中国水利学会副秘书长梅昌华、水利史研究会会长姚汉源和来自全国各地的50多位专家、学者出席了这次讨论会。王化云、袁隆、龚时旸等参加了会议。大会收到论文49篇,论文以历史上的黄河防洪问题为中心,涉及历代治河方略的演变、黄河河道变迁、治黄科技发展以及治黄在我国历代国民经济中的地位等许多方面。

临潼黄河职工疗养院恢复

10月 黄委会所属的临潼黄河职工疗养院1954年建成于陕西省临潼骊山风景区,后来曾一度撤销并移交陕西省,在"文化大革命"期间为部队占用。为了黄河职工身心健康需要,黄委会决定在原址恢复和重建黄河职工疗养院,并经水电部26日批准。恢复后的职工疗养院由黄委会和陕西省双重领导,以黄委会为主,人员编制100人。

黄河下游工程管理会议召开

11月4～10日 黄委会在郑州召开了黄河下游工程管理会议。袁隆主任在会上作了《以安全为中心,提高经济效益,开创黄河下游工程管理工作新局面》的报告。会议还制订了《1984～1986年黄河下游工程管理工作规划意见》和《黄河下游工程管理综合经营有关财会问题的规定》。

菏泽地震波及黄河防洪工程

11月7日 本日5时9分49秒,菏泽地区发生5.9级地震,烈度在7度以上,震中位于北纬35°3′,东经115°6′,波及山东东明、定陶、成武、单县、曹县、菏泽六县,影响范围约350平方公里。震后调查,菏泽刘庄、东明、冷寨、黄庄、高村等处大堤有蛰裂现象,刘庄险工第13、14、16、18号坝坝身有1～3毫米裂缝,鄄城苏泗庄引黄闸上游桥墩土石结合部发生裂缝,菏泽修防处有150多间房屋出现裂缝,菏泽修防段倒塌围墙30米。受地震影响的有节制闸109座,涵洞85座,扬水站198座,灌溉建筑物294座,桥梁807

座，机井 1516 眼。据地质构造和历史资料分析，黄河下游沿岸的兰考、东明、菏泽、濮阳、鄄城、郓城、垦利、利津等县，均位于 7 度地震区范围内。

张吉海舍己救人

11 月 11 日　河南黄河河务局郑州市修防处郊区段的青年工人张吉海，在郑州花园口黄河急流中为抢救一名落水女青年英勇献身。30 日，黄委会作出决定，号召全河职工向“舍己救人的优秀青年张吉海学习”。共青团河南省委批准追认张吉海为中国共产主义青年团团员。

中宁黄河桥兴建

12 月 22 日　中宁黄河公路大桥正式兴建。该桥位于宁夏中宁石空渡口，全长 926.86 米。1986 年 7 月 15 日建成通车。

黄委会应用遥感技术编制土壤侵蚀图

12 月　水电部下达编制黄河流域及其所属闭流区约 80 万平方公里土壤侵蚀图的任务，黄委会即组织科研及水保等单位成立专题项目组开展工作。1987 年 12 月完成编制任务，成图比例 1：250 万，1988 年通过水利部验收。

1984年

美国专家查勘小浪底

1月11～23日 美国柏克德公司副总裁安德逊等六位专家，应水电部钱正英部长的邀请，由黄委会龚时旸副主任等陪同，查勘了黄河小浪底、龙门坝址，参观了三门峡水利枢纽，听取了工程设计和情况介绍。

黄委会批复运用东平湖调蓄江水的报告

1月19日 黄委会对山东黄河河务局关于"运用东平湖调蓄江水的报告"批复如下：东平湖调蓄江水，必须在不影响黄河防洪运用的前提下进行，6月底以前，要严格控制在40.50米高程。山东黄河河务局和山东水利厅于1983年12月31日的联合报告中提出，东平湖调蓄江水是为了补足梁济运河沿岸农田灌溉及胜利油田用水，调蓄汛期高程40.5米，库容0.67亿立方米，非汛期41.5米高程，库容2.16亿立方米。

黄河防护林绿化工程动工

2月25日 共青团中央、林业部、水电部决定，组织宁夏、内蒙古、陕西、山西、河南、山东六省(区)的青少年建设黄河防护林绿化工程。这项工程西起宁夏中卫县，东至山东滨州市，全长3000多公里，1986年全面铺开。

《黄河三门峡水库调度运用暂行办法》印发

2月27日 黄委会印发《黄河三门峡水库调度运用暂行办法》。水库调度指令，一般情况下，汛期由黄河防总，非汛期由黄委会直接下达；遇特大洪水或非常运用情况时，由黄河防总报请中央防总或水电部批准后下达。

黄河下游安渡凌汛

3月 1984年凌期气候具有前冬暖、后冬冷、倒春寒的特点。自1月4日山东垦利县西河口开始插凌封河，2月8日封河到山东郓城河段伟庄险工，最大封河长度330.3公里，总冰量4000万立方米，与封河相近年份比较，冰量偏多，2月15日孙口河段开河，但气温回升缓慢，使全部开河推迟至 3 月 9 日，成为建国后历年凌汛中仅次于 1969 年和 1971 年的第三位开河晚的年份。

修订黄河规划工作展开

4 月 9 日 国家计委向国务院报送了《关于审批黄河治理开发规划修订任务书的请示报告》。后经国务院批准，下达水电部、黄委会等有关部门。规划的主要任务是提高黄河下游的防洪能力，治理开发水土流失地区，研究利用和处理泥沙的有效途径，开发水电，开发干流航运，统筹安排水资源的合理利用以及保护水源和环境。8 月 22～24 日，水电部在河北省涿县召开了各有关单位参加的修订黄河规划工作会议，明确了分工。11 月，以黄委会为组长单位的修订黄河规划协调小组在郑州成立。自 1985 年起至 1987 年底，由地矿部、煤炭部、石油部、农牧渔业部、林业部、交通部、城乡建设环境保护部及有关省（区）、黄土高原水土保持专项规划工作小组、西北勘测设计院、天津勘测设计院、长江流域规划办公室和黄委会承担的各项专题规划或开发意见陆续完成。

中央领导人听取治黄汇报

4 月 中共中央总书记及国务院领导人在河南视察工作期间，分别听取了原黄委会主任王化云关于治理黄河的汇报。3 日下午，胡耀邦在平顶山市听取王化云汇报后指出：修小浪底水库，我是赞成的，这件事我一直记着，长江、黄河的问题解决了，对世界都是有影响的。10 日晚和 11 日在濮阳市，国务院领导人接见了王化云，在听取小浪底工程汇报后指出：当前黄河上重要的是解决防洪问题。认为建小浪底水库，在经济上是合理的，国家对黄河的总投资是节约的，同时对与外国合作、引进先进技术、引进外资等问题作了具体指示。

黄委会加强对穿越堤防修建工程的审批

5 月 17 日 黄委会发出《关于重申对穿越堤防修建工程严格审批手续及统计各类穿堤建筑物的通知》。通知指出，凡穿越黄河下游堤防的涵洞、管线等各类建筑物，必须报送设计，严格审批手续。破堤施工时，必须报经黄委会批准。严禁任意破堤埋设临时穿堤涵管等。1987 年 8 月 6 日，黄委会颁发《黄河下游穿堤管线审批及管理暂行规定》，对审批权限、标准、穿堤管线的管理和防汛等作了明确规定。

用爆破法埋设过河管道成功

5 月　中原油田至开封的输气管线，需要穿越河南濮阳和山东东明之间的黄河河床 9036 米，而且有 940 米通过主河道水下河床，采用爆破成沟、底部牵引、气举沉管的施工方法。爆破施工地点在濮阳习城集和东明县菜口屯之间，共用炸药 61.43 吨，26 日下午 3 点 42 分正式起爆，完成一条上口宽 20 米，深 2 米多的大沟，并迅速组织埋设管道的施工。治黄单位又对黄河防洪工程进行了加固和整修，所需费用 150 万元由国家计委批准，石油工业部拨给。

济源黄河索道桥通车

6 月 1 日　由解放军架设的我国目前跨度最大的重荷载济源黄河索道桥，正式移交河南省交通部门管理使用。此桥于 1982 年 8 月建成，跨度 320 米，属柔性单行索道桥，位于河南省新安、济源两县境内的黄河河面上，桥面行车道宽 3.8 米。

万里、胡启立、李鹏考察黄河

6 月 30 日～7 月 4 日　党和国家领导人万里、胡启立、李鹏等乘直升飞机从青海省的龙羊峡顺黄河而下，经甘肃、宁夏、河南、山东等省(区)，至黄河入海口。随行的有水电部部长钱正英、国家计委副主任黄毅诚及黄委会主任袁隆、副主任龚时旸。7 月 5 日，在返回北京途中，万里说：建国以来，我们对黄河的治理取得了很大成绩。今后治理黄河的方针，是要使黄河洪水为患的问题到本世纪末能够得到基本控制，就是说，在没有特殊原因的情况下，黄河洪水不再为患，成为为人民造福的河流。并指出，今后黄河的管理和使用必须以灌溉和防洪为主、发电为辅。

景泰川电力提灌二期工程开工

7 月 5 日　甘肃省景泰川电力提灌二期工程动工兴建。该工程从景泰县五佛乡盐寺提取黄河水，灌区横跨景泰、古浪两县，北靠腾格里沙漠。设计提水流量 18 立方米每秒，加大流量 21 立方米每秒，净扬程 602 米，总扬程 708 米，设计灌溉面积 52 万亩，工程总投资 2.48 亿元，计划总工期七年。1987 年 10 月 1～8 级泵站开始通水。1988 年工程实现“三年上水，四年受益”的阶段性建设目标，当年实灌面积 5.3 万亩。

郑州黄河公路大桥动工兴建

7月5日 郑州黄河公路大桥动工兴建。该桥南起郑州市花园口，北抵原阳县刘庵村，全长5549.86米，桥面总宽18.5米，桥下可通过三百年一遇洪峰。1986年9月30日正式建成通车，历时两年零三个月。邓小平题写了桥名。

《黄河报》创刊

7月10日 由黄委会主办的《黄河报》正式创刊，在国内公开发行。中共中央顾问委员会委员、中国书法家协会主席舒同题写了报头。该报任务是宣传治黄方针、政策，报道治黄经验，传播治黄信息，为治黄事业服务。至1990年底，共出版221期。

中美联合设计小浪底工程

7月18日 中国技术进出口总公司与美国柏克德土木矿业公司联合进行小浪底工程轮廓设计的合同在北京签订。8月7日，对外经济贸易部批复同意，合同生效。联合设计的领导单位是中华人民共和国水电部，项目经理是黄委会副主任龚时旸。从1984年11月15日起，黄委会派出高级工程师和工程师共28人，分三批飞赴美国。1985年10月完成小浪底工程的轮廓设计。

齐兆庆、张实职务任命

7月25日 中共黄河水利委员会党委任命齐兆庆为山东黄河河务局代理局长、党组代理书记；1985年9月2日，经中共水利电力部党组批准，任命齐兆庆为山东黄河河务局局长、党组书记。

1984年10月18日 中共黄河水利委员会党委任命张实为勘测规划设计院院长。

黄河小浪底可行性报告审查会召开

8月13～20日 小浪底工程可行性研究报告审查会在北京召开。会议由水电部总工程师冯寅主持。会议原则同意《黄河小浪底水利枢纽可行性研究报告》。同时宣布鉴于小浪底工程地质条件复杂，泄洪、排沙等工程的高流速浑水磨损和气蚀等关键技术问题尚待解决，经国家计委批准，同意由黄委会与美国柏克德公司合作进行小浪底水利枢纽的轮廓设计。

水电部答复全国人大的提案

8月21日 水电部对河南省代表团在六届全国人大二次会议上提出的《建议停止使用北金堤黄河滞洪区》的提案答复如下：黄河下游现有的工程按防御花园口站洪峰流量22000立方米每秒的洪水(约相当于六十年一遇洪水)设防。据水文气象分析，黄河花园口站有可能发生46000立方米每秒的特大洪水。当花园口站发生超过22000立方米每秒的洪水时，从全局考虑，必须使用北金堤滞洪区。北金堤滞洪区的防洪设施已建设多年，保护中原油田正在拟订措施，黄河下游大堤第四次加高工程，已安排在"七五"计划进行。若小浪底水库建成，可大大减少使用北金堤滞洪区的机会。滞洪区的长远建设规划，要与小浪底水库的建设统筹考虑。

宋平等考察黄河河口

9月18～21日 国务委员、国家计委主任宋平，中国社会科学院院长马洪等，由中共山东省委书记苏毅然、黄委会主任袁隆陪同，考察了黄河河口。宋平对河口的治理指出：黄河河口的流路因为泥沙淤积，不断的抬高、延伸、改道，这是自然规律。但是，我们可以采取一些措施，合理安排河道流路，延长河道的寿命，这对胜利油田的稳定发展，将起很大作用。同时，今后油田的发展及城镇建设要和黄河河口流路的规划统一起来，不要在黄河流路上搞建设，要给黄河留有出路。

黄委会提出第四期修堤方案

9月 根据小浪底论证会后的部署，黄委会向水电部提出《黄河下游第四期堤防加固河道整治可行性研究报告》。第四期堤防加固仍以防御花园口站1958年型洪峰流量22000立方米每秒洪水为目标，保证大堤不决口，对超过这一目标的大洪水，做到有措施、有对策，尽最大努力，缩小灾害。1985年9月水电部批示同意并要求编报设计任务书。黄委会即组织力量，进行设计任务书的编写工作。1987年2月，《黄河下游第四期堤防加固河道整治设计任务书》编制完毕，上报水电部。

三门峡钢叠梁围堰沉放成功

10月17日 三门峡水利枢纽溢流坝2号底孔进水口钢叠梁深水围堰

整体沉放成功，11 月 1 日开始挡水，进行施工改建。围堰在水头 40 米的情况下，止水良好，结构稳定。至 1985 年 6 月 21 日，完成施工任务后全部拆除。此后又于 1985 年 10 月～1986 年 6 月、1986 年 10 月～1987 年 2 月 26 日完成 6 号和 5 号底孔的改建。1987 年 10 月同时沉放 3 号和 8 号底孔两套钢叠梁围堰成功。1989 年 10 月 4 号底孔钢叠梁围堰沉放成功。

黄委会第三次安全生产工作会议召开

10 月 28 日　黄委会第三次安全生产工作会议在郑州结束，袁隆主任要求全河继续抓好安全生产工作，为开创安全生产、文明生产的新局面作出贡献。大会首次颁发了《黄河水利委员会劳动安全条例(试行)》，并树立了九个红旗单位、九个先进集体和三十九名先进个人。

1984 年汛期黄河出现水丰沙少现象

10 月　今年汛期(7～10 月)黄河流域雨季来得较早，盛夏少雨，秋雨充沛。黄河下游花园口站出现 4000 立方米每秒以上洪峰 11 次。8 月 6 日发生的最大洪峰流量 6900 立方米每秒，主要来自渭河和伊、洛河，含沙量小。整个汛期花园口站总水量为 338 亿立方米，比历年平均值 272 亿立方米偏多 25%，相应输沙量 7.4 亿吨，较常年偏少 30%，平均含沙量 21.9 公斤每立方米。由于出现了水丰沙少现象，造成三门峡库区和下游河道略有冲刷。三门峡库区汛期冲刷约 2.25 亿吨，扣除上半年库区淤积量 0.43 亿吨，净冲 1.82 亿吨，黄河下游河道花园口至利津段冲刷 1.48 亿吨，其冲淤分布是：花园口至夹河滩和高村至孙口段为淤积，夹河滩至高村和孙口至利津为冲刷。

龚时旸任黄委会主任

11 月 8 日　中共水利电力部党组〔1984〕水电党字第 159 号文通知：经党组讨论并商得河南省委同意，黄河水利委员会党委改为党组，龚时旸任主任、党组书记，刘连铭任副主任、党组副书记；庄景林、戚用法、吴书深、陈先德任副主任；戚用法任党组成员，王化云任顾问。黄河水利委员会的原主任、副主任，党委书记、副书记、委员职务同时免除。12 月 14 日，黄河水利委员会党组转发水利电力部党组通知，庄景林、吴书深、陈先德任黄河水利委员会党组成员。

全国水资源协调小组成立

11月 经国务院批准，全国水资源协调小组成立。水电部部长钱正英为组长，国家计委副主任黄毅诚、交通部副部长郑光迪为副组长。

1988年9月24日，国务院将全国水土保持工作协调小组与全国水资源协调小组合并，成立全国水资源与水土保持工作领导小组，国务院副总理田纪云任组长，杨振怀任副组长。

水电部对黄河下游防凌运用三门峡水库的批复

12月5日 水电部对黄委会《关于1984年至1985年黄河下游防凌运用三门峡水库的请示》进行了批复。批复指出：为确保黄河下游防凌安全，同意凌汛期间三门峡水库调度运用的四条办法。今后，如没有新的变动，不再每年报批。黄委会的四条办法是：(1)为了避免宁蒙河段封河后出现的小流量过程造成下游小流量封河的威胁，或起到推迟下游封河日期的作用，凌前运用水位一般为315米。当宁蒙河段小流量过程入库时，水库补水调平控泄流量500～400立方米每秒；(2)当下游封河后，水库一般均匀泄流控制运用；(3)结合开河预报，结合下游情况，控泄小流量，必要时关门；(4)下游封河至开河时段，库水位运用一般不超过326米，若超过，届时报请中央防总决定。

全国水电系统劳模会在京召开

12月10～16日 全国水电系统劳动模范及先进集体代表大会在北京举行，治黄战线受表彰的有八名劳模、三个先进集体。特等劳动模范为龙毓骞；劳动模范为彭德钊、席锡纯、王绍甫、傅少思、韩兴再、李绍铠、姚志泉等；先进集体为山东黄河河务局济阳修防段、河南黄河河务局辉县石料厂、黄河勘测规划设计院地质处。

水利改革座谈会在京举行

12月21～30日 水电部在北京召开了水利改革座谈会。会议认为，今后水利工作必须从以农业服务为主进一步转到为国民经济和整个社会发展服务，从不够重视投入产出进一步转到以经济效益为中心的轨道上来，从单一经营和行政管理进一步转到综合经营型方面来。为了贯彻这次会议精神，黄委会于1985年1月16～23日在郑州召开了治黄工作会议。刘连铭副主任作了《锐意改革，开拓前进，加快治理和开发黄河的步伐》的工作报告。

1985年5月8日，国务院办公厅批转了水电部《关于改革水利工程管理体制和开展综合经营的报告》。1985年7月22日，国务院又发布了《水利工程水费核订、计收和管理办法》，对加强水利工程经营管理、节约用水和水利工程经营体制改革是一个巨大的推动。1985年10月和1986年，黄委会先后参加两届全国水利系统综合经营产品展销会，1986年组建综合经营办公室，强化全河综合经营行业管理，并相继开发了一批实体企业。

《黄河的治理与开发》出版

12月 黄委会编写的《黄河的治理与开发》由上海教育出版社出版并公开发行。该书总结了治理和开发黄河的经验，提出了治理黄河的见解和论点。

1985年

黄河文学艺术协会成立

1月12日　黄河系统群众性文学艺术组织——黄河文学艺术协会在郑州成立。黄河文学艺术协会名誉主席袁隆，主席吴书深。

王化云辞去顾问职务

1月17日　水电部批示：根据王化云同志的申请，同意王化云同志辞去黄河水利委员会顾问职务。

万里听取治黄汇报

3月5日　国务院副总理万里、中共河南省委书记刘杰、副省长刘玉洁等，听取了省政协主席王化云、黄委会副总工程师王长路关于黄河下游防洪和小浪底工程设计情况的汇报。

李鹏视察黄河防洪工程

3月5日　国务院副总理李鹏、水电部副部长杨振怀、顾问李伯宁、河南省省长何竹康视察了黄河花园口防洪工程，重点检查了黄河防汛准备工作。黄委会副主任陈先德、副总工程师杨庆安陪同。

黄河小北干流陕西、山西管理局成立

3月12日　按国务院〔1982〕国函字229号“国务院关于解决黄河禹门口至潼关段晋陕两省水利纠纷的报告的批复”精神，黄委会黄河小北干流陕西、山西管理局正式成立，隶属黄委会三门峡水利枢纽管理局领导，即日启用印章。黄河小北干流陕西、山西管理局的主要任务是：制订河道的治理规划，统一工程设计标准和设计审查，在统一规划指导下，统一计划和施工；对河道及控导工程实行统一管理；处理水利纠纷。1987年12月31日，水电部决定黄河小北干流陕西、山西两省管理局由黄委会直接领导。

东营一号坝引黄工程动工

3月15日 东营市兴建的一号坝引黄工程动工。此工程位于待建的东营黄河公路大桥西侧，由一号坝闸（前闸）和西双河闸（后闸）两座闸组成，两闸中间由水泥板铺成的渠道连接，设计引水流量100立方米每秒，主要为胜利油田、东营市100万亩农田以及2亿立方米的广北水库供水。1986年工程竣工。

水电部批准河套灌区规划报告

3月25日 水电部正式批准《内蒙古黄河河套灌区水利规划报告》。水电部在批复中同意灌区按800万亩的规划进行建设，以配套挖潜为主，重点完成排水系统工程建设，同时搞好田间工程配套，科学用水，加强管理。内蒙古自治区人民政府与水电部商定，工程建设分期进行。"七五"期间先按300万亩灌排工程进行全面配套，并扩建总排干沟，完成总干渠的治理和续建配套工程。

黄委会通信大楼竣工

4月上旬 坐落在郑州市城东路的黄委会第一座现代化通信大楼竣工，并正式移交通信总站使用。它是黄委会"六五"期间的一项重要基建项目，是黄河系统的通信中心。

国画《黄河万里图》展出

4月10日 黄委会74岁老画家周中孚的国画长卷《黄河万里图》在郑州市展出。这幅国画长158米，是周中孚用五年时间精心绘制完成的。《黄河万里图》气势雄浑，沿黄名胜古迹、水渠田野、古迹文化、风土人情、建设成就尽入画中。文艺界著名人士刘海粟、臧克家、姚雪垠等为画展热情题词赋诗。

黄河三花间项目终期评审会议召开

4月24～25日 由联合国开发计划署援建的黄河三花间实时遥测洪水项目终期三方评审会议在郑州召开。参加会议的有三花间项目总顾问、美国国家天气局水文局长罗伯特·克拉克博士，以及联合国开发计划署和中国对外经济贸易部、水电部的代表。自1978年以来，三花间项目组先后建成了陆浑以上地区包括16个遥测站的示范遥测系统和陆浑与郑州间的无线电通信干线，以及计算机化的郑州预报中心。通过这次评审，三方代表对项目的进展情况表示满意。

4月26～29日 克拉克博士由水电部外事司和黄委会有关人员陪同查勘了黄河下游。

龙毓骞、彭德钊获“五一”劳动奖章

4月28日 黄委会总工程师龙毓骞、河南黄河河务局科技办公室主任工程师彭德钊被中华全国总工会授予“全国优秀科技工作者”称号，并颁发“五一”劳动奖章和证书。1986年12月，彭德钊被国家科委批准为国家级有突出贡献的专家。

国家着手解决陕西省三门峡库区移民遗留问题

5月8日 中共中央办公厅、国务院办公厅印发了《关于陕西省三门峡库区移民安置问题的会议纪要》。陕西省三门峡库区移民现有15万人生产、生活很困难，需要返回库区安置。《纪要》决定：从地方国营农场、部队农场及华阴靶场共划出30万亩耕地，安置返库移民。同时中央还拨款2亿元，分四年支付，用于陕西省三门峡库区移民返库安置。1986年3月底，划地工作基本结束。陕西省渭南地区成立11个移民工作机构，编制了返迁总体规划，组建了9个乡政府，对在原安置区的11个县、市、区100多个乡镇符合返库条件的移民，分四期进行了对口安置，至1989年底，共审批和安置返库移民2.1万户，10万人。

陕、晋两省水保与引黄工作座谈会召开

5月 中共中央顾问委员会委员张稼夫受李鹏副总理的委托，在西安市召开了陕、晋两省水土保持与引黄工作座谈会。

冯寅等查勘黄河下游

6月10～20日 水电部总工程师冯寅、副总工程师徐乾清和技术咨询崔宗培、高级工程师尹学良，在黄委会总工程师龙毓骞和高级工程师徐福龄的陪同下，赴黄河下游对堤防、分滞洪工程和河口现状等进行查勘。主要对2000年、2030年或更远黄河下游防洪、引水规划安排及河口治理进行调查研究。

王化云等考察黄河上游

6 月 13 日 为了研究黄河上游的治理开发和引江济黄，王化云、袁隆率领黄委会一行 16 人前往黄河源头地区进行勘察。抵青海后，因王化云、袁隆年龄较大，身体较弱，不宜继续西上，带领 4 人转赴青、陕、甘三省和龙羊峡工地考察。其余人员由勘测规划设计院副院长成健带领，查勘了河源，安放了由王化云题写的“黄河源”碑铭，并赴长江上游查勘了引水济黄的坝址。两队分别于 7 月 24 日、14 日返回郑州，回郑后对近期治黄的指导思想和修订治黄规划问题、统一管理黄河水资源问题、西线调水问题提出建议。

杨庆安任黄委会副主任

6 月 21 日 经中共水利电力部党组批准，并商得河南省委同意，杨庆安任黄河水利委员会副主任、党组成员。

杨析综察看小浪底坝址

6 月 22 日 河南省委书记杨析综察看黄河小浪底水库坝址，听取了黄委会副主任陈先德和副总工程师王长路关于黄河下游防洪问题和小浪底工程规划设计情况的汇报。杨析综指出，目前黄河下游防洪问题严重，要争取小浪底工程尽快兴建。

国务院批转水电部有关黄河防御特大洪水方案的报告

6 月 25 日 国务院批转了水电部《关于黄河、长江、淮河、永定河防御特大洪水方案的报告》。指出：防御大江大河可能发生的特大洪水，是一件关系到社会经济建设和广大人民生命财产安全的大事，必须予以足够的重视，绝不可掉以轻心，在遭受难以防御的特大洪水袭击的情况下为了保全大局，减少损失，适当采取分洪、滞洪措施是必要的。分洪区、滞洪区的广大群众，要在洪水面前，以大局为重，坚决服从各级防汛指挥部的部署。

7 月 22 日，黄委会召开黄河防汛电话会议，对国务院批转的《报告》作了传达和部署，同时又组织了大功分洪查勘组。黄委会根据各方面的意见，向水电部报送了《关于贯彻国务院批转水电部防御特大洪水方案情况的报告》。

水电部函告有关部门关于胜利、中原油田防洪安全问题

6月25日 水电部向石油工业部、国家计委、经委、黄河防总办公室，豫、鲁防汛指挥部等发出《关于黄河下游胜利、中原油田防洪安全问题的函》，指出：胜利油田为解决油田用水，可以在垦利西双河黄河堤上建闸，跨汛施工，垦利以下要保护好油田北大堤，除尽力防守孤东油田外，还要做好必要的撤离准备；南展工程要做好运用准备。中原油田要做好必要的保护措施。

黄河上中游地区水保工作座谈会召开

6月25～29日 中共中央书记处农村政策研究室和全国水土保持工作协调小组在郑州召开了黄河上中游地区水土保持工作座谈会。沿黄中上游七省(区)水土保持委员会和农村政策研究室的负责人以及国家有关部委、少数地、县和新闻单位，共100余人参加了会议。中共中央书记处农村政策研究室副主任谢华主持了开幕式并讲了话。全国水土保持工作协调小组组长、水电部部长钱正英作总结讲话。会议总结交流了经验，分析研究了今后在新形势下进一步开展水土保持工作的方针政策问题。

HS—1型浑水测深仪通过部级鉴定

6月28日 黄河水资源保护科学研究所研制的HS—1型浑水测深仪在郑州通过设计定型鉴定。鉴定意见认为，HS—1型浑水测深仪的设计原理正确，性能稳定可靠，各项技术指标均达到水电部水文局任务书规定的要求，为我国高含沙量高流速的浑水超声测深填补了一项空白。

黄河下游遭强飑线袭击

8月3日 傍晚，黄河下游大部分地区遭受一次强飑线袭击，河南濮阳和山东菏泽风力达10～11级，阵风12级。黄河电话线路、树木和房屋遭到破坏，黄委会郑州至济南、菏泽、位山和濮阳处、段的电话线路全部中断。濮阳处、菏泽处、位山局和东银铁路吹倒、折断电杆1190根，吹倒电话线721档，横担变形的甚多。黄河大堤、北金堤和东平湖围堤刮断吹倒树木54200棵，部分折断树木10.29万棵。大堤、险工冲刷水沟浪窝9065条，冲失土方3.6万立方米，倒房19间，损坏房屋1181间，倒塌院墙5576米，倒塌烟囱8

座。菏泽刘庄闸、濮阳渠村闸等多处闸房被毁。

黄委会号召全河职工向赵业安学习

9月13日　中共黄河水利委员会党组作出《关于在全河职工中开展向赵业安同志学习的决定》。赵业安现任黄委会水利科学研究所泥沙研究室主任工程师。1961年他从苏联留学回国后，放弃在北京工作的机会，主动要求来黄委会工作。1971年他被确诊患了甲状腺癌后，仍以惊人的毅力和顽强拼搏的精神同疾病作斗争，不仅控制了病情，事业也取得丰硕成果，他和其他同志合作的科研成果及论文，分别在黄委会、河南省和全国获奖。1986年1月25日，河南省人民政府授予赵业安河南省劳动模范称号。1988年被批准为国家级有突出贡献的中青年专家。

黄河温孟滩抢险

9月17日　洛阳黄河公路桥下主溜集中，赵沟工程下首草滩坐湾导溜。到9月27日0时，温、孟县交界处废黄河堤溃溢，北冲漭堤，下抄大玉兰工程；同时脱河多年的孟县黄河堤靠河出险。27日，孟县黄河堤尾冲失170米，尔后险工段又上延475米。黄河防总指示要控制黄河"一不过漭河，二不抄大玉兰工程后路，作些临时性工程尽力维护"，从9月26日开始组织抢护，历时26天，抢修"保漭导溜"及护堤坝岸工程3处，计长2025米，才化险为夷。

长东黄河铁路大桥建成

9月20日　新(乡)兖(州)铁路长东黄河大桥建成。大桥于1984年2月18日动工，北起河南省长垣县赵堤，南至山东省东明东堡城之间横跨黄河。大桥总长10.282公里。桥面为单行轨道，桥上还建有1.242公里长的双轨会让站，国家投资2.45亿元。

国家计委批复李家峡水电站设计任务书

9月27日　国家计委对水电部《关于青海李家峡水电站设计任务书的请示》批复如下：经报国务院批准同意建设黄河李家峡水电站；同意李家峡水电站正常蓄水位定为2180米，近期装机规模160万千瓦(4×40)，并预留扩建一台机组的位置。

黄委会五项科研成果获国家科技进步奖

10月8日 国家科学技术进步奖评审会第二次会议评定、核准了1772项国家级科学技术进步奖。其中黄委会三门峡水利枢纽管理局的《三门峡特种深水围堰》获一等奖；天水、绥德水保试验站、黄河中游治理局和水保处的《黄河小流域综合治理和大面积水土保持措施的研究和推广》及黄委会水科所、中游治理局等单位的《水坠法筑坝的研究和推广》分别获二等奖，河南黄河河务局科技办公室等的《大孔径多功能潜水钻机的研制和应用》和水文局的《NSY—1型泥沙粒度分析仪系统》分别获三等奖。

陕、晋黄河河道客轮首航成功

10月16日 由黄河府谷开出的一艘客轮——“友谊二号”，于17日顺利到达吴堡。乘坐“友谊二号”客轮的国家经委、交通部以及陕、晋两省有关专家、技术人员决定继续驶往壶口。19日，从吴堡启航，20日到达壶口。共航行535公里，途经陕、晋两省的十几个县，闯过了二十五个大中型险滩，创造了黄河航运史上客轮远航的最高纪录。

1982年以来，陕西省榆林地区交通部门，共投资200万元，对这段河道进行了初步整治疏通。

黄委会考察美国密西西比河防洪工程

10月19日 黄委会副主任庄景林、杨庆安带队赴美国考察密西西比河防洪工程，美方由陆军工程师兵团接待，进行了为期一月的考察。

加速开发黄河上游水电讨论会召开

10月19～23日 加速开发黄河上游水电讨论会在西安召开，70多名来自全国的专家、教授、学者参加了会议。黄河上游的龙羊峡至刘家峡河段，规划开发的青海境内有五个梯级电站，龙羊峡水电站将于1986年蓄水，1987年发电，待开发的拉西瓦、李家峡、公伯峡、积石峡四个梯级电站可装机757万千瓦，年发电量220多亿度。这些梯级电站的径流和发电量稳定，工程地质条件良好，尤其是即将建成的龙羊峡水库，库容247亿立方米，具有多年调节性能。在这里建设四个电站，淹没耕地不到1万亩，移民不足6000人，而且交通便利，前期工作比较充分，为加速开发提供了必要的条件。专家们建议，开发黄河上游水电，除满足西北工农业生产发展的需要外，还应该把电送出去，解决华北调峰和西南电量不足的矛盾。对黄河上游龙～刘段尚待开发的四个梯级电站，可给予适当优惠政策，采用滚雪球办法加快建设。

小浪底工程轮廓设计审查会召开

10月25～30日 水电部对黄委会和美国柏克德公司联合进行的小浪底工程轮廓设计审查会在郑州召开。会议由水电部总工程师冯寅主持，柏克德公司副总裁安德森在开幕时讲了话；项目经理龚时旸指出，中美联合进行的小浪底工程设计，从1984年11月开始，现在已达到初步设计阶段，冯寅总工程师在会议总结中宣读了审查意见：(1)同意选定的枢纽总体布置；(2)同意推荐的斜心墙土石坝坝型和采用防渗墙与铺盖相结合，以利用水库淤积物的防渗措施；(3)左岸单薄分水岭，上游采用混凝土面板加反滤垫层，并设岸边帷幕与排水措施，以达到保护山坡稳定的方案是可行的；(4)由导流洞改建为泄洪洞，用多级孔板消能是一项新型泄洪结构，同意按此方案进行细部试验研究。并建议在多泥沙河流上利用改建已成工程，进行原型试验；(5)工程总工期九年半是可能的；(6)第一期工程总投资及全部工程投资可在黄委会编制初步设计概算时进一步研究。

治黄工程拨(贷)款联行协作会议召开

10月31日～11月4日 中国建设银行河南省分行和黄委会在郑州召开了山东、陕西、山西省建设银行等参加的治黄工程拨(贷)款联行协作会议，会议就如何加强沿黄各省(区)建设银行的协作，做好治黄基建工程投资的拨(贷)款工作等问题达成了协议。协议拟从1986年执行。

黄委会成立水利经济研究会

11月4～8日 黄委会水利经济研究会成立大会暨第一次学术讨论会在郑州召开。中国水利经济研究会理事长张季农、副理事长陈东明到会指导，原黄委会副主任王锐夫主持会议，黄委会副主任戚用法致开幕词，陈先德副主任作总结讲话。大会通过了研究会章程，选举产生了以袁隆为理事长的理事会。

钱正英考察黄土高原沙棘资源

11月5～7日 水电部部长、全国水土保持工作协调小组组长钱正英到山西省吕梁地区实地考察沙棘资源,提出要把开发沙棘资源作为加速治理黄土高原水土流失的一个突破口来抓。

李鹏视察天桥水电站

11月13日 中共中央政治局委员、中央书记处书记、国务院副总理李鹏视察黄河天桥水电站,并为水电站题词,“黄河干流第六坝,造福两岸为人民”。

泺口险工出险

11月17日 0时,济南郊区黄河泺口险工第10～12号坝岸,在晴天小流量的情况下,突然发生坝岸整体滑塌入水的险情。滑塌长78米,宽2～5米,最大塌宽9米,水面以上坝体滑塌高度8.5米左右,滑塌后坝前最大水深达10米,滑塌坝基土3300余立方米,石方2918立方米。16日,泺口水文站实测流量1690立方米每秒。出险原因:(1)河势发生变化,险工受边溜冲刷,造成根石淘刷走失;(2)出险的三段坝岸为1930年修建的砌石坝,坡度陡,稳定性差。出险后,将垮掉的三段坝岸按退坦缓坡的原则修复为乱石坝,凌汛前抢修结束。12月18日,黄委会向河南、山东黄河河务局发出了《关于加强险工管理观测工作的通知》。

黄委会获两项部优质工程奖

11月17～22日 在全国水利基本建设经验交流会上评选出12项优质工程。黄委会的沁河杨庄改道工程、东平湖水库石洼分洪闸改建工程荣获水电部优质工程奖及金质奖章。

黄河海港举行奠基典礼

11月25日 位于黄河三角洲五号桩东北方向的黄河海港举行了奠基典礼。彭真委员长为海港题词:“黄河海港”。一期工程为两个出口原油、成品油的万吨级泊位和一个13000吨泊位的杂货码头。建港前期工程准备,已完成9000米防潮堤,一条引堤的基础向大海推进了1650米。

西线南水北调会议在京召开

11月下旬 中国国土经济学研究会与中国水利学会在北京召开西线南水北调学术报告会,黄委会水利经济研究会副理事长王锐夫在会上作了题为《西线南水北调的经济战略地位》的报告。

黄河下游及多沙河流河道整治学术讨论会召开

12月2～7日 黄委会与中国水利学会泥沙专业委员会联合举办的黄河下游及其它多沙河流河道整治学术讨论会在郑州召开。会议交流学术论文60余篇。其中有关黄河下游河道治理的29篇，黄河上中游河道治理的12篇。著名泥沙专家谢鉴衡等人从各个不同角度对黄河及其它多沙河流河道的整治发表了意见。会议期间，代表们参观了郑州郊区花园口险工地段，观看了黄委会水科所的东坝头至高村河段的模型试验。

三门峡水利枢纽工程竣工初检工作结束

12月17～20日 黄委会在三门峡市召开了三门峡水利枢纽工程初检工作会议。参加会议的有水电部基建司、水管司、第十一工程局、天津勘测设计院、三门峡市建设银行和三门峡水利枢纽管理局。会议通过了《黄河三门峡水利枢纽工程竣工初检报告》。这次初检工作是根据8月14日水电部〔1985〕水电基字第46号文关于“印发《三门峡水利枢纽工程验收准备工作座谈会纪要》”的精神，黄委会于10月10日～11日在三门峡市召开了初检工作预备会议，并成立了初检工作领导小组和工程、物资财务、运行管理、档案资料等四个专业初步验收交接小组，共用2个多月完成的。

1986年治黄工作会议召开

12月23～28日 黄委会1986年治黄工作会议在郑州召开。大会总结了工作，制定了“七五”期间的治黄目标和1986年的治黄改革与工作任务。黄委会“七五”期间治黄工作的目标是：继续贯彻水电部提出的“加强基本工作，搞好宏观决策，确保重点任务，调度协调水资源，服务各地各方”的方针，以改革的精神，确保黄河下游防洪安全；做好兴建小浪底水利枢纽工程的前期工作和准备工作，进一步完善治黄规划，做好水资源利用和水土保持工作，加强科学研究，为90年代治黄工作的进一步发展准备条件。

山东胜利黄河公路大桥兴建

12月28日 位于黄河最下游的山东胜利黄河公路大桥动工兴建。此桥是国内首先采用的钢箱斜拉式桥型。全长2817米，宽19.5米。大桥主桥长682米，主跨长288米。距黄河入海口约70公里。1987年9月30日大桥建成通车。

黄河下游第三次大修堤竣工

12月 黄河下游第三次大修堤竣工。该工程是1974年开始的，按防御黄河花园口站22000立方米每秒洪水的标准，制定了1974～1983年防洪水位及防洪工程规划。在规划实施过程中，又根据河道淤积和国家计划安排的情况，工程实施从原来的1983年推延至1985年，改称黄河下游防洪治理十二年规划。1986年4月30日正式通过竣工验收。实际完成投资额110811.13万元。其中河南河务局完成41359.69万元，山东河务局完成58054.55万元，会直其他单位完成11396.89万元。完成主体工程的填筑土方37526.55万立方米，石方395.35万立方米，混凝土方19.95万立方米，放淤固堤土方34104.00万立方米。

1986年

大型连续广播文艺节目《黄河》播出

1月1日 大型连续广播文艺节目《黄河》在黄河流域九省(区)广播电台同时播出。该节目是由九省(区)广播电台和黄委会共同创作录制的。

黄河流域实用水文预报方案汇编工作会议召开

1月7～12日 黄委会水文局在内蒙古伊克昭盟东胜市召开了建国以来第一次黄河流域实用水文预报方案汇编工作会议。流域各省(区)水文总站以及水库、电厂的水文工作者到会。

黄委会第一次审计工作会议召开

1月24～27日 黄委会第一次审计工作会议在郑州召开。会议贯彻了水电部关于在水电系统加强审计工作的意见,作出了在全河抓紧健全审计监督系统、开展审计工作的决定。

黄校庆祝建校35周年

3月8日 黄河水利学校庆祝建校35周年。黄校自1951年建校以来,已发展成为一个多结构、多学科的水电系统重点中等专科学校,已向黄河及全国各地输送7400多名毕业生。

山东省省长李昌安到黄河现场办公

3月10～11日 山东省省长李昌安带领省直有关部门负责同志到东平湖区和黄河滩区进行调查研究,现场办公,与地(市)、县同志一起探讨开发东平湖和黄河滩区,为下一步制定总体规划进行准备。

外国专家对小浪底工程进行技术咨询

3月18～28日 美国柏克德公司专家三人到黄委会勘测规划设计院对小浪底水工方面的部分工作进行了技术咨询。

3月19～28日 加拿大两位地质专家到黄委会勘测规划设计院就小

浪底左岸山体的稳定等问题进行了技术咨询。

黄土高原综合治理可行性报告通过审查

3 月 26 日 《黄土高原综合治理》可行性报告在中国科学院组织的专家论证会上审查通过。《黄土高原综合治理》是由中科院，农牧渔业部，林业部，水电部，国家教育委员会，陕西、宁夏、山西、甘肃、内蒙古五省(区)科委等部门组织起草的，它是“七五”期间国家重点科技项目，任务是：完成黄土高原地区水土流失和资源调查，提出综合治理开发总体方案，建立 11 个小流域试验示范区。之后，中科院组织千余名科技人员于 1990 年底完成规定的各项任务。

宋平视察黄河

4 月 8～17 日 国务委员、国家计委主任宋平、国家计委副主任黄毅诚等一行 8 人视察黄河。在黄委会主任龚时旸陪同下，沿途察看了桃花峪、温孟滩、小浪底坝址、三门峡水库及下游临黄大堤、北金堤滞洪区和东平湖水库。在郑州观看了黄委会水利科学研究所的黄河下游河道动床模型试验和小浪底水利枢纽工程的整体与单体模型试验。

国务院批转
《关于加强黄河中游地区水土保持工作的报告》

4 月 10 日 国务院办公厅转发了中央书记处农村政策研究室和全国水土保持工作协调小组《关于加强黄河中游地区水土保持工作的报告》。要求陕西、甘肃、山西、青海、河南省和宁夏、内蒙古自治区人民政府以及国务院各有关部门认真研究执行。

引黄济青工程开工

4 月 15 日 山东省引黄济青(岛)工程在胶县正式开工。此工程自博兴县打渔张引黄闸起，经 30 米宽的引水明渠，穿越滨州、东营、潍坊及青岛等 4 市的 9 个县、区和 30 多条河流，进入总库容为 1.46 亿立方米的棘洪滩调蓄水库，再输入青岛市，全长 290 公里。工程建成后，可增加青岛市日供水量 30 万吨，年供水效益 1.8 亿元，同时沿线高氟区 61 万居民可喝上甘甜的黄河水。

黄委会进行职称评定改革工作

4月 按照水电部的安排部署,黄委会机关开始进行工程技术职务聘任制的试点工作,先后成立了职称改革领导小组和高级工程师及工程师两个评审委员会。试点工作从4月开始到9月底结束,共评定高级工程师31人,工程师77人。试点经验在水电部系统进行了介绍。在试点基础上,黄委会技术职称改革工作于1987年4月全面开展,职称改革领导小组组长庄景林,副组长陈先德、戚用法、王长路、黄天乐,办公室主任冯国斌。先后成立了高级工程技术职务评审委员会和工程技术、财会、经济(统计)、新闻出版、图书档案、成人高教、中专教师、技工学校教师、中小学教师及医疗卫生等中级技术职务评审委员会。在职称改革后期,水电部于1988年1月派工作组进行了验收,验收合格并发了证书。黄委会共有专业技术干部7500人,经过这次职称改革工作共评定具有高级专业技术职务任职资格的634人,其中教授级61人,中级专业技术职务任职资格的1955人,初级专业技术职务任职资格的4900多人。

黄河中游水土保持委员会成员调整

5月9日 水电部和全国水土保持工作协调小组联合发布了关于调整黄河中游水土保持委员会成员的通知,由中共陕西省委书记白纪年兼主任,水电部副部长杨振怀、国家计委副主任刘中一兼副主任,由有关省(区)主管副省长、副主席和重点地区、国家机关有关部门的负责同志共26人任委员。

小浪底工程设计任务书评估会召开

5月13～17日 受国家计委委托,中国国际工程咨询公司在北京召开黄河小浪底水利枢纽工程设计任务书评估会。国家计委、清华大学、中国建设银行、中国科学院以及有关省、市、部、委的专家和教授50人参加了会议。会议听取了黄委会有关小浪底工程的规划、施工总进度、总概算、工程地质和水工结构情况汇报,并分组进行了讨论。6月,中国国际工程咨询公司又组织专家查勘黄河小浪底坝址、三门峡水库及下游灌区,进行了全面了解。各专业组分别评估,7月9～12日向综合组做了汇报。1986年12月30日,中国国际工程咨询公司向国家计委正式提出《黄河小浪底水利枢纽工程设计任务书评估报告》,确立了小浪底工程在治黄工作中重要的战略地位以及近期修建的必要性和紧迫性。

中国水土保持学会成立

5 月 26～29 日　中国水土保持学会第一次全国代表大会在北京召开。会议选举产生了第一届理事会，讨论通过了学会章程。

《河南黄河志》刊行问世

5 月底　由黄委会黄河志总编辑室编纂的《河南黄河志》刊行问世，这是建国以来试图以马列主义观点和社会主义新志的要求，编纂出的第一部黄河专志。该志较详尽地反映了河南黄河的河情，具体而翔实地记载了河南的治河史，初步总结古今河南治黄的经验，并本着志书“详今略古”的原则，着重记述了建国以来治黄工作的实践与经验教训。全书共约 65 万字。1987 年 2 月，该书获河南省地方史志成果一等奖。

国家计委批准河套灌区配套工程

6 月 4 日　国家计委批准河套灌区配套工程。内蒙古自治区人民政府在 1986 年 1 月 27 日，向国家计委作了《关于内蒙古河套灌区配套工程建议书的报告》。这次批准的配套工程基建总投资控制在 2 亿元以内，从世界银行贷款 4000 万美元，由水电部补助 4000 万元，其余由内蒙古自治区自筹解决。1988 年，国家计委又核定河套灌区配套工程总投资为 5.05 亿元，其中国家投资 3.68 亿元，世界银行贷款 6600 万美元。

黄河中游近期水沙变化情况研讨会召开

6 月 24～27 日　由中国水利学会泥沙专业委员会和黄委会主持的黄河中游近期水沙变化情况研讨会在郑州召开。会议交流了 23 篇学术论文和分析报告，对近期黄河中游水沙明显减少的原因作了初步分析。专家们建议国家设立黄河中游水沙变化科学研究基金，把对黄河中游水沙变化及预测研究列入国家重点科研项目。

东线南水北调穿黄探洞工程开工

6 月 26 日　东线南水北调穿黄探洞工程在山东省东阿县举行开工典礼。东线南水北调工程拟在江苏省扬州附近抽引长江水北送，在山东东平县解山村和东阿县位山村之间穿越黄河，穿黄方式采用隧洞方案，在河床以下开挖三条内径 9.5 米的圆形隧洞，可通过流量 600 立方米每秒。为安全施工，水电部决定先开挖一条穿黄勘探试验洞查明线路主河床段的地质构造，探索在岩溶地区用灌堵方法开挖水下隧洞的可能性，为主洞设计、施工提供依据。试验洞位于解山和位山之间河床以下 70 米处，洞宽 2.93 米，高 2.6 米，4 月 11 日开始钻挖，1988 年 1 月 25 日主体工程全部完成。试验证明穿黄隧洞方案在技术上是可行的。

故县水库过水土石围堰获部奖

6月 由黄委会勘测规划设计院设计的故县水库过水土石围堰获水电部水电总局颁发的优秀设计奖。该围堰自 1981 年 4 月建成以来，配合隧洞导流，经受了 5 个汛期的过水考验。

《水土保持治沟骨干工程暂行技术规范》颁发

7 月 8 日 水电部颁发《水土保持治沟骨干工程暂行技术规范》，自 1986 年 12 月 1 日起施行。

专家、学者考察黄河上游

7 月 10 日～8 月 4 日 由中国水力发电工程学会、中国国土经济研究会和中国水利经济研究会联合组织的 90 余名专家、学者及新闻工作者，联合组成黄河上游水电经济综合开发考察团，对黄河龙羊峡至青铜峡河段已建、在建、待建的十五个规划梯级电站和景泰灌区、固海灌区、陕西定边、内蒙古阿拉善左旗及兰州等地进行了水电经济开发综合考察。考察后专家们认为：黄河上游是水能资源的“富矿”，已建电站经济效益很大，待建电站开发条件十分优越，建议国家尽快作出决策，加速开发，并建议成立黄河上游水电联合开发公司。

胡耀邦为黄河志题写书名

7 月 18 日 中共中央总书记胡耀邦为黄河志题写书名。本年 5 月底，《河南黄河志》刊印成书后，黄河志编纂委员会名誉主任王化云赠寄胡耀邦，胡耀邦欣然命笔为黄河志题写了书名。之后，中共中央政治局委员胡乔木，中共中央委员杨析综，著名水利专家张含英、汪胡桢、郑肇经、严恺、张瑞瑾，当代著名文学家、翻译家曹靖华，著名作家李凖，著名方志学家朱士嘉、傅振伦等，在收阅《河南黄河志》后，都热情洋溢地为《黄河志》题词。

黄河白浪索道桥通载成功

7月28日 位于河南省渑池县和山西省平陆县之间的黄河白浪索道桥通载成功。该桥单跨总长438米，行车道宽4米。

黄河汛期水枯沙少

8月 汛期7、8月份黄河流域降雨量偏少，其中山陕区间平均降雨131毫米，为建国以来的倒数第二位，三花区间平均降雨173毫米，为建国以来最少。两月间，黄河花园口站总水量95亿立方米。其中8月份水量只有34.3亿立方米，比常年同月平均水量77.8亿立方米少55%，花园口最大流量仅2340立方米每秒，来沙量只有0.44亿吨，比常年平均数4.02亿吨少89%，为建国以来同月来沙量最少的月份。

宁夏固海扬水主体工程竣工

9月3日 宁夏固海扬水主体工程竣工。该工程由中宁县泉眼山北麓提引黄河水20立方米每秒，经11级提水，总扬程382.47米，流程153公里，有各种渠道建筑物300座，灌溉土地40万亩，还可供沿途15万人及牲畜用水。工程于1978年6月开工兴建，1983年6月完成一至四泵站及其干渠工程，1984年建成五至七泵站，1985年10月八至十泵站及干渠通水，当年受益农田18万亩。

李家峡水电站初步设计评估会召开

9月20～29日 受国家计委委托，由中国国际工程咨询公司组织的专家组，在青海省西宁市召开了《黄河上游李家峡水电站工程初步设计》评估会议。评估认为：李家峡水电站初步设计报告的主要结论基本正确，具有近期开发建设的必要性和经济合理性以及工程技术的可行性。

黄河李家峡水电站位于青海省尖扎县和化隆回族自治县交界处，距西宁市116公里。坝型为三心圆拱坝，最大坝高165米，总库容16.5亿立方米，最终装机容量200万千瓦(5×40)。

青海省人民政府已从1986年财政中垫支500万元，进行李家峡水电站的开工准备工作。包括新建一段18公里长的公路和全长167.2米、宽7米的隆康黄河大桥，大桥自1986年8月动工兴建，1987年建成。为工地架设的110千伏输电线路也通过验收，青海省人民政府还拨款40万元，组织有关单位编制水电站库区移民安置规划。

旧城险工班被命名为全国先进班组

9月 山东黄河河务局东阿修防段旧城险工班,被全国总工会和国家经委命名为“全国先进班组”,并授予“五一劳动奖状”。黄河工会为了表彰先进,决定以该班班长的名字将该班命名为“东阿段李兆忠班”。

黄委会邀请新闻记者采访黄河

10月7日 黄委会在郑州举行新闻发布会,新华社、中国新闻社、国际广播电台、瞭望、人民中国杂志和中国水利电力报等中央报刊及省、市新闻单位的记者应邀参加。会后又组成黄河采访团,从8月开始进行了为期半月的黄河采访活动。

龙羊峡水电站下闸蓄水

10月15日 上午10时,龙羊峡水电站下闸蓄水成功。龙羊峡至刘家峡的240多公里河道主流断水干涸。奇形怪状的巨石静卧在河底,与坚硬的基岩组成河床。1987年2月15日,龙羊峡水电站提闸放水,水库蓄水达29亿立方米,下泄流量为800立方米每秒。

刘于礼等获全国水电系统劳动模范称号

10月24日 水电部和中华全国总工会联合授予黄委会刘于礼、王锡栋、李兆忠、吴燮中、冯汉忠、司祥奇、张德举、张增年全国水电系统劳动模范光荣称号。

纪念人民治黄40周年大会召开

10月30日 纪念人民治黄40周年暨1986年全河劳动模范表彰大会在郑州隆重召开。水电部副部长杨振怀参加会议,并代表水电部向黄委会赠送刻有“治理黄河,造福人民”的铜匾。

三门峡泄流工程二期改建审查会召开

11月14～20日 水电部水利水电规划设计院在北京召开了《黄河三门峡水利枢纽泄流工程二期改建初步设计》审查会。1987年1月26日,水电部批复同意初设提出的改建内容如下:1～8号底孔改建,4～8号双层孔增加一门一机，9～10号底孔的打开与改建，左岸泄流排沙隧洞进出口处理、专用铁路线整修等项工程。

国家计委召开陕晋蒙接壤区煤田开发的水土保持立法会议

11月20～26日 国家计委在西安市召开了陕晋蒙接壤地区煤田开发建设的水土保持立法会议。这次会议是根据国务院领导同志对这一地区的水土保持问题要专门立法的指示召开的。三省区及国家有关部委的国土整治、水土保持、煤炭、能源及科研勘测设计部门的领导和专家共30多人参加。会议拟定了《陕晋蒙接壤地区开发建设水土保持的规定》，上报国务院，公布实施。

陕晋蒙接壤区煤田大部分分布在水土流失严重区，又处于暴雨中心地带，年土壤侵蚀模数高达15000～30000吨每平方公里。据调查分析初步估计，1985～2000年，该地区煤田开发所排弃的固体物总量将达63.9亿立方米，可能产生流失量约9.5亿立方米，年平均向黄河增加输沙量约为1亿吨，黄河水质也将受到严重的化学污染。

汾河水库电站并网发电

11月29日 汾河水库电站正式并网发电。1982年5月，黄委会勘测规划设计院承担了汾河水库电站的技术设计任务。工程于1982年10月动工，1985年上半年完成土建工程。电站共安装两台立式单机为6500千瓦的水轮发电机组，总装机容量13000千瓦。

黄河中游水土保持委员会第二次会议召开

12月1～5日 黄河中游水土保持委员会第二次会议在西安召开。中共陕西省委书记、黄河中游水土保持委员会主任白纪年作了题为《关于黄河中上游地区“六五”期间水土保持发展情况和“七五”意见》的报告。

黄河下游引黄灌区管理工作座谈会暨学术讨论会召开

12月10～16日 水电部农水司和中国水利学会农田水利专业委员会在新乡市联合召开“黄河下游引黄灌区管理工作座谈会暨学术讨论会”。会议总结了“六五”期间黄河下游灌溉工作，研究修改了“黄河下游引黄灌溉工作纲要(草稿)”。

钱宁同志的骨灰撒入黄河

12 月 22 日 中国现代泥沙专家、清华大学教授钱宁的骨灰在郑州花园口撒入黄河。钱宁是本月 6 日在北京病逝的，生前对治理黄河作出了重要贡献。

郑三间黄河数字微波通讯电路开通

12 月 25 日 郑州至三门峡区间黄河数字微波通讯电路正式开通试用。该工程由水电部与日本电气公司签订，1985 年 8 月兴建，1986 年 10 月 25 日全线调试完毕。经过两个月的试运行，各项技术指标均达到设计要求，为全面建成水电系统综合数字通讯网和实现三门峡至郑州花园口区间防洪自动测报奠定了基础。

大型摄影集《黄河》发行

12 月底 由民族画报社和黄委会编辑、水利电力出版社出版的大型摄影集《黄河》出版发行。

1987 年

李鹏谈黄河问题

1 月 12 日 李鹏副总理在中南海接见参加水电部工作会议的部分代表。黄委会主任龚时旸汇报黄河情况后，李鹏说：黄河的问题是党中央、国务院和全国人民心中的一件大事。黄河既是我们中华民族的摇篮，又在历史上多次泛滥，造成灾害。在过去科学技术不发达的时候，只能搞一些土堤，质量不高，将来我们能不能更现代化些，如打点混凝土的防渗墙，使堤防固若金汤。

黄河工程管理会议召开

1 月 18～21 日 黄河工程管理工作会议在郑州召开，会议总结了 1980 年以来工程管理工作经验，制订了“七五”期间工程管理工作的指导思想、目标和任务，提出了加强工程管理的措施和意见，并制订了《黄河下游渠首水费管理使用暂行办法》。

王桂亭被追认为革命烈士

1 月 26 日 经山东省人民政府批准，追认利津黄河修防段工人王桂亭同志为革命烈士。王桂亭同志是 1984 年 9 月 30 日在抢救落入黄河的本段职工时光荣牺牲的。

黄河展览馆改为黄河博物馆

2 月 3 日 经上级领导批准，黄河展览馆改为黄河博物馆，馆名由中国书法家协会名誉会长舒同题写。

国家计委批复小浪底工程设计任务书

2 月 4 日 国家计委以计农〔1987〕177 号文件批复水电部《关于审批黄河小浪底水利枢纽工程设计任务书的请示》，要求抓紧编制初步设计文件。

钮茂生任黄委会第一副主任

2 月 7 日　水电部以〔1987〕水电党字第 3 号文件通知：经水电部党组研究并征得河南省委同意，钮茂生同志任黄河水利委员会第一副主任，党组第一副书记。

黄河下游河道发展前景及战略对策座谈会召开

4 月 9～12 日　国土规划研究中心在郑州召开黄河下游河道发展前景及战略对策座谈会，会议讨论交流的课题有黄河下游河道整治目标、现行河道使用寿命评价、来水来沙预测、利用干流水库调水调沙减少河道淤积、整治河道加大泄洪排沙能力、黄河下游河道最终改道的必要性和可行性以及新河道选线的设想及工程量预估等。

禹门口提水工程正式开工

4 月 10 日　山西禹门口黄河大型提水工程正式开工。工期 10 年。装机 47 台，总容量 4.427 万千瓦，提水流量为 26 立方米每秒。

YRT—85 型自报式遥测设备通过部级鉴定

4 月 11 日　由黄委会防汛自动化计算测报中心与北京大学无线电系合作研制的 YRT—85 型自报式遥测设备通过部级鉴定。

黄河上游水电工程建设局成立

4 月 17 日　为尽快开展李家峡等水电站工程建设工作，水电部发出〔1987〕水电劳字第 41 号文件，批准成立黄河上游水电工程建设局。该局为地师级，局本部及基地均设在西宁市。

三门峡水利枢纽工程建设 30 周年纪念大会召开

5 月 5 日　三门峡水利枢纽工程建设 30 周年纪念大会在三门峡市召开。原黄委会主任王化云在会上作了题为《从黄河三门峡工程的实践谈黄河的治理》的讲话。

1987 年黄河防汛会议召开

5 月 12～14 日　陕、晋、豫、鲁四省黄河防汛会议在郑州召开，会议研究了各级洪水处理方案，部署了1987年的工作。水电部副部长、中央防汛总指挥部秘书长杨振怀出席会议，并传达4月份李鹏副总理在中央防汛总指挥部防汛汇报会上的重要讲话。李鹏副总理明确今后在全国范围内，防汛工作由国务院负责，中央防总负责具体工作；跨省、市、区的河流由中央防总负责，对一个省、一个地区，防汛总责就落在省长、市长、专员、县长身上。

黄委会安装程控电话

5月25日 从日本引进的NEAX2400IWS程控电话交换机在黄委会安装完毕，并投入试运行。程控电话设备的启用将改善黄河防汛和机关的通信工作。

外国专家考察龙羊峡水电站

5月26日～6月2日 参加国际大坝会议第55届执委会的24个国家和地区的156名专家、学者分三批到正在建设中的龙羊峡水电站工地进行实地考察。

黄委会至水电部直拨电话开通

6月12日 根据防汛等工作需要，经水电部批准，开通水电部至黄委会行政直拨电话4路。

中央防办会同黄河防总举行
黄河特大洪水防御方案模拟演习

6月21日 8时至17时，中央防总办公室会同黄河防总举行黄河特大洪水防御方案的模拟演习。这次演习主要检验当黄河中游或三门峡至花园口之间发生特大洪水，需要执行黄河特大洪水防御方案时，有关雨情、水情测报及水文自动测报系统、数据传输工作情况。

龚时旸任黄河上中游水量调度委员会主任

6月27～28日 调整后的黄河上中游水量调度委员会在兰州召开第一次会议（即黄河上中游水量调度委员会第二十三次（扩大）会议）。黄委会主任龚时旸任该委员会主任委员。

西线南水北调被列为国家超前期工作项目

7月6日 国家计委召开会议，研究西线南水北调工作。国家计委顾问吕克白主持会议，确定将西线南水北调列为超前期工作项目，“七五”计划安排1000万元开展前期工作。

1987～1988年，黄委会勘测规划设计院两次组队考察了黄河源头和雅砻江地区。

滩区生产堤破除口门工作全部完成

7月9日 中央防总派员会同河南、山东两省和黄河防总的领导人，对黄河下游河道清障工作进行检查验收。自6月下旬开始至7月22日全部完成规定的滩区生产堤破除口门工作，共破口门478个，破口长度98.75公里，并完成清除阻水片林6748.1亩。

国务院批准拆除郑州、济南两座黄河铁路老桥

7月21日 根据黄河防洪的需要，国务院〔1987〕123号文批准京广铁路郑州黄河老桥和津浦铁路济南泺口黄河老桥拆除。批复中说：京广铁路的郑州黄河老桥应立即开始拆除。首先拆除桥上的电力、通讯线路和桥面铺板，全部桥梁的拆除任务于1988年6月底前完成。济南北关至黄河南岸的北环铁路复线工程，应于1989年2月底前完工使用，并力争提前；济南泺口黄河老桥的拆除任务，务于1989年6月底前完成。

钱正英到北金堤滞洪区调查

7月22日 水电部钱正英部长按照李鹏副总理的指示，会同河南省政府和石油部对北金堤滞洪区内的防汛问题进行现场调查研究。

水电部批复河南、山西三门峡库区移民遗留问题处理计划

7月30日 水电部对黄委会《关于1987年河南、山西省三门峡库区移民遗留问题处理修正计划的报告》予以批复，主要内容是：为解决库区移民生活、生产的实际困难，核定1987年河南、山西两省三门峡库区移民遗留问题处理经费838万元，从部库区建设基金中安排，由黄委会统一安排，妥善使用。根据批复精神，8月18日，黄委会印发了《关于解决河南、山西两省三

门峡库区移民遗留问题计划管理暂行办法》的通知。

黄河分洪口爆破试验

8月8日 为保证黄河发生特大洪水时顺利完成分洪口门爆破，由中国人民解放军54集团军、南京工程兵工程学院和河南黄河河务局，采用新型液体炸药，在郑州花园口南裹头附近进行了模拟试验。试验证明，新型液体炸药较过去沿用的TNT固体炸药具有稳定、安全、可靠和运输方便、作业量小、节省经费等优点。

黄土高原地区治理开发讨论会召开

9月5～9日 农牧渔业部、水电部、林业部和中国水土保持学会、农业环境保护协会在山西河曲召开黄土高原地区治理开发问题讨论会。

国务院批准黄河可供水量分配方案

9月11日 国务院办公厅以国发〔1987〕61号转发了国家计委和水电部《关于黄河可供水量分配方案的报告》，该报告已经国务院原则同意，各省按报告意见试行。

包神黄河铁路桥建成

9月18日 包头至神木黄河铁路桥建成通车。该桥位于内蒙古伊克昭盟达拉特旗九小渡口附近，与黄河公路大桥相邻，全长为856米，共14墩13孔。

黄委会撤销政治部

9月20日 黄委会党组决定撤销政治部，同时建立直属党委和基层政治工作办公室，新设机构开始办公。

黄河上游水电开发和地区经济发展座谈会召开

9月25～27日 中国国际工程咨询公司在北京怀柔县召开黄河上游水电开发和地区经济发展座谈会。

龙羊峡水电站一号机组并网发电

9月29日 我国第一台32万千瓦立式混流式水轮发电机组——龙羊

峡水电站一号机组并网发电。1987 年 12 月 4 日龙羊峡第二台 32 万千瓦水轮发电机组并网发电。至此，我国发电设备装机容量已达到 1 亿千瓦以上，其中水电近 3000 万千瓦。

中美黄河下游防洪措施学术讨论会召开

10 月 17～21 日 由中国科学院地理研究所和黄委会组织召开的中美黄河下游防洪措施学术讨论会在郑州召开。美国霍普金斯大学地理与环境工程系主任伏尔曼教授一行 11 人，水电部、中科院、水科院、清华大学、黄委会等有关单位 100 多人参加了会议。与会代表对黄河的洪水特性及治理、水资源利用、黄河下游防洪措施、流域产沙及土壤侵蚀、黄河下游河道冲淤基本规律、河床淤积及现行河道寿命预测等专题进行了学术交流和实地考察。

黄委会召开改革现场经验交流会

10 月 19～23 日 黄委会在济南山东河务局召开改革现场经验交流会。各局、院、所、站及会机关处、室的负责同志参加了会议。会前，黄委会副主任钮茂生、杨庆安、庄景林、吴书深、陈先德等带队分赴各局、院、所调查了改革方面的情况。

钮茂生任黄委会主任

11 月 2 日 水电部以〔1987〕水电党字第 68 号文通知：钮茂生任黄河水利委员会主任、党组书记；龚时旸任黄河水利委员会技术咨询，免去其主任、党组书记职务；刘连铭任黄河水利委员会督导员，免去其副主任、党组副书记职务；免去戚用法的黄河水利委员会副主任、党组成员职务。

黄委会设立主任奖励基金

11 月 6 日 为鼓励先进，嘉奖在治黄、改革工作中成绩突出或有特殊贡献的领导班子，经黄委会主任办公会研究决定，从 1987 年起设立主任奖励基金。12 月 25 日，黄委会颁发第一号嘉奖令，向山东黄河河务局局长齐兆庆等 16 人颁发了奖励证书和主任奖励基金。

水电部表彰黄河下游引黄灌区首届评比竞赛优胜者

11 月 18 日 水电部对黄河下游引黄灌区首届评比竞赛活动中的优胜

者进行表彰。山东省梁山县陈垓灌区、河南省人民胜利渠、河南省原阳县韩董庄灌区和山东省聊城地区位山灌区分别荣获第一、第二和并列第三名。

金堤河行政区划和金堤河管理座谈会召开

12 月 14～16 日 金堤河行政区划和金堤河管理座谈会在北京召开。水电部部长钱正英主持会议，参加会议的有山东、河南省及民政部、石油部、黄委会等有关单位领导。会议就行政区划调整和金堤河治理提出了原则意见，待两省代表向省政府汇报后进一步商定。

黄委会首次签订年度工作承包任务书和目标责任书

12 月 25 日 黄委会召开签订 1988 年承包任务书和目标责任书大会。钮茂生主任作了《团结奋起，深化改革，夺取治黄工作的新胜利》的报告。由黄委会领导与会属单位签订年度工作承包任务书和目标责任书，尚属首次。

黄河工会第四次代表大会召开

12 月 26 日 黄河工会第四次代表大会在郑州召开，这是 1979 年工会恢复工作以来的首次会议，大会选举岳崇诚为黄河工会主席。

1988年

黄委会开办国内外电传通信业务

1月1日 黄委会通信总站正式办理在《中国用户电报号码簿》(1987年版本)上公布的国内外用户的电传通信业务。

电视系列片《黄河》开播

2月20日 大型电视系列片《黄河》今起在中央电视台第一套节目播出。该片共30集,是从1984年底开始由中央电视台和日本广播协会(NHK)联合摄制的。该片从青海黄河源头起,直至山东入海口,较细致地反映了黄河两岸的文物古迹、风俗人情、群众生活、工农业生产建设景象及古今治黄成就等。

黄委会召开治黄规划座谈会

3月3~7日 黄委会在郑州召开治黄规划座谈会。对黄委会1984年以来开展的治黄规划工作进行汇报和座谈,听取意见,为参加水电部5月间召开的治黄规划座谈会作准备。

黄委会派员到其它流域单位学习

3月7日 黄委会派出5个学习小组,分赴长办、淮委、海委、珠委、松辽委等流域单位取经,学习他们在改革和管理等方面的经验。

绥德、天水、西峰三水保站改由中游局领导

3月12日 黄委会发出黄劳字〔1988〕第28号文《关于绥德、天水、西峰水土保持科学试验站委托中游治理局领导的通知》。通知指出,自1988年4月1日起,中游治理局对三站实行全面领导,各项交接工作3月底以前完成。

黄委会评出1987年度科技进步奖

3月中旬 第三届黄委会学术委员会在郑州召开会议,评出1987年度

黄委会科学技术进步奖获奖项目16个。

这次评出的获奖项目具有几个特点:(1)微机应用成果比重上升;(2)获奖者年龄年轻化;(3)评审时社会经济效益所占的比重加大。

水保沙棘会议召开

3月22～24日 中国水土保持学会沙棘专业委员会常务委员会扩大会议在西安召开。会议座谈了我国沙棘资源开发利用形势及今后发展方向,讨论了沙棘专业委员会1988年工作计划,研究了举办沙棘国际学术讨论会等问题。沙棘专业委员会名誉主任、黄委会主任钮茂生,沙棘专业委员会常务委员、黄委会副主任吴书深在会上发了言。

小浪底工程初步设计预审会召开

3月23～26日 黄河小浪底工程初步设计预审会由水电部主持在北京召开。会议同意小浪底水利枢纽工程的开发任务以防洪(防凌)、减淤为主,兼顾供水、灌溉、发电。

《黄河基本建设项目投资包干责任制实施办法》颁发

3月 黄委会颁发《黄河基本建设项目投资包干责任制实施办法》。《办法》共分总则、包干范围和条件、包干的形式和内容、包干合同的签订、工程价款的结算、权益和奖罚、包干条款的检查、附则等。

盐锅峡扩机工程开工

3月 盐锅峡水电站扩机工程开工。该工程利用原来停建的9号机组位置,扩建一台装机容量为4.4万千瓦的机组,可使盐锅峡水电站总装机容量达到39.6万千瓦。

李家峡水电站导流隧洞工程开工

4月1日 国家"七五"计划重点建设项目、位于青海省尖扎县与化隆县交界处的黄河李家峡水电站导流隧洞工程正式开工,水电四局负责施工。1990年12月全线贯通,总长1163.5米。

黄河东坝头以下滩区治理工作会议召开

4月6～9日 由河南黄河河务局、河南省水利厅主持,在濮阳市召开了黄河东坝头以下滩区治理工作会议。省农经委主任张永昌、黄委会主任钮茂生和省有关厅(局)的领导同志及沿黄有关市、县政府、水利、河务部门的代表参加了会议。山东河务局也应邀派代表参加。与会代表参观了濮阳、新乡两市沿黄滩区治理初见成效的典型,交流了滩区治理工作的经验,研究了滩区治理规划和有关政策。

水利部恢复

4月11日 七届全国人大第一次会议决定,撤销水电部,恢复水利部,电力部分划归能源部。杨振怀任水利部部长。

《短期天气资料实时处理与分析系统》通过鉴定

4月23日 由东西方信息工程公司和黄委会水文局共同研制的《短期天气资料实时处理与分析系统》在郑州通过鉴定。该系统可完成实时气象资料的自动接收、存贮和分类、高空、地面天气图的填绘等作业。

河源地区发现地下冰层

4月26日 地矿部906大队在河源地区鄂陵湖北岸进行区域水文地质调查勘探中,发现了厚达4.45米的地下冰层。它为研究河源地区的第四纪地质发展历史和青藏高原的环境变迁、古地理气候,提供了重要的科学依据。

陈垓引黄灌区被列为亚行援助实施灌区

4月 山东省梁山县陈垓引黄灌区,被列入水电部"亚洲银行技术援助项目"的实施灌区,这是我国水利部门同亚行合作的第一个技术援助项目,援助内容是改进灌溉管理技术。

钮茂生任水利部副部长

5月3日 经国务院批准,钮茂生任水利部副部长。仍兼任黄河水利委员会主任。

黄河大堤浸润线测压管布设的钻探工作完成

5月8日 在黄委会内公开招标,由河南河务局勘探测量队中标的黄河大堤浸润线测压管布设的钻探工作完成,经现场检测,施工质量良好,可

黄河河口疏浚工程开工

5月初 黄河河口疏浚工程开工。该工程由胜利油田投资,东营修防处组织设计施工。

水利部召开治黄规划座谈会

5月19～23日 水利部在郑州召开治黄规划座谈会,有200多人参加。全国政协副主席钱正英,水利部部长杨振怀,副部长兼黄委会主任钮茂生,河南省省长程维高、副省长宋照肃出席了会议。会上黄委会汇报了修订黄河规划的情况和初步成果,听取了各方面专家的意见。会后,黄委会根据《规划座谈会纪要》的精神,进行了必要的补充工作,于1990年完成《黄河治理开发报告》及《黄河治理开发规划简要报告》的编制工作。

黄河防总召开指挥长会议

5月25～26日 黄河防总在郑州召开指挥长会议,部署1988年黄河防汛工作。河南省省长、黄河防总总指挥程维高主持会议,山东省副省长、副总指挥马忠臣,河南省副省长宋照肃,水利部副部长、黄委会主任、副总指挥钮茂生,山西省副省长、副总指挥郭裕怀的代表杜五安,陕西省副省长、副总指挥徐山林的代表刘枢机出席会议。水利部部长杨振怀到会并讲了话。

京杭运河人黄船闸围堵工程竣工

5月底 京杭运河入黄船闸围堵工程竣工,达到了黄河防洪安全标准的要求。该闸位于山东省梁山县郓陈乡国那里村附近,是1959年设计建造的。近年来,闸身出现不均匀沉陷和断裂现象,1987年被水电部列为沿黄十大险点之一。

黄委会发文贯彻《中华人民共和国水法》

6月2日 黄委会以黄办字〔1988〕第43号文通知会属各单位、机关各处室,认真学习、宣传、贯彻《中华人民共和国水法》。

渭河中游整修加固和清障工程基本完工

6月中旬 陕西渭河中游段堤防整修加固和清障工程,经过10万治渭大军长达7个月的奋战,已基本完工。共新修堤防15.6公里,除险加固

16.5公里，加高培厚堤防107公里，修淤背埂30.7公里，清障12处，同时进行了堤防和护堤地的绿化。共完成土方工程230万立方米，石方9.7万立方米。这项工程的完成，使渭河中游段可以防御10～15年一遇的洪水。

黄河三角洲经济开发与河口治理考察研讨会结束

6月27日 黄河三角洲经济开发与河口治理考察研讨会在山东省东营市结束，研讨会是由中国国土经济学研究会、中国水利经济研究会、黄河水利经济研究会联合组织的，著名经济学家于光远等60多名专家学者对黄河三角洲的经济开发和黄河河口治理出谋献策。

龙羊峡水电站第三台机组并网发电

6月30日 龙羊峡水电站第三台32万千瓦机组，经过72小时带负荷运行后正式并网发电。

盐、环、定扬黄工程动工

7月初 经国务院批准，宁夏水利水电勘测设计院设计的盐、环、定扬黄工程正式破土动工。

这项工程，西起黄河青铜峡灌区东干渠31公里处，向东经宁夏灵武、盐池、同心县入甘肃省环县和陕西省定边。该工程设计流量为11立方米每秒，干渠总长94.7公里，扬水泵站11座，装机96台，装机容量57225千瓦，工程总投资1.6892亿元，预计5～6年建成。工程建成后，可解决27万人及7万只(头)牲畜的饮水问题，扩大灌溉面积31.9万亩。

世界银行专家古纳等考察黄河

7月10～13日 世界银行专家古纳及驻华办事处主任戈林等由水利部、财政部和黄委会有关人员陪同查勘了小浪底坝址，参观了黄河博物馆，听取了黄委会有关人员介绍黄河干流开发总体布局、小浪底水利枢纽工程的基本情况。

张永昌、杨文海受国务院表彰和奖励

7月27日 国务院作出决定，对在黄淮海平原农业开发试点中做出突出成绩的科技人员给予表彰和奖励。黄委会水利科学研究所高级工程师张永昌、杨文海，在引黄灌区泥沙处理研究中达到国家先进水平，受到表彰和奖励。

黄河下游滩区水利建设协议书签订

7月30日 黄委会同水利部签订了1988～1990年“黄河下游滩区水利建设协议书”。协议书规定三年内滩区水利建设重点为灌溉、排水、引洪淤滩及生产道路桥涵工程，水利部利用国家土地开发建设基金，安排滩区水利建设投资4000万元，由黄委会负责与山东、河南河务局签订项目投资包干合同，督促地方投资与国家补助资金的分年落实，密切配合地方政府保质保量地完成滩区水利建设任务。

黄河下游航测洪水图象远距离传输试验成功

8月1～22日 水利部和中科院等十余个单位协同在黄河下游开展了防汛遥感应用试验。使用里—2型飞机和日立彩色摄象机，从黄河下游东坝头至艾山航空遥感监测洪水图象远距离传输试验，经四架次飞行，取得了满意结果。实现了用通讯卫星和地面微波中继把黄河洪水图象，实时传到北京水利部和郑州黄委会。图象经远程传输后仍非常清晰，控导工程的坝垛，大堤险工及受淹村庄等均能辨认，并可快速编绘河势及洪水图件。

小浪底初步设计初审会召开

8月9～10日 水利部总工程师何璟主持召开了黄河小浪底水利枢纽初步设计初审会。杨振怀部长、徐乾清副总工程师及有关司局院负责人参加了会议。会议对下一步设计工作提出了要求。

中国国际工程咨询公司组织考察黄河龙青段

8月 受国家计委委托，由中国国际工程咨询公司组织，并邀请水利部规划院、黄委会、中国农科院、水利水电科学研究院、北京农学院以及甘、宁、青、内蒙古、陕等省(区)水利厅参加的“黄河上游梯级开发和地区经济发展”专题研究组，对黄河干流龙青段水电开发及该地区经济发展进行了考察。

龙羊峡至刘家峡环境工程地质勘查报告通过验收

9月17日 由地质矿产部906水文地质大队提出的黄河上游龙羊峡至刘家峡环境工程地质勘查报告在西宁通过部级评审验收。水利电力部门规划在此建设龙羊峡、拉西瓦峡、李家峡、公伯峡、积石峡、寺沟峡和刘家峡七座梯级水力发电站。这次勘查是为该段内水能资源、农牧业发展、国土整治、工业建设布局提供环境地质依据和建议。6月初该队还开展了龙羊峡至青铜峡河段环境工程地质调查,以配合黄河上游地区水能资源的开发。

国家计委等要求严格控制龙刘两库发电放水

9月22日 国家计委、能源部、水利部发出紧急通知,要求严格控制龙羊峡、刘家峡两库的发电放水。通知指出,今年黄河上游汛期少雨,黄河上中游来水为1943年以来的最枯年。蓄水之少,不但威胁着今冬明春西北电网的用电,而且农田灌溉和沿黄城市用水都难以保证,形势十分严峻。

公伯峡水电站可行性研究审查会召开

9月22~29日 黄河公伯峡水电站可行性研究报告审查会议在西宁召开,会议建议国家把公伯峡水电站列入重点开发项目,抓紧设计,尽早兴建。会议审查了可行性研究报告,并确定:公伯峡水电站的大坝为堆石坝型,最大高度为133米,水库总库容5.5亿立方米;厂房拟采用岸边地面厂房,装机5台,总容量为150万千瓦(5×30),年平均发电量50亿度。

《开发建设晋陕蒙接壤地区水土保持规定》发布施行

10月1日 国家计委和水利部第1号令发布《开发建设晋陕蒙接壤地区水土保持规定》,已经国务院批准施行。

宁夏石嘴山黄河大桥建成

10月 宁夏石嘴山黄河大桥建成。该桥是宁夏黄河上的第三座公路大桥,于1987年3月15日开工。桥长551.82米,桥头引道约1000米,桥面总宽12米,车行道宽9米,主跨为两孔90米T型钢结构。

黄河壶口被确定为全国重点风景名胜区

10月 国务院批准确定黄河壶口为全国重点风景名胜区。位于山西吉县县城西北45公里处的黄河壶口瀑布,是世界著名十大瀑布之一,瀑布宽度最大时可达1000余米。

大河家黄河大桥通车

11月14日 青海省循化县和甘肃省积石山县之间的大河家黄河大桥

建成通车，结构为后张法预应力钢筋混凝土“T”型钢构桥，全长 161.12 米，主跨 90 米，桥面净宽 7 米。

黄委会举办首届青年科技成果交流会

11 月 29 日～12 月 2 日 黄委会在郑州举办了首届青年科技成果交流会，收到优秀成果 142 项，9 项被评为一等奖，27 项被评为二等奖。

赵口引黄灌区续建配套工程动工

11 月 经河南省人民政府批准，中牟赵口引黄灌区续建配套工程动工，1990 年完成，总投资 2650 万元，发展灌溉面积 70 万亩。

青铜峡库区管理委员会成立

12 月 10 日 青铜峡库区管理委员会成立，宁夏自治区副主席李成玉担任青铜峡水库库区管理委员会主任。

亢崇仁等任职

12 月 31 日 经水利部批准，任命亢崇仁为黄河水利委员会第一副主任，仝琳琅、黄自强为副主任，吴致尧为总工程师。免去杨庆安、吴书深副主任职务，免去王长路总工程师职务。

1989年

中原黄河工程技术开发公司成立

1月19日 黄委会成立中原黄河工程技术开发公司。董事长龚时旸，总经理王长路。

公司对外承担各种工程规划，项目评估，可行性论证，勘探设计，投标招标，施工管理及质量监督，技术开发、转让、服务，新技术、新产品的引进，科技成果的评审、鉴定、技术培训和中介服务。

公司对内负责全河技术市场的组织协调，并接受会属各单位委托，组织会内外专家承担治黄工程项目评审和决策咨询、中介服务等工作。

杨庆安任三门峡枢纽局局长

1月20日 水利部水人劳〔1989〕17号文任命杨庆安为三门峡水利枢纽管理局局长。

杏子河流域治理接受外援

1月 陕西省延安地区杏子河流域综合治理项目经世界粮食援助政策及计划委员会1988年6月批准，世界粮食计划署登记为3225工程援助项目，自1989年1月正式实施。五年援助小麦58025吨，折合1000万美元，国内配套资金618.29万美元，要求五年内累计达到治理面积496.41平方公里，占杏子河流域水土流失面积的35.9%。

中法黄河合作项目制订

1月 水利部和法国地矿局为实施《中华人民共和国水利部和法国地矿局科技合作协议》，制订了中法黄河合作项目计划。该项目选择绥德裴家峁沟等三条小流域作实验示范区，旨在将遥感应用分析、地理信息系统、数学模型和遥测新技术应用于黄河水土资源的治理研究。

水利部颁发黄河下游渠首工程水费收管办法

2月14日 水利部以水财〔1989〕1号文颁发了《黄河下游引黄渠首工

程水费收交和管理办法(试行)》,自1989年1月1日起试行。1982年颁发的《黄河下游渠首工程水费收交和管理暂行办法》废止。

三门峡枢纽二期改建工程总承包合同正式签订

2月17日 三门峡水利枢纽二期改建工程总承包合同在三门峡市正式签订。合同规定二期改建工程除10号底孔和2号隧洞出口处理在1992年以前完成外,其余工程必须在1991年底以前完成。三门峡水利枢纽管理局局长杨庆安和水电第十一工程局局长段子印代表甲乙双方在合同上签字。

《我的治河实践》出版发行

2月 由原水利部副部长、黄委会主任王化云著,河南科技出版社出版的《我的治河实践》一书出版发行。该书回顾了治黄历程中许多重大决策的诞生、重大历史事件的经过,是一本记述黄河治理的专著。

黄委会设计院首次中标国外工程项目

2月 黄委会勘测规划设计院与水电第十一工程局联合在尼泊尔巴格曼迪(Bagmati)灌溉工程的招标中中标,分别承担50孔闸门的设计与施工任务。

金堤河管理局筹备组成立

3月2日 根据水利部指示和河南、山东两省水利厅的要求,为尽快实施金堤河干流治理和协调解决豫、鲁两省灌排矛盾,黄委会成立金堤河管理局筹备组,组长王福林。局址设于濮阳市。

黄河水资源研讨会在京召开

3月6~11日 水利部与世界银行在北京水科院召开了黄河水资源研讨会。世行方面以古纳团长为代表的9人参加了会议。会议由黄委会陈先德副主任和世行古纳团长共同主持。会上,水利部何璟总工程师致开幕词,黄委会设计院常炳炎作了《黄河水资源利用现状与规划》的报告,水利部计划司总工程师刘善建作了《水资源利用与国民经济发展》的报告。世行专家代表介绍了国外部分流域规划经济模型。最后,中外专家讨论了有关黄河流域经济模型问题。会后,13~21日,世界银行代表古纳等一行5人,到黄河查勘了小浪底坝址、库区以及三门峡水利枢纽、下游引黄灌区和部分防洪工程。

台北举办黄河展览

3月12日 台湾《大地》杂志社首次在台北举办了“黄河·黄土·黄种人”的黄河展览。这次展览是1988年11月《大地》杂志记者王美媛、陈美布等到黄河采访时提出的，黄河博物馆提供了大量图片、图表和文字资料。

晋陕蒙接壤区水土保持第一次协调会召开

3月16～18日 晋陕蒙接壤地区水土保持工作协调小组在太原市召开了成立后的第一次会议，国家计委、水利部、农牧渔业部、铁道部、冶金部、华能精煤公司等有关部门和三省区的有关领导参加了会议。协调小组是在黄河中游水土保持委员会下设立的，由国家计委、水利部、三省(区)计委、水利厅(局)和忻州、榆林二地区、伊克昭盟以及黄河中游治理局、华能精煤公司等组成，办公室设在黄河中游治理局。

黄河三角洲被列为国家商品粮棉基地

3月 经国家土地开发建设基金管理领导小组审定，黄河三角洲被列为国家商品粮棉生产基地。

黄河三角洲位于山东省境内，土地资源丰富，现有耕地593万亩，可开垦荒地550万亩，草地21.4万亩，浅海滩涂270万亩，浅海600万亩，黄河入海口处每年新淤土地3.4万亩，发展农、林、牧和海水养殖、海洋捕捞潜力很大。

首次召开全河监察会议

4月4～5日 黄委会在郑州首次召开了全河监察工作会议。会议要求各单位迅速组建监察机构，积极开展以反贪污受贿为重点的反腐败斗争。

河套灌区配套工程开工

4月20日 内蒙古河套灌区配套工程正式开工，至1990年基建工程已开工六项，包括总排干扩建、红圪卜扬水站、总干渠防护治理、总干渠电站跌水消能、八排干域扩建和农田配套工程，总计完成投资1.0238亿元，土方2896万立方米，配套面积67万亩。

黄河河曲段冰塞研究通过国家级鉴定

4月21日 历时七年的黄河河曲段冰塞研究在山西省忻州市通过了国家级鉴定。专家们认为，这项成果反映了我国江河冰情研究的最新成就，达到了世界同类研究的先进水平，其中大规模原型观测研究已居世界领先地位。

宁夏引黄扩灌项目实施

4月 宁夏自治区利用国家投资和外资共3.8亿元，开始实施"河套农业开发项目"及"银南引黄扩灌项目"。实施五年后，将新增引黄灌溉面积125万亩。

万家寨引黄总指挥部成立

4月 山西省万家寨引黄工程总指挥部成立。万家寨水利枢纽，地处山西、内蒙古国家重点能源基地的中心地带。主要由装机102万千瓦(6×17)的水电站和引黄入晋渠首工程组成，具有供水、发电、防洪、防凌、调沙、调水等综合效益，年发电量26.3亿度，库容8.96亿立方米，第一期工程引水流量24立方米每秒。

能源部批准黄河公伯峡水电站可行性报告

5月3日 《青海日报》报道，能源部批准了由西北水电勘测设计院完成的黄河公伯峡水电站可行性研究报告。公伯峡水电站是黄河上游规划的第四个梯级电站，位于青海省循化、化隆两县交界处，以发电为主兼顾灌溉和供水。

巴家嘴水库土坝加固通过验收

5月10～13日 受水利部委托，黄委会邀请有关部门专家组成工程验收组，对甘肃省庆阳地区巴家嘴水库土坝加固及补充加固工程进行了竣工验收。

赵业安等荣获全国水利系统劳模称号

5月21日 水利部、中国水利电力工会决定授予黄委会水利科学研究所赵业安全国水利系统特等劳动模范称号；授予黄委会系统张象璥、谭宗基、梅荣华、邵平江、张德举、王荣祖、徐乃民、张友勤、柳均修等劳动模范称号;授予黄委会龙门水文站先进集体称号,授予黄委会勘测规划设计院规划处、山东河务局惠民修防段先进单位称号。

葛应轩任山东黄河河务局局长

5月31日 水利部水人劳〔1989〕19号文任命葛应轩为山东黄河河务局局长。

渭河防汛预警系统第一期工程建成

5月 陕西省渭河防汛预警系统第一期工程完工并投入使用。第一期工程是以通话为目标,实现渭河流域的防汛指挥系统现代化。经过1989年7月2日模拟实战演习和汛期运行实践证明,系统运转正常,信息传递迅速准确。第二期工程计划建设渭河支流3座大型水库和干流上6个主要水文站的自动测报系统。

黄委会定为副部级机构

6月3日 水利部转发人事部人中编发〔1989〕31号文通知:经国务院批准,黄委会定为副部级机构。

龙羊峡水电站基本建成

6月7日 装机为32万千瓦的龙羊峡水电站第4号发电机组顺利通过72小时试运行,至此,总装机容量为128万千瓦的龙羊峡水电站机组,全部建成发电,龙羊峡水电站基本建成,枢纽工程进入尾工施工阶段。6月中旬,龙羊峡水库上游连续降雨,23日入库流量达4820立方米每秒,超过了50年一遇的洪水标准,龙羊峡水库发挥巨大的防洪、蓄水、发电效益,最高蓄水达160亿立方米,拦蓄洪水83亿立方米,等于蓄能22.6亿度。截至1990年10月,累计发电123亿度,总产值7亿元。龙羊峡水电站已成为西北电网中骨干电站和具有多年调节性能的巨型水库。

济南引黄供水第一期工程通水

6月18日 济南市引黄供水第一期工程建成通水。黄河水由老徐庄引黄闸输送至市区水厂,日供水能力20万吨。第一期工程是1984年9月动工的,二期工程于1990年开始兴建,完成后可向市区日供水40万吨,对保证市区供水和恢复泉城特色具有重大作用。

黄河防汛通讯线路特大盗割案破获

6月25日 河南省封丘县公安局破获一起特大黄河防汛通讯线路盗割案，14名案犯全部落网，被盗割的郑州——关山线路中22200米电线全部追回，价值3.3万元。

黄委会援孟进行布河河道整治规划

6月27日 中国成套设备出口公司与孟加拉国水利发展局在北京签订了《关于孟加拉国境内布拉马普特拉河防洪研究的合同》，由中国水利电力对外公司承办，中国水利部王守强为专家组组长。黄委会中原黄河工程技术开发公司负责河道整治规划项目研究，项目负责人王长路、刘于礼。1989年11月10日至1990年1月20日，以刘于礼为组长的河道整治组一行5人，对孟加拉国布河两岸和河面进行了现场调查和访问，提出了查勘报告。1990年6月15日至7月6日，中方布河河道整治工作者再次赴孟考察了所拟定的第一期工程河段。1990年12月完成布河河道整治规划工作。

国家有关单位领导考察西线南水北调地区

7月15日～8月4日 国家计委、水利部、地矿部、国家地震局、中国科学院等单位的有关领导和专家共14人，对南水北调西线地区进行了实地考察，重点察看了雅砻江坝址。

青铜峡黄河公路大桥开工

7月16日 青铜峡黄河公路大桥开工兴建。此桥位于青铜峡水利枢纽下游2.97公里处，长735.52米，宽13米，计划1991年9月建成。

内蒙古河段出现沙坝

7月20日 位于内蒙古包头市附近的黄河昭君坟河段出现了罕见的水下沙坝。沙坝纵长10公里，宽600米，高2米，沙量1200万多立方米。21日，昭君坟水文站水位超过1981年相应洪水位，水文站被淹。30日，河床局部冲刷，水位开始回落。

三门峡水电站进行浑水发电试验

7月21日 三门峡水利枢纽管理局利用4号机组叶片退役的时机,进行汛期浑水发电试验。至汛期结束,除中间检查短时停机外,一直运行良好。试验取得较好成效,对气蚀和水草处理有了新的认识。

永济出土唐代黄河浮桥铁牛

7月31日 一尊淹没在黄河泥沙中达六米多深的唐代黄河浮桥铁牛,在山西省永济县古蒲州城遗址西门外黄河滩上挖掘出土。

据史料记载,唐玄宗年间修建蒲津黄河浮桥,在桥两端各设置四尊巨型铁牛,牵拉浮桥,每尊铁牛长3.3米,高1.2米,重约1.5万公斤。至1990年已出土四尊铁牛。

黄委会开展水利执法试点工作

8月12日 黄委会发出《关于开展水利执法试点工作的通知》,确定在山东河务局德州修防处、河南河务局焦作修防处、晋陕蒙接壤地区(水土保持)开展水利执法试点工作。1989年12月28日在德州修防处齐河段举行了黄委会首批水政监察员着装颁证仪式,黄河水利执法试点工作进入执法活动阶段。1990年5月7～9日,黄委会在齐河段召开水利执法试点工作座谈会,交流了执法工作经验。1990年11月5～8日,晋陕蒙接壤地区水土保持监察执法试点工作通过黄委会的正式验收。

引黄人淀工程设计任务书通过审查

8月26日 由海河水利委员会组织的引黄入淀工程设计任务书通过水利部审查。

经过方案比较和河南、河北、北京三省(市)会议决定,引黄入淀采用白坡、人民胜利渠渠首、红旗渠渠首三个引水口门,经白坡——人民胜利渠、红旗渠总干两条线路,在清丰县南留固村附近穿越卫河进入河北省境,再通过河、渠道进入白洋淀。引水规模:白坡引水流量100立方米每秒,人民胜利渠100立方米每秒,红旗渠50立方米每秒,出河南省境流量100立方米每秒。引水量:11月至2月,平均引水12.5亿立方米,分配河北省10亿立方米,河南省2.5亿立方米。

李鹏为引黄济青工程题词

9月6日 国务院总理李鹏为引黄济青工程题词:“造福于人民的工程。”

黄河防总与豫鲁晋陕四省公安厅发出保护防洪设施的联合通告

9月10日 黄河防总与山东、河南、山西、陕西四省公安厅发出《关于保护防洪设施确保黄河防洪安全的联合通告》。通告自即日起施行。

西线南水北调工程初步研究审查会召开

9月25～27日 水利部在北京召开了《南水北调西线工程初步研究报告》审查会。国家计委、地矿部、能源部、国家地震局、国家测绘局、中国科学院,四川省国土局与水电厅,青海省计委、地矿局与水利厅以及水利部内有关单位的代表、专家和科技人员共64人参加了会议。

黄河水利水电开发总公司开业

10月1日 经水利部批准成立、并经郑州工商行政管理部门注册登记,黄河水利水电开发总公司正式开始营业。公司以黄河水利水电工程开发为主要目标,以黄委会系统各单位规划、勘测、设计、科研、施工及管理力量为依托,在黄委会直接领导下开展业务活动。

黄委会调查沿黄省(区)农田水利建设情况

10月5日 黄委会组织7个调查组,包括第一副主任亢崇仁等7名会局领导干部,19名处级干部和工程师,分赴山东、河南、陕西、山西、甘肃、宁夏、内蒙古等沿黄省(区),宣传北方水利工作会议精神,调查了解今冬明春农田水利基本建设开展情况,结合黄河实际,为沿黄省(区)农田水利基本建设工作当好参谋,搞好服务。11月7～10日,各组在郑州举行汇报会,总结后上报水利部。

黄土高原发现原始森林

10月13日 《山西日报》载,山西省垣曲县七十二混沟之间发现1.2万多亩原始森林,是黄土高原历史上森林茂密的有力见证,对黄河中下游人类活动、森林历史演变的研究具有重要科学价值。

首次国际沙棘学术交流会召开

10月20日 首次国际沙棘学术交流会议在西安举行。这次会议是由中国水土保持学会沙棘专业委员会、黄委会和陕西省科委共同主办的。会议收到国内外论文、文摘和题录共152篇，并展示了中国优质沙棘产品。

晋陕蒙接壤区水保实施办法颁布

10月 为贯彻《开发建设晋陕蒙接壤地区水土保持规定》，内蒙古自治区人民政府颁布《关于开发建设晋陕蒙接壤地区水土保持规定的实施办法》。

1990年1月1日，山西省人民政府颁布施行《山西省开发河(曲)保(德)偏(关)地区水土保持实施办法(试行)》。

1990年4月6日，陕西省人民政府颁布《陕西省开发建设神(木)府(谷)榆(林)地区水土保持实施办法》。

刘家峡水库凌汛期调度方案确定

11月2日 国家计委在北京主持召开水利部、能源部协商会，就1989～1990年度黄河凌汛期水量调度作了研究和安排。

会议商定，1989年11月1日至1990年3月31日黄河凌汛期间，利用刘家峡水库补偿调节，保证三门峡水库防凌蓄水位不超过326米。11月份刘家峡水库加大泄量，上旬下泄流量1100立方米每秒，中下旬由950立方米每秒逐渐下降至700立方米每秒；12月上中下旬出库量分别为650立方米每秒、650立方米每秒和600立方米每秒；1990年元月份和2月中上旬原则上控制泄量到450立方米每秒，可视凌情，适当增减；2月下旬下泄流量550立方米每秒；3月份平均按500立方米每秒控制。

黄委会举办建国40年治黄科技展览

11月6～18日 黄委会在郑州举办了建国40年治黄科技展览。这次展览以图片、录像和模型等形式，展示了在防洪防凌、水资源开发利用、水土保持、泥沙研究、水文测报及工程建设各个领域取得的辉煌成就，展出科技成果400余项。

钮茂生考察神府矿区

11 月 22～25 日 水利部副部长钮茂生等在神府矿区考察，对窟野河、秃尾河和孤山川的治理方略进行可行性研究。并检查了该区的水土保持工作，听取了地区及神木、府谷县领导的汇报。钮副部长指出既要开发煤炭资源，又要搞好水土保持。

司垓退水闸竣工

11 月 24 日 经过两年施工的东平湖司垓退水闸工程全部完工并通过验收。该闸共有 9 孔，过水能力 1000 立方米每秒，退水经梁济运河入南四湖。

引黄济青工程建成通水

11 月 25 日 我国最长的跨流域调水工程——引黄济青工程建成通水典礼仪式，在山东省昌邑县王耨泵站隆重举行。全国政协副主席谷牧、水利部部长杨振怀、山东省委书记姜春云等为工程典礼剪彩。同日，国务院发出贺电。

黄河水文数据库通过鉴定

11 月 29 日 黄河水文数据库服务系统在郑州正式通过专家鉴定。该系统于 1987 年 3 月全面铺开编程工作，经过两年多时间的精心研制，入库的数据覆盖范围包括全河干支流主要控制站在内的 184 个水文、水位站，430 个降水蒸发站以及三门峡以下河南省境内的 44 个河道大断面。入库数据的年份从 1919 年始到 1987 年，达 37878 个站年，共 119 兆字节数据。输入迅速准确，检索方便快捷。

开封黄河公路大桥建成通车

12 月 1 日 开封黄河公路大桥建成通车。此桥于 1988 年 2 月 10 日动工兴建，1989 年 10 月 1 日竣工。大桥北接封丘县曹岗险工，南连开封县刘店乡粮寨，宽 18.5 米，长 4475 米。

截至 1990 年，黄河上共有桥梁 75 座，成为我国大江大河上架桥最多的一条河流。

水利部颁布《国务院关于当前产业政策要点的决定》实施办法

12月4日 水利部水政〔1989〕22号文颁布《国务院关于当前产业政策要点的决定》实施办法的通知。按通知精神，今后凡国家计委、财政部批准用于黄河治理开发的国家预算内投资，均应通过部计财部门直拨黄委会，确保治黄，由黄委会统筹安排实施。对沿黄地方直供和资助项目，亦应由黄委会纳入计划，统拨监管，以利发挥流域机构作为水利部的派出机构，代部行使部分水行政主管权的职责。

三门峡库区移民遗留问题处理规划审查会召开

12月4～6日 三门峡库区移民遗留问题处理规划审查会在三门峡市召开。水利部移民办，黄委会，河南、山西省政府，有关地、市、县负责人及专家、学者50余人参加了会议。这次规划重在解决河南、山西两省的移民遗留问题，突出了扶持移民开发创业、走开发性移民路子的精神，计划从1987～1994年总投资24065.5万元。

黄河积石峡坝址技术讨论会召开

12月9日 《青海日报》报道，在黄河积石峡工地参加积石峡坝址技术讨论会的专家们认为：选定的坝址，各方面都比较优越，具有建坝的有利条件。

积石峡水电站坝址位于循化县境，距西宁186公里，水库最大坝高100米，库容2.4亿立方米，装机容量100万千瓦。预计工期6年，工程静态总投资10.15亿元。

故县水库工程承包协议正式签订

12月20日 故县水库工程承包协议签字仪式在郑州举行。根据水利部指示，决定改变故县水库原来的施工单位兼工程建设单位的管理体制，由黄委会担任工程建设单位，水电第十一工程局为工程施工单位。水利部已将故县水库列为1989年度全国水利重点建设项目。

《黄河流域地图集》出版发行

12月 由黄委会编制、中国地图出版社出版的《黄河流域地图集》出版发行。该地图集自1980年开始筹编，以黄河流域为单元，用地图的形式表现多学科研究成果和治理开发成绩。包括序图、历史、社会经济、自然条件及资源、治理与开发和干支流等6个图组，共92幅。

岩体慢剪试验设备通过国家鉴定

12月 黄委会勘测规划设计院科研所承担的国家“七五”科技攻关项目岩体软弱夹层慢剪试验设备通过国家级技术鉴定。水利部、中国科学院的专家评价为达到国际先进水平。

1989年黄河下游引黄水量达154.4亿立方米

12月 1989年黄河下游河南、山东两省引黄水量达154.4亿立方米，为1965年黄河下游复灌以来的最高纪录。其中河南引水31.1亿立方米，山东引水123.3亿立方米。两省引黄抗旱灌溉面积3000万亩(河南500万亩，山东2500万亩)；沿黄13个地、市小麦总产达130.1亿公斤，比1988年增产17.3亿公斤。同时还向南四湖送水5亿立方米，向青岛市送水1.5亿立方米。

1990年

黄委会召开1990年第一次会务会议

1月5～9日 黄委会在郑州召开1990年第一次会务会议。总结了1989年工作，部署了1990年治黄任务。同时表彰了山东河务局等13个先进单位和35个会管干部。会属17个单位和20个会机关处室与会主任签订了1990年目标责任书。水利部副部长、黄委会主任钮茂生参加会议。

黄委会嘉奖三门峡枢纽局

1月9日 黄委会发布嘉奖令，表彰三门峡水利枢纽管理局超额完成1989年度发电任务，突破12亿度大关，创年发电量的历史最好纪录。

国家批准进行外向型黄河水资源研究

1月10日 国家计委、财政部以计综合〔1990〕20号文《关于申请利用世界银行“特别信贷”开展黄河流域水资源研究的复函》发送水利部，同意申请利用世界银行“特别信贷”100万美元用于黄河水资源研究的各项工作。

沁河拴驴泉水电站与引沁济漭渠协调会召开

2月12～13日 为认真贯彻国务院、水利部关于解决沁河拴驴泉水电站河段争议问题的批示精神，黄委会邀请山西、河南两省水利厅在郑州召开协调会，就拴驴泉水电站给引沁济漭渠送水的倒虹吸和输水隧洞尽快施工及施工期间发电、灌溉运用方式等问题达成协议。

全河先进集体劳动模范表彰会召开

3月6～8日 黄委会在郑州召开全河先进集体、劳动模范表彰大会。会议表彰了30个先进集体和91名劳动模范，并向他们颁发了奖金、奖状和荣誉证书。亢崇仁第一副主任在会上作了《团结奋进，继往开来，把治黄事业推向新的阶段》的报告。参加会议的先进集体和劳动模范向全河职工发出了倡议书。水利部、河南省总工会、省水利厅等有关单位的负责同志应邀参加了会议。

淄博修防处成立

3月9日 根据山东省委、省政府对行政区划的调整，山东黄河河务局成立淄博黄河修防处，处址在高青县刘春家。

龙羊峡1990年渡汛标准确定

3月上旬 龙羊峡水电站1990年汛前工作会议决定：龙羊峡水电站1990年渡汛标准为500年一遇洪水，大坝挡水前缘高程不低于2595米。

国务院批准黄河禹潼段治导控制线规划意见

3月13日 国务院函告山西、陕西省人民政府和水利部，批准水利部关于《黄河禹门口至潼关河段河道治导控制线的规划意见》。批复的主要内容是：(1)两岸凡未经黄委会批准的工程，应立即停止施工；(2)两岸严重阻水挑溜的工程必须拆除；(3)以后新建、续建工程，包括滩区防洪、开发和居民点的设置，必须以《规划意见》为依据，并经黄委会批准；(4)为切实落实规划意见，需要拆除的工程由晋陕两省及黄委会派有关负责人组成协调领导小组负责监督实施。今后要加强黄委会小北干流管理机构的作用；(5)治导控制线是治理黄河河道的依据，也是划分两省边界的依据。

黄河流域环境演变与水沙运行规律研究成果交流会召开

3月15～19日 由中国科学院地理研究所主办的“黄河流域环境演变与水沙运行规律研究”成果交流会在北京召开。

由中国科学院、国家计委地理研究所所长左大康研究员领衔，地理研究所、黄委会等单位联合申请的国家自然科学基金重大项目“黄河流域环境演变与水沙运行规律”研究，是以多学科、多部门的联合方式综合进行研究课题，包括历史时期流域环境变迁与水沙变化、流域侵蚀产沙规律及水保效益、下游水沙变化与河床演变以及流域环境演变趋势及整治方向等4个方面。

黄河流域水保局(处)长座谈会召开

4月9～12日 黄委会在济南市召开了黄河流域水土保持局(处)长座谈会。会议总结了1986年以来的工作，研究了“八五”期间水土保持工作的指导思想、规划设想及实施措施。会议代表考察了黄河济南至河口段。

“七五”期间，黄河中上游水土保持工作出现稳步发展局面，1986～1989年，新增初步治理面积26912平方公里，加上原来的基数，至1989年底，累计初步治理12.9万平方公里，占应治理面积43万平方公里的30%。其中列入国家重点治理的无定河、三川河、黄甫川已初步治理1.28万平方公里，占应治理面积的44%；从1986年开始，由国家资助、地方匹配和群众出劳兴修治沟骨干工程249座，完成了试点工程，为大发展奠定了基础。

黄河下游防洪工程被列为国家重大建设项目

4月14日 国家计委宣布，从在建的全国200多个基本建设重点项目中，选定20个重大建设项目，将在资金供给、原材料分配等方面采取优惠政策。其中与黄河有关的有：大型商品粮基地（黄淮海平原综合开发项目，黄河三角洲粮食、棉花生产基地）；“三北”防护林体系二期工程；黄河下游防洪工程。

青海省海南州发生强烈地震

4月26日 青海省海南州塘格木、河卡一带于当日北京时间17点37分发生6.9级强烈地震。龙羊峡水电站距震中58.5公里，震感强烈，楼房跳动，部分房屋倒塌，持续3分钟。水库库岸约5000米长的岸坡发生坍滑，坝后约400米处的虎丘山滑坡。27日，由水电四局组成的大坝监测系统检查组检查分析后认为，大坝建筑物经受了地震的考验，水电站运行正常。

1990年黄河防汛会议召开

4月26～29日 1990年黄河防汛会议在郑州召开。国家防总秘书长、水利部副部长钮茂生、豫、鲁、晋、陕四省防汛总指挥参加了会议，中央气象台、济南军区等有关单位及新闻单位的记者也参加了会议。会议第一阶段在空中和陆地察看了黄河防洪工程，第二阶段共同分析了当前黄河的防洪形势，研究了近期确保黄河防洪安全的对策，部署了1990年的防汛工作。

王定学荣获全国“五一”劳动奖章

5月1日 黄委会黑山峡水位站测工王定学被中华全国总工会授予“全国优秀水文工作者”称号和“五一”劳动奖章。

沿黄地区综合开发学术研讨会召开

5月24～26日 国家科委、国家计委组织全国著名专家在郑州召开了沿黄(河)地区综合开发学术研讨会。会议围绕开发黄河问题进行学术研讨，交流了沿黄地区综合开发和区域发展研究成果。专家们建议把这一地区的综合开发治理研究列入国家“八五”科技攻关项目。国家计委已把沿黄地带列入国家重点开发的一级轴线。

田纪云等检查黄河防汛

5月25日 国务院副总理、国家防总总指挥田纪云率国家防总部分成员，在河南省委书记侯宗宾、省长程维高的陪同下，检查了郑州至中牟堤段和花园口、赵口等黄河险工，还察看了正在施工的三刘寨引黄闸改建工程。听取了黄河防总总指挥、河南省省长程维高关于今年黄河防汛部署和存在问题的情况汇报，对前一段各级政府和防汛部门所做的准备工作给予充分肯定，并对今后的防汛工作提出了要求。

随同田副总理检查黄河防汛工作的有：国务院副秘书长李昌安，水利部副部长侯捷，总参作战部部长隗福临，铁道部副部长石希玉，物资部副部长桓玉珊，国务院生产委员会副主任赵维臣，财政部副部长项怀诚，石油天然气总公司副总经理周永康，公安部副部长俞雷等，黄委会第一副主任亢崇仁、副主任陈先德、仝琳琅及有关部门的负责人。

5月26日，国务院副秘书长李昌安受田纪云副总理的委托，带领国家防总防汛检查组继续对河南河段进行检查，察看了柳园口险工、曹岗险工、大功分洪口门、渠村分洪闸、北金堤滞洪区及长垣防滚河工程。

5月27～28日，国务院副秘书长李昌安继续带领国家防总防汛检查组到山东检查防汛。检查组察看了东明防滚河工程、东平湖水库、泺口险工、北展工程，并作了重要讲话。随同检查的有山东省省长赵志浩，副省长王乐泉，黄委会第一副主任亢崇仁，副主任陈先德、仝琳琅等。

5月29～30日，水利部副部长侯捷，石油天然气总公司副总经理周永康，水利部财务司司长魏丙才赴黄河河口检查防汛工作，察看了北大堤、港口、孤岛油田、孤东油田、六号公路、顺河路、十八公里护滩工程、河口疏浚、南防洪堤、广南水库等工程。侯捷副部长、周永康副总经理作了重要讲话。陪同检查的有黄委会第一副主任亢崇仁和山东河务局、胜利油田及东营市的负责人。

中、加合作研究晋西北水土流失问题

6月10～15日 中国科学院地理研究所、山西省科委、水利厅和加拿大多伦多大学地理系环境研究所的有关专家教授，实地考察了晋西北地区。考察结束后，经中、加双方协商，合作研究晋西北河曲、保德、偏关地区水土流失与生产力持续发展问题，为期五年，从1992年开始实施。

自1985年以来，中科院地理所、山西省水保所与加拿大多伦多大学地理系环境研究所开展了“黄土高原水土流失规律”和“王家沟流域土地管理信息系统”两个项目的合作研究，提出了多篇研究论文和成果报告。

李鹏视察黄河

6月12～13日 国务院总理李鹏在国务委员李贵鲜、水利部部长杨振怀、商业部部长胡平、机械电子工业部部长何光远、农业部副部长王连铮、国务院政策研究室副主任杨雍哲、河南省委书记侯宗宾、省长程维高、黄委会第一副主任亢崇仁、副主任陈先德等陪同下，视察了黄河北金堤滞洪区及渠村分洪闸、封丘曹岗、开封柳园口、中牟赵口、郑州花园口等堤防险工及其他防洪工程设施，听取了黄河防汛工作和小浪底工程情况的汇报，作了重要讲话。并为黄委会题词：“根治黄河水害，开发黄河水利水电资源，为中国人民造福。”

三门峡水利枢纽泄流孔闸门进行关闭演习

7月13日 三门峡水利枢纽管理局进行了三门峡水利枢纽全部泄流孔闸门关闭演习。16时按预定动作开机，21时58分全部闸门关闭完成。演习根据黄河下游各级洪水处理方案，当花园口站预报发生22000立方米每秒以上大洪水时，三门峡水库应在8小时之内将全部泄流孔闸门关闭，以减轻下游防汛负担。

小浪底工程国际技术咨询服务合同正式签订

7月16日 黄河水利水电开发总公司与加拿大国际工程管理集团(CIPM——CRJV)在北京正式签订黄河小浪底枢纽工程咨询服务合同。

小浪底工程国际咨询服务是由水利部申请，经我国财政部及世界银行批准，决定使用世界银行技术合作信贷(TCC)并邀请有资格的国际咨询公司进行竞争投标的方式选定的。

李长春总指挥检查黄河防汛工作

7月17～24日 新到任的河南省代省长、黄河防总总指挥李长春，同副省长宋照肃、黄委会第一副主任、黄河防总办公室主任亢崇仁、河南河务局副局长叶宗笠等一起到郑州、开封、濮阳、新乡、焦作检查了黄河防汛工作。8月1日，李长春、钮茂生到黄河防总办公室现场办公，听取了黄河防汛工作情况汇报。8月2～8日，李长春又到三门峡、陆浑、故县水库检查防汛工作，并察看了小浪底坝址。

黄土高原综合治理试验示范区通过国家验收

7月19日～8月6日 受国家计委、科委、财政部委托，中国科学院资源环境局组织有关单位专家、教授，对国家"七五"攻关专题——黄土高原综合治理试验11个示范区进行了验收。这11个试验示范区是：安塞纸坊沟、固原上黄村、离石王家沟、准格尔五分地沟、米脂泉家沟、定西高泉沟、西吉黄家二岔、淳化泥河沟、乾县枣子沟、长武王东沟、河曲砖窑沟。这个项目由中国科学院资源环境局牵头，西北水保所、西北农大、西北林学院、西北植物所、北京林大、北京植物所、山西大学、陕西农科院、甘肃农科院、山西水保所、内蒙古水科所等单位参加。

国家防总批准增加的20万方石料抢运完成

7月20日 国家防总为黄河防汛增加的20万立方米备防石料，在黄委会及有关单位共同努力下，超额完成并运到黄河坝头，实运23万立方米。

汶河流域降大暴雨

7月21日 山东省汶河流域普降大暴雨，22日23时30分汶河戴村坝站洪峰流量达到3580立方米每秒，是该站1965年来的最大洪峰。东平湖水库水位24日8时增至42.22米，高出1982年分洪最高水位0.11米。8月18日，水库水位升至43.72米，是1958年建库以来老湖区运用的最高水位，在山东省党政军民努力抢护后，保证了东平湖围堤的安全。

东雷抽黄灌溉续建工程开工

7月22日 东雷抽黄灌溉续建工程开工典礼仪式在大荔县汉村隧洞现场举行。陕西省省长白清才为开工仪式剪彩。

东雷抽黄灌溉续建工程是陕西省引进世界银行贷款建设的农业综合开发项目的第一个子项目，建成后，可灌溉大荔、蒲城、富平、渭南等四县(市)126.5万亩耕地，解决30万人的饮用水问题，每年将为国家增产粮食23万吨，棉花0.24万吨，各类经济作物7.25万吨。

该工程是建国以来陕西省水利建设投资最大的一个项目，总投资5亿元。工程建成后，可将东雷一期、洛惠灌区、交口抽渭灌区连成一片，总灌溉面积可达400万亩。

三门峡水电站扩机立项

7月25日 水利部经商得国家计委同意，批准三门峡水电站扩建工程计划立项，近期扩装两台7.5万千瓦机组。实施后，三门峡水电站总装机可达40万千瓦。

小浪底水库移民安置规划座谈会在郑州召开

7月26～28日 水利部在郑州召开了“小浪底水库移民安置规划座谈会”。国家计委、山西省、河南省、水利部规划总院、三峡办、长委和黄委会等单位的代表近50人参加了会议。

三小间遥测系统设备开始安装

7月 由意大利无偿援助的遥测设备到郑，黄委会计算中心组织力量自19日起离郑，开始安装三门峡至小浪底区间遥测系统，27日开通五指岭——洛阳——寺院坡——山西云蒙山——石人凹高山中继线路，至9月底基本完成，共有61个站投入运用。

黄河下游安装三套预警系统

7月 黄河下游安装三套预警系统，经现场调试，性能良好。水利部水文水利调度中心1990年给黄河3套FJF—1型分滞洪区预警系统(包括3套警报发信机、3座50米铁塔和372部警报接收机)，分别用于东平湖、北金堤、大功等分滞洪区。

海事卫星移动通信站试通成功

8月1日 9时40分，黄委会海事卫星移动通信站试通成功。

海事卫星移动通信站，是水利部为确保大江大河防洪抢险通信畅通，新近给黄委会装备的一台通信设备。利用这台设备经过太平洋卫星转至新加坡地面站接收放大后再传回卫星，即可与世界任何地方通话。设备可以装在一辆吉普车上，无论到什么地方都能安装开通，进行电话联系和发送传真。一旦黄河发生重大险情，即可将该设备随车安装在现场，及时与上级联络。

水利部核定黄委会机构设置

8月2日 水利部水人劳〔1990〕100号文“转发人事部‘关于黄河水利委员会和长江水利委员会机关机构设置和人员编制问题的批复’”，核定黄委会机关机构设置、人员编制、会属机构及二级机构的设置级别，同意黄委会机关设办公室、河务局（防汛办公室）、水政水资源局、农村水利水土保持局、水利水电局、人事劳动局、计划财务局、科教外事局及审计局、监察局（以上均为副局级）。

会属二级机构，正局级有：山东河务局、河南河务局、黄河上中游管理局、水文局、水资源保护局、金堤河管理局、勘测规划设计院、三门峡水利枢纽管理局、黄河水利水电开发总公司；副局级有：黄河河口管理局、水利科学研究所、综合经营管理局、机关事务管理局、黄河中心医院、故县水利枢纽管理局、中原黄河工程技术开发公司、黄河水利实业开发总公司。

水文局研制出“黄河水情微机远程传输系统”等设施

8月11日 按水利部水调中心指示，由黄委会水文局研制开发的“黄河水情微机远程传输系统”开通成功。此外在本年度还配套安装了“卫星云图接收处理系统”，开发完成了“黄河实时水情小屏幕显示系统”，“同城气象资料传输系统”等设施。

濮阳市引黄供水工程完工

8月11日 濮阳市引黄供水工程完工。该工程1987年4月1日动工兴建，从濮阳县渠村引黄闸引水，供水能力为每日6万吨，可保证中原化肥厂生产及市区居民生活用水需要。

黄河小浪底工程筹建办公室成立

8月12日 为做好黄河小浪底水利枢纽工程筹建工作，经水利部、河南省同意，黄委会成立黄河小浪底水利枢纽工程筹建办公室，三门峡水利枢纽管理局局长杨庆安兼任主任。9月1日，筹建办公室在洛阳正式开始办公。

黄河下游修防处、段更名

8月12日 经水利部批准，黄委会决定将山东、河南黄河河务局所属黄河修防处、段更名为河务局。10月29日，黄人劳〔1990〕9号“关于修防处、段更名和规格问题的补充通知”明确如下：在地、县级黄河河务局前面分别冠以地(市)、县(区、市)名称，规格为正、副县级。

中原黄河水利实业开发公司正式成立

8月18日 中原黄河水利实业开发公司正式成立，总经理吴书深。公司主要经营种植、养殖、加工、服务、批发以及组织小型水电、城镇供水、农田水利建设的开发、服务。

黄河冰工程考察团访问芬兰

8月18日～9月1日 以黄委会副主任黄自强为团长的中国水利部黄河冰工程考察团一行4人，对芬兰进行了为期两周的考察访问。在芬期间，参加了第十届国际冰情问题研讨会，考察了芬兰冰情研究现状及设备，初步拟定了中国——芬兰黄河冰工程合作项目。

水利部颁发《黄河下游浮桥建设管理办法》

8月31日 水利部以水政〔1990〕17号文颁发了《黄河下游浮桥建设管理办法》，发送河南、山东省人民政府，黄委会。

钱正英考察山西小流域治理情况

9月11～19日 全国政协副主席钱正英考察了山西省河曲、五寨、岚县、交城等九县的小流域治理情况。她指出，户包小流域大有可为，贵在坚持；推进小流域治理关键在领导；小流域治理要坚持以户包为主或以户包为基础。

黄河防总部署防凌工作

9月20～21日 黄河防总在郑州召开防凌工作会议，提出了1990年冬至1991年春黄河防凌任务。

黄河防总要求，继续贯彻行政首长负责制，按照正规化、规范化的要求，建立健全各级防凌指挥机构和各项制度；做好刘家峡、三门峡水库的防凌调度工作。两库的调度以国汛〔1989〕1号、国汛〔1989〕22号文和两部一委《黄河凌汛期间水量调度协商会议纪要》的精神安排运用计划；做好分凌工程的各项准备。

10月29日，黄河防总以黄防办〔1990〕28号文发出《关于做好1990年～1991年度黄河下游防凌工作的通知》，要求按照今年9月召开的黄河防凌工作会议精神，切实做好1990年冬至1991年春的防凌工作。

三门峡枢纽建成30周年学术讨论会召开

9月21～25日 三门峡水利枢纽建成30周年学术讨论会在三门峡市召开。水利部、黄委会、长委、淮委，陕西、河南省水利厅及有关单位、院校的代表100多人出席会议。大会总结了三门峡水利枢纽运用30年的宝贵经验，剖析了过去及现在存在的各种问题，同时提出了优化调度运用及必须开展的各种科研工作。

三门峡管理局晋为国家二级企业

9月27日 国务院企业指导委员会正式批准黄委会三门峡水利枢纽管理局为1989年度国家二级企业。

汾河水环境监测网成立

9月27日 山西省正式成立汾河流域水环境监测网及协调领导组，为彻底根治汾河水污染，改善汾河水质，合理开发、科学利用水资源提供科学数据。

黄委会检查豫陕甘宁水利工程

10月4～29日 按照水利部部署，黄委会组织技术人员，对河南、陕西、甘肃、宁夏四省(区)水利基本建设工程进行全面检查，听取了四省(区)水利厅关于水利基建工程质量自查、质量监督保证体系、建设进展等情况的汇报。检查结果表明，水利基本建设工程质量是比较好的。

首届钱宁泥沙科学奖在郑州颁发

10月5日 首届钱宁泥沙科学奖颁奖大会在郑州隆重举行。5位科研工作者和3篇科研论文获奖。钱宁泥沙科学奖是我国水利系统第一项跨单位、跨部门的科学奖。

龙羊峡、刘家峡水库运用研究成果交流会在郑召开

10月5～8日 黄委会在郑州召开了龙羊峡、刘家峡水库运用影响及调度方式研究成果交流会，来自黄河系统内外的34名专家教授和工程技术人员参加了会议。

晋陕两省联合考察黄河北干流

10月7～14日 山西、陕西两省政府邀请中国国际工程咨询公司、水利部、能源部及两省40多位领导及专家，就黄河北干流晋陕河段的综合开发进行了实地考察。黄委会第一副主任亢崇仁参加。考察结束后，在西安市召开了黄河北干流晋陕河段综合开发战略研讨会。

黄河防洪决策系统设计论证会召开

10月8～11日 黄委会在郑州召开"黄河防洪决策支持系统框架设计方案论证会"，国家防总、水利部防灾中心，有关高等院校等单位参加了会议。

景泰川电灌二期工程全线通水

10月15日 坐落在腾格里沙漠南缘的甘肃省景泰川电灌二期工程经过6年建设，实现了总干渠全线通水。

这是我国西北地区规模最大的高扬程大流量电力提灌工程，共建成流量21立方米每秒的总干渠100.57公里，大型泵站13座，安装电机水泵204台，装机容量17.5万千瓦，安装直径1.7米输水管道12.4公里，兴建渡槽、隧洞等建筑物800多座，建成110千伏安以上变电所13座，架设高压输电线路203公里。

李家峡水电站料场建设开工

10月18日 黄河上游水电工程建设局发布开工命令，要求水电四局李家峡工程指挥部立即组织人员进入料场施工现场。李家峡水电站砂石骨料混凝土系统工程是水电四局第二个中标项目，于1989年10月中标，1990年5月4日正式签订承包合同，总投资2亿元。

张春园等查勘万家寨坝址

10月26日～11月3日 水利部副部长张春园与国家计委有关部门负责人魏昌林、国际工程咨询公司副总经理王川和有关专家查勘了位于内蒙古准格尔旗和山西偏关县交界河段上的万家寨水利枢纽的库区、坝址和引黄入晋的线路，认真听取了内蒙古自治区、山西省对建设万家寨水利枢纽及引水工程的意见。

内蒙古自治区副主席裴英武、阿拉坦敖其尔，山西省省委书记李立功、省长王森浩、副省长郭裕怀，分别参加了此次查勘工作。

参加这次查勘的还有水利部有关司局、黄委会、海河水利委员会、天津水利勘测设计院等单位。

青年防护林工程纪念碑落成

10月27～30日 青年黄河防护林工程总结授奖大会在山西省永济县召开。28日，青年黄河防护林工程纪念碑落成。

七年来在黄河两岸3000多公里长的战线上，垦荒治沙、植树种草、治理水土流失，共建成片林625万亩，种草36万亩，建设农田林网663万亩，林粮间作182万亩。第一期工程的完成，改善了沿黄地区的生态环境，促进了当地的经济发展。

豫西电网工作会议召开

10月29～31日 黄委会在郑州召开了豫西电网工作会议。豫西电网是指以故县水电站为中心，将故县水电站、洛宁、卢氏、栾川、灵宝四县小水电和三门峡扩机电力联成一体，形成供电网络。参加这次会议的有水利部建设开发司、农电司，河南省水利厅、洛阳市、三门峡市以及洛宁、卢氏、栾川、灵宝四县负责同志。

黄委会1990年度科技进步奖评出

11月1日 黄委会学术委员会评审出1990年科技进步奖，获奖项目15项，其中一等奖2项，二等奖2项，三等奖9项，四等奖2项。由中原黄河工程技术开发公司完成的《定向爆破新技术在惠州港搬山填海中的应用》和防汛自动化测报计算中心完成的《黄河水文数据库》分别获一等奖。

黄河尼那水电站可行性报告通过审查

11 月 6～11 日 黄河尼那水电站可行性研究报告审查会议在西宁举行，并通过专家审查。该电站是一座中型水电站，位于青海省贵德县境内，距西宁市 124 公里，计划装机 4 台，总容量 16 万千瓦。尼那水电站可行性研究报告由西北勘测设计院提出。从 1988 年开始，西北勘测设计院再次修订和补充了黄河龙羊峡至青铜峡河段水电站梯级开发规划，在原规划布置 15 座大中型水电站的基础上，又增加 10 座中型水电站，尼那水电站属于其中之一。

黄河工程管理工作会议召开

11 月 18 日 为期 15 天的黄河工程管理工作会议在郑州结束。这次会议总结了 1987 年以来全河工程管理工作的经验，提出了“八五”期间工程管理的目标、任务和措施，并对下游防洪兴利工程进行了联合检查，表彰了在工程管理工作中取得显著成绩的先进单位和个人。

国家计委批复黄土高原水保专项治理规划要点报告

11 月 20 日 国家计委复函全国水资源与水土保持领导小组办公室，原则同意《黄河流域黄土高原地区水土保持专项治理规划要点》，要求黄河中游水土保持委员会及有关省（区）、部门，抓紧规划的组织实施工作。

黄河中下游防汛通信规划审查会召开

11 月 26 日 由水利部水调中心主持召开的黄河中下游防汛通信规划审查会在郑州结束。会议期间，来自全国 21 个单位的代表实地考察了济南至郑州之间的部分黄河防洪工程和通信设施。评审认为：黄委会提出的以数字微波作为干线，连接各信息点的程控交换机和分区无线移动调度网所组成的黄河中下游水情信息收集、防汛抢险救灾、指挥调度综合专用通信网的总体方案是可行的，技术是先进的，经济是合理的。

《黄河流域及西北片水旱灾害》编委会第一次会议召开

11 月 28～30 日 根据水利部水汛〔1990〕3 号文转发的《中国水旱灾害》编写座谈会纪要的要求，黄委会在郑州召开了《黄河流域及西北片水旱灾害》编委会第一次会议。国家防总办公室，水利部抗旱办公室，新疆、青海、甘肃、宁夏、内蒙古、山西、陕西、河南、山东九省(区)水利厅(局),黄委会有关单位领导、专家共33人参加会议。黄委会副主任庄景林主持会议并作了讲话。会议还成立了《黄河流域及西北片水旱灾害》编委会,由庄景林任编委会主任;讨论审定了《黄河流域及西北片水旱灾害》编写大纲。

小浪底工程初步设计水工部分通过评审

11月29日～12月1日 黄河小浪底工程初步设计水工建筑物部分在北京通过评审。评审会由国家计委委托中国国际咨询公司主持召开。黄委会第一副主任亢崇仁、副主任陈先德、技术咨询龚时旸参加会议。

人民胜利渠灌溉自动化一期工程完工

11月 人民胜利渠灌溉自动化一期工程完工,并通过专家审核鉴定。1987年国家科委、水利部、河南省水利厅确定实施此项目,经过科技人员3年协同攻关,在百里总干渠内建成远方监控系统,可对放水、停水、流量调节、定时控制、报警显示、数据处理等实现自动管理。这是黄河流域建成的第一座灌溉管理自动化体系,在全国各大灌区中也属领先水平。

国务院批准利用外资兴建小浪底工程的报告

11月 国务院正式批准国家计委关于兴建小浪底工程利用世界银行贷款的报告。

国务院任命黄委会领导干部

12月5日 国务院〔1990〕国任字159号文任命亢崇仁、庄景林、陈先德、仝琳琅、黄自强为黄河水利委员会副主任(正局级)。原黄委会主任、副主任职务同时免除,不再另行办理免职手续。1991年5月7日,国务院批准任命亢崇仁代理黄委会主任。

国家与地方共建李家峡水电站

12月6日 国家与陕、甘、宁、青四省(区)合资建设李家峡水电站的原则协议在西安签订。黄河上游的李家峡水电站是1987年开工兴建的一座大型水电站,装机容量160万千瓦到200万千瓦,投产后年均发电量可达59亿度。能源部、国家能源投资公司与陕、甘、宁、青四省(区)协商,决定合资建设这一工程,其中国家投资百分之八十。陕、甘、宁、青四省(区)先集资

5000万元，用于李家峡水电站的截流工程。12月22日，李家峡水电站枢纽工程基础开挖截流工程承包合同在西宁签订，水电四局中标。该工程是李家峡水电站八大工程之一。

全国沙棘开发利用工作会议在郑召开

12月14～16日 全国沙棘开发利用工作会议在郑州召开。会议交流了沙棘开发利用经验，讨论了"八五"沙棘开发利用规划，表彰了沙棘开发利用先进集体和个人。黄委会副主任仝琳琅在会上作了《积极发展沙棘，加快黄河中上游治理与开发》的讲话。

周景文命名表彰大会在郑州隆重举行

12月15日 中华全国总工会、水利部在郑州黄委会礼堂隆重举行命名表彰大会。全国总工会作出决定，追授黄委会幼儿园党支部委员、主任科员周景文"保护国家财产、勇斗歹徒、英勇献身的好职工"称号，并颁发全国"五一"劳动奖章。同时号召全国各条战线广大职工开展向周景文同志学习活动。

中共河南省顾问委员会副主任黎明和省总工会、省直机关党委、黄委会的领导及黄委会驻郑机关代表、周景文的亲属共一千多人参加了大会。

周景文于1990年11月15日凌晨为保卫国家财产，与歹徒搏斗英勇牺牲。

命名表彰大会上，受全总委托，河南省总工会副主席张殿选宣读了全总的命名决定。同时宣读了省总工会关于追授周景文"保护国家财产，勇斗歹徒好职工"称号并颁发省"五一"劳动奖章的决定；受水利部委托，黄委会领导宣读了水利部党组"关于在全国水利系统开展向周景文同志学习的决定"，同时宣读了黄委会党组"关于号召全河职工向优秀共产党员周景文学习的决定"；省直机关党委负责人代表省直机关党委宣布"授予周景文同志省直机关优秀共产党员称号的决定"。

联合建设万家寨工程意向书在京签字

12月29日 《关于联合建设万家寨水利枢纽和引黄入晋工程的意向书》签字仪式在北京举行。水利部计划司、内蒙古自治区计委、山西省计委负责人分别代表水利部、内蒙古自治区政府、山西省政府在意向书上签字。

1990 年黄河下游防洪基建工程基本完成

12 月 1990 年黄河下游防洪基建任务较往年增加近一倍，国家投资 1.59 亿元。截至 12 月中旬，共完成土方 2369 万立方米，石方 37.83 万立方米。其中堤防加培加固土方 346 万立方米，放淤固堤土方 1049 万立方米，大堤压力灌浆 63.6 万眼，新建河道整治工程坝垛 94 处，帮宽裹护加固 46 处坝岸，改建 10 座涵闸。

责任编辑　张素秋
责任校对　刘　迎
封面设计　孙宪勇
版式设计　胡颖珺

黄 河 志

（共十一卷）

河南人民出版社

ISBN 978-7-215-10556-0

本卷定价：220.00元